대한민국 지리적표시(KPGI) 등록 농·수·축·임산물을 찾아서

korean geo food

코리안 지오푸드

고디

대한민국 지리적표시(KPGI) 등록
농·수·축·임산물을 찾아서

코리안 지오푸드 Korean Geofood

2022년 10월 31일 초판 1쇄

지은이 신완섭
펴낸이 신완섭
디자인/인쇄 디자인미창(031-458-3366)

펴낸곳 고다
등록 2010년 6월 22일(제2010-000006호)
주소 경기도 군포시 수리산로 33 833-2702
전화 010-2757-6219
팩스 031-466-1386
이메일 golgoda9988@naver.com
값 25,000원

ISBN 979-11-980360-0-1

도서출판 고다는 인격을 드높이고 학문을 넓히는데 힘쓰고 있습니다

머리말

　우리나라는 식품과 관련하여 여러 가지 인증 제도를 채택하고 있다. 예를 들어 친환경농산물인증제도, 유기가공식품인증제도가 있으며 그 밖에도 농산물이력추적관리제도, 가공식품산업표준KS인증제도, 전통식품품질인증제도 등이 있다. 이 중 지리적표시제(Geographical Indication System)는 내가 관심을 가장 많이 가지는 제도 중 하나이다.

　2011년 한국농촌연구원이 25~59세 여성 700명을 대상으로 지리적표시제에 대한 설문조사를 벌인 결과 응답자의 15%만이 알고 있다는 답변을 얻었다. 10년이 지난 지금 얼마나 달라졌을지 궁금하지만, 더 이상의 조사 결과는 찾아볼 수가 없다. 매년 추가 신청이 이뤄지고 있어서 그리 생소하지 않을 법도 한데 여전히 많은 사람이 낯설어해 안타까운 심정이다. 그렇다면 궁금증이 더해지는 우리나라 지리적표시제의 정체는 뭘까. 한 마디로 1940년대 유럽 국가들이 자국의 농산물을 보호할 목적으로 만든 두 가지 제도, 즉 지리적표시보호제(PGI: Protected Geographical Indication)와 원산지명칭보호제(PDO: Protected Designation of Origin)를 본떠 만든 '지역특산물 보호 제도'로서 영문표기로는 KPGI(Korean Protected Geographical Indication)를 채택하고 있다.

대한민국 지리적표시제(KPGI)는 1999년 관련 법규가 처음 마련되었다. 이 제도가 마련된 가장 주된 이유는 우리나라 특산품인 '고려인삼'을 보호하기 위함이었다. 당시 'made in China' 짝퉁 제품들이 세계시장에서 버젓이 '고려인삼' 상표를 달고 유통되는 것을 보다 못한 정부가 나서서 확실한 보호책을 강구한 것이다. 재미난 사실은 등록신청과정에 제1호 농산물의 영예는 고려인삼이 아니라 다른 특산물에 넘겨지고 말았다는 점이다. 시행과 동시에 발 빠르게 신청했던 '보성녹차'가 심사를 거쳐 2002년 1월에 등록된 것이 국내 최초다. 이후 KPGI 등록상품은 2022년 9월 말 현재까지 20여 년 사이에 196곳, 100여 종으로 늘어나 대한민국 지역특산물의 위상을 한층 높이고 있다.

지리적표시제는 말 그대로 '특정 지역의 우수 농·수·축·임산물과 그 가공품에 고유의 지역명 표시를 할 수 있도록 해서 해당 지역의 특산품을 보호하고 소비자의 알권리를 충족시키고자 만들어진 제도'이다. 사람들이 삼성, LG 등 유명 브랜드에 무한 신뢰를 보내는 것처럼 해당 지역명을 브랜드로 내세워 그만의 우수성과 명성을 인정해 주는 제도쯤으로 이해하면 된다. 세계적 명성을 얻고 있는 스카치위스키, 보르도와인, 아르덴치즈, 비엔나소시지, 하바나시거 등이 그 예가 되겠다.

지난 2005년경 친환경 쇼핑몰 사업에 발을 디뎠던 때를 계기로 식품에 관심을 갖게 되어 2008년에는 《몸에 좋은 행복식품 다이어리(중앙생활사)》라는 책을 발간한 적이 있다. 기후와 토양에 따라 작물 선택과 재배 방식은 달라지지만, 세계인이 즐겨 찾는 베스트 푸드(Best food)는 식물성·자연·발효 식품이 독차지하고 있음을 알게 되었다. 요즈음은 로컬푸드(Local food)가 대세를 이룬다. 먼 데서 물 건너온 먹거리가 아니라 뒷마당에서 직접 가꾼 채소 과일이나 인근 야산에서 뜯어온 산나물이나 연근해에서 갓 잡은 싱싱한 해산물 등을 식탁에 올리고 싶어 한다. 매우 바람직한 변화이다.

그런 의미에서 지리적표시 등록 산물은 진가를 발휘한다. 이미 등록된 몇 가지 지리적표시 특산품을 떠올려보면 어떤 찬거리를 골라야 할지 고민을 덜어주니 말이다. 가령 이천쌀(제12호 농산물)로 밥을 짓고, 횡성한우(제17호 농축산물)와 양양송이(제1호 임산물)로 철판구이 요리를 하고, 완도미역(제3호 수산물)으로 국을 끓인다면 국가기관이 인증하는 최고의 식재료로 밥상을 차리는 셈이 된다. 그런데 비엔나소시지는 알아도 제주돼지고기가 우리나라를 대표하는 지리적표시 상품이란 걸 모르는 주부들이 8할을 넘는다면 이건 정말 곤란하다. 2008년 광우병 소동이 채 가라앉기도 전에 횡성을 필두로 홍천, 함평, 영광, 고흥 등 6곳의 지역이 나란히 한우를 지리적표시 상품으로 등록한 사실도 알아야 한다. 지난 2012년 3월 한미 간 자유무역협정(FTA)이 공식 발효된 이래 대형마트의 과일코너는 수입산 과일로 넘쳐나고 있다. 정육점에 넘쳐나던 미국산 소고기가 호주 등으로 다변화되었을 뿐 농민들이 우려하던 일이 현실로 드러나고 있다.

FTA는 생리상 강한 자만 살아남게 만든다. 정부도 유관부서도 대놓고 보호해주지 못하기 때문이다. 시행 22돌을 맞은 KPGI는 우리 농·수·축·임산물이 스스로 자생력을 갖게 만드는데 하나의 기준이 되고 있으며 상당 부분 효과도 거두고 있다. 그러나 아직 멀었다. 앞서 밝힌 것처럼 국민적 계도가 엉망이고 남 따라 장에 가다 보니 늘어난 등록 숫자만큼 차별성도 희박하다. 2010년 지리적표시 산물들을 약계지에 격주로 연재하기 시작했을 때가 생각난다. 해당 신문사 편집장도 처음 들어본다는 제도, 게다가 독자가 약사인 전문지였으므로 대중성과 전문성을 적절

히 살린 글 구성이 절실했다. 농산물 제1호 '보성 녹차'를 집필하며 나는
간단한 화두를 끄집어냈다. "진리가 무엇입니까? 차나 한잔 마시고 가
게" 조주 스님의 선문답으로 시작된 글의 앞부분은 해당 식품의 원산지
와 유래, 관련 에피소드를 담았다. 중반부터는 식품의 효능효과, 적용사
례, 보관법, 요리법 등으로 구성해 보았다. 많은 지면을 약리작용 등으로
할애한 것은 독자인 약사를 의식하기도 했지만, 식품의 특성상 '영양학적
인 이해'가 독자 모두에게 가장 유익한 정보가 되리라는 판단에서였다.

  3년가량의 약계지 연재를 끝낸 지 어느덧 10여 년 세월이 흘렀다.
2014년 당시 163곳이던 KPGI 등록상품이 그새 농축산물 15곳, 임산
물 10곳, 수산물 8곳, 합산 33곳이 추가 등재되어 2022년 9월 현재 전
국 196곳으로 늘어났다. 그래서 이번에는 새롭게 추가된 13종- 시금치,
한라봉, 모싯잎송편, 쪽파, 달래, 토란, 오디, 시래기, 한산소곡주, 산양
삼, 송어, 가리맛조개, 우럭 -에 관한 내용까지 남김없이 정리하게 되
었다. 여기에 더해 현재 신청 중이거나 신청 준비 중인 멜론, 청태전, 키
위(이상 농산물), 가리비, 굴비, 낙지(이상 수산물) 6종도 함께 실었다.
K-Food가 전 세계인의 주목을 받는 상황을 고려하여, 책 제목도 《코리
안 지오푸드(Korean GeoFood)》로 삼아 보았다.

  식품은 삶의 양식(樣式)이자 양식(糧食)이다. 먹는 일은 빼놓을 수 없는
생활의 일부라서 섭취하는 식품에 따라 문화적인 차이가 달리 나타날 수
밖에 없다. 극명한 차이는 육식 위주의 서양식 포크&나이프, 벼농사 위
주의 동아시아식 숟가락&젓가락에서 찾아볼 수 있다. 마찬가지로 이 땅
에서 키워낸 산물은 대대로 우리의 생활에 많은 영향을 끼쳐 왔다. "싼
게 비지떡", "작은 고추가 맵다", "떡 줄 사람은 꿈도 안 꾸는데 김칫국부
터 마신다." 등등의 속담처럼 우리만의 독특한 식습관과 식문화가 탄생

된 배경과 유래를 찾아보는 재미도 잊지 않았다. 2022년 9월 현재 202곳(자진철회 6곳+신청준비 6곳 포함), 100여 종의 코리안 지오푸드에 관한 내용이 빠짐없이 수록되어 있으므로 독자라면 누구든지 한국인의 식탁을 엿보는 즐거움을 맛보게 될 것이다. 여러 지자체에서 지금도 신청 중이므로 KPGI 농·수·축·임산물의 등록은 여전히 현재진행형이다. 따라서 해가 거듭될수록 개정·증보 작업은 불가피한 일이라서, 또 어떤 KPGI 산물이 새롭게 추가될지 가슴이 설레기도 한다.

늦은 감이 없지 않으나 책의 집필에 영감을 준 쇼핑몰『행복밥상(2006년 폐장)』과 장기간 연재를 허락해 주었던『약국신문』에 감사함을 전한다. 식품 사업과 연재를 끝낸 지 10여 년이 흘렀건만, 이후 'K-Geofood Academy'를 설립, 우리 식품에 관한 연구와 공부를 게을리하지 않고 있다. 지난 2년간『군포시민신문』에 '우리 음식 이야기' 식품 칼럼 연재를 이어왔으며,『경기학』『한식진흥원』등의 원고 청탁에다 강의 의뢰까지 받을 정도이니 서당개 10여 년에 천자문 몇 줄은 욀 정도가 되었다. 끝으로 100여 컷의 삽화를 그려준 백동열 화백과 출판 편집을 맡아준『디자인미창』관계자의 수고에도 심심한 감사를 드린다.

2022 임인년 10월, 군포에서
K-GeoFood Academy 소장 **신 완 섭**

목차

국내 지리적표시 등록현황

지리적표시 (PGI) 농림축산식품부

농산물 | 축산물 | 임산물 | 수산물
(2022년 9월 말 기준)

철원 쌀

양구 시래기

한국 전지역
고려홍삼
고려백삼
고려태극삼
고려수삼
고려인삼
고려흑삼

인제 콩
인제 곰취(등록철회)
인제 고로쇠수액
인제 오미자

양양 송이

가평 잣

홍천 찰옥수수
홍천 한우
홍천 잣
홍천 명이

진부 당귀

강릉 한과
강릉 개두릅

평창 송어
평창 산양삼

강화 약쑥

김포 쌀

횡성 한우고기
횡성 더덕
횡성 참숯(등록철회)

정선 찰옥수수
정선 황기
정선 곤드레

삼척 마늘

여주 쌀
여주 고구마
(등록철회)

이천 쌀

원주치악산 복숭아
원주 옻

영월 고추
영월 고추가루
영월 곤드레

태백 곰취

안성 배
안성 쌀
안성 한우

충주 사과
충주 밤

단양 마늘

봉화 송이

울진 송이

울릉도 삼나물
울릉도 미역취
울릉도 참고비
울릉도 부지갱이
울릉도 우산고로쇠

태안 달래

서산 마늘(등록철회)
서산팔봉산 감자

천안 호두
천안 배

괴산 고추
괴산 고추가루
괴산 찰옥수수

영주 사과

영양 고추가루

예산 사과

문경 오미자

정안 밤

안동 포
(등록철회)

영덕 송이

청양 고추·고추가루
청양 구기자
청양 표고버섯
청양 밤

영동 포도
영동 곶감

보은 대추

상주 곶감

의성 마늘

청송 사과

부여 표고버섯

포항 시금치

서천 한산소곡주
서천 한산모시

금산 깻잎

영동 포도
영동 곶감

김천 자두
김천 포도
김천 호두

영천 포도

군산 쌀
군산찰쌀보리쌀

무주 사과
무주 머루·머루와인
무주 호두
무주 천마
무주 오미자
무주 덕유산고로쇠

성주 참외

경산 대추

부안 오디

고령 수박
고령 감자

청도 한재미나리
청도 반시

함양 곶감
함양 산양삼

서생 간절곶배

고창 복분자주
고창 복분자

순창 고추장

남원 미꾸라지

창녕 양파
창녕 마늘

밀양 얼음골사과
밀양 대추

산청 곶감

의령 망개떡

영광 찰보리쌀
영광 모싯잎송편
영광 고추·고추가루
영광 찰보리
함평 한우

담양 딸기
담양 죽순

장수 오미자
구례 산수유

함안 수박

진영 단감

부산대저 토마토
기장 쪽파
기장 미역
기장 다시마

곡성 토란

하동 녹차
하동 악양대봉감(등록철회)

창원진동 미더덕

사천 굴

나주배

화순 작약
화순 목단

순천만
가리맛조개

광양 매실
광양興운산 고로쇠

거제맹종 죽순

무안 양파
무안 백련차

영암 무화과
영암 대봉감

보성 녹차
보성 삼베
보성 웅치올벼쌀
보성 벌교꼬막

남해 마늘
남해 창선고사리

신안 김
신안 전복
신안 건우럭

해남 겨울배추
해남 고구마
해남 김
해남 전복

장흥 표고버섯
장흥 키조개
장흥 무산김
장흥 매생이

여수 갓김치
여수 돌산갓
여수 거문도 쑥
여수 굴
여수 여자만세꼬막

진도 홍주
진도 대파
진도 검정쌀
진도 울금
진도 구기자
진도 전복

완도 전복
완도 미역
완도 다시마
완도 김
완도 넙치

고흥 유자
고흥 석류
고흥 마늘
고흥 한우
고흥 굴
고흥 미역
고흥 다시마

제주 녹차
제주 한라봉
제주 돼지고기

1

지리적표시제의
이해와 현황

지리적표시제의
이해 및 현황

지리적표시제란?

지리적표시제(Geographical Indication System)란 '명성이나 품질, 기타의 특징이 본질적으로 특정 지역의 지리적인 **특성에 의해 생산된 농·수·축산물 또는 가공품이라는 것을 인정하고 그 명칭을 보호**해주는 제도'이다. 보통 강화 약쑥, 창선 고사리처럼 특정 장소의 명칭을 사용하지만, 예외적으로 고려 홍삼, 고려 백삼처럼 국가 전역을 지칭하는 명칭을 쓰기도 한다. 이와 같이 지리적표시 상품은 특정한 지역, 지방, 산, 하천명 등 반드시 지리적 명칭이어야 하므로 지리적 명칭과 관련이 없는 브랜드는 지리적표시의 대상에서 제외된다.

외국의 예를 들어보면 꼬냑은 원래 프랑스 꼬냑 지방에서 생산되는 증류주 명칭인데, 지금은 보통명사처럼 사용될 정도로 그 명칭이 널리 알려져 있다. 이 외에도 프랑스의 브로고뉴와인, 보르도와인, 샹빠뉴샴페인과 쿠바의 하바나시가, 오스트리아의 비엔나소시지 등 쟁쟁한 지리적표시상품들이 세계 전역을 누비고 있다.

외국의 사례(유럽연합의 지리적표시제)

우리나라의 지리적표시제는 유럽연합(EU)의 제도를 모델로 삼은 것이다. EU는 지리적표시를 '원산지명칭보호(PDO: Protected Designation of Origin)'와 '지리적표시보호(PGI: Protected Geographical Indication)'로 구분하고 있다. PDO는 원료의 생산과 가공의 전 과정이 해당 지역 내에서 이루어져야 하지만, PGI는 생산, 제조 및 처리 과정 중 어느 하나라도 지역과 관련성이 있으면 인정해 주는 제도이다. 대표적인 예로 그리스의 '페타 치즈'와 '칼라마타 올리브유'는 특정 지역에서 전통 방식으로 전 과정을 거쳐 완성되므로 PDO이고, 독일의 '뮌헨 맥주'와 '베스트팔렌 햄'은 동일 지역에서 재배 또는 사육 되지 않는 맥주 원료와 돼지고기를 특정 지역에서 전통 방식으로 가공하므로 PGI에 해당한다. 프랑스의 AOC, 이탈리아의 DOC, 스페인의 DDO 등 각 나라별로 시행하고 있는 엄격한 제도들은 모두 원산지명칭보호(PDO)에 해당한다.

 이 제도의 선두주자인 프랑스는 자국의 포도주 산업을 육성 보호할 목적으로 1935년에 '포도주 및 증류주 국가위원회'를 설치하였고 1947년에 국립원산지명칭관리소(INAO)를 두어 원산지명칭보호제도(AOC)를 본격화한 이래로 치즈, 농축우유, 천연수 등으로 확대 시행하였다. 2000년 3월 현재 나라별로는 프랑스 112품목을 필두로 이탈리아 101, 그리스 포르투갈 각 76, 독일 60, 스페인 48 품목 순이고, 품목별로는 치즈 139, 육류 육가공 133, 과일 채소 109, 광천수 31개 순으로 등록되어 총 527개(PDO 326 / PGI 201) 품목이 등록되어 있다. EU는 1992년부터 등록된 상품 이외에는 해당 지명을 함부로 쓰지 못하도록 강력한 법적 보호조치를 취하고 있다.

우리나라의 운영실태

 앞서 말한 대로 EU의 제도를 벤치마킹하여 지리적표시제가 1999년 처음 국회 법안으로 통과되며 '지리적표시보호(PGI)'라는 명칭을 사용하고 있다. 농수산물품질관리법 규정을 마련하여 농축산물은 국립농산물품질관리원이, 임산물은 산림청이, 수산물은 국립수산물품질검사원이 각각 신청접수-심사-등록 업무를 맡아 하고 있다. 2002년 1월에 국내 처음으로 제1호 등록 농산물 '보성 녹차'가 탄생되었고, 2006년에는 제1호 임산물로 '양양 송이'가, 2008년에는 '보성벌교 꼬막'이 제1호 수산물로 등록되었다.

특이한 점은 EU에는 없는 수산물을 세계 최초로 지리적표시제로 포함시킨 것인데, 대게나 황태, 굴비로 유명한 경북 영덕과 강원 인제 용대리, 영광 법성포에 대해서는 원산이 아닌 어획물이 섞여 있다는 이유로 신청을 반려시키고 있는 반면, 연근해를 생산지로 하는 수산물과 민물어류만 차례로 등록시켜 지역 명물의 형평성을 제대로 살리지 못하고 있다는 지적을 받고 있다. 다소 완화된 지리적표시 보호제도인 PGI를 표면상의 용어로 사용하고 있으면서도 실제로는 특정 지역에서 생산-제조-가공된 경우만 보호하는 방식을 취하여 보다 엄격한 PDO의 성격을 띠고 있다. 그럼에도 불구하고 2022년 9월 현재 농축산물 110곳, 임산물 59곳, 수산물 27곳으로 20년 남짓한 제도 운영 기간에 196곳의 지역특산품이 지리적표시제 상품으로 이름을 올리고 있는 것이다.

KPGI 산물별 등록현황

우리나라 3대 대표 음식은 '김치, 불고기, 비빔밥'으로 불려왔다. 근년에 들어서는 한류의 인기에 힘입어 김밥, 삼계탕, 삼겹살, 감자탕, 콩국수, 간장게장, 곱창, 순대, 호박죽, 도토리묵 심지어는 쌈장까지 다양한 음식들이 K-food의 진가를 더하고 있다. 이들 대한민국 대표 음식을 살펴보면 우리 음식의 대부분에 약방의 감초처럼 들어가는 고추와 마늘

이 KPGI에 가장 많이 등록된 점은 지극히 당연한 결과이다. 농산물로
는 고추 마늘 이외에도 한국인이 가장 즐기는 과일인 감과 사과와 배,
포도, 주식인 쌀, 최고의 건강식품으로 자리 잡은 고려 인삼, 건강차와
간식으로 사랑받는 녹차와 찰옥수수 등이 그 뒤를 잇고 있어 이들을 명
실공히 대한민국 대표 농산물로 꼽을 수 있겠다. 축산물로는 제주 돼지
고기를 제외하고는 한우 일색이어서 수입 소고기에 대한 대항마 역할이
기대된다. 임산물은 송이버섯과 표고버섯, 곶감(감 포함), 오미자, 밤,
대추, 고로쇠 수액이 다빈도 등록상품으로 이름을 올려 대한민국 지역
특산 임산물로 자리매김하고 있다. 수산물은 세계 최초로 뒤늦게 시행
된 만큼 대표 주자를 가려내기에는 아직 미흡한 감이 없지 않으나 연안
에서 양식하는 김, 미역, 다시마 등 해조류와 전복, 굴, 꼬막 등 패각류
가 두각을 나타내고 있고, 민물고기로 미꾸라지와 송어가 등재되어 관
심을 끌고 있다. 용도로는 대다수가 식재료(87.2%)이나 12.8%에 해당
하는 품목은 주류&음료, 약용, 옷감, 화훼용, 생활용이 차지하고 있다.

지역별 등록현황

우리나라는 삼면이 바다로 둘러쌓여 있고 국토의 70%가 산림을 이루
고 있어 육 · 해 · 공 산해진미를 어디서건 맛볼 수 있다. 또한 일조량과
강수량이 풍부해 전국 방방곡곡이 옥토를 이루므로 주곡인 쌀과 사과,
포도 등 과일의 맛과 영양이 뛰어난 편이다. 특히 강원, 경북 산간 지역
에서 나는 여러 가지 산나물과 버섯류, 남도 지역의 수산물은 우리만의
독특한 음식문화를 만드는 데 일조를 했다. 지역별로는 맛의 고장으로
알려진 전라남도 지역이 농 · 림 · 수 · 축산물 전 분야에서 선두를 달리
고 있고 산림이 풍부한 경북, 강원 지역이 임산물 분야에서 다양한 먹거
리를 등록시키고 있다. 반면 도시화로 인해 수도권(서울,경기,인천) 지

역의 실적이 저조하고 충북과 제주 지역 지방자치단체의 신청 활동이
상대적으로 미흡한 편이다. 2012년 들어 신청 등록이 저조한 가운데 3
곳의 농산물- 서산마늘, 안동포, 여주고구마 -과 3곳의 임산물- 인제
곰취, 횡성참숯, 악양 대봉감 - 이 자의반 타의반 등록을 자진 철회하여
제도 관리에 문제를 드러내고 있다.

*다빈도 등록상품 22종 현황표(2022년 9월 말 기준)

분류	다빈도 등록상품(3곳 이상)
농산물	고추(가루, 장 포함) 10 > 마늘, 인삼 각8 > 쌀, 사과 각6 > 배 4 > 녹차, 찰옥수수, 포도 각3
축산물	한우 6
임산물	감(곶감 포함) 8 > 고로쇠, 송이버섯, 오미자 각4 > 대추, 밤, 표고버섯, 호두 각3
수산물	김 5 > 전복 4 > 미역, 다시마 각3

*용도별 등록 현황표(2022년 9월 말 기준)

용도	농산물	축산물	임산물	수산물	소계	해당 품목
식재료	91	7	46	27	171	-
주류&음료	7		9		16	녹차/백련차/홍주/복분자주/소곡주/고로쇠/머루와인/오미자
옷감용	3				3	안동 포/보성 삼베/한산 모시
약재용	2				2	진부 당귀/정선 황기
화훼용			2		2	화순 작약/화순 목단
생활용			2		2	원주 옻/횡성 참숯
소계	103	7	59	27	196	

*각 도별 등록 현황표(2022년 9월 말 기준)

분류	전국	인천경기	강원	충북	충남	대구경북	부산경남	전북	광주전남	제주	계
농산물	8	7	12	6	10	13	12	7	26	2	103
축산물		1	2						3	1	7
임산물		1	14	3	6	13	7	6	9		59
수산물			1				3	1	22		27
계	8	9	29	9	16	26	22	14	60	3	196
%	4.1	4.6	14.8	4.6	8.2	13.3	11.2	7.1	30.6	1.5	100.0

*각 도내 지자체별 등록 현황표(2022년 9월 말 기준)

지역	농산물	축산물	임산물	수산물
전국 8	1 고려 홍삼			
	2 고려 백삼			
	3 고려 태극삼			
	4 고려 수삼			
	5 고려 인삼제품			
	6 고려 홍삼제품			
	7 고려 흑삼			
	8 고려 흑삼			
경기 인천 9	1 이천 쌀	8 안성 한우	9 가평 잣	
	2 여주 쌀			
	3 김포 쌀			
	4 안성 쌀			
	5 강화 약쑥			
	6 안성 배			
	7 여주 고구마(철회)			
강원 29	1 철원 쌀	13 횡성 한우고기	15 양양 송이	29 평창 송어
	2 홍천 찰옥수수	14 홍천 한우	16 횡성 더덕	
	3 정선 찰옥수수		17 횡성 참숯(철회)	
	4 정선 황기		18 홍천 잣	
	5 진부 당귀		19 홍천 명이	
	6 영월 고추		20 정선 곤드레	
	7 영월 고춧가루		21 영월 곤드레	
	8 삼척 마늘		22 평창 산양삼	
	9 원주 치악산복숭아		23 태백 곰취	
	10 강릉 한과		24 인제 곰취(철회)	
	11 인제 콩		25 인제 고로쇠수액	
	12 양구 시래기		26 인제 오미자	
			27 강릉 개두릅	
			28 원주 옻	
충북 9	1 괴산 고추		7 보은 대추	
	2 괴산 고춧가루		8 충주 밤	
	3 괴산 찰옥수수		9 영동 곶감	
	4 충주 사과			
	5 단양 마늘			
	6 영동 포도			

지역	농산물	축산물	임산물	수산물
충남 16	1 천안 배		11 천안 호두	
	2 청양 고추		12 정안 밤	
	3 청양 고춧가루		13 청양 밤	
	4 한산 모시		14 청양 구기자	
	5 서산 팔봉산감자		15 청양 표고버섯	
	6 서산 마늘(철회)		16 부여 표고버섯	
	7 예산 사과			
	8 금산 깻잎			
	9 태안 달래			
	10 서천 한산소곡주			
경북 26	1 영양 고춧가루		14 경산 대추	
	2 성주 참외		15 봉화 송이	
	3 안동 포(철회)		16 영덕 송이	
	4 청송 사과		17 울진 송이	
	5 영주 사과		18 상주 곶감	
	6 김천 자두		19 문경 오미자	
	7 김천 포도		20 청도 반시	
	8 영천 포도		21 울릉도 삼나물	
	9 청도 한재미나리		22 울릉도 미역취	
	10 고령 수박		23 울릉도 참고비	
	11 고령 감자		24 울릉도 부지갱이	
	12 포항 시금치		25 울릉도 우산고로쇠	
	13 의성 마늘		26 김천 호두	
부산 경남 22	1 하동 녹차		13 산청 곶감	20 기장 미역
	2 남해 마늘		14 함양 곶감	21 기장 다시마
	3 창녕 마늘		15 함양 산양삼	22 창원 진동미더덕
	4 사천 풋마늘		16 남해 창선고사리	
	5 창녕 양파		17 하동 악양대봉감(철회)	
	6 서생 간절곶배		18 밀양 대추	
	7 의령 망개떡		19 거제 맹종죽순	
	8 부산 대저토마토			
	9 진영 단감			
	10 기장 쪽파			
	11 함안 수박			
	12 밀양 얼음골사과			

지역	농산물	축산물	임산물	수산물
전북 14	1 부안 오디		8 무주 머루	14 남원 미꾸라지
	2 무주 사과		9 무주 머루와인	
	3 군산 찰쌀보리쌀		10 무주 천마	
	4 군산 쌀		11 무주 오미자	
	5 순창 전통고추장		12 무주 호두	
	6 고창 복분자주		13 무주 덕유산고로쇠	
	7 고창 복분자			
전남 60	1 보성 녹차	27 함평 한우	30 장흥 표고버섯	39 보성 벌교꼬막
	2 보성 삼베	28 영광 한우	31 구례 산수유	40 완도 전복
	3 보성 웅치올벼쌀	29 고흥 한우	32 광양 백운산고로쇠	41 완도 미역
	4 해남 겨울배추		33 영암 대봉감	42 완두 다시마
	5 해남 고구마		34 진도 구기자	43 완도 김
	6 고흥 유자		35 장수 오미자	44 완도 넙치
	7 고흥 석류		36 담양 죽순	45 장흥 키조개
	8 고흥 마늘		37 화순 작약	46 장흥 무산김
	9 진도 홍주		38 화순 목단	47 장흥 매생이
	10 진도 대파			48 여수 굴
	11 진도 검정쌀			49 여수 여자만세꼬막
	12 진도 울금			50 고흥 김
	13 무안 양파			51 고흥 굴
	14 무안 백련차			52 고흥 미역
	15 영암 무화과			53 고흥 다시마
	16 영광 찰쌀보리쌀			54 신안 김
	17 영광 모싯잎송편			55 신안 전복
	18 영광 고추			56 신안 건우럭
	19 영광 고춧가루			57 순천만 가리맛조개
	20 여수 돌산갓			58 해남 김
	21 여수 갓김치			59 해남 전복
	22 여수 거문도쑥			60 진도 전복
	23 담양 딸기			
	24 나주 배			
	25 곡성 토란			
	26 광양 매실			
제주 3	1 제주 녹차	3 제주 돼지고기		
	2 제주 한라봉			

문제점 및 개선방안

지리적표시 상품은 지역별 특산품의 또 다른 이름이다. 세계적으로 공인받는 지리적표시 상품처럼 자타가 인정하는 지역대표 상품이어야 한다. 자타가 공인한다는 의미는 결국 집안 잔치로만 여겨져서는 안 된다는 뜻이다. 따라서 **보다 신중하게 신청해야 하고 엄격한 잣대로 심사받아야 한다.** 그것이 첫 번째 선결과제이다. 그런데 분류기준 자체가 모호한 구석이 있다. 대분류를 농산/임산/수산으로 3등분해 놓고 축산물은 농산물로 임의 분류하고 있다든지 대봉감 반시 곶감 등 감 관련 산물들을 하나같이 임산물로 분류해 오다가 진영 단감만 불쑥 농산물로 등록시킨 것도 쉽게 납득이 가지 않는다.

세계 최초로 시행 중인 KPGI 수산물에 관해서는 지자체의 불만이 이만저만이 아니다. 영광 굴비의 경우만 해도 국내 굴비 중 80%가 영광산으로 '영광굴비'라는 단어가 고유화 됐을 정도임에도 2010년 지리적표시 신청이 반려된 바 있다. 현재 KPGI 등록기준은 유명성과 지리적특성, 지역 연계성 등 3가지 요건으로 심사받는데, 농수산물품질관리법 시행령의 '지리적표시 대상 지역에서만 생산된 농수산물이 주원료여야 한다'는 규정에 반했기 때문이다. 다시 말해 영광에서 잡히는 참조기가 아닐 수 있다는 이유로 반려된 것이다. 이에 대해 이 지역 L 의원은 "일정 장소에서 재배 · 사육되는 농 · 축 · 임산물과 달리 어류 가공품의 경우 그 생산지를 특정하는 게 쉽지 않으며, 특히 조기는 회유성 어류라서 계절에 따라 동중국해와 전남 해안을 이동하는 특성이 있다"고 강조하면서 "지리적표시 등록요건 중 하나인 '지역 연계성'이 가공 분야의 연계성만으로도 지리적표시 등록이 가능하도록 관련 시행령을 개정해야 한다"는 입장을 밝히고 있다. 지금껏 반려된 여러 사례로 볼 때 적어도 수산물에 대해서는 법 제도 개선이나 보완이 시급하다.

둘째로는 **일단 등록된 상품에 대해서는 전폭적인 지원과 관리가 이루어져야 한다.** 일부 지자체에서는 지리적표시 신청 자체를 기피 한다고 한다. 등록되어도 별로 혜택을 보지 못하기 때문에 차라리 신청 비용이라도 아끼자는 실리적인 이유에서다. 정부 부처와 지자체가 앞장서서 이 제도의 의의와 선정상품의 우수성을 널리 알리고 보호 육성해야 한다. 해당 지자체는 매년 등록된 KPGI 산물 축제를 준비하고 유관 부처 주도로는 정기적인 박람회나 전시회를 개최하여 소비자는 물론 업체 관계자나 바이어와 접촉할 수 있는 기회를 조성해 주어야 한다.

셋째로는 **국민과 민간업체의 자발적인 참여가 절실하다.** 시장에서 물건을 사다 보면 지리적표시라는 인증마크가 부착된 상품들을 만나게 된다. 기왕에 살 물품이라면 이 마크가 부착된 상품을 선호해야 하고, 마트나 백화점 등에서도 따로 운영하는 유기농 코너처럼 KPGI 전용 매장을 설치하여 전국 각지의 질 좋은 대한민국 지리적표시 등록상품들을 홍보 판촉하는 데 적극 동참해야 한다.

마지막으로 **아는 것이 힘이 된다.** 정부 부처나 지자체, 일부 민간기업의 힘만으로는 세계적인 지오푸드 반열에 오르기는 역부족이다. 모든 사람이나 사물에 대한 애정은 '앎'에서 비롯된다. 잘 알지도 못하면서 사랑할 수는 없는 법이기 때문이다. 이번에 개정증보판을 발간하고자 하는 이유도, 누구를 막론하고 현재까지 196곳 지자체에서 등록시킨 100여 종의 농 · 림 · 수 · 축산물을 총집대성한 대한민국 지리적표시 등록산물의 총람서(總覽書)로 이용되길 바라서이다.

* 지리적표시 등록 순서별 현황표(2022. 9월말 기준)

농축산물		임산물	수산물
1 보성 녹차	2 하동 녹차	1 양양 송이	1 보성 벌교 꼬막
3 고창 복분자주	4 서산 마늘(등록철회)	2 장흥 표고버섯	2 완도 전복
5 영양 고춧가루	6 의성 마늘	3 산청 곶감	3 완도 미역
7 괴산 고추	8 순창 전통고추장	4 정안 밤	4 완도 다시마
9 괴산 고춧가루	10 성주 참외	5 울릉도 삼나물	5 기장 미역
11 해남 겨울배추	12 이천 쌀	6 울릉도 미역취	6 기장 다시마
13 철원 쌀	14 고흥 유자	7 울릉도 참고비	7 장흥 키조개
15 홍천 찰옥수수	16 강화 약쑥	8 울릉도 부지갱이	8 장흥 무산김
17 횡성 한우고기	18 제주 돼지고기	9 경산 대추	9 완도 김
19 고려 홍삼	20 고려 백삼	10 봉화 송이	10 완도 넙치
21 고려 태극삼	22 안동 포(등록철회)	11 청양 구기자	11 장흥 매생이
23 충주 사과	24 밀양 얼음골 사과	12 상주 곶감	12 여수 굴
25 한산 모시	26 진도 홍주	13 창선 고사리	13 남원 미꾸라지
27 정선 황기	28 남해 마늘	14 영덕 송이	14 고흥 미역
29 단양 마늘	30 창녕 양파	15 구례 산수유	15 고흥 다시마
31 무안 양파	32 여주 쌀	16 광양 백운산 고로쇠	16 창원 진동 미더덕
33 무안 백련차	34 청송 사과	17 영암 대봉감	17 신안 김
35 고창 복분자	36 광양 매실	18 천안 호두	18 해남 김
37 정선 찰옥수수	38 진부 당귀	19 문경 오미자	19 해남 전복
39 고려 수삼	40 청양 고추	20 무주 머루	20 여수 여자만 세꼬막
41 청양 고춧가루	42 해남 고구마	21 울진 송이	21 고흥 김
43 영암 무화과	44 여주 고구마(등록철회)	22 횡성 더덕	22 고흥 굴
45 보성 삼베	46 함안 수박	23 악양 대봉감(등록철회)	23 평창 송어
47 고려 인삼제품	48 고려 홍삼제품	24 영동 곶감	24 진도 전복
49 군산 찰쌀보리쌀	50 제주 녹차	25 가평 잣	25 순천만 가리맛조개
51 홍천 한우	52 영월 고추	26 홍천 잣	26 신안 전복
53 영천 포도	54 영주 사과	27 보은 대추	27 신안 건우럭
55 서생 간절곶 배	56 무주 사과	28 청도 반시	
57 함평 한우	58 삼척 마늘	29 정선 곤드레	
59 김천 자두	60 영동 포도	30 거제 맹종 죽순	
61 진도 대파	62 김천 포도	31 태백 곰취	
63 원주 치악산 복숭아	64 영월 고춧가루	32 인제 곰취(등록철회)	
65 영광 찰쌀보리쌀	66 예산 사과	33 덕유산 고로쇠수액	

농축산물		임산물	수산물
67 여수 돌산갓	68 여수 갓김치	34 진도 구기자	
69 청도 한재미나리	70 담양 딸기	35 횡성 참숯(등록철회)	
71 보성 웅치올벼쌀	72 사천 풋마늘	36 담양 죽순	
73 고령 수박	74 의령 망개떡	37 무주 머루와인	
75 강릉 한과	76 금산 깻잎	38 충주 밤	
77 괴산 찰옥수수	78 인제 콩	39 함양 곶감	
79 김포 쌀	80 영광 한우	40 울릉 우산고로쇠	
81 나주 배	82 창녕 마늘	41 강릉 개두릅	
83 고흥 한우	84 진도 검정쌀	42 화순 작약	
85 거문도 쑥	86 부산 대저 토마토	43 화순 목단	
87 안성 배	88 진영 단감	44 원주 옻	
89 서산 팔봉산 감자	90 영광 고추	45 무주 천마	
91 영광 고춧가루	92 천안 배	46 홍천 명이	
93 고령 감자	94 고흥 석류	47 청양 표고	
95 진도 울금	96 포항 시금치	48 청양 밤	
97 군산 쌀	98 안성 쌀	49 무주 호두	
99 고흥 마늘	100 제주 한라봉	50 인제 고로쇠수액	
101 안성 한우	102 고려 흑삼	51 영월 곤드레	
103 고려 흑삼제품	104 영광 모싯잎송편	52 장수 오미자	
105 기장 쪽파	106 태안 달래	53 부여 표고	
107 곡성 토란	108 부안 오디	54 무주 오미자	
109 양구 시래기	110 서천 한산소곡주	55 평창 산양삼	
		56 밀양 대추	
		57 인제 오미자	
		58 함양 산양삼	
		59 김천 호두	

2

농산물

감자

제89호 지리적표시 농산물 – 서산팔봉산 감자
제93호 지리적표시 농산물 – 고령 감자

개도 안 먹는 감자를
우리보고 먹으라 합니까?

18세기 중반 프로이센의 프리드리히 2세가 기근을 방지할 구황작물로 감자를 심으라는 명령을 내리자 이런 상소문이 올라왔다. 국왕은 본인이 매일 감자를 먹으며 "내가 개만도 못하냐?"고 여론을 무마했다. 옛날이나 지금이나 '항산항심(恒産恒心; 등 따스하고 배부른 백성이 만족한다)'이 치세의 요체인가 보다. 오늘날 정치인들이 본받아야 할 대목이다.

감자(甘藷)는 가지과의 다년생 식물로서 세계에서 네 번째로 많이 생산되는 작물이다. 남미 안데스 지역이 원산지이지만 재배 적응력이 뛰어나 해안가에서부터 5천 미터 고산지대까지, 아프리카 사하라 사막에서부터 눈 덮인 그린란드까지 자라지 않는 곳이 없을 정도이다. 1570년대 신항로를 개척한 에스파냐에 의해 처음으로 유럽에 도입되었으나 맛없고 흉측한 모양새 때문에 악마의 작물로 외면받다가 18세기 이후 급격히 늘어난 인구를 부양할 구황작물로 널리 퍼지기 시작했다. 영국의 곡물 수탈에 시달리던 아일랜드에서는 일찌감치 주식으로 자리 잡기도 했으나 19세기 말 유럽을 강타한 감자마름병으로 인해 100만 명이 굶어 죽는 대기근을 겪기도 했다.

조선 시대 때 편찬된 『오주연문장전산고(五洲衍文長箋散稿)』에 따르면 우리나라에는 1824~25년경 청나라를 통해 전래 되었다. 산삼을 캐기 위해 숨어들어 온 청나라 사람들이 식량으로 몰래 경작한 것이 시초. 초기에 불렸던 '북저(北藷)'라는 명칭은 북에서 온 감자라는 뜻이다. 일본은 우리보다 200년 앞서 1603년 네덜란드 상인들에 의해 전파되었는데, 자카르타에서 가져온 것이라 하여 '자가이모(ジャガイモ)'라는 이름이 붙여졌다.

2013년 충남 서산 팔봉산 감자와 경북 고령 감자가 나란히 지리적표시제로 등록되었다. 감자하면 강원도가 연상될 법한데 강원도는 전역이 온통 감자밭투성이인지라 대표 주자를 내세우기가 좀 머쓱했던 반면, 해양성 유기질 사질토와 낙동강 연안 충적토에서 최고의 우량 감자를 생산해 온 두 곳이 먼저 감자 주산지로 이름을 올린 것이다. 어쩌면 감자바위라 놀림당하는 걸 싫어하는 강원 사람들의 정서가 반영된 탓인지도 모르지만, 감자옹심이 · 감자범벅 · 감자전 등 감자요리의 지존 자리를 꿰차고 있으니 감자는 여전히 강원도의 힘을 반영하고 있다.

감자가 자라기에 가장 적당한 온도는 섭씨 20도 전후이다. 1920년대 초 강원 회양군 난곡면에서 농업연구를 하던 독일인 매그린이 이런 기후 조건에 잘 맞는 품종난곡1~5호을 개발하여 도내의 화전민들에게 보급하면서 쌀 대신 감자가 주식이 되었다. 반으로 쪼갠 씨감자를 3월 하순에서 5월 상순 사이 심어서 싹이 트면 2대쯤 포기를 남기고 솎아준다. 심은 지 석 달도 안 되는 6월 하순~7월 상순에 수확의 기쁨을 누리게 되지만 75% 정도로 수분 함량이 많아 장기 보관이 어려운 게 문제. 감자에는 솔라닌(solanine)과 차코닌(chachonine)이 주를 이루는 글리코알칼로이드(glycoalkaloids)라는 독성화합물이 들어있다. 물리적인 위해(危害)나 광선, 시간의 경과에 따라 그 성분이 증가하며 껍질 바로 밑에 주로 함축된다. 이때 특히 생으로 먹게 되면 독성으로 인해 두통, 설사, 구토 등이 나타나고 심할 경우 사망에 이를 수 있다.

도입 초창기에는 임진왜란 때 일본에서 들여온 고구마와 혼용하여 불려졌다. 아직도 함경도와 황해도에서는 고구마를 단감자, 양감자, 왜감자 등으로 부르며, 한때 전라도와 충청도에선 고구마를 감자라 부르고 감자는 하지감자라 구분했다. 제주에서는 지금도 고구마를 지칭하는 감자와 감자를 지칭하는 지슬 혹은 지실이란 방언이 쓰여지고 있다. 명칭뿐만 아니라 헷갈리는 게 또 있다. 감자는 엄연한 뿌리 식물인 고구마와 달리 줄기가 변성되어 만들어진 덩이줄기 식물이다. 또 고구마보다 단맛은 덜 하지만 혈당지수(Glycemic Index)는 높은 편이라 혈당으로의 전환이 빠르고 에너지로 쓰이지 못한 잉여 당분이 지방으로 축적되기 쉬우므로 과식하지 않도록 주의해야 한다.

그러나 전체적으로 볼 때 감자는 매우 유용한 식물이다. 녹말 13~20%, 단백질 1.5~2.6%에 비타민C가 매우 풍부하다. 지방질이 거의 없는 알칼리성 고단백 식품인 것이다.

감자의 효능을 살펴보면,

1. **알칼리성 저칼로리식.** 감자의 알칼리 성분은 사과의 2배인 6.7로서 농산물 중 최고수준이고 주식 중 유일한 알칼리성 식품이다. 100g 당 열량이 같은 양의 쌀밥 145kcal의 절반인 72kcal에 불과해 적게 먹고도 포만감을 느낄 수 있어 다이어트식으로도 추천된다.

2. **비타민C의 보고.** 감자에는 100g당 비타민C가 23mg 들어있어 일 일 권장섭취량 50mg를 달랑 감자 2개로 해결할 수 있다. 이 양은 사과의 2배에 해당되면서도 가열 조리하더라도 일반 과일 · 야채와 달리 96% 이상이 잔존 하여 영양소 파괴가 거의 없는 특징을 띤다.

3. **성인병 예방.** 성인병 예방에 좋은 이유는 감자에 많이 함유된 칼륨 과 식이섬유 덕분이다. 감자의 칼륨은 나트륨보다 12배나 더 많아 소금 섭취가 많은 한국인의 칼륨:나트륨의 이상적 비율(1:1)을 균 형적으로 맞춰주어 나트륨의 체내 흡수를 막아준다. 쌀밥이나 흰 빵, 면류보다 많은 감자의 식이섬유는 콜레스테롤 및 당의 흡수를 저해하여 동맥경화를 예방하고 혈당치의 상승도 막아준다.

4. **빈혈 예방과 치료.** 가장 흔한 빈혈은 철분 부족으로 오는 철 결핍 성 빈혈이다. 이럴 경우 철분을 많이 섭취해 줘야 하지만 장에서 흡수되지 않고 배설되어 버린다면 별 소용이 없다. 감자에 많은 비 타민C는 철과 결합하여 장에서의 흡수를 도우므로 빈혈 방지에 큰 도움을 준다.

5. **한국인에게 필수적인 건강식품.** 쌀밥(=탄수화물)을 주식으로 하는 식사에는 예외 없이 체내 분해를 위해 수분이 동원된다. 하지만 남 아도는 수분은 노화를 유발하고 성 기능을 저하시킨다. 알칼리성 식품인 감자는 몸의 붇기를 빼 주고 체질의 산성화를 막아준다. 탄

수화물의 소화 흡수에 관여하는 비타민B1 역시 사과의 10배, 밥의 2~3배가 많고 쌀밥에는 거의 없는 콜린, 메치오닌 같은 영양소가 들어있어 우리에게는 필수적인 식품이다.

감자는 주식 또는 간식, 굽거나 찌거나 기름에 튀겨 먹어 그 요리법이 매우 다양하다. 하지만 전분이 적은 서양 감자는 바싹바싹 튀김용으로 잘 어울리는 반면, 전분이 많은 우리 감자는 쫀득쫀득 부침용으로 더 잘 어울린다. 그러다 보니 맥도날드 포테이토는 모두 수입산 감자 버뱅크 품종을 사용한다.

끝으로 감자의 맛과 영양을 살리는 조리 시 4가지 원칙도 알아보자.
1. 가능한 껍질을 벗기지 말고 요리할 것.
2. 자를 때는 공기에 닿는 면적을 적게 하여 큼직하게 자를 것.
3. 비타민C가 물에 녹는 것을 방지하기 위해 자른 뒤에는 물에 씻지 말 것.
4. 산화 방지를 위해 기름에 튀기기보다 볶아 먹을 것.

세계적인 장수마을인 불가리아의 훈자와 에콰도르의 비루카밤바 주민들은 양쪽 모두 '유카(Yuca)'라는 감자류를 주식으로 삼고 있다. 유럽 사람들이 '땅속의 사과'로 불렀던 감자가 오늘날 장수식품으로 각광 받는 대표적인 증거이다. 하루 두 톨의 감자, 여러분도 상식(常食)해 보기 바란다.

갓·갓김치

밥솥에서 퍼낸 더운 쌀밥 위에
척척 걸쳐 먹는 그 맛이 가장 좋다.
입맛이 없거나 나른할 때 한입 넣으면
금세 입맛이 되살아나고 온몸에 힘이 솟는다.

〈음식사냥 맛사냥〉을 연재했던 이종찬 기자의 돌산갓김치 예찬이다.
그는 막걸리를 좋아해서 매콤하면서도 새콤달콤한 갓김치를 안주 삼다
보면 그 맛이 혓바닥을 농락하면서 또다시 시원한 막걸리를 부른다며
경계(?)의 눈초리도 흘린다. 막걸리 애호가인 나 역시 똑같은 심정으로
밥도둑인 간장게장만큼 안주 도둑인 갓김치를 경계한다.

갓은 쌍떡잎식물 양귀비목 겨자과 식물이다. 한국과 중국에 분포하며

한자로 개채(芥菜) 또는 신채(辛菜)라 하고 영어로는 Mustard이다. 우리나라에서는 잎채소를 갓이라 하고 그 열매를 겨자라고 따로 부르는데, 잎을 주로 먹는 것과 겨자로 쓸 품종은 약간 다르며 갓은 주로 김치용으로 쓰이는데 반해 열매는 매운맛이 강하여 양념, 약제용 또는 기름으로 짜기도 한다. 2,000년 이상의 재배역사가 확인된 중국과 달리 우리나라에서의 재배역사는 분명치 않으나 중국과 일본의 전파 내력으로 봐서 오랜 옛날에 도입이 되어 품종분화가 이루어진 것으로 추정된다.

문헌에 많이 나오는 것으로 보아 조선 시대에도 갓김치를 즐겨 먹은 듯하다. 특히 메갓이라고도 불리는 산갓은 이른 봄의 입춘 오신반(五辛盤)에 포함된다. 이것으로 담근 김치는 쏘는 맛으로 미각을 자극하며 그 향취가 사흘을 간다고 하였다. 『증보산림경제(增補山林經濟)』에서는 "산갓이 좀 자라면 즉시 시들고 맛이 좋지 못하다. 봄을 먼저 알린다고 하여 산갓을 '보춘저(報春菹)'라 한다." 하였다.

갓김치에 얽힌 한 일화는 알싸한 맛만큼 음탕하다. 조선 전기 이육이 펴낸 야담집 『청파극담(靑坡劇談)』에는 조선 초 맹 재상이란 자가 아내 몰래 계집종 방을 자주 찾자, 계집종이 "절편같이 고운 부인을 두고 어찌 저를 찾으시냐"고 여쭈었다. 이에 "아내가 절편이면 너는 갓김치"라고 답했다고 한다. 말인즉슨 절편 위에 올려 먹는 갓김치가 더 맛있다는 뜻이다. 갓 쓰고 몰래 먹은 갓김치, 그 톡 쏘는 맛이 남정네의 욕정을 돋운 것이다.

돌산 갓은 해방 후 50년대 초 일본을 왕래하는 여수지역 무역상들이 무잎 형태의 '만생평경대엽고채' 계통의 씨앗을 들여 와 돌산 세구지 마을에서 처음 재배한 것이 시초. 지금은 돌산 전역은 물론 인근 화양면까지 확산 재배되고 있다. 돌산갓김치가 명성을 얻게 된 것은 재래 갓과 달리 해양성 기후와 알칼리성 및 유황 성분의 토사질 토양에서 재배되어 톡 쏘는 매운맛이 적고 섬유질이 적어 부드러운 데다 독특한 향을 지니고 있기 때문이다. 이 같은 특성으로 막 담근 생김치도 담백한 맛을 내지만 일정 기간 숙성시킬 경우에는 감칠맛을 내 하절기나 동절기 할 것 없이 잃었던 입맛을 되찾는 데 제격이다.

여기다 돌산 갓은 단백질 함량이 일반 채소에 비해 높다. 일반 곡류에서 부족한 무기질과 비타민도 많아 콜레스테롤 수치를 낮춰주며 고지혈증 등 성인병 예방에도 효능이 뛰어난 기능성 식품이다. 특히 당질은 8.4%이다. 이 때문에 한때 청와대 식탁에 고정메뉴로 오르기도 했다. 현재는 지리적 특산품으로 등록하여 돌산·화양지역 1천여 농가에서 600여 ha(3백20만여평)에 갓을 재배하고 있다.

돌산 갓은 씨앗을 뿌린 뒤 수분과 일정 시비를 할 경우 50여 일이면 수확이 가능하여 양산체제가 구축돼 있다. 이로 인해 4계절 내내 갓김치 맛을 즐길 수 있는 것도 명성을 이어가는 한 요인이다. 맛은 봄과 가을철에 노지에서 재배된 갓으로 담근 것이 가장 뛰어나다.

돌산 갓김치에는 일반 김치와 물김치, 절임 김치 등 3종류가 있다. 일반 김치는 무잎 갓을 소금에 절여 씻은 뒤 젓국과 마늘, 양파, 생강, 물고추, 찹쌀가루죽 등을 혼합하여 만든다. 물김치는 배춧잎 갓을 절여 배와 사과, 풋고추를 갈아서 만든 즙과 생강, 양파, 마늘, 찹쌀가루죽 등을 혼합하여 하루쯤 숙성시켜야 제맛이 난다. 절임 김치는 팩에 절임 갓을 담고 갖가지 재료의 양념을 별도로 포장하여 소비자의 식성에 따라 간을 맞추도록 한 맞춤형이다.

갓에는 푸른색과 보라색 갓이 있는데 보라색이 향이 더 진하고 맵다. 갓김치는 보랏빛의 붉은 갓으로 담그는 것이 맛있고, 동치미에는 물이 우러나지 않는 푸른색 갓이 좋다. 전라도 지방의 갓김치는 고춧가루와 멸치젓을 많이 넣은 별미 김치이다. 갓은 삭히지 않고 소금에 절이기만 하면 되고 실파를 섞어서 담그면 더욱 맛있다. 겨울철에는 담근 후 한 달쯤 충분히 익은 것이 더 맛있다.

『본초강목(本草綱目)』에서는 '가슴을 이롭게 하고 식욕을 돋운다.'라고 표현하고 있고, 『동의보감(東醫寶鑑)』에서는 '따뜻하고 매운 성질이 담을 제거하고 기(氣)의 유통을 돕고 한(寒)을 몰아내어 몸을 따뜻하게 하니 신장의 사기(邪氣)가 제거되고 구규(九竅 ; 사람 몸에 있는 9개의 구멍)를 통하게 한다.'고 기술하고 있다.

갓은 엽산이 풍부한 식품 중의 하나로서 갓 100g에 엽산이 370μg이 들어있다. 보통 식품 중 엽산의 50~90%가 가공 및 조리 과정에서 파괴되는데, 갓은 김치를 담가 먹어도 엽산의 함량은 크게 줄지 않는다. 엽산은 단백질과 핵산의 합성에 작용하여 발육을 촉진시킨다. DNA 합성에 필요한 티미딜레이트(thymidylate)가 합성되기 위해서는 엽산이 꼭 필요한데 부족하면 세포분열이 정상적으로 일어나기 어렵다. 세포분열이 많이 일어나는 유아기, 성장기, 임신 수유기에 필요량이 대폭 증가하므로 이 시기에 엽산 보충이 필요하다. 술을 많이 마시는 사람, 아스피린이나 경구용 피임약을 복용하는 사람도 결핍되기 쉬우므로 충분한 양을 섭취해야 한다. 엽산이 풍부한 갓김치는 성장발육 외에도 다음과 같은 효능이 있다.

1. **빈혈 예방.** 엽산이 없다면 골수 내의 적혈구 전구 세포들이 새로운

DNA를 형성할 수 없기 때문에 정상적으로 분열되어 성숙한 적혈구가 되지 못한다. 특히 적혈구의 수명은 통상 4개월 정도인데, 새로운 적혈구가 만들어질 때 엽산이 결핍되면 정상적인 적혈구가 생성되지 못해 악성 빈혈이 유발된다.

2. **뇌졸중 예방.** 식사를 통해 충분한 양의 엽산을 섭취하는 사람들은 적은 양의 엽산을 섭취하는 사람들보다 뇌졸중 발생 위험이 낮다고 한다. 미국 보건조사의 일환으로 실시한 한 영양조사에 따르면, 19년 동안을 추적 관찰한 결과 가장 많은 식이성 엽산을 섭취한 사람들이 가장 적은 양의 식이성 엽산을 섭취한 사람들보다 뇌졸중을 경험할 가능성이 21%가 낮다고 보고하였다.

3. **암 예방.** 엽산이 암을 유발하는 DNA의 손상 위험도 감소시킬 수 있다. 엽산의 일일 섭취 권장량은 400μg인데 한 연구 결과에 의하면, 하루 700μg의 엽산 섭취로 젊은 성인들은 DNA의 손상을 최소화할 수 있다고 한다. 또한 적당량의 엽산 섭취가 여성들에서 대장암 및 직장암의 발생률을 감소시켜준다고 한다.

갓과 잘 어울리는 음식으로 된장을 꼽을 수 있다. 콩으로 만들어진 된장은 각종 영양소가 풍부해서 성장발육에 도움을 준다. 갓에 된장을 넣고 밥을 쓱쓱 비벼 먹어도 맛있고 무침을 해도 입맛을 돋우기 때문에 함께 먹으면 맛과 영양 모든 면에서 궁합이 잘 맞는다.

끝으로 갓김치 담그는 법을 소개한다.

< 갓김치 담그는 법 >

재료. 갓 1kg, 실파 500g, 고춧가루 1과1/2컵, 멸치젓 2컵, 굴 1컵, 밤 10개,
　　　배 1개, 잣 1큰술, 마늘 2통, 생강 1톨, 통깨 1큰술, 굵은 소금 1/2컵,
　　　계란 1개, 양파 1/2개, 실고추 약간

1. 갓은 깨끗이 씻어 소금에 절인다.

2. 실파는 5cm 길이로 자른다.

3. 밤과 배는 껍질을 벗겨 편으로 저며 썰고 잣은 마른행주로 닦는다.

4. 굴은 연한 소금물에 흔들어 깨끗이 씻는다.

5. 냄비에 멸치젓과 물을 붓고 끓인다.

6. 달걀흰자는 거품을 내고 양파는 곱게 채 썰어 섞는다.

7. 끓인 멸치젓에 흰자 양파를 넣고 은근한 불에 끓여 맑은 액젓을 만든다.

8. 거즈에 내려 맑은 액젓을 만든다.

9. 고춧가루에 멸치젓국과 통깨를 넣고 불려 양념장을 만든다.

10. 양념장에 실고추, 밤, 배, 실파, 굴, 다진 마늘, 다진 생강을 넣고 버무려
　　속을 만든다.

11. 절인 갓은 물에 씻어 채반에 널어 물기를 뺀다.

12. 물기 뺀 갓에 속을 넣고 버무린다.

13. 먹기 좋은 크기로 등분하여 항아리에 담는다.

검정쌀

제84호 지리적표시 농산물 – 진도 검정쌀

진도에는 '방죽골 장사샘' 전설이 전해온다.
이곳에 살았던 이씨 집안은 대대로 힘센 장사를 배출했는데
마을 어귀의 샘 때문이라는 소문이 자자했다.
그 뒤 사천저수지가 만들어지면서 사라져 버렸지만
지금도 사람들은 장사샘의 영험한 생명수가
이 일대의 검정쌀에 기운을 불어넣는다고 믿는다.

　진도 농산물을 대표하는 검정쌀 전문 도정업소인 이곳 진도정미소 주
인이 전해준 말이다. 이 정미소에서는 흑향미, 흑진주, 찰진주, 홍진주,
녹진주 등 다양한 검정쌀 도정 제품이 생산되고 있다. 수백 종에 이르는
검정쌀(黑米)은 중국 품종이 전 세계의 90% 이상을 차지한다. 중국 남

부 지방에서 야생하던 것을 2천여 전부터 재배한 것으로 추정되는데 중국 고대 농서인 『제민요술(濟民妖術)』에 북위 시대인 서기 286~534년에 걸쳐 재배한 기록이 남아있어 이를 뒷받침하고 있다.

국내에는 중국에서 유입된 흑미가 농촌진흥청에 수집되어 특종 쌀로 보관되던 중 10여 종의 품종개발을 통해 1980년대 이후부터 서서히 농가로 보급되기 시작했다. 이곳 진도군이 검정쌀의 주산지로 자리 잡게 된 것은 1985년 전국에서 처음으로 이곳 소포마을에서 검정쌀을 재배하기 시작하였거니와 특유의 해양성 기후와 유기질이 풍부한 간척지, 충분한 일조량 등 지리적 여건이 잘 부합되었기 때문. 전라남도 진도군이 최근 검정쌀을 지리적 표시 농산물로 등록했다. 2012년 현재 1,300여 농가가 전체 농지의 1/4을 차지하는 2천 헥타르의 논에서 연간 9천 톤 정도의 검정쌀을 재배하여 국내 검정쌀 유통의 80%를 차지하고 있다.

검정쌀은 검정약쌀로 불릴 만큼 특별히 건강에 좋다고 알려져 있다. 그도 그럴 것이 검정쌀은 일반 쌀에 비해 각종 영양소를 많이 함유하고 있다. 찰흑미 100g에는 단백질 9.88%, 아미노산 0.54%, 비타민 B1 2.76mg, 비타민 B2 0.47mg, 철분 59.7mg, 칼슘 162mg, 아연 18.3mg, 망간 39.3mg, 셀레늄 0.13mg이 들어있다. 특히 진도 검정쌀에는 보라색과 독특한 향미를 내는 안토시아닌 성분이 많으며, 비타민 B와 E는 일반미보다 무려 4배가 많다. 안토시아닌은 식물에서 병원균 감염이나 상해, 자외선에 대한 방어 능력을 가지고 동물 체내에서는 항산화, 항염, 심혈관계 질병 예방 치료 같은 뛰어난 효능을 갖기 때문에 기능성 식품으로서의 가치가 매우 높다. 이들 성분 외에도 감마오리자놀, 옥타코사놀, 토코페롤 등의 미량 함유 성분들이 성인병의 주된 원인인 뇌질환 및 심장질환 예방에 큰 도움을 준다.

중국 최고의 의서인 이시진의 『본초강목(本草綱目)』에 의하면 흑미는 '介胃益中, 滋陰補腎, 建碑緩肝, 明目活血' 하다고 밝혀 어지럼증, 빈혈, 고혈압, 백발 예방, 눈병, 심혈관, 다뇨증, 변비 등에 효과가 있다고 기록하고 있다. 중국의 1992년 11월 자 논문에서는 직장암 40명에 대한 흑미의 효과를 관찰한 결과, 흑미를 장기 섭취할 경우 병세가 호전됨을 입증한 바 있다. 국내 전남대 농학과 연구팀도 검정쌀에서 추출한 안토시아닌을 암컷 쥐의 배양 암세포에 주입한 결과 최대 80%의 암세포가 사멸된 것을 확인했다. 이는 흑미 속에 많이 들어있는 항산화 성분인 안토시아닌과 셀레늄(Se) 등이 항암 작용을 나타내기 때문이다.

흑미는 현미로 도정해 식용되므로 씨눈이 있어 영양적인 측면에서 보면 백미보다 훨씬 우수하다. 단백질과 지방, 비타민 B군과 D · E, 칼슘과 인, 철 등이 풍부해 아미노산이 많고 특히 라이신(Lysin)이 백미보다 많이 함유되어 있다. 또한 빈혈, 다뇨증, 심혈관 등의 질병에 효과가 있으며 노화를 방지하고 백발과 변비 예방에 효과가 있다. 피부에도 좋은 영향을 미친다. 흑미는 백미에다 10% 정도 혼반(混飯)해 밥을 지으면 밥맛도 구수하고 건강에도 좋다.

검정쌀의 주요 효능을 살펴보면
1. **미용과 성장촉진.** 흑미를 매일 먹으면 인체의 면역기능이 강화되고 종합적인 조절기능이 개선되어 노화 방지, 질병 예방, 여성미용 등에 효과가 있다. 임산부에 빈발하는 빈혈에 특효이고 어린이들의 골격 형성에 도움을 준다. 성장기 유아에 필요한 각종 영양소가 풍부하여 이유식으로도 적극 권장한다.
2. **콜레스테롤 억제.** 한국식품개발연구원 하태열 박사팀은 곡류가 콜레스테롤에 미치는 영향을 연구한 결과 검정쌀이 체내 콜레스테롤

상승을 막는 데 가장 효과적이라는 사실을 밝혀냈다. 검정쌀의 색소 성분인 안토시아닌이 콜레스테롤 저하 물질로 밝혀졌다.

3. **탈모 방지.** 일본의 화장품업체인 메나도사(社)는 생약으로 사용되어 온 흑미 엑기스가 육모 효과가 있다고 발표했다. 즉 흑미 엑기스가 모발 성장인자의 하나인 HGF(Hepatocyte Growth Factor)의 분비를 촉진하고 모발의 하단부를 싸고 있는 모포(毛包)를 성장시켜 모발이 굵고 건강하게 자라게 한다는 것이다.

검정쌀은 겉은 검으나 속은 희면서 찰기가 있다. 일반미에 5% 정도를 섞어 밥을 지으면 구수하고 찰진 밥이 된다. 2011년 농업진흥청이 실시한 지역농업 특성화 사업 평가에서 진도군이 당당히 최우수 평가를 받았다. 진도군은 지역특산품인 검정쌀에서도 다양한 가공식품 개발에 열을 올려 지금까지 흑미식혜, 흑미떡, 흑미국수, 흑미한과, 흑미강정, 흑미막걸리, 흑미과자, 흑미식초 등을 내놓고 있다.

이처럼 검정쌀의 역사가 일천 하다 보니 앞으로도 메뉴 개발이 기대되는 마당에, 어떤 젊은 주부 한 분이 검정쌀로 팝콘 만들기를 제안해 왔다. 기름도 두르지 않은 프라이팬에 검정쌀을 넣어 볶기만 하면 톡톡 흰 속살을 드러내는 맛있는 팝콘이 된다는 것이다. 100% 무공해 간식에다 영양 만점이라서 아이들이 있는 집에서는 꼭 한 번 따라 해 보기 바란다.

매년 8월이면 이곳 소포마을에서는 검정쌀 축제가 열린다. 남도 민요와 판소리 등 전통 가락과 어우러지는 축제 마당에 오면 검정쌀로 빚은 진도 홍주와 찰떡을 맛볼 수 있다. 건강하고 예뻐지고자 하는 선남선녀들이여, 올여름 휴가는 이곳으로 오시라.

겨울배추

....

제11호 지리적표시 농산물 – 해남 겨울배추

땅끝에 서서
더는 갈 곳 없는 땅끝에 서서
돌아갈 수 없는 막바지...(중략)
혼자 서서 부르는 / 불러
내 속에서 차츰 크게 열리어
저 바다만큼
저 하늘만큼 열리다.

- 김지하 시 '애린' 일부 -

   김지하의 시처럼 해남 땅은 땅끝마을이다. 돌아갈 수 없는 막바지이기에 결연한 마음으로 부르는 노래는 바다를 열고 하늘마저 열게 한다. 이곳 해남 땅에서 겨우 내내 열리는 것이 또 하나 있으니 바로 겨울배추다. 수확기에 접어드는 초겨울이면 주산지인 이곳 황산, 화원 일대의 배추밭은 온통 푸르른 바다처럼 장관을 이룬다.

  해남 겨울배추는 전국 생산량의 70% 이상을 차지할 정도로 강원도 고랭지배추로 대표되는 여름배추와 쌍벽을 이룬다. 배추는 재배 시기에 따라 4계절 배추로 나뉘고 속이 차는 여부에 따라 알이 꽉 찬 결구(結球)형과 그렇지 않은 비결구형으로 나뉘는데 우리가 즐겨 먹는 대부분은 결구형 배추다.

  배추는 섭씨 23도 이상의 고온에 취약한 반면, 5도 이하에서도 생육을 멈추므로 온도에 대한 적응범위가 좁다. 따라서 더운 여름철에는 서늘한 고랭지에서 주로 재배되고 겨울에는 영하의 기온으로 내려가는 법이 거의 없는 남해안 일대에서만 재배된다. 한편 겉절이 해서 먹기 좋은 봄배추는 비닐하우스에서 겨울을 난 것이라 연하고, 김장용 배추인 가을배추는 속이 노랗고 고소한 맛이 특징이다.

  우리나라 특산품 중 11번째로 지리적표시 상품으로 등록된 해남 겨울배추는 다음과 같은 특징으로 타의 추종을 불허한다.
  1. **무농약 재배.** 병충해가 없어지는 가을에 재배하기 때문에 농약을 거의 쓰지 않고 설령 쓰더라도 초기에 조금 쓸 뿐 4개월이 지난 출하기에는 자연 분해되므로 농약 걱정을 하지 않아도 된다.
  2. **뛰어난 맛.** 해남 겨울배추는 겨울을 이겨내기 위한 활발한 당 대사를 하여 당도가 높고 조직이 치밀하여 아삭하니 질감이 좋다.
  3. **꽉 찬 속.** 동일한 양의 하우스 배추에 비해 조직이 치밀하고 결구가 완벽하여 양이 많고 맛이 좋으며 시간이 흘러도 물러지지 않는다.
  4. **안정적인 생산.** 풍 · 흉작에 좌우되는 여름배추와는 달리 겨울철 배

추 시장의 70% 이상을 차지할 정도로 공급이 안정적이다.

5. **김치냉장고와 천생연분.** 12월 중에 수확하여 저온창고에 보관하였다가 3~4월에 출하되는 해남 겨울배추는 늦여름까지 김치냉장고에 두고 먹을 수 있어 농약을 많이 쓰는 고온기 배추보다 맛과 영양이 뛰어나다.

영어명 Chinese cabbage에서 알 수 있듯 배추는 중국이 원산지이다. 화북 일대에서 화중, 화남, 한반도를 거쳐 일본으로 전파되었는데 각 지역에 따라 독특한 형의 품종으로 개량되었다. 우리나라에서 배추가 재배된 시기는 정확하지 않으나 고려 고종 23년(서기 1,236년) 때 출간된 『향약구급방(鄕藥救急方)』에 그 성상이 설명되어있는 것으로 보아 그 이전으로 추정된다. 당시에는 배추를 채소가 아닌 약초로 여겨 숭(崧)이라 했다. 숭은 중국 제나라 때 처음 등장하는데 추운 겨울에도 시들지 않는 소나무 풀이라는 뜻이다. 배추는 본래 중국어의 白菜(백채, 빠이차이)라는 말에서 배채〉배차〉배추로 발음이 변화된 것으로, 지금도 중국 산동성 일대에선 그대로 불리고 있다.

배추는 중국요리에서 육류와 함께 항상 빠지지 않고 나오는 식품으로 중국에선 '백 가지 야채가 배추만 못하다(百菜不如白菜)'란 말이 있을 정도로 배추를 중히 여겨왔다. 우리나라에서도 1년 내내 김치와 국 찌개 등에 이용되고 있는 배추는 96%가 수분이지만, 다른 영양분도 많이 들어있다. 배추의 푸른 잎에는 철분, 칼슘, 엽록소, 비타민C가 많고, 노란 고갱이에는 비타민A가 많다. 특히 배추의 비타민C와 칼슘은 국으로 끓이거나 김치를 담가도 다른 식품에 비해 영양분 파괴가 적다. 또 야채나 과일 섭취가 부족한 겨울철엔 비타민의 공급원으로서 배춧잎 하나로 1일 비타민C 필요량을 섭취할 수 있을 정도여서 겨울철 감기 예방에 더없이 좋은 식품이다. 배추의 중요한 영양가엔 칼슘이 있는데 칼슘은 알칼리성으로 밥, 국수, 고기 등의 산성식품을 중화시키는 기능이 있다. 그리고 배추는 열량이 낮을 뿐 아니라 단백질, 지방, 당질의 함량이 낮아서 다이어트 식품으로도 애용된다. 배추에는 식이 섬유가 많아 배추김치를 즐겨 먹으면 변비, 대장암 예방과 치질 치료에 도움이 되지만 다량 섭취시 배변 속도가 빨라지므로 설사 증세가 있는 사람은 피해야 한다.

< 좋은 배추 고르기 >

김장용 배추를 고를 때는 너무 크지도 작지도 않은 중간 크기가 좋다. 배추를 들어보았을 때 일단 묵직하고 손으로 눌렀을 때 단단한 것이 수분이 많고 싱싱한 배추다. 겉잎의 흰색과 녹색이 선명하게 대비되는 것으로 배추 속 부위가 노르스름한 색을 띠고 줄기 부위를 씹어봤을 때 달고 고소한 맛이 도는 것이 좋다. 또 겉잎을 많이 떼어낸 흔적이 있으면 병이 들었거나 저장에 문제가 있는 것이니 겉이 조금 시들하더라도 겉잎이 붙어있는 배추가 좋고 겉잎에 검은 반점이 있으면 속까지 그런 경우가 많으니 주의해야 한다.

< 배추국 만드는 법 >

1. 배추는 깨끗이 씻어서 적당한 크기로 손으로 찢는다.
2. 적당량의 물에 된장과 고추장을 풀고 쇠고기를 먼저 넣고 끓인다.
3. 물이 끓으면 배추를 넣고 다진 마늘을 넣고 한소끔 끓인다.
4. 간이 안 맞으면 소금과 다시다로 간을 맞추고 파를 넣고 배추가 적당히 익을 때까지 끓인다.

고구마

스미는 햇살
속 타는 땅속 숨결에
새 몸으로 맺히는 줄기

꿈을 품은 뜨거운 열매이면서
뿌리 옆구리에서 길을 묻는
내 안에 자라고 있는 알맹이

　　재미작가 백선영의 〈보랏빛 고구마〉 일부이다. 여름 한 철을 나야 하는 인고의 과정을 잘 표현하고 있다. 메꽃과의 한해살이 뿌리채소인 고구마의 원산지는 멕시코에서 남아메리카 북부에 이르는 중앙아메리카 지역이다.

콜롬부스가 아메리카 대륙을 발견한 후 유럽으로 급속히 전파되었는데, 감자와 함께 주로 하층민들의 부식 거리로 쓰였다. 그 뒤 필리핀, 중국의 푸젠성(福建省)에 전해졌으며 차차 아시아 각국에 퍼졌다. 주로 아시아 · 아프리카에서 재배하며 서양에서는 생산량이 적다. 나라로는 중국 · 인도네시아 · 한국 · 브라질 등지에서 많이 재배한다. 우리나라에는 조선 영조 39년(1763년) 때 일본에 통신사로 갔던 조엄이 대마도에서 고코이모(ココイモ)로 불리던 씨고구마를 들여온 것이 시초다. 이처럼 고구마라는 명칭은 쓰시마 지방어의 음이 우리말로 차용된 것인데, 초기 명칭이었던 감저(甘藷)는 오늘날 감자(Potato)로 둔갑해 버렸다. 하지만 제주도에서는 지금도 고구마를 감저 또는 감자로, 감자는 지실 또는 지슬로 부르고 있다.

고구마 재배의 적정온도는 섭씨 30~35도라서 3월 중순부터 온상에 씨고구마를 묻은 후 5월 상순 싹이 30cm로 자라면 20~30cm 간격으로 옮겨 심어 같은 해 10월 상순부터 수확한다. 초기 재배지는 남해안 일대와 제주도였지만 점점 북상하여 지금은 전국적으로 재배가 이루어지고 있다. 남부권 재배지를 대표하는 해남 고구마는 당도가 뛰어난 호박고구마로, 중부권 재배지를 대표하는 여주 고구마는 토실토실한 밤고구마로 명성을 얻고 있다. 두 곳 다 황토와 마사토가 적당히 섞여 배수와 통기가 잘 되는 최적의 토질을 자랑한다.

고구마의 성분은 수분 69.4%, 당질 27.7%, 단백질 1.3% 등이며 녹말이 주성분이다. 소화에 도움을 주는 섬유질이 다량 함유되어 있고 베타카로틴, 비타민 B1, B2, C, E 등이 많이 포함되어 있어 자주 먹는 것이 좋다. 특유의 단맛 때문에 요리에 자주 쓰인다. 삶은 고구마, 고구마죽, 그라탱, 고구마튀김, 고구마 샐러드, 고구마밥, 고구마 케이크 등 고구마를 식재로 하는 요리는 무궁무진하다.

대표적인 고구마의 효능을 정리해 보면,

1, **다이어트 효과.** 고구마는 밥보다 칼로리(100g당 130kcal)가 적
  으면서 위에 머무는 시간이 길어 배고픔을 덜 느끼게 한다. 고구
  마에 풍부한 식물성 섬유가 장의 움직임을 활발히 해 변비를 해소
  하고 생고구마를 썰 때 나오는 하얀 진액의 수지 배당체인 얄라핀
  (Jalapin)이 변을 무르게 해 숙변 제거 효과도 볼 수 있다. 칼륨의
  이뇨 작용과 비타민E의 혈행 작용까지 가세하여 다이어트 효과를
  배가시킨다.

2, **암 예방 효과.** 대장암의 빈도가 극히 낮은 뉴질랜드 마오리족이 다
  른 종족에 비해 고구마를 많이 섭취하고, 미국 뉴저지의 남성들이
  폐암을 예방하는 식품으로 고구마, 호박, 당근을 선호한다는 보고
  가 있다. 이는 항암, 항산화 인자로 알려진 베타카로틴(비타민 A의
  전구물질)과 글루타치온이 풍부하기 때문인데 미국 국립암연구소
  (NCI)의 연구 결과에 따르면 고구마, 당근, 호박을 섞어 하루 반 컵
  정도 먹으면 폐암에 걸릴 확률을 절반으로 줄일 수 있다는 것이다.

2, **피로회복 효과.** 고구마에는 피로회복에 도움이 되는 비타 민B1,
  B2, C와 안티에이징 비타민으로 알려진 비타민E(토코페롤)가 많이
  함유되어 있으며 특히 고구마의 비타민C(100g당 25mg)는 조리 과
  정을 거쳐도 70~80%가 파괴되지 않는 장점을 지니고 있다. 이처
  럼 몸에 좋은 성분들은 고구마 껍질에 많기 때문에 가능한 한 껍질
  을 벗기지 않고 잘 씻어서 생으로 먹는 것이 좋다.

알칼리성 식품인 고구마에는 칼륨이 특히 많다. 칼륨 섭취는 나트륨
길항작용을 나타내어 몸 밖으로 배출시킨다. 고구마를 먹게 되면 소금

의 주성분인 나트륨의 소비가 많아지므로 고구마를 먹을 때 소금기가 있는 김치를 곁들이면 맛도 좋고 영양의 균형을 잃지 않을 수 있다.

고구마를 많이 먹으면 방귀가 지독해진다는 속설이 있는데 이는 낭설이다. 고구마에 들어있는 아마이드 성분이 세균의 번식을 도와주고 다량의 섬유소가 장내세균들에 의해 분해되면서 가스 발생량은 증가하지만, 고약한 냄새를 유발하는 인돌, 황화수소 등은 거의 발생하지 않기 때문이다. 냄새가 지독하다면 고구마와 함께 먹은 다른 음식물을 의심해야 한다.

화성 탐사용 우주식품으로 선정될 정도로 고구마는 뿌리와 줄기, 잎을 모두 먹을 수 있는 전천후식품이다. 영양학적으로 뛰어나며 단시간 내에 수경 재배가 가능하고 버릴 게 하나 없기 때문이다. 고구마를 고를 때는 껍질이 얇고 표면에 상처가 없으며 색깔이 선명하고 단단한 것을 고르는 것이 좋다. 수염뿌리가 많은 것은 질긴 경우가 많으므로 유의한다.

끝으로, 고구마수프 만드는 법을 소개한다.

< 고구마수프 만드는 법 >

맛도 좋고 먹기도 좋은 고구마수프에는 90%의 칼륨이 존재하여 나트륨 길항 작용을 일으키고. 펙틴이라는 섬유질이 콜레스테롤을 분해하여 고혈압이나 동맥경화가 걱정되는 분들에게 큰 도움을 준다.
 1. 껍질을 벗겨서 8mm 정도로 썬다.
 2. 물은 조금씩 붓고 너무 무르지 않도록 10분 정도 삶는다.
 3. 여기에 당근, 양파, 피망 등 다른 야채를 넣고 함께 삶으면 색다른 맛이 난다.

고추·고춧가루

아버지는 나귀 타고 장에 가시고
할머니는 건너 마을 아저씨 댁에.
고추 먹고 맴~맴, 달래 먹고 맴~맴

할머니가 돌떡 받아 머리에 이고, 아버지가 옷감 떠서 나귀에 싣고 고 갯길을 넘어오실 때까지 지루한 시간을 달랠 수밖에 없었던 시골 아이 들의 속 타는 마음을 맵디매운 고추와 달래로 표현한 윤석중의 동요는 언제 들어도 정겹다.

매운맛을 대표하는 고추의 영어명은 Red pepper이다. 후추인 Pepper 와 아무런 상관이 없음에도 이렇게 불리게 된 연유는, 인도로 착각하고 아메리카 대륙을 밟은 콜럼버스 일행이 인도산 후추의 일종이라고 여겼

기 때문이다. 이후로 고추속에 속하는 열매는 모두 Pepper로 불리게 되었다. 원산지인 아메리카 대륙에서 1493년 콜럼부스가 스페인으로 처음 고추를 가져 갔지만 분실되었고, 브라질에서 재발견한 포르투갈인들에 의해 유럽으로 전파되어 후추 대용 향신료로 확산되었다. '일본을 거쳐 온 것으로 왜겨자(倭芥子)라고도 한다'는 이수광의 『지봉유설(芝峯類說: 1614년)』에 근거하여 우리나라에는 16세기 말 일본을 통해 들여온 것으로 추정되며 남만초, 왜초, 번초 등으로 불렸다. 지금의 명칭은 남자의 거시기와 닮아서라는 설과 '고려 후추'를 줄여 부르게 된 것이라는 설이 있다. 그런데 일본 혼슈지방 사람들은 지금도 고추를 高麗胡椒(これくす; 코레구스)라 부르며 한반도에서 가져온 것으로 여기고 있어 임진왜란, 정유재란 등 당시의 어수선한 정세 속에 규슈-한반도-혼슈로 우회 전래 되었을 가능성을 점칠 수 있다.

우리나라에서 가장 매운 고추는 단연 청양고추 품종이다. 1983년 중앙종묘의 유일웅 박사에 의해 개발되었으며 경북 청송과 영양 일대에서 3년간 연구 시험 재배를 했기 때문에 두 지방의 앞 자와 뒤 자를 따서 청양고추라 명명하였다. 고추의 매운맛은 캡사이신 성분 때문이며, 1912년 맵기의 판단 기준을 처음 마련한 미국 화학자 스코빌의 이름을 따서 Scoville Heat Unit(SHU)이라는 국제표준 단위로 맵기를 평가한다. 청양고추의 매운 정도는 4,000~12,000스코빌인데, 일명 유령 고추로 불리는 인도의 부트 졸로키아(Bhut Jolokia)는 무려 100만 스코빌이 넘는 기네스 공식기록으로 매운 고추 1위를 기록하고 있다. 맵기로 소문 난 멕시코의 명물 하바네로(Habanero)가 50만 스코빌이니 그 맵기를 가히 짐작하기도 어렵다. 경찰들이 사용하는 테러 진압용 스프레이는 이를 훌쩍 뛰어넘어 530만 스코빌, 일반 최루 분사기는 200만 스코빌이라니 매운맛을 제대로 보려면 데모대에 한 번 앞장서보라.

고추는 나라별로 각종 요리에 널리 사용되고 있다. 중국의 쓰촨, 후난 요리는 매운맛을 특징으로 하고 있고, 태국의 똠얌 스프 요리 역시 매운 맛이 일품이다. 인도, 스리랑카, 방글라데시에서는 고기 요리에 고추를 많이 사용하며, 고추의 원산지인 멕시코, 페루, 볼리비아에서도 매운 고추 소스를 상용한다. 유럽에서는 주로 남부 국가인 이탈리아, 그리스, 헝가리 등에서 매운 요리를 쉽게 만날 수 있다. 그러나 우리만큼 고추를 사랑하는 국민도 드물 것이다. 주식 거리인 김치의 필수재료이고, 거리에 나서면 불닭이니 불갈비니 하는 온통 매운 음식 일색이다. 외국인들이 처음 한국에 와서 놀라는 일 중 하나가 그 매운 고추를 고추장에 찍어 먹는 것이라고 하니 더 할 말이 있겠는가. 이렇게 소비되는 고추가 1인당 하루 5.1g, 연간 2~4kg에 달해 고추 과소비국 반열에 올라 있다. 하지만 재배면적 45,000ha에 연간 12만 톤에 달하는 고추생산량은 매년 조금씩 줄고 있다. 다른 작물에 비해 노동력이 많이 필요한데 농촌인구가 고령화 되는 반면 상대적으로 인건비가 상승하고 있기 때문이다.

화끈하고 저돌적인 우리 국민성이 고추에 비유될 만큼 고추는 작아도 맵다. 그 매운 기운은 알칼로이드의 일종인 캡사이신(Capsaicin) 성분 때문인데, 개화 2주일부터 생기기 시작하여 3주일 후에 최고치에 달하며 고추씨에 가장 많다. 뇌에서 엔돌핀(endorphin) 생성을 촉진 시켜 기분을 좋게 하며 입안과 위를 자극, 체액의 분비를 촉진하여 식욕을 증진시키고 혈액순환을 도와준다. 고추는 영양학적으로 비타민A, C가 풍부한데, 특히 비타민C는 사과의 40배, 귤의 2배에 달한다. 더욱이 고추의 비타민C는 캡사이신 덕분에 쉽게 산화되지 않아 조리하는 동안에도 손실이 적다.

고추의 대표적인 효능을 간략히 기술하면,

1. **다이어트.** 체내 에너지대사를 촉진하는 캡사이신 성분이 체지방을 분해하고 지방을 연소시킨다.

2. **식욕 증진.** 캡사이신의 매운맛이 입안과 위를 자극, 소화액 분비를 촉진시켜 식욕을 돋운다.

3. **음식 발효.** 고춧가루로 김치를 담그면 캡사이신이 젖산균의 발육을 도와 잘 발효된 잦산발효식품을 탄생시킨다.

4. **피로 회복.** 한여름 더위에 지칠 때 먹는 풋고추 한두 개는 풍부한 비타민 등으로 해서 원기회복에 도움을 주지만 과잉 섭취시 위궤양, 간 기능 손상 등을 유발하므로 유의.

5. **감기 예방.** 점막을 튼튼히 해 주는 비타민A와 항암 작용의 베타카로틴, 비타민C 등이 호흡기감염에 대한 저항력과 면역력을 길러준다.

6. **신경통, 요실금 예방.** 캡사이신이 혈액순환을 촉진, 신경통을 예방하고 방광수축을 방지하여 요실금 치료에 도움을 준다.

고추를 고를 때는 끝이 둥글어서 과피(果皮)가 두껍고 씨가 적으며 꼭지가 단단히 붙어 있는 놈을 골라야 한다. 그래야 고추를 빻아 가루를 내도 양질의 고춧가루가 많이 나온다. 고춧가루는 햇볕에 자연 건조 시키는 태양초 고춧가루가 좋은데 만드는 방법을 간략히 소개하면

< 태양초 고춧가루 만드는 법 >

1. 갓 따낸 고추를 물로 깨끗하게 씻은 다음,
2. 빛이 들어가지 않도록 검정 부직포 등으로 덮어 3일 정도 숙성시킨 후,
3. 1주일 이상 햇빛에 말리면 된다. 참고로 숙성되지 않은 고추를 직접 햇빛에 말리면 빨간 고추가 하얗게 색이 변하는 희나리 현상이 나타나 상품 가치를 잃게 된다.

고추장

제8호 지리적표시 농산물 – 순창 전통고추장

인가에 요긴한 일, 장 담그는 경사로다
소금을 미리 받아 법대로 담그리라
고추장, 두부장도 맛맛으로 갖초 담으소

『농가월령가(農家月令歌; 1861년)』중 삼월령의 한 대목이다. 3월에 고추장 담글 것을 권장하고 있다. 선조들은 주재료에 따라 찹쌀고추장, 수수고추장, 보리고추장, 팥고추장 등 다양한 고추장을 개발했다. 역사적으로 고추장이 우리나라에서 식용되기 시작한 것은 16세 기말 무렵으로 추정된다. 멕시코 일대가 원산지인 고추는 1493년 콜롬부스에 의해 처음 유럽에 소개되었고 우리나라에는 1614년 광해군 6년 때 일본으로부터 전래되어 왜개자(倭芥子)라 불려졌다. 처음에는 생고추나 고추씨를 술안주 등으로 사용하였으나 곧이어 메주와 쌀 등 전분질 원료를 배합시킨 고유의 전통 발효식품으로 발전시켰다.

　임진왜란을 겪었던 허균의 저서 『도문대작(屠門大嚼)』에 초시(=매운 메주)란 용어가 나오는데, 이것이 바로 오늘날의 고추장임이 밝혀졌다. 『증보산림경제(增補山林經濟, 유중림; 1766년)』에는 장 담그는 법이 나오고 '콩으로 만든 말장 가루 한 말에 고춧가루 세 홉, 찹쌀가루 한 되를 취하여 좋은 청장으로 침장한 뒤 햇볕에 숙성시킨다.'고 쓰여 있어 그 당시 고추장 제법이 상당히 확립된 것으로 보인다. 영조 때 이표가 쓴 『소문사설(諛聞事說, 1740년)』에는 '순창고추장 조법'이 소개되어 있다. 즉 전복, 큰새우, 홍합, 생강 등을 첨가하여 타지방과 특이한 방법으로 고추장을 담갔는데 그 맛은 물론 영양학적으로 매우 우수하였다는 것이다. 영조는 아들인 사도세자를 뒤주에 가둬 죽인 슬픈 가족사를 남기기도 했지만, 매우 엄격하고 절제된 생활로 조선왕조 최장수 왕이 되었다. 영조의 장수비결은 소식(小食)하는 습관과 더불어 인삼과 고추장을 무척 즐겼다는 데 있다. 입맛 없을 땐 고추장에 밥 비벼 먹는 걸 그렇게 즐겼다 하니 제아무리 산해진미 수라상이라 해도 고추장 맛을 따라잡진 못했나 보다.

　순창고추장의 유명세는 그보다 훨씬 이전으로 거슬러 올라간다. 태조 이성계가 어린 시절의 스승인 무학대사가 기거하던 순창의 만일사를 찾아가던 중 들렀던 어느 농가에서 매운 장을 곁들인 맛있는 점심을 먹고 환궁한 후 그 맛을 잊지 못해 진상하도록 한 데서 비롯되었다는 것이다. 고추가 도입되지 않았던 때라 천초(=초피나무 열매껍질)로 담근 장이었겠지만 이후 이곳에서 만든 고추장 맛 역시 천하의 일품이어서 임금님께 진상되었다.

　이처럼 순창고추장이 유명해진 이유는 순창의 날씨와 연관이 깊다. 순창은 우리나라에서 강수량이 가장 적은 곳이다. 이는 일조량이 최고라는 뜻이다. 풍부한 일조량은 고추장이 발효되는데 필수라서 맛이 깊고 좋아진다. 또 물에 철분 등 미네랄이 많아 남다른 맛을 낸다. 순창장류연구소가 밝힌 순창고추장이 맛있는 이유로는, 첫째 음력 8월과 9월 사이 메주를 띄워 음력 동짓달 중순과 섣달 중순 사이 발효에 가장 적합한 시기에 담그기 때문이요, 둘째 콩과 멥쌀을 6:4로 혼합하여 고추장 제조에 적합한 메주를 쓰기 때문이요, 셋째 순창지역에서 생산된 고추, 콩, 찹쌀 등 국내산 원료만을 쓰기 때문이요, 넷째 연평균 섭씨 12.4도, 습도 72.8%, 안개일수 77일로 최적의 발효 환경을 갖추고 있기 때문이라 한다.

순창이 자랑하는 전통 고추장의 종류로는
1. **찹쌀고추장.** 찹쌀은 한의학적으로 그 성질이 따뜻하고 달다. 땀이 많고 설사를 자주 하는 사람, 위장이 약한 사람에게 효과가 그만이다. 볶아서 먹으면 설사를 가라앉히고 떡으로 만들어 먹으면 힘없이 소변을 보는 노인병 증상이 개선된다.
2. **보리고추장.** 보리는 대표적인 알칼리식품이라 산성식품에 많이 노출된 현대인들의 체질을 개선시켜 준다. 섬유질과 단백질 함량이 높아 혈관의 노화 방지, 각기병 예방, 위장보호, 성인병 예방 효과가 뛰어나다.
3. **매실고추장.** 풍부한 유기산, 특히 구연산이 다른 과실에 비해 월등히 높다. 새콤달콤하고 개운한 맛이 신세대 취향에 알맞다.
4. **복분자고추장.** 동의보감에 신기가 허하고 고갈된 정력의 남자나 임신되지 않는 여자를 치료한다는 복분자. 색택이 아름답고 특유의 향과 효능을 지닌 고급 전통 고추장이다.

우리 고유의 향신료인 고추장이 오늘날 전 세계에 사랑받고 있는 이유는 무엇일까. 고추장에는 얼얼하고 달달하며 짭짤하기까지 해서 천의 맛을 지니고 있기 때문이다. 콩 단백질의 분해로 아미노산의 구수한 맛이 나고 전분 분해로 생성된 당분의 단맛도 나고 소금의 짠맛과 고춧가루의 매운맛도 잘 어우러져 난다. "시어머니 죽고 나면 고추장 단지 내차지"라는 옛 속담처럼 우리 할머니들은 고추장 단지를 귀하게 여겼다. 전통사회에서 고추장은 음식 맛을 내는 데 있어 조미료와 향신료 두 가지 용도로 사랑받아 온 필수품이었던 것이다.

고추장은 된장이나 간장 못지않게 영양도 풍부하다. 고추장에는 단백질, 지질, 탄수화물 3대 영양소 외에 비타민, 카로틴 등 우리 몸에 유익한 영양성분이 적지 않다. 또 고추장은 항돌연변이 및 항암효과가 있다. 생리 활성화와 항산화 물질 등을 함유한 메주와 찹쌀, 고춧가루 등의 기본원료를 발효시켰기 때문이다. 특히 고추장은 비만 효과가 탁월하다. 고추의 캡사이신 성분이 체지방을 감소시킬 뿐만 아니라 숙성된 메주의 성분이 체지방을 태우기 때문이다.

< 소고기볶음고추장 만드는 법 >

재료. 다진 쇠고기 100g, 고기 밑간 양념(다진 파 1/2큰술, 다진 생강 1/2작은술, 진간장 1작은술, 참기름 1/2큰술, 다진 마늘 1작은술), 다진 양파 1/4개 정도, 고추장 1/2컵, 참기름 1/2큰술, 식물성 기름 조금, 배즙 희석 물 1/2컵, 설탕 약간

1. 미리 쇠고기는 양념을 해 두고 야채는 잘 손질해 둔다.
2. 배는 껍질을 벗겨 강판에 갈아 즙만 준비한다.
3. 기름을 약간 둘러 불에 달군 팬에 양념한 고기와 다진 양파를 함께 넣어 달달 볶다 고추장과 물, 배즙, 설탕을 넣어 센 불에서 볶는다.
4. 끓으면 약한 불로 줄여 저으면서 물기 없이 충분히 볶아 주다가 마지막에 참기름을 넣고 빛깔이 약간 거무스름해질 때까지 볶아낸다.

깻잎

제76호 지리적표시 농산물 – 금산 깻잎

아내가 담가놓은 시집 한 권
한 장 한 장 넘기며 음미하면
입안에 가득 고이는 향긋한 맛
어쩌다 두세 편 한꺼번에 읽으면
맵거나 짜기 일쑤여서 조심해야 하고
간이 배지 않은 시가 나올 때는
너무 심심해 한 편 더 읽어야 한다...

이종섶 시인의 〈깻잎 시집〉 일부이다. 아내의 시집을 찬찬히 들여다보는 모습이 깻잎을 한 장 한 장 정성껏 무치는 장면과 잘 오버랩된다. 은근한 맛이 배어 나오는 깻잎처럼 향긋한 시심을 지닌 아내를 둔 시인이 부럽다.

깻잎은 한해살이 꿀풀과인 깨의 잎사귀인데 특별히 임자엽(荏子葉)이라 불리는 들깨의 잎을 지칭한다. 동남아시아 지역이 원산지이고 저지

대 인가 근처에서 자생한다. 들깨는 원래 기름을 짜내기 위해 재배하였
는데 자라는 동안에 잎을 채취하여 식용으로 삼은 것이 바로 깻잎이다.
지금은 잎들깨용 종자를 개발하여 사시사철 깻잎을 먹을 수 있다. 입맛
이 없거나 마땅한 반찬이 없을 때 손쉽게 내놓을 수 있는 깻잎은 맛과
향, 영양소가 뛰어나 우리나라 사람들에게 큰 인기다.

  하지만 한국과 중국에서만 재배할 뿐 특유의 향 때문에 다른 나라에서
는 거의 찾아 볼 수가 없다. 그러다 보니 우리나라를 찾는 외국인들에게
깻잎은 기피 대상 1호이다. 태국이나 남중국에서 즐겨 먹는 향채(고수
Coriander)를 한국 사람들이 잘 못 먹듯, 처음 맛보는 깻잎이 생고역이
될 수 있음을 명심하자. 재일동포의 영향을 받아 깻잎을 밑반찬으로 즐
기는 일본인들이 점차 늘어나고 있고, 미국 배우 웨슬리 스나입스도 뭐
든 싸 먹을 수 있는 깻잎을 최고의 한국 음식으로 꼽고 있어 깻잎 음식
전파에 밝은 전망을 보여주고 있다.

  충남 금산군이 2012년 지리적표시 농산물 제76호로 깻잎을 등재 했다.
이곳 추부면 일대에는 900여 농가가 깻잎 재배 작목단지를 형성하고 있으
며 전국 생산량의 42%를 점유, 향토 주력산업으로 자리 잡아 나가고 있다.

  한방 본초에서는 깻잎을 보라색을 띤다 하여 자소엽(紫蘇葉)이라 부르
고 위를 보하는 약재로 즐겨 사용한다. 『본초강목(本草綱目)』의 '나쁜 냄새
를 없애고 위를 튼튼하게 한다' 거나 『동의보감(東醫寶鑑)』의 '속을 고르게
한다'는 기록이 이를 뒷받침한다. 음식 궁합 면에서 깻잎은 육류나 생선회
를 쌈 싸 먹는데 잘 어울린다. 방부제 역할을 하는 정유 성분인 페릴 케톤
(perill keton), 페릴라 알데하이드(perilla aldehyde) 등이 특유의 향과 맛
으로 고기의 느끼한 맛을 없애주고 식중독을 예방한다. 또 고기에 부족한

칼슘, 엽산, 비타민A,C 등이 깻잎에는 풍부하여 콜레스테롤이 혈관에 침착하는 것을 예방함은 물론 완벽한 영양적 균형을 이루기 때문이다. 이때 궁합이 잘 맞는 양파를 함께 섭취하면 위암 예방 효과가 배가된다.

한국조리과학지에서 실린 한 논문에 의하면, 깻잎을 채 썰었을 때 통깻잎에 비해 비타민C 함량이 약 40% 소실되었다. 따라서 깻잎의 비타민C를 100% 섭취하기 위해서는 가능한 한 썰지 않고 생으로 먹어야 하고 꼭 썰어야 한다면 먹기 직전에 써는 것이 좋다. 깻잎에는 항산화 효과가 있는 보라색의 안토시아닌 색소가 함유되어 있다. 따라서 잎 뒷면 보라색이 진한 것을 선택하는 것이 좋다.

농촌진흥청이 국내산 들깻잎을 분석한 결과, 뇌세포 대사기능을 촉진하여 기억력 감퇴를 예방하고 스트레스를 줄여주는 로즈마린산과 가바 성분이 다량 들어있는 것을 밝혀냈다. 로즈마린산(Rosemarinic acid)은 주로 박하, 로즈마리 등 허브 식물에 함유되어 항균, 항염증, 항산화, 치매 예방 효과가 있고, 가바 GABA 성분은 뇌 혈류 촉진 및 신경안정 효과가 있는 것으로 보고되고 있다. 실험결과 로즈마린산 성분의 경우 g당 깻잎(76mg)이 로즈마리(11mg)보다 무려 7배나 많은 것으로 측정되었고, 가바 성분 비교에서는 100g당 잎들깨(70mg)와 남천들깨(45mg)로 나타나 쌈배추(10mg), 치커리(30mg), 상추(40mg)보다 많은 것으로 측정되었다.

녹황색 야채인 깻잎에는 무기질인 칼슘이 시금치의 5배, 철분은 시금치와 동일 수준이고 비타민A와 C, 식이섬유소, 클로로필 등이 풍부하게 들어있어 암을 예방하는 효과 또한 크다. 녹색색소 클로로필의 구성성분인 파이톨(phytol)과 오메가3 계열의 불포화지방산인 메틸 ETA(Eicosatrienoic Acid)라는 물질이 암세포의 성장과 DNA 합성을 억제하기 때문이다. 깻잎의 파이톨이 암세포만 추적 제거하는 자연살해(NK; Natural Killer) 세포의 활성을 높이고 대식세포 기능을 활성화하여 궁극적으로 인체의 면역기능을 강화함으로써 위암 세포의 성장을 97% 억제하는 것이 입증되었다.

  이로써 위암 예방에 깻잎을 적극 추천하는 이유가 밝혀진 셈이다. 하지만 소금이나 간장 자체가 위암을 유발하는 주요 인자에 해당하므로 깻잎장아찌보다는 생잎으로 먹는 것이 좋다. 당근과 함께 조리하거나 열처리를 할 경우 녹색 채소의 비타민C가 파괴되므로 이것 또한 유의해야 한다. 이보다 더 유의해야 할 점은 깻잎 속의 농약 잔류물이다. 2006년 국립농산물품질관리원이 국내 유통 채소류의 잔류 농약을 검사한 결과, 깻잎 〉 상추 〉 부추 순으로 높았기 때문이다. 가장 좋은 세척 방법은 녹차잎 30g을 넣은 물 1리터를 상온에서 30분간 보관 후 깻잎을 5분 정도 담갔다가 흐르는 물에 씻는 것이다. 이렇게 하면 물 세척보다 15~20% 더 잔류 농약이 제거된다.
  끝으로 깻잎된장장아찌 만드는 법을 소개한다.

< 깻잎된장장아찌 만드는 법 >

1. 깻잎은 약간 억센 것을 준비해도 좋으며 꼭지를 약간 남겨 자르고 물에 1장씩 씻어서 물기를 빼놓는다.
2. 깻잎을 3~5장씩 겹쳐 한 번에 돌돌 말아서 실로 묶는다.
3. 장아찌 담을 그릇에 된장을 먼저 깔고 위에 깻잎을 가지런히 올린다.
4. 된장을 위에 다시 덮고 또 깻잎을 깔고 된장 까는 것을 반복하여 된장에 깻잎이 푹 박히도록 만들어 실온에 한 달 정도 삭힌다.
5. 깻잎에 된장 맛이 배면 꺼내어 된장을 발라내고 그냥 먹기도 하고 여러장 겹쳐 양념장에 재웠다 먹기도 한다. 또는 찜통에 살짝 쪄서 먹기도 한다.
Tip. 망에 깻잎을 넣어 된장에 박으면 꺼낼 때 일일이 된장을 훑어야만하는 번거로움을 피할 수 있다.

녹차

제1호 지리적표시 농산물 – 보성 녹차
제2호 지리적표시 농산물 – 하동 녹차
제50호 지리적표시 농산물 – 제주 녹차

진리가 무엇입니까?
차나 한잔 마시고 가게(喫茶去)

조주 스님의 유명한 선문답이다. 전남 화순군 쌍봉사를 창건했던 철감
선사의 스승이었던 스님은 차를 끔찍이도 좋아하셨다 한다. 지금도 6월
이면 그를 기리는 다례제가 이곳에서 열린다. 한 잔 차로도 제자를 배려
하려 한 고승의 마음이 사랑겹지 않은가.

녹차라 함은 '발효시키지 않은 찻잎(茶葉)을 사용해서 만든 차'를 말함
인데, 처음으로 생산하여 사용하기 시작한 곳은 중국과 인도이다. 그 후
일본·실론·자바·수마트라 등 아시아 지역으로 전파되었으며, 오늘
날에는 중국에 이어 일본이 주요 녹차 생산국으로 자리잡고 있다.

우리 차의 유래를 살펴보면 '신라 흥덕왕 3년(828년)에 당나라 사신으로 갔던 김대령 공이 차 씨앗을 가져와 지리산 화개 쌍계사와 구례 화엄사 일대에 심었다'는 『삼국유사(三國遺事)』의 기록과 '가락국 시조 김수로왕의 왕후 허황옥이 인도 아유타국에서 차 씨앗을 가져왔다'는 『가락국기(駕洛國記)』의 기록이 남아있다. 가야 고분에서 차 도구가 출토될 정도로 중국, 인도에 이어 우리나라 차의 역사도 오래되었다.

고려 시대 차 축제인 팔관회를 비롯해 지금도 명절 차례 풍습이 남아있을 정도로 조선 중기까지는 차 생활이 활발하였으나 임진왜란을 겪으면서 혼란스러운 정치 사회 분위기에 차 문화도 급격히 사라져 버렸다. 오늘날 우리가 마시는 차의 양은 세계 평균의 5분의 1에 불과한 실정이다.

최근 녹차가 몸에 좋다 하여 차 문화를 부흥하려는 다양한 시도가 벌어지고 있고 여러 지방자치단체에서도 녹차를 지역 특산품화하려는 노력을 기울이고 있다. 이를 반영하듯 우리나라 지리적표시 농산물 1호가 보성 녹차이고 2호가 하동 녹차이다. 최근에는 제주 녹차까지 50호로 등재하여 총 3곳의 녹차 산지가 각축을 벌이고 있다. 우리나라 차 생산량의 40%를 차지하는 보성은 그야말로 녹차의 메카다. 기후가 온화하고 강우량이 많은 반면, 물 빠짐이 좋아 일찌감치 주 작물로 집중재배되었는데, 비슷한 입지 조건을 갖춘 하동, 제주 역시 친환경 농법을 통한 질 좋은 녹차 재배에 열을 올리고 있다.

녹차를 제조하기 위해서는 딴 잎을 즉시 가열, 산화효소를 파괴시켜 녹색을 그대로 유지하는 동시에, 수분을 증발시켜 잎을 흐늘흐늘하게 말기 좋은 상태로 말린다. 예전에는 사람이 가마솥에서 직접 잎을 손으로 비벼 말리고 가열을 계속하여 대부분의 수분을 제거하여 어느 정도 바삭바삭하게 만들었다. 근래에 와서는 증열기(蒸熱機)·조유기(粗揉機)·유염기(揉捻機)·재건기(再乾機)·정유기(精揉機)·건조기(乾燥機) 등을 사용하여 차를 제조한다.

차는 제조과정의 발효(정확히는 산화라고 해야 함) 정도에 따라 녹차, 홍차, 우롱차 등으로 나뉜다. 새로 돋은 가지에서 따낸 어린잎을 차 제조용으로 사용하며 대개 5월, 7월, 8월 3차례에 걸쳐 잎을 따는데 5월경에 처음 딴 것이 가장 좋은 차가 된다. 기후대별로 온대인 우리나라에서는 따낸 잎을 즉시 덖어 말린 녹차를, 아열대인 중국 남부에서는 반발효차인 우롱차를, 실론 등 열대지역에서는 찻잎을 완전 발효시킨 홍차를 즐긴다.

조선 후기 때의 초의선사는 『동다송(東茶頌)』 등을 지어 우리 전통의 제다법을 정립하였다. 지리산 화개 일대에 머물며 가마솥으로 덖는 부초차(釜炒茶), 증기로 쪄내는 증차(蒸茶) 제다법을 집대성하였는데, 당나라 『다경(茶經)』의 저자 육우가 살아온다 해도 몽산차, 용정차가 동다(東茶), 즉 우리 차만 못함을 인정할 것이라고 우리 차의 우수성을 예찬했다.

일반적으로 알려진 녹차의 효능은
1. 아미노산의 일종인 테아닌(Theanine)이 뇌파를 알파파로 만들어 스트레스와 긴장을 풀어주고 집중력을 높여주며, 녹차 속의 카페인이 각성 작용을 일으켜 머리를 맑게 한다.
2. 다량의 비타민과 미네랄이 체내 효소의 활동을 도와 신진대사를 원활히 한다.
3. 녹차에 풍부한 폴리페놀과 탄닌산이 바이오플라보노이드와 결합하

여 생성시키는 다양한 카테킨류의 항산화 성분이 암, 성인병 등을 예방하고 노화 방지를 돕는다.

4. 지방을 분해하는 효능이 있어 고혈압, 동맥경화 등 심혈관계 질환을 예방한다.

5. 강한 알칼리성 음료로서 갈증 해소에 탁월하고, 불소와 플라보노이드 성분이 구취를 제거하고 충치를 예방한다.

6. 녹차의 풍부한 엽록소와 미량원소가 유 · 소아의 성장 발육을 촉진시킨다.

그러나 녹차가 아무리 좋다고 해도 지나치면 해로울 수 있다.

1. 녹찻잎에는 커피콩보다 많은 카페인이 들어있어 자주 너무 많이 마시는 것은 금물. 하지만 한 잔에 들어가는 녹찻잎의 양이 커피보다 훨씬 적고 저온에서 우려낼 경우 카페인이 적게 나오므로 염려할 정도는 아니다.

2. 녹차는 찬 성질이 있으므로 설사가 잦거나 식욕이 없는 사람, 소화기가 약하거나 잠이 부족한 경우에도 삼가는 것이 좋다.

3. 녹차의 카페인과 폴리페놀이 임산부에게 필요한 철분과 쉽게 결합해 체내 흡수를 방해하니 요주의. 분유에 녹차를 타는 것도 금물.

4. 식후에 바로 마시면 녹차의 탄닌이 무기질과 결합해 음식의 칼슘 흡수를 방해하므로 식후 30분이 지나고 마시는 것이 좋다.

하지만 차 한 잔에서 우러나오는 카페인 양은 50mg 이내에 불과하여 성인 기준 일일 적정섭취량 400mg에 훨씬 못 미치므로 구더기 무서워 장 못 담글 정도는 아니다. 오히려 최근 국내 대학의 연구 결과에 따르면 항암, 심장병 예방 효과를 높이려면 펄펄 끓는 물에 2~3분가량 충분히 우려내야 한다는 주장이다. 일반적인 다도 상식에 따르면 섭씨

70~80도 사이의 식힌 물에서 우려내야 녹차의 맛이 부드러워지고 입 안에서 그 맛을 머금을 수 있다는 것인데, 암을 억제하고 세포 노화를 막는 카테킨을 최대한 섭취하려면 상식을 깨야 한다는 것이다.

한편 미국 퍼듀대학 연구팀에 의하면 녹차에 레몬주스나 설탕을 넣어 마실 것을 권고한다. 이유인즉, 레몬주스의 아스코르빈산과 설탕의 자당이 카테킨의 구조를 안정화시켜 장 흡수를 3배 이상 높여주기 때문이라 한다.

세계 최대 커피점 체인인 스타벅스가 한국산 녹차에 반해 지구촌 주요 도시에서 제주 녹차음료를 팔고 있다. 호주 출신의 미국 인기 여배우 니콜 키드먼은 박찬욱 감독 할리우드 영화 '스토커'에 출연한 기념으로 설록차를 선물 받고 극찬을 아끼지 않았다. 심지어 녹차에 메밀차를 혼합한 저렴한 티백의 맛에 흠뻑 빠져 하루도 빠트리지 않고 마시고 있다고 한다.

한동안 가라앉았던 한국산 녹차 붐이 국내외에서 다시 일고 있다. 녹차는 2000년대 중반까지 한국인의 인기 기호 음료이자 한국 문화를 담은 수출품으로 떠올랐지만 2007년을 정점으로 내리막길을 걸었다. 과열 재배 경쟁과 중국산 녹차의 유입이 토종 이미지에 금이 가게 한 탓이다. 하지만 전 세계적 커피 열풍과 한류 바람에 편승, 최근에는 오히려 한국 녹차를 찾는 고객이 늘어나고 있다. 이참에 대한민국 지리적표시 등록 농산물 제1호라는 자존심을 살려 확실히 분위기를 반전시키도록 최선의 노력을 배가해 주기 바란다.

달래

제106호 지리적표시 농산물 – 태안 달래

<u>어머니의 노점을 물려받아 2대째 나물과 채소를 팔고 있어요.</u>
<u>봄기운을 돋우는 달래는 제가 제일 좋아하는 제철나물이지요.</u>
<u>그래서 아예 가게 이름을 '달래상회'라 지었습니다.</u>

2018년 7월 서울 홍제동 인왕시장에서 채소가게 〈달래상회〉를 운영하는 김창선 씨가 '제 1호 서울상인'으로 선정되었다. 서울시가 전통시장 상인 중 상품/집객/광고/진열/대화/단골/청결/상인정신/직원복지 등 9개 분야를 평가하여 그를 첫 번째 롤 모델로 삼은 것이다. 우연의 일치인지 몰라도 불과 한 달 앞선 6월에 충남의 '태안 달래'가 제 106호 지리적표시 상품으로 등록되었다.

서해안을 끼고 있는 태안군에서는 현재 350곳이 넘는 농가가 77ha의

밭에서 달래를 재배하고 있으며, 서울가락시장에서의 점유율이 30%가량을 차지할 정도로 높은 인기를 끌고 있다. 태안달래는 비옥한 황토에서 해풍을 맞고 자라 맛과 향이 독특하고 풍부한 무기질과 비타민을 함유해 도시민들의 건강식품으로 명성이 자자하다. 우리나라와 일본, 중국 동북부, 우수리강 유역 등지에서 나는 달래의 국내산지는 제주, 전북 정읍, 충북 청주, 충남 서산/당진/태안 등 전국 각지로 폭넓지만, 국내 생산량의 60% 이상을 차지하고 있는 서산이 단연 최고의 달래 주산지이다.

달래는 냉이와 함께 톡 쏘는 맛으로 봄철 미각을 살리는 우리나라 대표 나물이다. 중부 이남의 산과 들에서 많이 자라는 백합과의 여러해살이풀로서 학명은 Allium monanthum이다. 이른 봄부터 풀이 우거진 반그늘의 비옥한 땅에서 주로 자란다. 3~5월 사이 주로 채취하나 1990년 전후로 하우스 재배가 급증하여 지금은 사시사철 신선한 나물을 맛볼 수 있다. 줄기의 밑 부분에서 대롱처럼 생긴 잎이 1~3개가 부채꼴로 나오며 9~13개의 맥이 있다. 길이 10~20cm, 나비 3~8mm의 크기에 흰빛이 도는 연한 녹색을 띠며 밑 부분이 잎집으로 되어 꽃대를 감싼다. 여름에는 잎이 말라 없어진다. 4~6월에 잎 사이에서 길이 5~12cm의 짧은 1개의 꽃대가 나와 그 끝에 1,2개가 산형(山形) 꽃차례를 이루며 달리는데, 10여 개의 잔꽃이 모여 탁구공만 한 양성화로 핀다. 잔꽃의 길이는 4,5mm로 흰색 또는 붉은빛이 돌며 막질(膜質)이고 달걀꼴의 꽃턱잎이 있다. 6개의 꽃잎이 긴 타원형 또는 좁은 달걀꼴이며 같은 수의 수술보다 길거나 같다. 열매는 6,7월에 달리는데, 작고 둥근 삭과(蒴果)가 달려 검게 익는다. 달래를 캐보면 땅속에 길이 6~10mm쯤 되는 넓은 달걀꼴 또는 공 모양의 하얀 비늘줄기가 있는데, 겉껍질이 두터우며 그 밑에 수염뿌리가 나 있다. 파와 비슷한 방향성이 있으며 매운맛이 난다. 알뿌리는 양파와 비슷하고 잎은 쪽파와 비슷하다. 맛이 유사한 파나 마늘은 산성식품이나 달래는 다량의 칼슘을 함유한 알칼리성 식품이라는 차이점이 있다.

달래는 한자로는 산산(山蒜: 산마늘), 야산(野蒜: 들마늘)이라고 하며 소산(小蒜)이라는 이름의 약재로도 쓰인다. 『훈몽(訓蒙)』에서는 野蒜을 '쪽지'로. 小蒜은 '돌뢰'로 표기하고 있으며, 『동의(東醫)』에서는 野蒜을 '돌랑괴'로 쓰고 있어서 『조선시대 농서 어휘연구』를 펴낸 경성대 이광호 교수는 이 '돌랑괴'가 나중에 달래가 되었다고 본다. 지방 사투리에서 달래를 달랑개, 달롱개, 달롱, 달랑구 등으로 말하고 있는 것으로 보아 '돌랑괴'와 '돌뢰'에서 유래된 것이 확실하지 싶다.

달래는 약용으로 뛰어나다. 전설적인 중국 한나라 말기의 명의 화타가 만성 소화불량으로 죽어가는 환자를 달래즙 두 되를 먹여 씻은 듯이 살린 이야기나, 당나라 때 이연수가 지은 『남사(南史)』에서 삶은 달걀을 과식하여 생긴 이도념이란 자의 병을 저징이란 자가 달래즙 한 되를 먹여 살린 이야기가 전해온다. 옛날부터 우리 조상들은 저주로 얻은 병을 가장 두려워했는데, 이렇게 생긴 병을 치료하는 데는 달래밖에 없다고 여겼다. 당나라 진장기의 『본초습유(本草拾遺)』에는 "달래가 적괴(종양)를 다스리고 부인의 혈괴도 다스린다." 하였고, 허준의 『동의보감(東醫寶鑑)』에도 "성질이 따뜻하고 비장과 신장을 좋게 한다."고 하여 자양강장 식품으로 소개하고 있다.

줄기에서 연결되는 동그란 비늘줄기와 그 밑뿌리로 구성된 달래는 알리신 성분의 매운맛과 독특한 향을 동시에 지닌다. 한약재로 쓰이는 해백(薤白)은 산달래 혹은 염부추의 비늘줄기를 말린 것이다. 주로 소화기

나 이비인후과 질환을 다스리는 데 쓰였다. 밝혀진 달래의 효능을 정리
해 보면,

1. **빈혈에 좋다.** 풍부한 철분이 적혈구의 생성을 촉진하므로 빈혈을
   개선하는 데 도움을 준다. 그뿐만 아니라 비타민C도 풍부하여 이것
   이 철분의 흡수율을 높여주기 때문에 철분 공급제로 안성맞춤이다.

2. **뼈를 튼튼하게 한다.** 달래 100g에는 124mg의 칼슘이 함유되어 있
   어서 성장기 어린이, 갱년기 이후 여성, 노년층에 두루 도움이 된
   다. 골다공증을 예방하고 골연화증 등 뼈 건강에 도움을 줄 뿐만 아
   니라, 신경조직을 이완시키고 근육을 수축시켜 심장박동을 규칙적
   으로 유지하는 데 도움을 준다.

3. **피부미용에 좋다.** 달래 100g에 함유된 비타민C는 일일 권장량의
   1/3에 해당하는 33mg이고, 비타민A 또한 풍부하여 피부 노화를
   방지하고 세포생성을 도와주는 상호작용을 한다. 피부의 신진대사
   를 활발히 하고 멜라닌 색소를 억제하여 기미나 주근깨 같은 피부
   트러블을 막아준다. 더욱이 베타카로틴을 비롯하여 각종 미네랄이
   시너지 효과를 준다.

4. **피로회복과 자양강장에 좋다.** 피로회복 하면 비타민C가 거론된다.
   그뿐만 아니라 비타민B 1,2,6 등 비타민B군이 피로회복에 도움을
   준다. 매운맛을 내는 알리신 성분 때문에 스님들이 멀리해야 할 오
   신채(五辛菜)로 분류되는 만큼, 남성들에겐 원기 회복과 자양강장
   효과를 준다.

한방에서는 달래를 수채엽(睡菜葉)이라고도 부르는데, '잠을 잘 자게
하는 효과가 있다' 해서 붙여진 이름이다. 달래에 풍부한 비타민C와 칼
슘 등이 불면증 치료와 신경안정제 역할을 한다. 꾸준히 장복하려 한다
면 달래 뿌리를 이용해 술을 담가 마시면 좋다. 달래 뿌리 300g에 꿀

300g을 섞어 소주 1.8L에 탄 후 2~3개월 서늘한 곳에 두었다가 잠자기 전에 소주잔 한 잔씩 마시도록 해 보라.

달래는 생채, 나물, 전, 국과 찌개 등에 다양하게 활용되고, 돼지고기와 함께 섭취하면 효능이 좋다. 비타민, 무기질, 칼슘이 풍부해 육류의 콜레스테롤 저하에 효과가 있어 궁합이 잘 맞기 때문이다. 한편 고를 때는 잎이 진한 녹색이고 뿌리는 매끄럽고 윤기가 나면서 알뿌리가 둥글고 특유의 향이 강한 것을 고른다. 달래를 손질할 때는 먼저 껍질을 벗기고 깨끗한 물로 씻어준 뒤 조리법에 맞게 손질하여 사용한다. 아울러 생으로 보관할 때는 달래에 물을 살짝 뿌려준 뒤 키친타올이나 신문지 등에 감싸 비닐 팩에 넣은 후 냉장고 신선실에 보관한다.

　끝으로 가장 많이 식용하는 달래장아찌 만드는 법을 소개한다.

< 달래장아찌 만드는 법 >

재료. 달래 100g, (절임용 간장: 간장 10큰술, 식초 6큰술, 설탕 2큰술

1. 달래를 깨끗이 다듬어서 씻은 다음 굵은 뿌리는 칼등으로 두드려 뭉그러뜨린 뒤 4cm 길이로 썬다.
2. 밀폐 용기에 준비한 달래를 넣고 절임용 간장을 만들어 부은 뒤 3~4시간 재운다.
3. 맛이 잘 배이면 달래만 꺼내어 참기름과 깨소금, 고춧가루를 약간 넣고 조물조물 무쳐서 상에 내거나 간장과 함께 상에 낸다.

Tip. 달래는 가열 조리시 영양소의 손실이 발생하므로 가능하면 생으로 먹는 게 좋다. 장아찌도 그 좋은 예인데, 만들자마자 바로 먹을 수 있는 반면에 다른 장아찌들처럼 보존 기간이 길지 않은 게 흠이라면 흠이다.
냉장 보관하면서 보름 이내에 먹어 치우는 게 좋다.

당귀

제38호 지리적표시 농산물 – 진부 당귀

비가 내립니다.
편지를 쓰고 있네요.
연못이 아름다운 곳에 앉아
점심을 먹다가 빗소리에
입속 당귀 향기가
슬픈 눈물이 되었어요.(중략)

가을 찬비가 자작나무 잎을 떨구는
빗방울이 쎄고 있는 지금
당신이 곁에 없으니
가슴속 당귀 향은 커피보다 쓰립니다.

강원 횡성 태생의 시인 주복녀가 쓴 〈당신께 보낸 편지〉 일부이다. 당신에 대한 그리움이 얼마나 깊었으면 커피보다 쓰린 당귀 향이 슬픈 눈물이 되었을까. 강원 전역과 충북 제천, 경북 봉화 일대가 주산지인 당귀는 시인의 감성처럼 쓴맛이 난다.

당귀의 원산지는 한국, 중국, 일본이다. 『대한약전(大韓藥典)』에 '당귀의 약성은 특이한 냄새가 나고 맛은 약간 쓰면서 달다. 껍질이 황갈색 내지 흑갈색을 띠고 안쪽 껍질은 황백색이며 횡단면을 현미경으로 보면 내용물의 분비도 및 대용 섬유군이 군데군데 섞여 있다' 라고 기술되어 있다. 그러나 이는 중국 당귀나 왜 당귀에 대한 특징이고 우리나라 당귀, 즉 참당귀는 단맛이 나지 않고 쓴맛만 나며 껍질 색깔도 황백색을 띨 뿐 아니라 현미경적 특징이 나타나지 않는다.

미나리과 여러해살이풀인 당귀는 깊은 산골짜기 숲속의 습기 있는 풀숲에서 잘 자라는데 강원도 평창군 진부면 일대가 일교차가 크고 일조량이 많은 지리적 특성을 바탕으로 국내 생산량 70%를 자랑하는 최대의 당귀 재배단지를 형성하고 있다. 태백산맥 오대산 줄기를 따라 공기 성분이 가장 좋다는 해발 700m 산악지대에 들어서면 약초 마을이 나온다. 여기서 재배되는 진부 당귀가 2007년 제38호 지리적 표시상품으로 등록된 것이다. 진부 당귀는 최상의 생육조건을 갖춘 덕에 값싼 중국산에 비해 약효가 뛰어나고 가격도 훨씬 비싸 이곳 농가의 주 소득원이 되고 있다.

당귀는 대개 4월경에 파종하고 8~9월 사이에 자줏빛 꽃을 피워서 높이 1~2m가량 자라며 10~11월에 수확한다. 재배법은 본밭에 직접 뿌려 재배하는 직파재배와 모판에서 1년 동안 모를 길러 옮겨 심는 육모 이식재배로 나뉜다. 보통 육모 이식으로 2년간 재배하여 생산하는데, 이렇게 재배한 2년생 육모 이식재배 당귀가 직파재배 1년생에 비해 뿌

리가 더 크고 생산량도 좋으며 유효성분 함량이 더 높아 최고품질 한약
재로 인정받고 있다.

당귀라는 명칭은 '마땅히(當) 돌아오기(歸)를 바란다'는 뜻에서 이름 붙
여졌다. 이는 중국의 옛 풍습에 부인들이 싸움터에 나가는 남편의 품속
에 당귀를 넣어준 것에서 유래하는데 전쟁터에서 기력이 다했을 때 당
귀를 먹으면 다시 기운을 차려 돌아올 수 있다고 믿었기 때문이다. 당귀
의 주 효능이 피를 생성해 주는 보혈(寶血)작용과 피를 원활하게 순환시
켜 주는 활혈(活血) 작용이니 부인네들의 소망에 부응했음은 두말할 나
위도 없다.

대표적인 당귀의 효능을 정리해 보면,
1. **보혈, 정혈, 지혈 작용.** 적혈구의 결핍과 혈색소 감소를 예방하고
   골수의 조혈 기능을 도와 피를 맑게 하고 상처가 났을 때 지혈 효과
   도 있다.
2. **혈액순환 촉진, 고지혈증, 어혈, 수족냉증, 중풍 예방.** 혈압을 떨어
   뜨리고 혈액의 성분 및 상태를 정상으로 유지시키며 혈중 지질을
   제거하고 어혈을 풀어준다.
3. **심장 기능 강화, 기억력증진, 치매 예방, 노화 방지.** 뇌세포의 핵분
   열을 촉진하므로 세포의 생명력이 연장되고 기억세포의 기능이 강
   화된다.
4. **배란촉진, 안태(安胎), 항비타민E 결핍 보충 작용.** 남성 고환에 병
   적인 변화가 생기는 것을 방지하며 여성의 배란을 촉진하고 임산부
   와 태아의 안전을 돕는다.
5. **월경통, 생리불순, 냉대하, 불임증, 자궁출혈 예방.** 자궁흥분 및 자
   궁근육 억제 작용이 있고 월경통, 자궁출혈 등에 효과적이며 자궁

발육을 돕는다.
6. **변비 해소, 피부미용, 이뇨 작용.** 장의 연동운동 촉진으로 고질적인
   변비를 낫게 한다. 골반강 내 장기와 조직에 피가 모이지 않게 하고
   이뇨작용이 있어 손발과 얼굴이 붓고 푸석푸석한 데 도움을 준다.
7. **흑모(黑毛) 조성, 탈모 방지.** 머리의 나쁜 기운을 아래로 쫓고 머리에
   피가 많이 가게 하여 머리털이 빠지거나 희게 되는 것을 막아준다.

당귀차의 경우 약간 데운 것을 하루 3번, 식전 30분에 먹도록 하는데,
장기 과다 복용시 피부발진, 가슴 통증, 두통, 속 쓰림, 설사 등이 나타
날 수 있으므로 전문가와 상담 후 복용량과 복용방법을 조절하도록 하
고 일반적으로 대추를 같이 넣어 달이면 부작용을 줄일 수 있다.

여성을 위한 약초로 불리는 당귀는 각종 부인병뿐만 아니라 피부미용
에도 좋아 특별히 여성들에게 당귀차 마시기를 권한다. 당귀차를 제대
로 달이는 법을 소개하면, 우선 잘 말린 2년생 당귀 뿌리를 섭씨 50도
정도의 물에 10분 정도 담근 후 그늘에 말려 완전 건조시킨다. 이것을
차관에 넣고 약한 불로 은근히 오랫동안 달이는데 생강을 함께 넣고 달
이면 더욱 좋고 증상이 심할수록 진하게 달인다. 인삼과 궁합이 잘 맞으
므로 함께 달이면 효과가 배가된다. 건더기는 체로 걸러내고 꿀이나 설
탕을 타서 마신다.

당귀의 학명은 Angelica Utils Makino이다. 여기서 속명인 Angelica
와 종명인 Utils는 라틴어로 '천사'와 '유용하다'라는 뜻으로서, 풀이하면
'천사가 인류에게 선사하는 유용한 식물'이라는 의미가 된다. 일반적으
로 죽은 사람도 살릴 수 있을 만큼 유용해야만 그런 속명을 붙여준다는
데 우리가 당귀차를 마신다면 천사의 은총도 함께 받게 되지 않을까.

대파

제61호 지리적표시 농산물 – 진도 대파

검은 머리 파뿌리 되도록
기쁠 때나 슬플 때나
둘만이 둘만이
이 세상 끝날까지 함께 살리라

　70, 80년대를 풍미했던 통기타 가수 송창식의 노래 후렴 부분이다. 여기서 파 뿌리는 백발을 비유한다. 검던 머리가 하얗게 셀 때까지 백년해로하자는 언약은 결혼식장에서 흔히 들을 수 있었던 단골 메뉴였다. 만혼에다 이혼을 밥 먹듯 하는 요즈음 세태에도 똑같이 공감될지 궁금하다. 생김새가 노인의 머리 모양과 흡사하여 붙여진 속담이지만 한방에서는 파의 흰 밑둥 부분을 포함한 뿌리 부분을 총백(蔥白)이라 하여 감기, 소화불량, 설사, 피부궤양, 부스럼, 임산부의 태동불안에 이르기까지 폭넓게 이용하였다. 그러니 파 뿌리만 즐겨 먹어도 무병장수할 가능성이 높다.

영어로 Spring onion으로 표기되는 대파는 백합과의 여러해살이풀로 끝이 뾰족하고 속이 빈 잎 부분과 비늘줄기 부분을 식용하며 중국 서부 지방이 원산지로 알려져 있다. 내한성, 내서성이 강하여 북쪽의 시베리아에서부터 남쪽의 열대지방까지 넓게 분포한다. 우리나라에는 통일신라 후기 이후 중국을 통해 처음 들여온 것으로 추정되며 주산지는 진도, 남해, 김해 등 남해 연안 지역이다.

페르시아 원산인 양파가 일찍이 서양에서 주요 식재료로 자리 잡은 것처럼, 동양에서는 대파와 쪽파가 그 자리를 차지했다. 대파는 생선이나 육류의 냄새를 없애주는 역할로, 가는 쪽파는 파김치의 재료로 많은 사랑을 받아왔다. 골파로도 불리는 쪽파는 김장철인 11~12월에 주로 출하되며, 대파는 보통 여름부터 가을까지 출하되지만, 남도의 따뜻한 기후 덕에 진도 대파는 11월부터가 제철이고 이때가 제일 맛있다.

지리적표시 농산물 제61호로 지정된 진도 대파는 한겨울에도 땅이 얼지 않으며 청정 해풍과 풍부한 일조량으로 식이섬유 함량이 많아 대파 특유의 맛과 향이 짙다. 대파 잎을 꺾었을 때 나오는 끈끈한 액체와 단단한 육질 덕분에 수분이 금방 스며들지 않아 국에 넣었을 때 가라앉지 않고 떠 있는 특성을 보이며 신문지에 잘 싸서 섭씨 5도 정도에 보관하면 100일 이상 장기 저장해도 끄떡없다. 고려 때부터 재배되기 시작해 현재 연간 7만 톤에 육박하는 생산량을 자랑하듯 겨울철 진도를 찾으면 푸릇한 대파밭을 만날 수 있다.

진도 대파는 2월 모판을 만드는 것을 시작으로 4월에 모종을 옮겨 심고 검은 비닐을 씌우는 멀칭 작업을 한 후 11월까지 잘 자라도록 관리하고 흙을 돋워주어 겨울에 수확한다. 농한기에 더 바빠지는 진도 농가에는 중요한 소득원이 되고, 소비자에게는 한겨울에도 신선한 채소를 제공하니 일거양득의 웰빙 식품이 아닐 수 없다. 그 명성에 힘입어 진도 대파는 전국 소비량의 60%를 차지한다.

대파의 성분은 수분이 91%, 단백질이 1.5%, 지질 0.3%, 탄수화물 6.5%, 섬유질 1.0% 등이다. 대부분의 채소가 알칼리성인 데 반해 파는 유황 함량이 많아 산성 식품에 속한다. 파의 자극성분은 유황화합물로 서 마늘과 유사한 알리신이다. 이는 체내에서 비타민B1의 이용률을 높 여주고 살균작용을 한다. 열을 가하면 단맛이 증가하는데 이는 매운 성 분의 프로페닐디설파이드류가 가열에 의해 프로필 메르캅탄으로 분해 되기 때문이다. 이 성분은 설탕보다 50배 정도 단맛이 강하다.

중국에서는 생강과 함께 파의 흰 부분(蔥白)을 생약으로 이용해 왔다. 황화아릴에는 항균 및 살균작용이 있으므로 목의 통증을 완화하고 가래 를 해소하는 데 좋으며 위장의 기능을 돕는 작용을 하여 소화를 촉진하 고 더부룩한 위나 식욕부진에도 효과적이다. 또 파의 향기에는 진정작 용이 있어서 흥분되었을 때나 스트레스를 받았을 때도 효과적이다.

이런 파의 효능을 살려 육류나 생선 요리에 곁들이면 비린내를 없애고 이들 식품에 많은 비타민 B1과 파의 알린 성분이 결합하여 비타민 B1 의 흡수를 최대로 증진시킨다. 특히 생선에 기생하는 독을 해독시키고 고기를 연하게 하여 맛을 돋우어 주는 효과도 있어 가장 궁합이 잘 맞는 조리법이라 할 수 있겠다. 그러나 파의 향기는 가열시간이 길거나 물에 오래 담가두면 유효성분이 절반으로 줄어들기 때문에 단시간에 조리하 는 게 좋다. 모든 음식과 잘 어울리는 파도 해조류와는 영양학적으로 상 극이라 같이 조리하지 않도록 유의해야 한다.

파를 이용한 간단한 민간요법을 몇 가지 살펴보면, 1. 감기 기운이 있을 때 파 뿌리를 생강과 함께 달여 먹으면 좋고, 2. 상처가 났을 때 파의 얇은 속껍질을 붙이면 지혈 효과가 있고, 3. 불면이나 흥분이 가라앉지 않을 때는 파를 푹 고아 마시든지 생파를 된장에 찍어 먹으면 효과가 있다. 이외에도 몸을 따뜻하게 하고 위장을 보하는 효과가 있어 파김치가 되도록 먹어도 좋다.

우리 속담에 기운 없는 상태를 '파김치가 되었다'고 하는데, 이는 원통형으로 팽팽하던 줄기가 김치를 담근 후 숨이 죽어 축 늘어진 모양새를 빗댄 말이다. 하지만 파김치가 되면 어떠리. 라면도 파가 송송 들어가지 않으면 맛이 덜하고, 파 없는 김치는 감히 상상도 못 할 지경이니 말이다.

상비 식재료인 대파를 고를 때는 잎 부분이 고르게 녹색을 띠며 색이 분명하고, 줄기가 끝까지 곧게 뻗어 있으며 흰 뿌리 쪽을 만져보았을 때 너무 무르지 않고 탄력이 있는 것이 좋다. 손질할 때는 먼저 흐르는 물에 대파를 깨끗이 씻어준 후 뿌리 부분을 자르고 용도에 맞게 손질하면 되고 단기간 보관 시에는 신문지에 잘 싸서 냉장고에 보관하면 된다. 조리 후 남은 부위는 밀폐 용기에 넣어 냉장 보관하거나 절단하여 냉동 보관한다.

끝으로 와인매니아들도 잘 모르는 '대파와인'을 소개한다. 와인 반병에 깨끗하게 씻은 대파 세 뿌리의 흰 부분을 듬성듬성 썰어 넣고 뚜껑을 밀봉한 뒤 이틀간 보관하면 대파와인이 되는데, 신진대사를 도와 몸을 따뜻하게 해 주는 대파의 효소가 작용하여 감기약으로 활용할 정도로 효과가 좋다. 이틀간의 숙성 과정을 거쳐 대파의 매운 냄새와 맛이 사라지는 대신 와인의 뒷맛이 더욱 깔끔해진다고 하니 손님 초대 자리에 한 번 써먹어 보시라.

딸기

....

제70호 지리적표시 농산물 – 담양 딸기

병든 노모와 효자가 살고 있었다.
어느 겨울 노모가 죽기 전에 딸기가 먹고 싶다고 하자
아들은 뒷산 딸기밭에서 칠일기도를 올리다 쓰러진다.
아들의 효성에 감복한 산신령이 딸기를 구해 주어
노모는 딸기를 먹고 병이 나아 오래오래 행복하게 살았다.

  강화군에 전해오는 민화 한 대목이다. 호롱불 피우던 시절 한겨울 딸기
는 꿈도 꿀 수 없었겠지만, 지금은 엄동설한에도 하우스 딸기가 흔하다.
먹는 게 풍족해진 만큼 전설 속의 효자나 산신령도 종적을 감춘 건가. 딸
기 한 알에 담겨진 은유로도 함박 이야기꽃을 피웠을 옛날이 그립다.

  딸기(strawberry)는 장미과 딸기속에 속하는 식물 또는 그 열매를 말

한다. 잎자루는 길고 비교적 큰 3개의 잎이 달리며 각각은 둥글고 가장 자리가 톱니 모양이다. 봄에 몇 개의 꽃자루가 나와 몇 개에서 십 수 개의 흰색 꽃이 달리는데 꽃잎이 5개이고 암술과 수술이 노란색이다. 식용하는 딸기는 씨방이 발달하여 과실이 되는 다른 과실과 달리 꽃의 턱이 발달한 것으로 씨가 열매 속에 없고 과실의 표면에 깨와 같이 있다. 과실의 모양은 공 모양, 달걀 모양 또는 타원형이며, 대개는 붉은색이지만 드물게 흰색 품종도 있다.

영문명 Strawberry는 주변에 짚(straw)을 깔아 재배한 데서 붙여진 이름이다. 딸기의 원산지는 남아메리카로 석기시대부터 식용되었고 15세기 말 신대륙 발견 이후 남미의 장딸기가 유럽 및 북미로 전해졌다. 18세기 말 네덜란드에서 현대 딸기의 원조가 되는 '프라가리아 아나나사(Fragaria ananassa)'가 만들어져 일본을 통해 20세기 초 우리나라에도 전해졌다. 야생종 딸기에는 땃딸기 · 흰땃딸기 · 뱀딸기 · 겨울딸기 · 산딸기 · 장딸기 · 줄딸기 등이 있으며 재배 딸기는 휴면 정도에 따라 한지형 · 난지형 · 중간형으로 나뉘는데 우리나라에 많이 재배되는 종은 보교조생, 행옥 등 중간형이다.

생육에 적합한 온도는 17~20℃이며 건조에 매우 약해서 다소 습한 토양을 좋아한다. 재배양식에는 온실 등을 이용하여 수확 시기를 앞당기는 촉성재배(促成栽培) 외에 반촉성 · 터널조숙 · 노지재배 및 억제재배가 있는데, 반촉성재배와 터널조숙재배, 노지재배가 주를 이룬다. 반촉성재배는 묘를 10월에 정식(定植 : 온상에서 재배한 모종을 밭에 내어 심는 일)하고 1월 중 · 하순 경에 보온하여 4월경에 수확하는 방법이다. 반촉성재배인 경우에는 겨울 내내 그대로 추위에 노출 상태로 휴면시키고 이른 봄부터 비닐 터널을 씌워 생육을 촉진한다. 터널재배는 2월에 설치하여 노지재배보다 약 3주일 빨리 수확하는 방법이다. 일반 재배는 9~10월에 정식 하고 5~6월에 수확한다. 수확은 개화한 뒤 35~40일이 지난 다음에 하는 반면, 촉성재배는 50~60일이 지난 다음에 실시한다.

12월 상순부터 6월 상순까지 신선한 재배 딸기가 출하되지만 역시 4,5월 봄철이 제철이다. 딸기는 100g에 35cal의 열량을 내며 탄수화물 8.3g, 칼슘 17mg, 인 28mg, 나트륨 1mg이 들어 있고 비타민은 카로틴 6μg, 비타민C 80mg, 비타민B1과 B2 0.05mg 등이 들어 있다.

딸기에 많은 비타민C는 여러 가지 호르몬을 조정하는 부신피질의 기능을 활발하게 하므로 체력 증진에 효과가 있다. 딸기는 과일 중 비타민 C의 함량이 가장 높아 귤보다 1.5배, 사과보다는 10배가 많다. 딸기 6, 7알이면 하루 필요한 비타민C를 모두 섭취할 수 있다. 항암 작용과 시력 회복 효과가 있는 안토시아닌과 식이섬유인 펙틴도 많이 포함돼 있어 혈중 콜레스테롤 수치를 크게 낮추는 효과가 있다.

피부 미용에 좋은 비타민 B군도 풍부하게 들어 있어 피부와 모발을 보호해준다. 딸기에는 붉은 과일에 주로 들어 있는 '라이코펜'이 많은데, 이는 면역력을 높이고 혈관을 튼튼하게 해 노화를 방지한다. 콜레스테롤의 산화를 막아 동맥경화와 심장병을 막으며 치매 예방 효과도 있다. 딸기에 설탕을 뿌려 먹는 사람들이 많은데 이는 옳지 않다. 신진대사에 도움을 주는 딸기의 비타민B가 손실되므로 그냥 먹는 것이 좋다.

딸기를 고를 때는 모양이 예쁘고 과실에 광택에 있는 것, 색깔이 곱고 붉은 기가 꼭지 부위까지 퍼져있는 것, 꼭지가 파릇파릇하고 싱싱한 것이 좋다. 딸기를 정성스럽게 씻으면 거죽이 뭉그러지기 쉽고 세제가 배어들어 맛과 향을 잃게 된다. 이 때문에 딸기는 소쿠리에 담아 흐르는 물에 몇 번만 헹구면 된다. 이렇게 하면 표면이 뭉그러지지 않고 맛과 향이 그대로 잘 보존된다. 30초 이상 물에 담그면 비타민C가 흘러나오므로 씻을 때는 꼭지를 떼지 말고 재빨리 헹궈낸다. 또 딸기는 일단 물에 닿으면 금방 곰팡이가 생기고 상하게 되니까 조심해야 한다. 딸기를 소금물에 씻으면 소금의 짠맛이 가미되면서 딸기 맛이 더 달게 느껴지고 살균 효과도 얻을 수 있다. 딸기 보관법은 상하기 쉬운 탓에 가능한 그때그때 구입해서 다 먹어치우는 것이 바람직하다. 저장할 때에는 꼭지를 떼지 말고 랩을 씌워 냉장고에 넣어 보관한다. 꼭지를 떼면 거기로 과실 내부의 수분이 증발해 버리기 때문이다.

며칠 지난 딸기를 먹어야 할 때는 설탕을 친 다음 양주를 살짝 뿌리면 새로운 맛을 얻을 수 있다. 딸기에 우유나 크림을 곁들이게 되면 딸기에 풍부한 구연산이 우유의 칼슘 흡수를 돕고 비타민C는 철분의 흡수를 도와 영양흡수 면에서 좋다. 딸기에 우유를 섞으면 단번에 많은 양을 먹을 수 없어 소화 효소의 활동을 돕는 효과도 있다. 따라서 우유나 딸기를 따로따로 먹는 것보다 섞어 먹으면 소화 흡수율이 훨씬 높아진다. 우유를 원심분리해서 얻어지는 것이 크림인데 지방과 단백질 함량이 많다. 우유 대신 크림을 얹어 먹으면 수분이 적으므로 고영양 농축이 되는 셈이다. 영국인들이 즐기는 크림을 얹은 딸기는 행복한 결혼의 상징으로 여겨질 정도로 아주 좋은 배합이다.

실제 딸기를 이용한 다이어트 식단으로 재미를 본 한 블로거의 레시피를 소개해 보면, 아침에는 생딸기주스, 딸기푸딩, 플레인 요구르트에 썰어 넣은 딸기, 딸기화채 등의 딸기 요리만을 먹고, 점심에는 식전에 딸기를 4~5개 정도 먹는다. 저녁에는 딸기에다 무기질이 많은 미역국으로 영양을 보충한다. 밥은 평소의 반절 정도. 이렇게 먹으면 뱃살이 쏙쏙 빠진다는 것이다. 우선 딸기는 비타민C가 제일 많은 과일이라 피부에도 좋고 칼로리도 매우 낮다. 게다가 딸기를 몇 개만 먹어도 하루의 비타민이 다 보충되며 당분도 사과의 2분의 1 정도밖에 되지 않기 때문이다.

2018년 평창동계올림픽 때 딸기로 인해 웃지 못할 소동이 벌어졌다. 대한민국 여자컬링 대표팀과 준결승에서 맞붙게 된 일본 대표팀 후지사와 사츠키 선수가 간식으로 한국 딸기를 먹어보고 기자회견장에서 "한국 딸기가 놀라울 정도로 맛있다"고 극찬한 바람에 일본 극우 네티즌들로부터 뭇매를 맞았던 것이다. 이때 맛본 딸기가 바로 순수 국내 바이오 기술로 품종 개발한 '설향'이었다. 과거 로열티를 지불했던 일본 딸기를 능가하는 당도와 육질, 크기로 해서 현재는 국내 생산의 95% 이상을 차지하고 있으며, 해외시장에서도 일본을 추월해 버려 K-food의 입지를 굳건히 하고 있다.

딸기의 꽃말은 존중, 애정, 우정, 우애이다. 북유럽 신화의 여신 프리카에게 바쳤다고 하고 기독교 시대에는 성모 마리아에게 바쳤다고 하는데, 천국의 문을 찾아온 사람이 입이나 손에 딸기즙을 묻히고 있다면 신성한 딸기를 훔쳐 먹은 것으로 간주하여 지옥으로 보냈다고 한다. 설령 지옥에 간다 해도 새콤달콤 딸기의 유혹을 떨치기는 그리 쉬운 일이 아니다.

마늘

종을 뽑아야 마늘 뿌리 더 굵어지듯
꽃시절의 골수 뽑아 자식들 먹이고 입히고
공부시켰던 우리들의 어머니, 어머니
여름날 긴 해도 짧던 그 마늘밭이
오늘은 바다가 된다, 주름지고 못 박힌 손
허옇게 센 머리칼을 적시며 출렁이는 바다.

　　　　　　　　　– 시 '남해 마늘밭/배한봉' 일부 –

 남해 출신의 시인에게 마늘은 생의 궤적과도 같다. 마늘 농사로 자식들 먹이고 입히고 공부시켰던 어머니의 생애가 고스란히 녹아있기 때문이다. 남해는 고흥, 완도와 함께 조생종인 난지형 마늘의 국내 주신지다. 만생종인 한지형 육쪽마늘의 주산지는 의성, 서산, 단양 등인데 둘다 늦여름에 심어 이듬해 5~6월 사이 수확한다. 첫 수확을 하는 5월 초 남해에선 보물섬 마늘축제가 열린다. 국내 최고의 산지는 경북 의성으로서 알이 단단하고 즙액이 많으며 저장성이 탁월한 장점이 있다.

 마늘은 기원전 2500여 년 축조된 피라미드 벽면에 노무자를 위한 마늘의 양이 기록되어 있을 정도로 그 역사가 깊다. 원산지가 중앙아시아나 이집트로 추정되는 마늘의 어원은 몽골어 Manggir에서 마닐 〉 마날 〉 마늘로 변천된 것으로서 중국을 통해 전래 된 것으로 여겨진다. 곰이 마늘과 쑥을 먹고 웅녀가 되었다는 단군신화와 마늘의 재배기록이 남아 있는 삼국사기의 기록을 볼 때 이미 통일신라 시대 이전부터 널리 이용된 것으로 보인다. 다만 단군신화에 나오는 마늘은 오늘날 우리가 흔히 먹는 개량종 육쪽마늘이 아니라 야생 산마늘일 확률이 높다. 마늘의 3대 생산국은 중국, 인도, 한국 순인데 중국은 세계 생산량의 75%를 차지할 정도로 마늘을 애용하고 있다.

 마늘의 효능에 대한 최초의 기록은 로마 학자 플리니우스가 편찬한 『박물지(Historia naturalis)』에 처음 등장한다. '뱀의 독을 해독하고 치질, 궤양, 천식 등 무려 61가지 질병에 효험이 있다'는 것이다. 중국 의학서 『본초강목(本草綱目)』에도 '정력과 성욕을 증진시키고 피로 회복, 기생충 구제에 효과가 있다'고 기술하고 있다. 이런 효험 때문인지 세계 각지에서 마늘은 미신화된 경향을 보였는데, 흡혈귀 드라큘라를 공포에 떨게 한다든가 전염병 예방에 도움을 주는 부적으로 사용되는 등 동서양을 막론하고 신비의 영약으로 여겨졌다.

기원전 4세기경 알렉산더 군대는 마늘을 상용한 덕에 연전연승하였으며, 제1차 세계대전 당시 영국군은 상처와 화농 치료 약으로 마늘을 사용하였다. 우리나라에서도 대원군이 경복궁을 중건할 때 힘들어하는 석공들에게 마늘로 독려하였으며 마라토너 손기정과 서윤복이 마늘을 즐겨 먹어 우리나라가 마라톤 강국이 되었다는 일화가 남아있다. 하지만 이와는 반대로 불교에서는 오신(五辛)체의 하나로 마늘을 먹지 못하게 하고, 도교에서도 수련에 방해가 된다 하여 멀리하고 있다.

세계 10대 베스트 푸드로 알려진 마늘의 10대 효능을 정리해 보면,

1. **살균, 항균작용.** 마늘의 알리신은 페니실린이나 테라마이신 등 항생물질보다 살균력이 강하다.

2. **강장, 피로회복 효과.** 마늘의 게르마늄이 비타민B1과 결합시 이를 무제한으로 흡수하여 몸이 지치거나 피로하지 않도록 한다.

3. **정력증진, 노화억제.** 알리신이 지질과 결합, 세포를 활성화시키고 혈액순환을 촉진시켜 몸을 따뜻하게 해 준다.

4. **고혈압 개선.** 마늘의 칼륨이 혈중 나트륨을 제거하여 혈압을 정상화시켜 준다.

5. **당뇨 개선.** 알리신이 췌장 세포를 자극하여 인슐린의 분비를 촉진한다.

6. **항암작용.** 유기성 게르마늄, 셀레늄이 암을 억제하고 예방한다.

7. **알레르기 억제작용.** 아토피 등 알레르기 반응시 유리되는 베타헥기소사미니데스 효소의 유리를 억제한다.

8. **정장, 소화작용.** 알리신이 위 점막을 자극, 위액 분비를 촉진하고 장을 튼튼하게 만든다.

9. **해독작용.** 시스테인, 메티오닌 성분이 강력한 해독작용을 나타내고
   알리인, 알리신 등 성분과 그 유도체가 중금속과 유해 세균을 제거
   한다.
10. **신경안정, 진정효과.** 알리신이 인체 신경세포의 흥분을 진정, 안
    정화시키고 스트레스 및 불면증을 해소한다.

우리 몸은 끊임없이 신진대사 과정을 밟고 있다. 대사과정에 있는
'당 중간 대사물'은 단백 아미노산과 결합하면 '당화 단백질'을, 지질
과 결합하면 '당화 지질'을, 유전자 핵산과 결합하면 '당화 핵산'을 형성
한다. 이러한 당화 최종산물을 총칭하여 AGE(Advanced Glycation
Endproduct)라고 부르는데, 악성적인 활성화 물질로 돌변해 주위 조작
과 결합하면서 인체조직을 파괴함으로써 백내장, 실명, 당뇨병성 발기
부전 등 심각한 증상의 원인이 되고 있다. 그런데 마늘에는 'S-A-시스
테인'이라는 AGE 저해물질이 있어 이를 예방한다. 이 성분은 강력한 항
산화제이기도 하고 콜레스테롤 저하와 항암, 항균작용에도 관여한다.

명약과도 같은 마늘에도 취약점은 있다. 바로 역겨운 냄새가 주범. 이
때문에 많은 서양인들이 생마늘을 꺼린다. 불쾌감을 줄이는 가장 손쉬
운 방법은 깐 마늘을 식초에 한 달 이상 담가두고 익혀 먹거나 분말로
먹는 방법이다. 약효를 생각하여 생으로 먹으려면 녹차잎을 입안에 넣
고 씹은 뒤 양치질을 하는 게 효과적이다. 녹차의 후라보노라이드가 마
늘의 냄새를 흡수하기 때문이다. 마늘, 양파의 냄새를 없애는 또 다른
방법으로 파슬리 잎사귀를 함께 먹으면 씻은 듯이 냄새가 사라진다.

망개떡

제74호 지리적표시 농산물 – 의령 망개떡

<u>찹쌀떠~억,</u>
<u>망개떠~억</u>

부산에서 중고교를 다녔던 1970년대 때 어둠이 진 골목길에 울려 퍼지던 떡장수 아저씨의 외침이 아직도 귀에 쟁쟁하다. 먹을 것이 워낙 귀했던 시절이라 한 입 거리도 안 되는 떡을 요리조리 아껴먹던 기억도 생생하다. 떡을 싼 잎사귀가 왜 그리도 커 보였던지, 과대포장이라며 원망했던 그때 그 떡이 바로 망개떡이다.

망개는 청미래덩굴의 경상도 방언이다. 황해도와 경상도에서는 '망개나무'라 하고, 호남지방에서는 '명감나무' 또는 '맹감나무'라 부른다. 1억년 전으로 추정되는 화석식물이 발견되어 화제가 되기도 한 청미래덩굴은 밀나물속 백합과 식물의 뿌리줄기이다. 우리나라 황해도 이남의 산

기슭 양지, 산비탈, 야산 및 수풀가 반음지에 자생한다. 뿌리는 굵고 꾸불꾸불 옆으로 뻗으며 줄기에 갈고리 같은 가시가 있다. 주로 늦가을이나 초겨울에 뿌리를 파서 노두(蘆頭)와 수염뿌리를 제거하고 흙모래를 씻어 버린 후 채로 햇볕에 말리거나 썰어서 햇볕에 말린다.

꽃은 7~8월에 피고 열매는 9~10월에 빨갛게 익는다. 가을에 빨갛게 익은 열매를 따서 입 안에 넣으면 달콤새콤한 맛이 금방 침을 돌게 해 갈증을 해소하는 효과가 있다. 적색과 백색의 뿌리는 두 가지 모두 약용하는데 『본초강목(本草綱目)』에서는 백색이 더 낫다고 기록하고 있다. 맛은 달고 싱거우며 성질은 평하고 독이 없다. 간, 위, 비장에 들어간다. 해독하고 습을 제거하며 관절을 이롭게 한다. 매독(梅毒), 근골경련(筋骨痙攣), 동통(疼痛), 각기(脚氣), 정창(疔瘡), 옹종(擁腫), 나력(瘰癧)을 치료한다. 하루 20~40g을 물로 달여서 복용한다. 외용 시에는 가루 내어 붙인다. 뿌리줄기에는 사포닌, 탄닌, 수지 성분이 함유되어 있다.

청미래덩굴 뿌리는 옛날 중국에서도 식량이 부족할 때 허기를 면케 했다는 전설이 있다. 옛날 우나라가 망하자 산으로 피신한 선비들이 청미래덩굴 뿌리를 캐서 먹었는데 요깃거리로 넉넉했다 하여 '우여량(禹餘糧)'이라고 하고 신선이 남겨놓은 양식이라 하여 '선유량(仙遺糧)'이라고도 했다. 일본에서는 5월 단오 때 청미래덩굴 잎을 아래위로 두 장 싸서 떡을 만들어 먹는 민속이 있는데 우리나라의 영향을 받은 증거로 받아들여진다.

한방에서는 이 뿌리를 '토복령(土茯笭)'이라 부르고 중국에서는 부인 몰래 못된 짓을 하다 매독에 걸려 죽게 된 남편을 부인이 너무 미워 산에다 버렸는데, 풀숲을 헤매다 청미래덩굴 뿌리를 캐 먹고 병이 완쾌되어 돌아왔다 하여 '산귀래(山歸來)'라 부른다. 『본초강목(本草綱目)』에도

'요사이 여자를 좋아하는 사람이 늘어나 매독 같은 성병이 많이 유행하고 있는데 약을 조금 써 고친 후에도 이 병이 재발할 때는 토복령을 치료제로 쓰라'고 적고 있다. 한방에서는 지금도 매독 치료제로 사용한다.

청미래덩굴은 민간약으로도 널리 쓰인다. 근경(根莖)을 엷게 쓸어 말려 두었다가 감기나 신경통에 약한 불에 다려 식전에 복용하고 땀을 내면 거뜬히 낫는다고 하며 매독에도 이렇게 하여 마시고 땀을 내면 오줌으로 그 독이 빠져나가서 낫는다는 것이다. 또 줄기로 젓가락을 만들어 사용하면 몸에 좋다고 여겼고 열매는 검게 태워서 참기름에 개어서 종기나 태독에 바르면 깨끗이 낫는다고 했다. 잎은 차 대용뿐 아니라 담배 대용으로 피우면 좋다고 하였고 봄에 어린순은 나물로도 즐겨 먹었다.

망개떡은 망개 잎에 떡을 싸서 쪄내기 때문에 붙여진 이름이다. 망개나무는 덩굴성 소관목인 청미래덩굴로서 전국 산야에 지천으로 널려 있다. 그중에서도 경남 의령군의 자굴산 일대는 산을 뒤덮을 기세여서 그 잎을 이용한 망개떡이 일찌감치 이 고장 식품으로 자리 잡았다. 유래를 살펴보면 멀리 가야 시대로 거슬러 올라간다. 힘이 약했던 가야는 강국인 백제에 처녀를 시집보내는 정략혼인을 장려했는데 이때 이바지 음식의 하나로 신랑집에 망개떡을 보냈다고 전해온다. 임진왜란, 일제 시대 때는 산속으로 피신 다닐 때 끼니 대신 떡을 만들어 망개잎에 싸서 흙먼지가 묻지 않게 하거나 오랫동안 보존하도록 한 것이 시초이다.

망개떡은 청미래덩굴 잎의 향이 떡에 베어들면서 상큼한 사과 맛이 나고, 이것이 천연방부제 역할을 하여 여름에도 잘 상하지 않는다는 특징이 있다. 망개 잎은 7~8월에 채취한 것을 배춧잎 절이듯이 소금에 절여 두었다가 필요할 때마다 꺼내 쓴다. 만드는 법은 토속음식답게 순박하다. 먼저 찹쌀가루를 찜통이나 시루에 충분히 쪄낸 후 절구에서 차지게 될 때까지 찧는다. 절구에 친 떡을 도마 위에 놓고 방망이로 얇게 민 후 설탕, 꿀, 계핏가루를 첨가한 거피 팥소를 넣고 반달이나 사각 모양으로 빚어준다. 이렇게 만들어진 떡을 두 장의 망개 잎 사이에 넣어 김이 충분히 오른 찜통에 넣고 찐다. 이렇게 하면 쫀득한 떡피와 고소한 팥소, 그리고 그윽한 망개 잎의 향이 그만인 망개떡이 탄생된다.

의령의 망개떡은 여름철 맛과 겨울철 맛이 다르다. 여름에는 생잎에서 배어나는 특유의 상큼한 사과향 맛이 나는데, 겨울에는 단맛이 어우러진 짭짤하고 시원한 맛이 난다. 옛날에는 망개 잎을 채취하는 여름 제철에나 잠시 맛보았을 뿐 겨울에는 잎을 구할 수가 없어 먹을 수 없었으나 지금은 망개 잎을 염장(塩藏)하여 저장하므로 사시사철 맛볼 수 있다. 단맛을 내세운 서양과자들의 등장과 짧은 보관일수 탓에 망개떡 장수가 사라진 지 오래다. 의령군은 추억을 되살리는 향토 음식으로 망개떡을 제74호 지리적표시 상품으로 등록하여 '자연 한 잎, 의령 망개떡' 홍보에 열을 올리고 있다. 군내 농업기술센터의 도움을 받아 떡피에 올리고당을 첨가하여 더욱 쫄깃하고 말랑말랑한 상태를 유지하고 진공상태에서 이산화탄소를 주입해 떡의 부패를 5일 이상 지연시키는 등 전국 단위 판매를 가능케 하고 있다. 더욱이 대전-통영간 고속도로가 개통되면서 전국 어디든 일일 배송이 가능해진 점도 큰 보탬이 되고 있다. "우린 정말 순수하게 만들어요. 소금 약간하고 설탕만 넣고 다른 첨가물은 일절 안 써요. 유화제를 첨가해서 잘 안 굳게 할 수도 있지만, 드시는 분들 건강 생각해서 안 넣어요. 어렵지만 고집으로 버텨 나가죠." 자굴산 망개떡을 만드는 전연수 씨의 말이다.

먹을 것이 넉넉해진 오늘날 청미래덩굴은 빨간 열매가 꽃꽂이 장식으로 이용될 뿐 잠시 잊혀진 식물이 되었다. 부활을 꿈꾸는 의령 망개떡으로 입안 가득 순수한 자연과 고향의 향수를 느껴보기 바란다.

매실

제36호 지리적표시 농산물 – 광양 매실

백설이 잦아진 골에 구름이 머흐레라.
반가운 매화는 어느 곳에 피었는고.
석양에 홀로 서서 갈 곳 몰라 하노라.

목은 이색의 시조이다. 고려말의 어지러운 정치 상황 속에서도 희망을
잃지 않으려는 의지가 엿보인다. 매화는 사군자의 하나로 많은 문사들의
사랑을 받아왔다. 매화를 유난히 사랑했던 퇴계 이황은 평생 매화 화분
을 곁에 두고 돌아가실 때조차 '매화분에 물을 주라'고 당부하셨다 한다.
선비들의 눈에 매화는 험한 세상에 피어나는 희망의 징표였던 것이다.

이러한 매화의 열매가 매실이다. 둥근 모양으로 5월 말에서 6월 중순
사이 초록색으로 익는다. 장미과에 속하는 매화나무의 원산지는 중국

사천성, 호북성 일대이다. BC 1,000여 년 전부터 약용으로 쓰였으며 우리나라에는 삼국시대 때 정원수로 들여와 고려 초기부터 약재로 쓰이기 시작했다.

주요 산지는 전남 광양과 경북 영천, 경남 하동 등지인데, 전국 매실 생산량의 28%를 차지하는 광양이 으뜸이다. 2010년 현재 광양매실생산자단체영농조합법인에 소속된 재배 농가 수는 1,500여 곳에 이르고 재배면적은 4천 헥타르에 이른다. 개화 시기가 빠르고 과육이 단단하여 국내 매실 생산을 선도하고 있는 광양 매실은 최근 건강 과실로 호평받으면서 그 수요가 매년 큰 폭으로 증가하는 추세다.

매실은 수확 시기와 가공법에 따라 여러 종류로 나뉜다. 6월 중순과 7월 초순 사이 연한 녹색의 단단한 과육 상태로 따는 청매(靑梅). 7월 중순경에 따는 노란 색의 완숙 매실인 황매(黃梅). 청매의 껍질 및 씨를 벗긴 뒤 짚불 연기에 그을려 말린 오매(烏梅). 청매를 증기로 찐 뒤 술 담그는 데 주로 사용하는 금매(金梅). 청매를 묽은 소금물에 하룻밤 절인 뒤 햇볕에 말린 백매(白梅) 등이다.

이 중에서도 까마귀처럼 까맣다고 해서 이름 붙여진 오매는 조선 시대 단옷날 임금님이 대신들에게 내리는 '제호탕(醍醐湯)'의 주원료로 쓰였다. 『동국세시기(東國歲時記)』에 '이 탕을 마시면 갈증이 풀리고 속이 시원하며 정신이 상쾌해진다'고 기록되어 있을 만큼, 가래를 삭이고 구토, 갈증, 이질, 폐결핵 등을 치료하며 숙취 해소에 효과가 탁월한 한약재로 많은 사랑을 받았다. 『동의보감(東醫寶鑑)』에도 "오매는 염증을 제거하고 토역(吐逆)을 그치게 하며, 갈증과 이질, 열과 뼈 쑤시는 것을 다스리며 주독을 풀고 상한, 곽란, 조갈증 등을 다스린다. 또 소화액 분비를 좋게 해주고 간 기능도 보해 준다"고 극찬하고 있다.

 매실은 6월 중순경에 따는 것이 최상이다. 참고로 몸에 좋은 6월의 제철 음식으로 매실 외에 농산물로는 복분자 · 참외 · 감자, 해산물로는 소라 · 다슬기 · 참다랑어 · 장어 등이 추천되므로 매실을 다 딴 뒤에는 이들 제철 음식으로 식단을 꾸며 보면 좋겠다. 6월 하순 이후에는 익는 정도가 하루가 다르게 빨라지면서 고유의 향이 새어나간다. 그렇다고 너무 일찍 따면 덜 익은 씨에 아미그달린이란 유독 성분이 청산(靑酸)이라는 독 성분으로 분해되므로 유의해야 한다. 매실주를 담글 때 매실을 곧 건져내는 것도 이 독 때문이다. 하지만 아미그달린은 완숙시키거나 가공하면 크게 줄어든다.

 매실은 신맛이 매우 강해 과일 가운데 거의 유일하게 생으로 먹지 않는다. 한방에서는 매실을 날로 먹으면 치아와 뼈를 상하게 할 수 있다 하고 위산과다로 속 쓰려하는 사람에게도 금기시한다.

 매실의 열량은 100g당 29kcal로 여느 과일보다 낮으며, 열매 중 과육이 약 80%인데 수분이 85%, 당질이 10% 정도를 차지하고 있다. 비타민, 유기산(구연산, 사과산, 호박산, 주석산)이 풍부하고 칼슘, 인, 칼륨 등의 무기질과 카로틴도 들어있다. 그중에서도 구연산(시트르산)은 당질의 대사를 촉진하고 피로를 풀어주며 위장의 작용을 활발하게 하고 식욕을 돋우는 작용을 한다.

 대표적인 알칼리 식품으로서 피로 회복에 좋고 체질 개선 효과가 있다. 특히 해독작용이 뛰어나 배탈이나 식중독을 치료하는 데 도움이 되며 신맛은 위액을 분비하고 소화기관을 정상화하여 소화불량과 위장장

애를 없애준다. 변비와 피부미용에도 효과가 있으며 높은 산도로 인해
강력한 살균작용을 보인다. 최근에는 벤잘데하이드(Benzaldehyde) 유
도체의 생성으로 인해 항암 작용도 있는 것으로 밝혀지고 있다.

일본인들의 우메보시(일본식 매실 절임) 사랑은 유별나다. 도시락, 주
먹밥 등에 넣어 먹고 생선회를 먹을 때도 고추냉이 대신 우메보시를 즐
겨 먹는다. 매실이 더위로 잃어버리기 쉬운 입맛을 살리고 각종 식중독
균을 죽이므로 여름철 식단에 없어서는 안 될 음식이라는 인식에서다.
우리나라에서도 술을 담그거나 쨈, 주스, 농축액, 간장, 식초, 정과, 차로
만들거나 반찬으로 장아찌를 담그기도 하는 등 식생활 깊숙이 전파되어
있다. 잠깐 새콤달콤 알싸한 맛의 매실장아찌 담그는 법을 소개한다.

< 간장으로 매실장아찌 만드는 법 >

1. 잘 익은 통매실을 깨끗이 씻어 소금물에 담가 하룻밤 정도 절인다.
2. 절인 매실을 건져 표면이 쪼글쪼글해질 때까지 햇볕에 말린다.
3. 말린 매실을 끓여 식힌 조선간장에 푹 잠기도록 담근다.
4. 1주일 후 간장을 따라내어 다시 한번 끓여 식힌 후 붓는다.
5. 3~4개월이 지나면 맛있는 매실 간장 장아찌가 된다.

멜론

....

신청 준비 지리적표시 농산물 – 곡성 멜론

<u>내가 멜론을 얼마나</u>
<u>좋아하는데</u>

　위 문장은 제6회 목포문학상 희곡부문 신인상을 수상한 류수현 작가
의 희곡작품 제목이다. 집안의 제삿날, 시어머니와 며느리가 티격태격
서로의 입장을 고집하는 대화로 이야기가 시작된다. 작품에서 '멜론'은
서로에게 갈등을 유발하는 요소인 동시에 화해를 이끌어주는 매개이다.
2022년 3월, 연극무대에도 올려져 단 2명의 배우가 주고받는 서로의
애환, 후회, 연민을 통해 관객들로 하여금 공감과 감동을 불러일으키게
했다고 한다. 다툼이 있을 때마다 상대에게 멜론을 선물해 보면 어떨까.

　거칠고 딱딱한 껍질과는 달리 과육의 맛이 달고 향이 강한 Melon은

원래 박목 박과에서 오이속, 수박속, 동아속을 총칭하는 의미이다. 수박
이 영어로 'Watermelon'인 것도 이 때문이다. 하지만 우리나라에서 일
반적으로 칭하는 멜론은 오이속 내 머스크멜론(Musk melon)과 그 아
종을 의미한다. 다양한 멜론 품종을 쉽게 접할 수 있는 미국 등에서는
보통 해당 품종명으로 부른다. 메론으로도 많이 알려져 있으나, 받침 발
음이 힘든 일본식 표기 'メロン'에 기원을 둔 발음일 뿐, 영어 'Melon'
을 기준으로 삼으면 '멜론'으로 발음하고 적는 것이 옳다. 원산지는 북
아프리카부터 서아시아까지로 넓게 보나, 기원전 2000년대부터 재배했
던 오래된 작물이라 확실하지 않다. 오늘날 최대산지는 중국으로 전 세
계 생산량의 절반 이상을 차지한다. 그 뒤를 이어 튀르키예, 이란, 이집
트 등 원산지로 거론되는 국가들이지만 각각의 생산량은 5% 내외의 비
중밖에 안 된다. 그만큼 여러 나라에서 널리 재배되고 소비되고 있다.

멜론은 껍질에 그물(net) 무늬가 있는 네트 멜론(Netted melon)과 표면
이 매끄러운 무네트 멜론(Non-netted melon)으로 분류된다. 대표적인
네트 멜론으로는 '머스크(Musk)', '캔털루프(Cantaloupe)' 등이 있으며 무
네트 멜론에는 '파파야멜론(Papaya melon)', '양구(やんぐ)' 등이 있다.

▶**머스크멜론**_우리가 흔히 멜론이라고 부르는 것은 'Musk(사향,麝
香)'로 이름 지어진 머스크멜론이다. 동그란 모양에 밝은 색깔의 그
물 무늬를 가지고 있다. 그냥 썰어 먹어도 맛있고 빙수나 생과일주
스 등으로도 많이 활용된다. 다른 품종에 비해 달콤한 향기가 많이
나며, 칼륨이 많이 들어 있어서 각종 노폐물을 배출하는 데 도움이
된다. 고혈압과 뇌경색 예방에도 좋다.

▶**캔털루프멜론**_밝은 주황빛의 과육이 특징으로 호박과 멜론을 접붙
여 만든 종이다. 촘촘한 그물 무늬와 함께 초록색의 세로 줄무늬를
가지고 있다. 로마 근처 교황청이 있는 캔털루프라는 마을에서 활발

하게 재배되어 붙여진 이름으로 프랑스 아비뇽 지방에서 많이 나며 현재 국내에도 재배되는 곳들이 있으나 농사짓기가 까다로워 흔하지는 않다. 달고 식감이 좋은 것이 특징이다.

▶**파파야멜론**_노란빛과 초록빛을 동시에 가지고 있어서 얼핏 보면 수박과 비슷하다. 모양은 럭비공 같은 타원형으로 부드러운 육질과 높은 당도를 자랑하며 국내에서도 재배되고 있다. 참외와 멜론의 맛을 동시에 느낄 수 있으며 섬유질과 엽산 등이 풍부해 피로회복 등 다양한 효과가 있다.

▶**양구멜론**_'양구'는 지역명이 아니라 일본에서 개발된 품종 이름이다. 영어 'Young'을 일본식으로 발음하면 '양구'로 들려 우리나라에선 발음 그대로 '양구멜론'이 되었다. 진한 노란 빛을 띠고 있어 마치 달덩이 같다. 하얀 속살의 평균 당도가 높은 편이고 껍질이 얇아 향긋한 향이 진하게 난다. 또한 수분이 많아 과즙의 달콤한 맛을 즐길 수 있으며 저장성이 좋아 오래 두고 먹을 수 있는 것도 매력이다.

멜론은 맛있게 먹기 위해서는 후숙(後熟) 과정이 필요하므로 좀 까탈스러운 과일이다. 사 와서 바로 깎아 먹을 경우, 굉장히 딱딱한데다 씨앗이 있는 태좌(胎座) 부분을 제외하면 그냥 수박의 흰 부분을 먹는 맛밖에 안 나서 비싼데다 맛도 없는 과일로 오해받기 쉽다. 따라서 사 온 멜론은 서늘하고 직사광선이 들지 않는 곳에서 3~7일 동안 상온에 그냥 두었다가 밑동 부분을 손가락으로 힘을 줘 눌러 말랑말랑한 느낌이 들 때 먹어야 한다. 더 시원하고 달게 먹으려면 후숙을 끝낸 멜론을 깎은 다음 접시에 담아 1~2시간 정도 냉장고에 넣어두었다가 먹으면 된다. 이런 멜론의 특성상 새로 들여온 비싼 멜론보다는 진열된 지 3~4일 정도 되어 떨이로 싸게 파는 것을 사면 오히려 저렴한 가격에 후숙 없이 맛있게 먹을 수 있는 참 희한한 과일이다. 종류에 상관없이 잘 익은 멜

론을 고르는 방법으로는 ①같은 크기에서도 무게가 유달리 무거우며 ②
밑동(배꼽) 부분을 손가락으로 눌렀을 때 3mm 정도는 눌러졌다가 원상
으로 돌아오는 것이 잘 익은 멜론이다.

일본인들은 입원 환자의 병문안용 과일로 멜론을 가장 선호한다. 한때
고급 햄과 멜론이 선물의 정석이었던 시절의 이미지가 남아서인지 우리
도 무척 선호하는 과일이다. 사실 멜론은 환자에게 매우 유용한 과일이
기는 하다. 멜론은 칼륨이 매우 풍부하므로 이뇨 효과가 있어 몸의 부기
를 빼고 신장 기능에 도움을 준다. 그러나 신장이 이미 안 좋은 상태라
면 칼륨 섭취가 오히려 몸에 부담이 되니 조심해야 한다. 당도가 높고
비타민C가 함유되어 있어 피로회복 효과도 매우 우수하다. 과육에 함유
된 카로티노이드는 암을 예방하는 효과가 크며 특히 폐암 예방에 효과
가 높다. 수분이 많아 체내 수분 보충에도 도움을 준다. 멜론은 포만감
을 주는 반면 칼로리는 낮은 편이다. 멜론의 칼로리는 100g당 38kcal
정도라서 다이어트 음식으로 적합하다. 멜론은 수분과 섬유질이 많아
장의 기능을 강화한다. 아울러 면역력 강화에 도움을 주고 항산화 효과
도 뛰어나다. 멜론에는 항산화 작용을 하는 베타카로틴, 비타민C, 칼륨
이 풍부하게 들어있어서다.

최근 미국 '애틀랜타 저널 컨스티튜션'에 따르면, 조지아 대학 식품과
학기술부의 과학자들이 수박과 캔털루프 멜론으로 만들어진 제품의 효
능을 연구해 그 결과를 발표했다. 이에 따르면 캔털루프는 다른 과일
보다 수분 함량이 높아 칼로리가 낮고, 캔털루프 1개에는 일일 비타민
A 권장량의 100%, 비타민C는 권장량의 337%가 함유돼 있다. 칼륨 또
한 풍부해서 면역력 향상 · 시력 · 뼈 건강 · 암 예방 등에도 좋다는 설명
이다. 연구팀은 캔털루프 멜론을 착즙해 먹으면 영양분 손실 없이 먹을
수 있다는 설명도 덧붙였다. 원산지 프랑스에선 와인 · 코코아와 함께 3

대 장수식품으로 꼽힐 정도로 심혈관 질환 및 혈액순환, 항산화 등에 도움 되는 기능성 물질이 많은 식품으로 꼽힌다. 특히 '활성산소억제효소(SOD)라는 항산화물질인 베타카로틴이 많은 것으로 알려져 있다. 당도도 15브릭스 이상으로 멜론의 평균 당도 11브릭스보다 높은 편이다. 우리나라에서도 2016년 충북 진천 지역에서 첫 재배에 성공, 본격적으로 국내 생산이 이뤄지기 시작했다. 방송 프로그램을 통해 그 효능이 잇따라 소개되며 재배 농가도 증가 추세에 있으며, 봄 재배(3~5월)와 여름 재배(6~9월) 2기작으로 이뤄지고 있다.

 현재 우리나라에서는 전북 고창군, 전남 곡성군, 나주시, 충북 진천군 음성군, 충남 천안시 부여군, 경북 고령군 등이 멜론 주요 산지로 유명하며, 강원 화천군 양구군도 멜론 특산지로 부상하고 있다. 강원 춘천시에서는 '하니원(Honey one) 멜론'이라는 품종이 재배되고 있고, 충남 천안시에서는 '홈런스타(Homerun star)'라는 품종이 재배되고 있는데 주로 수신면에서 재배되어 '수신 멜론'이라고 불리고 있다.
 이 중에서 곡성 멜론이 가장 먼저 지리적표시 농산물 신청의 포문을 열었다. 곡성은 해발 95m 이상의 준산간지로서 지리산을 끼고 섬진강과 보성강이 흐르고 있으며 평야지를 중심으로 시설채소, 과수 등 특수작물 재배면적이 매우 많다. 내륙성 기후로 일조량이 풍부하며 분지형이라 밤과 낮의 온도 차가 매우 커서 과육은 단단하고 당도와 향이 뛰어나 일본 수입업체인 미찌(みち)에서도 인정받았을 정도로 국내 최고의 멜론 재배지로 알려져 있다. 곡성에 멜론이 처음 심어진 것은 1981년이며, 1986년부터 본격적으로 재배되어 현재 350여 농가를 통해 전국 멜론 생산량의 20% 이상을 커버하고 있다. 멜론 재배를 늦게 시작하였지만, 현재의 명성을 쌓게 된 데에는 2000년대 들어 본격화된 일본 수출의 영향이 컸다. 한 포기에 한 덩이의 멜론을 키우는 농법을 확립하여 품질을 올린 것이

주효한 것이다. 곡성 멜론은 네트형 얼스(Earls) 계통의 고급 멜론으로서 껍질의 네트가 굵고 일정하게 생성되어 과육과 육질이 부드럽고 향이 강하다. 특히 곡성농협은 국내 최초로 비파괴 당도 측정기로 멜론의 당을 측정하여 공동 선별함으로써 품질이 균등하다. 5월 말경 출하를 시작, 10월에 종료하는데 6~8월 사이에 출하되는 멜론이 가장 당도가 뛰어나다. 머지않아 '멜론 메카'를 꿈꾸는 곡성의 꿈이 꼭 이루어져 지역 경제에도 큰 보탬이 되길 바란다.

모시

제25호 지리적표시 농산물 – 한산 모시

쉬모시 옥색치마 금박물린 쳐 댕기가
창공을 차고나가 구름 속에 나부낀다.
제비도 놀란 양 나래 쉬고 보더라.

　작곡가 금난새의 아버지인 금수현이 곡을 붙인 〈그네〉의 가사 일절이
다. 중학교 음악 교과서에 실렸던 이 노래 속 세모시 옥색 치마는 당시
까까중 머슴애들의 로망이었다. 금박물린 댕기까지 치장한 처녀가 그
네를 타는 모습에 제비도 놀라서 쳐다볼 지경이었으니 그 아리따움이야
오죽했으랴.

　세모시는 여름 한복의 옷감으로 사용되는 올이 썩 가는 고운 모시를
일컫는다. 모시의 가늘고 굵기는 새(升)라는 단위로 정해지는데 세모시

는 10새 이상이다. 모시 80올이 1새이고 10올이 1모이니 80모에 해당하는 10새가 얼마나 가늘고 고울지 짐작이 갈 것이다. 에어컨 선풍기도 없었던 시절 우리 선조들은 여름철 더위를 이겨내기 위해 모시옷을 입었다. 모시는 땀이 잘 배지 않고 통기성이 뛰어나 누구나 선호하던 여름 의복인데, 충남 서천의 한산이 최고의 명산지이다. 일제 초기만 하더라도 전국의 보부상들이 저산팔읍(苧産八邑), 즉 모시풀이 잘 자랐던 서천군의 한산, 서천, 비인, 보령의 남포, 주포, 부여의 임천, 홍산, 청양의 정산 등 8곳의 장에서 큰 경제권을 형성하였다. 해방 후에도 수요가 꾸준히 늘어나 정부에서는 저포증산 5개년 계획을 세워 모시 재배를 장려하기도 했다. 그러나 60년대 말 이후 합성섬유 산업의 발달로 수익성이 떨어지자 재배면적도 격감했다.

기록에 의하면 삼국시대 백제 땅이었던 서천군 한산면 건지산 기슭에서 재배된 야생 모시풀을 원료로 하는 옷감이 처음으로 개발되어 통일신라 경문왕(AD 861-875) 때에는 저포가 해외로 수출되었고, 고려 때부터 조선 시대에 이르기까지 임금님 진상품으로 그 명성을 떨쳤다. 문헌 자료에 처음 나타나는 『삼국사기(三國史記)』 신라 편에서는 삼십승 저삼단(三十升苧衫段)을 당나라에 보낸 기록이 있고, 『계림유사(鷄林類事)』에 저왈저모(苧曰苧毛), 저왈모시배(苧曰毛施背)란 기록이 있는 것으로 보아 일찍이 고려 시대에도 저마 섬유를 모시로 불렀음을 알 수 있다. 외국에 알려진 최초의 기록으로는 고려 인종 원년에 사신으로 왔던 송나라 서긍이 '백옥처럼 희고 맑아 결백을 상징하고 윗사람이 입어도 의젓함이 나타나며 백저포로는 상복을 삼기도 한다.'고 모시를 칭송한 기록이 남아있다.

모시(苧, Adenophora remotiflora miquel)는 원산지가 동남아시아

이며 주로 열대지방에서부터 온대 북부지방에 걸쳐 분포하는 쐐기풀과의 여러해살이풀로서, 줄기의 질긴 껍질은 옷감 재료로 사용하며 뿌리는 이뇨제나 통경제 등 약용으로, 달걀모양의 잎은 음식의 재료로 이용한다. 모시는 생육조건이 까다로워 기온이 높고 습기가 많은 곳이 적지인데, 섭씨 20~24도의 기온과 연간 1,000mm 이상의 강우량은 되어야 한다. 재배법은 모시풀 뿌리를 옮겨 심은 후 번식시키고 뿌리 쪽 줄기가 황갈색을 띠면서 키가 2m 정도 되면 수확한다. 1년에 3회 수확하는데 첫 수확은 5월 말에서 6월 초, 두 번째 수확은 8월 초에서 하순 사이, 마지막 수확은 10월 초에서 하순 사이이다.

우리나라 대표적인 여름 직물인 삼베(대마)와 모시(저마)는 모두 줄기(인피)섬유이기 때문에 질감이 깔깔하고 차가우며 통풍이 잘된다. 하지만 한반도의 기후와 토양 등 생육조건이 적합했던 삼베가 전국적으로 재배되어 서민용 옷감으로 발전된 데 반해, 모시는 생육조건이 까다로워 충청도 연안과 전라 남부 지역에서만 재배되어 주로 상류층 집안에서 사용되었다.

한산면 지현리에 위치한 한산모시관(www.hansanmosi.kr)을 찾으면 한산 세모시의 우수성을 한눈에 볼 수 있는데, 제작과정은 재배와 수확, 태모시만들기, 모시째기, 모시삼기, 모시굿만들기, 모시날기, 모시매기, 모시짜기, 모시표백의 아홉 과정으로 나뉜다. 수확한 모시의 줄기 중 가장 바깥층을 벗겨낸 속껍질(인피)를 물에 네다섯 번 적셔 햇볕에 말리면 바탕색이 깨끗한 모시원료 태모시가 된다. 모시째기는 태모시를 쪼개는 과정이다. 모시삼기는 모시째기가 끝난 저마섬유를 한 뭉치 '쩐지'라는 버팀목에 걸어놓고 한 올씩 빼어 양쪽 끝을 무릎 위에 맞이어 손바닥으로 비벼 연결시키는 과정이다. 실의 굵기에 따라 한 폭에 몇 올이 들어갈지 결정하는 모시날기와 풀먹이기 과정인 모시매기를 거친 후

베틀을 이용해 모시를 짠다. 마지막으로 물에 적신 다음 햇볕에 여러 번 말리면 하얀 모시가 탄생한다.

모시는 습도가 모자라면 끊어지기 쉬우므로 통풍이 안 되는 움집에서 짜야 했고 바람이 불거나 비오는 날에는 작업을 할 수 없었다. 전통 수제방식의 기법을 보호하고 전승하고자 정부는 한산모시를 무형문화재와 지리적표시제 등록상품으로 지정하였다.

예로부터 세모시 고쟁이는 여자의 화냥기로 인식되었다. 하반신 내의인 고쟁이를 세모시로 만들어 입을 경우 속살이 살짝 드러나 남성의 눈을 홀리는데 제격이었던지라 실제로 왕실의 후궁들이 세모시로 만든 잠옷을 즐겨 입었고 기방에 수청 드는 기생에게는 세모시 한 필을 주는 것이 관례였다고 한다. 그리고 보니 모시에서는 여인의 향기가 배어나는 듯하다.

과거 모시 재배 농가에선 어린잎으로 나물을 해 먹고 모시개떡으로 간식을 삼았으며 모싯잎으로 차를 끓여 마셨다. 칼슘의 함량(우유의 48배)이 많은 모싯잎차를 꾸준히 마실 경우 기본적으로 골다공증에 효과가 있고 천연 식이섬유가 많이 들어있어 변비, 다이어트에도 효능이 있다. 모싯잎차에는 카페인 성분이 전혀 없을뿐더러 잎차 특유의 떫은맛도 없다. 그러니 구수하고 감미로운 뒷맛의 모싯잎차를 녹차처럼 다관에 적당량 넣고 80도 정도의 뜨거운 물에 여러 번 우려 자주 마시고 여름철에는 냉장고에 넣어 냉차로 즐겨도 좋겠다. 모싯잎차를 덖다 보면 뒷면에 하얗게 곰팡이가 앉은 것처럼 보이는데, 이건 곰팡이가 아니라 모싯잎의 천연섬유질이므로 안심해도 된다. 최근의 연구에서는 항산화 작용을 하는 후라보노이드 성분과 모세혈관을 튼튼하게 하는 루틴 성분 등이 폐암, 간암 등 암세포의 성장을 억제하고 치매, 고지혈증, 동맥경화, 고혈압, 중풍, 노화 등의 예방에도 도움을 주는 것으로 밝혀졌다.

모싯잎송편

제101호 지리적표시 농산물 – 영광 모싯잎송편

<u>송편을 예쁘게 빚어야</u>
<u>시집가서 예쁜 딸을 낳는단다.</u>

송편은 대표적인 한가위 명절 음식이다. 추석 명절 때면 아낙들이 옹기종기 둘러앉아 송편을 빚었다. 대표적인 차례 음식이었던지라 정성껏 제를 올리려는 기원 의식에서 자연스레 이런 덕담이 오고 가지 않았을까. 중국에 보름달 모양의 '월병(月餠)'이 있다면 우리나라에는 반달 모양의 '송편'이 있다. 시루에 솔잎을 켜켜이 깔아 쪄내어서 붙여진 송편의 유래는 통일신라 시대 이전으로 거슬러 올라간다. 원래 이름은 '소나무 송(松)'자에 '떡 병(餠)'이 합쳐진 '송병'이었는데 음 변화를 거쳐 '송편'으로 불리게 되었다.

그런데 송편은 보름달 모양의 월병과 달리 왜 반달 모양이 되었을까. 놀랍게도 백제 멸망과 관련된 일화가 전해온다. 사연인즉, 백제의 마지막 왕이었던 의자왕(재위 642~660) 때 궁궐 땅속에서 거북 등이 하나 쑤욱 올라왔는데, 등짝에 '백제는 만월(滿月)이요, 신라는 반월(半月)이라'고 새겨져 있었다 한다. 이를 수상히 여긴 왕은 점쟁이를 불러 그 뜻을 물으니 '만월은 점차 기울고 반달은 점점 만월로 차게 되니, 역사의 운이 신라 쪽으로 기울 것'이라고 풀이하였다. 이 소식은 신라에도 풍문으로 전해졌고, 마침내 신라가 삼국을 통일하자 통일신라 사람들은 보다 나은 앞날을 기원하며 송편을 반달 모양으로 빚어 먹었다는 것이다. 참고로 문헌상 최초의 기록은 1680년에 저술된 『요록(要祿)』에 '백미(白米)가루로 떡을 만들어 솔잎과 켜켜이 쪄서 물에 씻어낸다'라는 문장에서 찾을 수 있으나 이미 오래전부터 즐겨 먹던 고유의 음식임엔 틀림없다.

더욱 의미 있는 것은, 소를 넣고 접기 전까지 송편의 피는 둥근 보름달 모양이다. 소를 넣고 반으로 접는 과정에서 달의 발전과정과 변화를 보게 된다. 그러니 송편 한 개에 보름달과 반달이 다 담겨있는 것이다. 우리의 한복이 다리가 다 내비치는 중국의 치파오와 다르듯이, 송편에서도 약간 감추면서도 은근과 끈기를 보이는 민족성을 드러낸 건 아닐까.

『조선무쌍신식요리제법(朝鮮無雙新式料理製法)』의 '재증병(再烝餅)' 편에 '흰떡을 쳐서 송편을 빚고 다시 짜내어 냉수에 씻어 먹으면 질기고 단단하여 좋다'고 하였고, 별법(別法)을 소개한 『규합총서(閨閤叢書)』에서는 '흰떡을 골무떡보다 눅게 하여 쪄서 많이 친다. 굵은 수단처럼 비벼 그릇에 담아 떼어 얇게 소가 비치게 파고, 거피팥에 꿀을 달게 섞고 계피 후추 건강 가루를 넣어 빚는다. 너무 잘고 동그랗지 않게 크기를 맞추어 버들잎같이 빚어 솔잎을 켜켜이 얹고 찌면 맛이 유난히 좋다'고 하였다.

이처럼 예로부터 우리 선조들은 가을걷이를 끝낸 뒤 떡을 만들고 술도 빚어서 서로 나눠 먹으며 수확을 축하했다. 송편은 대표적인 명절 떡으로서, 갓 수확한 햅쌀과 햇곡식으로 만든 오려(=올벼라는 뜻)송편을 차례상에 올렸다. 색에 따라 흰송편, 쑥송편(녹색), 송기송편(붉은색), 치자송편(노란색) 등으로 구분하고 깨, 팥, 콩, 녹두, 밤 등 사용하는 소재료에 따라서도 달리 불리어지고 지역에 따라서도 특색이 제각각 달랐다. 대체로 북쪽 지방이 모양이 큰 반면, 서울 경기 지방은 작고 앙증맞은 크기였다. 강원도에서는 멥쌀 송편 말고도 도토리 송편, 감자 송편을 만들어 먹었다.

모시가 많이 나는 남부지방에서는 모싯잎을 삶아서 불려놓은 멥쌀과 함께 빻은 가루를 익반죽한 다음, 팥고물, 동부고물, 깨고물 등을 넣고 송편을 쪘다. 영남 지방에서는 쪄낸 떡에 참기름을 바르고 감잎에 싸 먹으며 콩고물, 양대콩, 밤, 대추를 소로 쓰기도 한다. 모싯잎이 들어간 송편은 쫄깃한 맛과 오래 두어도 쉽게 굳지 않는 장점이 있어 오래 전부터 전라도 지방의 별미 떡으로 자리 잡았다. 특히 곡창지대가 많은 이곳에선 옛날부터 본격적인 농사철에 들기 전에 2월 초하루 중화절식을 노비일(奴婢日; 머슴날)이라 하여 머슴들의 나이 수대로 송편을 대접하는 풍습이 있었다. 노비들을 위로하고 격려하는 송편이라는 의미로 지금도 전라도에선 '노비송편'이라 부르기도 한다.

굴비로 이름난 전라남도 영광 지역은 모시를 옷감으로 쓰는 다른 지역과는 달리 오래전부터 떡으로 만들어 먹는 전통이 남아 있다. 그런 연유이어서인지 2016년도 지리적표시 농산물로 '영광 모싯잎송편'을 등록 신청했다. 은은한 향과 풍부한 식이섬유 성분의 모싯잎으로 반죽을 빚고 청포묵의 원료인 동부콩으로 주로 속을 채워 단맛이 적당하고 식감도 쫄깃하다 보니 건강식품을 찾는 소비자들에게 큰 인기를 얻고 있다. 작년 말 기준으로 모싯잎송편 제조업체가 130여 곳에 이르고 연 매출도 280억 원대로 늘어나 모싯잎송편의 메카로 떠오르고 있다. 이곳 업체대 표인 조헌성 사장은 "영광의 모시는 풍부한 서해안 해풍과 풍부한 일조량으로 다른 지방의 모시보다 색상이 선명하고 향이 강하다. 항산화 성분이 쑥의 6배나 되고 칼슘 함량이 멸치의 3배, 우유보다는 48배가 더 많아 최고의 건강식품"이라며 자랑을 아끼지 않는다.

모시풀은 쐐기풀과에 속하는 다년생 풀로서 단단한 뿌리를 지니고 있으며 키는 2m까지 자란다. 모시를 삼는 줄기에는 잔털이 많이 나 있으며, 떡과 부각 등에 이용하는 잎은 어긋나고 잎 끝이 꼬리처럼 길고 잎 가장자리에는 깻잎처럼 톱니들이 고르게 나 있다. 옷감 재료인 모시를 얻기 위해 오래전부터 심어왔으며 우리나라에는 삼국시대 백제 땅에 야생 모시풀이 있었다는 기록이 있다. 모시풀은 칼슘이 풍부하여 골다공증 예방에 도움이 되고, 식이섬유가 풍부하여 변비에 효과가 있으며, 한방에서는 여성의 하혈 시 지혈제로 사용하기도 한다. 궁합 음식으로는 육류를 꼽는데, 모싯잎 쌈을 싸서 먹으면 식이섬유소가 지방의 흡수를 막아주고 배변량을 늘려주기 때문이다.

송편에 쓰이는 모싯잎의 영양 정보를 100g 기준으로 살펴보니 니아신 0.90mg, 나트륨 9.00mg, 단백질 3.20g, 당질 3.90g, 베타카로틴 2,551.00㎍, 비타민A 425.00㎍, 비타민B1 0.05mg, 비타민B2 0.09mg, 비타민B6 0.17mg, 비타민C 46.00mg, 비타민E 0.82mg, 식이섬유 2.00g, 엽산 1.80㎍, 인 51.00mg, 지질 8.50g, 철분 5.20mg, 칼륨 675.00mg, 칼슘 59.00mg, 회분1.70g 등이다.

송편 만들 때 쓰일 모싯잎은 짙은 초록색을 띠고 윤기가 흐르며 잎이 싱싱한 것을 골라야 한다. 흐르는 물에 깨끗이 흔들어 씻은 후 물기를 털어내어 사용하면 된다. 주의할 점은, 근본적으로 쌀가루와 설탕이나 꿀을 버무린 소로 인해 생각 이상으로 고열량 식품이라는 점이다. 송편 대여섯 개면 밥 한 공기(300kcal)에 해당하므로 맛있다고 과식하는 것은 삼가야 한다.

조선 시대 방랑시인 김삿갓은 송편을 이렇게 예찬했다. "손바닥에 굴리고 굴려 새알을 빚더니 / 손가락 끝으로 낱낱이 조개 입술을 붙이네. / 금반 위에 오뚝오뚝 세워놓으니 일천 봉우리가 깎은 듯하고 / 옥 젓가락으로 달아 올리니 반달이 둥글게 떠오르네." 예나 지금이나 변함없는 송편의 모양새다. 일천 봉우리 위로 떠오르는 반달의 모습처럼 둥근 보름달이 연상되는 건 비단 방랑시인 뿐만이 아닐 것이다.

무화과

제43호 지리적표시 농산물 – 영암 무화과

한평생
열매만을 위해
잎만 무성히 키우다
번지 잃은 초가와 함께
허물어쳐 내리는
무화과여

  황인산의 〈무화과〉 연작시에는 '꽃 벌 나비 없어 무화과라 했나'고 반문
한다. 무화과(無花果)는 꽃이 없는 과실이라는 뜻인데 정말 꽃 없이도 열
매를 맺을 수 있을까? 천만의 말씀이다. 하늘을 봐야 별을 딴다는 만고
의 진리는 식물계에도 똑같이 적용된다. 꽃이 필 때 수많은 작은 꽃들이
주머니 속으로 들어가 버리고 꼭대기만 조금 열려 사람들이 꽃이 피는

것을 제대로 보지 못한 채 어느 날 열매가 익기 때문에 붙여진 이름이다.

미국과 이스라엘 학자들에 따르면 인류가 처음으로 재배한 작물이 무화과라고 한다. 소아시아(터키)가 원산지로서 곧이어 지중해 연안 지방으로 전래되었다. 1만1,500여 년 전에 원생인류가 재배한 흔적과 4,000년 전에 이집트에서 심은 흔적이 보이고, 호메로스의 『일리아드』와 『오디세우스』에도 수 회에 걸쳐 기록이 나온다. 아담과 이브가 금단의 과일을 따 먹은 뒤 처음으로 자신들의 치부를 가렸던 나뭇잎에서부터 무려 60회 정도 기록되어 성경에서 가장 많이 인용되는 식물로 장구한 재배역사를 자랑한다. 중국으로는 당나라 시대에 전래되었으며 신대륙으로는 서인도 1520년경, 플로리다 1575년경, 현재의 주산지인 캘리포니아에는 1769년경에 전파되었다.

우리나라에는 조선 중종 때 1521~67년간 간행된 『식물본초(食物本草)』에 꽃 없는 과일로 처음 소개되고 있어 이 무렵 들여온 것으로 추정된다. 한편 18세기 무렵 청나라 사신을 따라 열하, 즉 중국 하북성에 갔던 연암 박지원이 이 이상한 나무를 보고 '잎은 동백 같고 열매는 탱자 비슷하다. 이름을 물은즉 무화과라 한다.'고 『열하일기(熱河日記)』에 적고 있으며, 『동의보감(東醫寶鑑)』에는 '맛이 달고 음식을 잘 먹게 하며 설사를 멎게 한다.'고 소개하고 있다.

뽕나무과에 속하며 고온건조한 아열대성 기후에서 잘 자라 그리스, 스페인, 터키, 이란, 미국이 주 생산국이다. 우리나라에서는 최남단인 전남 영암군에서 전국 수확량의 70%가 재배되고 있다. 1970년대 초 현 박준영 전남도지사의 친형인 故 박부길 씨가 처음 소득 작목으로 식재한 것이 계기가 되었다. 그 뒤 '꽃을 품은 영암 무화과'라는 브랜드로 이름을 날리며 제철인 8~10월을 시작으로 연간 약 3,000톤 이상을 출하하고 있다.

　성분은 수분 90%, 당분 6~8%이다. 주로 포도당, 과당 등으로 돼 있으며, 구연산, 초산, 사과산도 함유하고 있다. 그냥 먹기도 하고 건과, 푸딩, 파이, 잼 등도 만든다. 특히 잼 가공이 많은데, 껍질을 벗기고 소량의 물과 함께 끓여 충분히 연화시킨 후, 중량의 약 70% 정도의 설탕을 2~3회에 걸쳐 첨가하면서 바싹 졸인다. 이때 원료 과일의 0.2~0.3%의 시트르산이나 타르타르산을 넣어 투명하고 적당한 점성도로 만든다. 시럽을 만들기도 하고 무화과 와인이나 무화과 브랜디로도 이용된다.

　무화과의 약성은 흔히 '3항(抗) 3협(協)'으로 요약된다.
　3항은 항산화/항균/항염증 효과이다. 최근 원광대 식품영양학과 조사에 따르면, 무화과는 항암작용이 있는 벤즈알데히드 및 비타민류로 해서 몇몇 과일의 항산화 능력 비교에서 가장 높고 키위, 오렌지, 토마토, 딸기의 순이었다. 또 무화과는 농약을 전혀 치지 않고도 키운다고 할 정도로 독특한 향과 유즙 때문에 벌레나 해충이 감히 접근을 못 한다. 무화과 가루를 염증 부위에 뿌리거나 들이키면 염증 해소가 빨라 관절염, 인후통, 기침 환자 등에도 추천된다.

　3협은 소화촉진/변비탈출/심혈관질환예방을 돕는다는 것이다. 육식할 경우 무화과로 고기를 재어서 먹거나 후식으로 무화과를 먹으면 소화가 잘된다. 단백분해효소인 휘신(Ficin)이 풍부해서 고기가 연해지고 소화를 촉진하기 때문이다. 건강 과실로 이름난 푸룬(말린 서양자두)보다 2배나 많은 무화과의 섬유소(100g당 말린 것은 4g)가 변비를 해결해

준다. 또 폴리페놀 함량이 적포도주보다 많고, 칼륨도 바나나보다 80% 가량 더 많아 혈관 벽에 쌓인 유해산소를 제거하고 혈압을 조절해 주는 능력이 탁월하다.

이처럼 무화과는 독특한 맛과 향으로 인기가 높을 뿐만 아니라 폴리페놀, 벤즈알데히드, 쿠마린 등 몸에 좋은 각종 화합물이 다양하게 들어있어 감히 과일의 귀족으로 불린다. 무화과는 임금님 수라상에도 올랐는데 수라상 일품요리는 대개 약효를 가진 식품들로 채워졌다. 무화과와 채소를 섞어 만들어진 만두 요리에 '무화과 꽃주머니'라는 예쁜 이름이 붙여진 것이다.

무화과는 유효성분인 당단백질과 식이섬유소 등이 비교적 안정적이라서 말려 먹는 경우에도 효과가 별반 떨어지지 않는다. 다만 안토시아닌 등 폴리페놀 성분은 산화에 약하고 금속 성분이 닿으면 쉽게 변색하기 때문에 쨈이나 주스로 만들어 먹을 경우 유리병에 보관하는 것이 좋다. 생과인 경우 껍질이 약하고 쉽게 물러지므로 냉장고에 보관하여 3~4일 내 먹도록 한다. 많이 먹어도 부작용은 없지만, 하루 섭취량은 폴리페놀 1,000mg 정도를 섭취하게 되는 3~4개가 적당하다.

성서에는 번영과 평화를 상징하는 식물로 곳곳에 무화과가 언급되고 있다. 로마에서는 주신(酒神) 바쿠스가 무화과에 열매가 많이 맺히도록 하는 재배법을 가르쳐 주었다고 해서 다산의 표상으로 삼았으므로 꽃말 '다산'은 여기에서 유래했다. 옛날 클레오파트라와 로마 검투사들이 즐겨 먹었다는 무화과. 이 시대의 선남선녀로 살아가려는 당신들에게 권한다.

미나리

제69호 지리적표시 농산물 – 청도 한재미나리

임금과 백성 사이 하늘과 땅이로다.
나의 슬픈 일을 다 아시려 하시거늘
우리들 살진 미나리를 혼자 어찌 먹으리.

　송강 정철의 〈훈민가(訓民歌)〉 한 소절이다. 사람의 여러 도리를 노래
한 중에 임금에 대한 연모의 정을 살찐 미나리로 비유했다. 실제 미나리
는 임금들의 단골 질환이었던 통풍 치료에 효과가 뛰어나 '왕에게 바치는
약'으로 진상되었다. 통풍 발병의 주요 원인은 혈중 요산 수치를 높이는
퓨린인데, 미나리에는 퓨린 성분이 거의 없는 데다 풍부한 칼륨과 칼슘
이 소변을 알칼리화 하여 몸 안에 축적된 요산을 배출해 주기 때문이다.

　미나리는 축축한 땅이나 물속에서 자라는 산형과 미나리속의 여러해

살이풀이다. 우리나라를 비롯하여 중국, 대만, 일본, 자바, 인도 및 아
시아 대륙에 전체에 걸쳐 널리 분포하며 세계적으로 40여 종이 있는데
우리나라에는 1종만이 자생한다. 키는 30~60cm 정도 자라고 잎은 어
긋나며 깃꼴겹잎이고 개개 잎은 알 모양에 톱니가 있다. 여름철 복산
형 꽃차례에 희고 작은 꽃이 핀다. 잎과 줄기에 독특한 향이 나며 찌개
에 넣거나 삶거나 데쳐서 나물로 먹는다. 8~9월 무렵에 10cm 정도로
밑동을 자른 미나리 줄기를 무논에 뿌려 11월쯤 1차 베어낸 뒤 12월에
비닐을 씌워 다시 키워서 50cm 정도 자라는 1월부터 수확에 들어가고
3~5월 제철을 맞는다. 이렇게 미나리 재배를 위해 물을 댄 논을 미나리
꽝이라 부른다.

　한재미나리가 지리적표시 농산물로 등록되었다. 한재는 경북 청도읍
남산과 화악산 사이의 '큰 고개'에서 붙여진 지명으로, 밀양강으로 합쳐
져 낙동강으로 흐르는 맑은 계곡물과 일교차가 크고 일조량이 풍부하
여 천혜의 조건을 갖추고 있다. 1960년대 중반 각 가정에서 먹을 푸성
귀 거리로 시작한 것이 80년대 들어 본격 재배가 이루어져 2010년 현
재 120여 농가에서 연간 1천 톤 이상을 생산하고 있으며 1994년 국내
최초로 무농약 재배인증을 받아 청정 미나리로 이름을 날리고 있다. 제
철인 봄날 주말이면 차 댈 곳이 없을 정도로 사람들이 붐비는데, 가져온
삼겹살을 구워 갓 걷어 올린 신선한 미나리를 돌돌 말아 먹는다. 그야말
로 봄 내음을 만끽하는 이곳만의 특별식이다. 이를 위해 미나리밭 옆에
는 불과 불판이 제공되는 비닐하우스가 진풍경을 이룬다.

　재배 역사는 『고려사(高麗史)』에 근전(芹田; 미나리밭)이라는 말이 나오
는 것으로 보아 고려시대 때부터 식용되었을 것으로 추정된다. 『동의보감
(東醫寶鑑)』이나 『본초습유(本草拾遺)』에 따르면 '수근(水芹), 즉 미나리는

성질이 평하고 맛이 달다. 머리를 맑게 하며 대장과 소장을 원활하게 해 주는 등 신진대사를 촉진한다. 또한 술을 마신 뒤 열독을 내려주고 류머티스에 유효하며 여성의 월경과다, 냉증대하에 좋다'고 기술하고 있다.

영양성분을 살펴보면 수분 94.9%, 단백질 2.1g, 칼슘 32mg, 인 18mg, 철 4.1mg, 비타민A 2331IU, B1 0.34mg, B2 0.07mg 등이다. 미나리는 피를 맑게 해 주는 정유 성분으로 인해 맛과 향이 독특하기도 하지만 비타민 A, C 및 칼륨, 칼슘, 철분 등 무기질이 풍부한 알칼리성 식품이다. 또한 미나리는 혈압을 내리는 효능이 인정되어 고혈압 환자들이 즐겨 찾는 식품이다. 변비를 해소하고 해독작용이 있으며 간염이나 위염에 효과적이라는 결과도 보고되고 있다. 함유 성분을 분석해 본 결과 단백질, 지방, 기타 무기질과 함께 플라보노이드라 불리는 식물성 색소물질인 퀘르세틴과 캄프페롤 등이 함유되어 있다. 퀘르세틴은 대표적인 항산화물질로 유방암, 난소암, 방광암, 대장암, 위암, 폐암에 항암 효과를 보이며 항염증에도 유효한 물질로 알려져 있다. 캄프페롤은 단백질의 인산화를 감소시켜 암세포 증식을 억제한다. 미나리를 끓는 소금물에 살짝 데쳤을 때 퀘르세틴과 캄프페롤이 60% 증가하는 것으로 나타나 맛뿐만 아니라 건강을 생각한다면 복국이나 각종 탕에 첨가할 때 살짝 데쳐 먹도록 하는 것이 좋다.

예로부터 미나리는 오종황병(五種黃病)에 효험이 있는 것으로 알려져 남자들이 즐겼다. 주달(酒疸), 여로달(女勞疸), 곡달(穀疸), 황한(黃汗), 황달(黃疸)이 그것인데, 술을 많이 먹거나 여색을 밝혀 몸이 허해지고 간이 상해 누런 땀을 흘리며 눈동자와 피부가 누렇게 되는 경우 미나리가 최고라는 거다. 미나리의 독특한 향도 약리효과가 있다 향의 정유 성분이 피를 맑게 해 주는 성질이 있다. 철분이 함유되어 빈혈에 좋고 섬유질이 많아 변비에도 효험이 있다. 반면 칼로리는 거의 없어 다이어트 식품으로도 그만이다.

복국에는 미나리가 반드시 들어가는데 몇몇 사람들은 미나리가 복어의 독을 해독해 주는 것으로 알고 있지만 사실인즉 복어의 강한 독을 없애지는 못하고 복어에 부족한 단백질, 비타민C, 칼륨 등을 보충하고 담백한 맛의 조화를 나타내는 데 일조한다. 복어의 독만큼은 못하지만 미나리에도 독이 있다. 여름 미나리에는 치쿠톡신이라는 독소가 있어 구토, 현기증, 경련 등을 일으킬 수 있으므로 조심하는 것이 좋다. 중국 사람들은 입춘에 가장 즐겨 먹고 음력 5월 5일을 넘기면 미나리 먹기를 삼간다. 이때부터는 줄기가 억세져 맛도 떨어지기 때문. 미나리꽝을 기억하는 시골 출신들은 거머리에 대한 몹쓸 추억들을 간직하고 있다. 행여나 미나리 다발에 거머리가 달라붙어있지 않을까 우려한다면 미나리 씻는 물에 놋쇠숟가락 하나 올려두라. 구리성분을 싫어하는 거머리를 쉽게 제거할 수 있으니까.

2021년을 뜨겁게 달구었던 영화 〈미나리〉는 낯선 미국, 아칸소로 이주해온 재미 한인 가족의 서사를 담고 있다. 아빠 제이콥은 농장을 가꾸기 시작하고 엄마 모니카도 다시 일자리를 찾는다. 이 와중에 어린 손자들을 돌봐주기 위해 친정엄마 순자가 이역만리 한국에서 이곳을 찾아온다. 큰딸 앤과 막내아들 데이빗까지 온 가족이 함께 힘쓴다면 새롭게 시작할 수 있으리라는 희망으로 열심히 살아가는 이민 가족의 아주 특별한 여정이다. 극 중 순자는 한국에서 가져온 미나리 씨를 물가에 심으며 어린 손자에게 이런 말을 한다. "미나리는 어디서든 잘 자란단다. 미나리는 원더풀". 더이상은 언급조차 안 되지만 미나리처럼 질기게 살아남아야 하는 이민 가족의 강인한 생명력을 상징한 '미나리'를 감독은 영화

제목으로 삼았던 것이다. 우리 민족에겐 식품 이상의 의미를 지니는 미나리가 아닐 수 없다.

요리연구가 김경분 씨의 도움말로 미나리 튀김과 미나리 생채를 만들어 보자.

< 미나리 튀김 만드는 법 >

재료. 미나리 200g, 붉은고추 2개, 새우(조갯살) 50g, 달걀 1개, 튀김가루 1컵, 식용유

1. 미나리는 뿌리를 자르고 잎을 떼어낸 후 깨끗이 씻어 4㎝ 정도 길이로 썬다.
2. 붉은 고추는 반으로 갈라 씨를 털어내고 2㎝ 길이로 채 썬다.
3. 새우는 껍질을 벗기고 등에서 내장을 없앤 다음 엷은 소금물에 씻어 건진다.
4. 넓은 그릇에 미나리와 붉은 고추, 새우를 넣고 달걀을 풀어 넣은 다음 튀김가루를 넣어 튀김옷을 입힌다.
5. 160℃ 되는 식용유에 ④의 재료를 나무젓가락으로 조금씩 떼어 넣으면서 튀긴다.
6. 소쿠리나 접시에 냅킨을 깔고 ⑤의 미나리튀김을 담아낸다. 식성에 따라 초간장을 곁들인다.

< 미나리 생채 만드는 법 >

1. 미나리는 깨끗이 씻어 5~6㎝ 길이로 썬다. 향이 싫으면 살짝 데쳐도 된다.
2. 식초에 설탕 소금을 넣어 끓인 뒤 식혀 ①에 붓는다.
3. 10분간 잰 후 붉은 고추를 채 썰어 위에 뿌린다.

배

홍동백서(紅東白西)
조율이시(棗栗梨柿)

　붉은색 과일은 동쪽에, 하얀색 과일은 서쪽에, 더 상세하게 서쪽부터 대추, 밤, 배, 감의 순으로 과일을 놓아야 한다는 차례상 차리는 법이다. 지방에 따라 감과 배의 순서는 뒤바뀌는 법도 있다지만 차례상에 빠트려서는 안 되는 필수 과실들이다. 씨가 한 톨인 대추는 임금을, 밤톨이 3개인 밤은 세 정승을, 씨가 6개인 감은 6조 판서를, 씨가 8개인 배는 8도 관찰사를 상징하여 국가 안위와 자손 번성을 기원하는 뜻이 담겨있다는 사실도 알아두자.

　장미과에 속하는 배의 원산지는 중국 서부, 남서부로 알려져 있다. 우리나라의 배 재배는 삼한 시대와 신라의 문헌에 기록이 남아있고, 배 재배를 장려했다는 고려 시대의 기록에서 보듯 그 역사가 매우 깊다. 2천여 년 전 신라 유리왕 때로 거슬러 올라가는 추석 명절 차례상에 터줏대감으로 자리 잡을 만큼 배는 귀한 과일로 대접받았다. 1611년 유배 중 허균이 보잘것없는 음식을 앞에 두고 팔도 별미를 떠올리며 썼다는 『도문대작(屠門大嚼)』에 다섯 품종이 나오고, 완판본 『춘향전(春香傳)』에도 '청실배'라는 이름이 실린 것으로 보아 일반인에게 널리 재배되고 품종 분화도 활발했던 모양이다.

1920년대 조사에서 무려 33품종에 달하는 재래종과 교배종이 기재되어 있는데, 우수품종으로는 황실배, 청실배, 함흥배, 봉화배, 청당로배, 봉의면배, 운두면배, 합실배 등이 거론되어 있다. 이 중 경기도 구리 묵동리에서 재배된 청실배는 감미가 높고 맛이 뛰어나 구한말까지 왕실에 진상되었다. 그 뒤 일본인들이 자신들의 품종인 '장십랑'과 '만삼길(이후 신고배)'을 이 일대 중랑천변을 따라 심었고 뒤이어 개량품종인 '신고배'로 바뀌어 지금까지 묵동의 순우리말인 '먹골배'의 명성으로 이어지고 있다. 지금은 신고배를 필두로 장십랑, 만삼길 3종이 총 재배의 90%를 차지하고 있다.

2009년 울주군 서생 간절곶 배가 국내 최초로 지리적표시 배로 등록되었다. 서생의 간절곶은 동북아에서 가장 먼저 해가 뜨는 곳이다. 풍부한 일조량과 동해 청정 해양성 기후 등 천혜의 조건으로 인해, 품질기준의 중요 척도인 과당의 함량이 5.56%로 매우 높다. 이곳 배는 2006년 제1회 전국 Top Fruit 품평회에서 당당히 대상을 차지하며 새로운 배 명산지로 떠오르고 있다. 이후 배 산지로 유명한 나주, 안성, 천안도 질세라 지리적표시 농산물에 가세하였다.

국내산 배는 일본 배나 서양 배보다 열량은 절반 정도로 낮은 반면 수분 함량이 10% 정도 많고 칼륨 등 각종 무기질이 많아 아삭하고 시원하면서도 영양 면에서 더 뛰어나다. 20여 년 전 유럽 출장 때 남부 독일에서 맛본 돌배를 떠올리면 우리나라 배가 얼마나 맛있는지 실감이 난다. 배를 먹을 때의 까슬까슬한 느낌은 오돌토돌한 석(石)세포가 있기 때문이다. 이 석세포는 리그닌(lignin)과 펜토산(pentosan) 성분의 세포가 막이 두꺼워지면서 생기는 것으로 잘 소화되지 않는 성질이 있어 변비에 도움을 준다. 배를 잘라 놓으면 과육이 갈색으로 변하는데, 이는 배 속의 폴리페놀(polyphenol)이 산화되어 갈색의 착색물질을 만들어 낸 것이다. 이러한 갈변현상을 손쉽게 방지하려면 1% 전후의 소금물에 담가 효소의 작용을 억제 시키면 된다.

배의 당분은 대부분 과당이다. 사과와는 달리 0.1%에 불과한 유기산으로 인해 신맛이 거의 없다. 그러다 보니 사과처럼 잼이 잘 만들어지지 않는다. 하지만 효소가 많은 편이어서 소화를 돕는 작용을 한다. 불고기나 육회 등에 배즙을 섞으면 고기가 한결 연해지고 소화도 잘 된다. 또 배는 강알칼리성 식품이므로 고기류나 곡물 등 산성식품을 섭취할 때 함께 먹으면 체액을 중성으로 유지 시켜 건강에도 좋다.

대표적인 배의 효능을 소개하면,
1. **가래 기침.** 배즙과 무즙을 각각 100ml 혼합한 뒤 생강즙 30ml을 타서 한꺼번에 마시면 가래기침에 직방이다. 기침이 심할 때는 배 1개를 우유나 양젖에 섞어서 달여 마시면 된다.
2. **해열.** 고열로 음식을 제대로 먹지 못할 때 시원하게 먹을 수 있고 배 속의 비타민 B와 C가 해열효과를 나타낸다. 배는 냉하나 소화에 효과가 있고 대소변을 잘 나오게 해 몸의 열을 내리게 만든다.

3. **숙취.** 배가 간장 활동을 촉진 시켜 알코올 성분을 해독하게 하므로 주독과 갈증이 풀어진다.

4. **배변.** 배를 많이 먹으면 지라가 냉해져서 설사가 난다. 이때에는 껍질째 먹어 껍질 부위의 효소와 탄닌 성분을 함께 섭취하면 설사를 줄일 수 있다. 수유기 어머니나 허약체질은 너무 많이 먹지 않도록 유의.

5. **연육(軟肉).** 고기를 부드럽게 하는 연육 효소가 있으므로 채로 썰어서 고기와 하루 정도 재웠다가 먹으면 고기가 연해지고 소화가 잘 된다.

6. **종기.** 종기의 뿌리를 빼낼 때는 생 배를 썰어서 환부에 바르면 뿌리가 빠진다.

'까마귀 날자 배 떨어진다.'는 오비이락(烏飛梨落)의 속담은 배 밭의 까마귀가 날자 우연히 배가 떨어진 데서 연유하는 말로 아무런 상관도 없는데 공교롭게 동시에 일어난 일로 그 일과 관계된 것처럼 혐의를 받게 됨을 비유한다. 온통 배 밭 같은 세상살이, 항상 조신하라는 교훈, 배를 먹을 때마다 명심, 또 명심하자.

백련차

제33호 지리적표시 농산물 – 무안 백련차

고이 올린 백련차 위에는 미소가 어리고
깨달음의 기쁨과 만남의 즐거움 있으니
향 머금은 낙숫물 소리조차 청겹구나.

 작자 미상의 이 시는 아마도 어느 산사의 스님이 백련차 한 잔을 앞에
놓고 읊조린 것이지 싶다. 연잎으로 만든 차나 밥은 사찰음식에서 유래
한다. 청결, 유연, 여법(如法) 등 불교에서 말하는 삼덕(三德), 즉 음식
이 청결하고 부드럽고 법도에 맞아야 하는데 연잎은 이 모두를 충족시
킨다. 백련차는 사찰에서 스님들이 즐기는 향차의 일종으로 녹차에 연
꽃을 가미한 것이다. 새벽이슬을 머금고 피어나는 백련의 꽃봉오리를
채집해서 미리 준비해 둔 녹차와 함께 차로 타 먹는 것인데, 마음을 진
정시키고 편안하게 하여 도를 닦는 데 도움을 주기 때문이다.

문헌에 나타나는 백련차에 대한 기록은 청나라 건륭 때 심복이라는 사람이 쓴『부생육기(浮生六記)』에서 찾아볼 수 있다. 말단관리였던 저자에게 매일 아침마다 특이한 향의 고급차를 내놓던 아내에 대한 향수를 절절히 표현한 자서전인데, 수십 번 우려 봐도 그 향을 따를 수가 없어 몰래 그 비법을 캐 보니, 저녁 무렵 연못에 핀 백련 꽃송이가 오므리기 전에 차를 담은 비단 주머니를 그 속에 넣어 밤새 별빛과 달빛 이슬을 맞게 했다가 아침 일찍 꽃봉오리가 다시 입을 벌릴 때 그것을 꺼내 차를 달이지 않는가. 비단 주머니 속의 차에 수련 향을 촉촉이 머금게 한 아내의 지혜와 정성을 잊지 못하고 노래한 일종의 연서(戀書)이다. 중국의 대문호 임어당은 중국 문학사상 가장 사랑스러운 여인이자 뛰어난 재인으로 그의 아내 운(芸)을 꼽고 있다.

동양 최대인 10만여 평의 백련 자생지를 보유한 전남 무안군은 2007년 지리적표시제 제33호로 백련차를 등록했다. 백련차를 만드는 방법은 크게 향차와 잎차로 나뉘는데, 백련향차는 싱싱한 백련꽃 봉오리를 살짝 벌려 그사이에 녹차를 약 30g 넣고 오므린 후 지퍼백이나 타파통에 밀봉하여 하루 정도 상온에 두었다가 냉동고에 10일 정도 보관하면 생차용 향차가 된다. 덖음차인 경우에는 냉동고에 넣지 않고 시원한 곳에 1주일 정도 두었다가 꽃과 녹차를 분리하여 가마솥에 덖으면 된다.

백련잎차는 부드러운 어린 연잎을 따서 잘게 썬 후 가마솥이나 두꺼운 프라이팬에 5~6회 정도 덖고 비비기를 반복하여 완전 건조시킨다. 대략 30-40분에 걸치는 마무리 작업이 끝나면 밀봉하여 건냉한 곳에 둔다. 이 일대의 100% 자연산 백련잎으로 법제한 백련차는 침출잎차와 가루차 두 종류로 나뉜다.

백련차는 '심장, 신장, 비장, 위장을 보하며 오장의 기운 부족과 속이 상한 것을 낫게 하고 12경맥의 기혈을 크게 보하여 신장의 기능을 활성화시켜 머리칼을 검게 하고 늙지 않게 한다. 청혈, 조혈, 지혈, 해독 작용을 한다.'고 옛 문헌에 명시되어 있다.

이러한 백련차의 효능을 정리해 보면,

1. **해독작용.** 백련잎의 탄닌이 독성분인 알칼로이드 성분과 결합하여 체내 흡수를 막고 몸 밖으로 배출시키는 작용을 한다. 담배의 니코틴 성분도 알칼로이드의 일종으로 백련차를 마시면 니코틴, 타르와 결합하여 체외로 배출시키는 것이다. 유해성 중금속도 마찬가지.

2. **지혈작용.** 탄닌이 수렴작용을 하여 상처를 빨리 아물게 하고 피를 멎게 한다. 위와 장의 점막을 보호하고 그 활동을 촉진시켜 설사를 멈추게 한다.

3. **조혈작용.** 피를 맑게 하고 적혈구를 증식시킨다. 엽록소는 그 구조가 인체의 적혈구와 흡사한데 연잎차로 섭취된 엽록소가 바로 적혈구로 변하게 된다. 따라서 조혈이 되고 상처가 빨리 아물게 된다.

4. **정균작용.** 세균을 죽이지는 못하지만, 번식을 억제하는 정균 효과가 있다.

5. **장유동 촉진작용.** 장의 활동을 촉진하여 변비가 진행되는 것을 막아준다.

6. **간기능 증진작용.** 술 담배 등으로 간 기능이 손상된 사람에게 효과가 있다.

7. **이뇨작용.** 백련차는 신장의 혈관을 확장시켜 배설작용을 촉진한다. 이러한 작용으로 몸속의 노폐물이나 유독 성분을 몸 밖으로 배출시키는 것이다.

최근 우석대학교 식품생명과학부 오석홍 교수는 백련잎차에 많이 들어 있는 것으로 확인된 흥분억제 신경전달 아미노산의 일종인 GABA가 혈압을 낮추고 뇌세포 대사를 촉진하여 높은 항산화 효과를 갖는다고 밝혔다. 또 순천대 한의학연구소장 박종철 교수는 연잎에 생리활성물질인 플라보노이드 화합물이 다량 함유되어있는 것을 발견, 이를 'NM-253'으로 명명했다. 이 물질은 유해산소를 60%가량 제거하고 후천성면역결핍증(AIDS) 바이러스인 HIV의 활동을 돕는 효소인 프로테아제(Protease)의 생성을 40%가량 억제하는 효과가 있다고 밝혀, 앞으로 연잎차에 대한 연구개발이 보건산업에도 큰 영향을 끼칠 것으로 기대된다.

무안군은 동의과학대학팀과 공동으로 백련차를 이용한 연맥주와 연와인을 세계 최초로 개발, 2007년 백련축제 때 처음 소개하였는데 맛이 깔끔하고 뒤끝이 깨끗하여 특별히 여성과 술을 처음 대하는 고객들로부터 큰 호응을 얻었다. 연잎 향에 반하고 그 맛에 취하고 성인병 예방 효과까지 있는 두 제품의 행보에 관심 있는 분들은 백련이 절정을 이루는 8월이 돌아오면 무안행 버스에 몸을 실어보시라.

복분자 · 복분자주

제3호 지리적표시 농산물 – 고창 복분자주
제35호 지리적표시 농산물 – 고창 복분자

잎새 뒤에 숨어 숨어 익은 산딸기
지나가던 나그네가 보았습니다.
딸까 말까 망설이다 그냥 갑니다.

잎새 뒤에 몰래몰래 익은 산딸기
귀엽고도 탐스러운 그 산딸기를
차마 차마 못 따가고 그냥 갑니다.

　동요 작가 강소천에게 산딸기는 망설임의 대상이다. 그러나 옛날 어느 마을에 갓 결혼한 한 신랑은 산속에서 길을 잃자 설익은 산딸기로 아무 거리낌 없이 허기를 채웠다 한다. 그런데 다음 날 아침 뒷간에 가서 용변을 보는데 '쏴아'하는 세찬 오줌 소리와 함께 아뿔싸 항아리가 뒤집어져 버리는 게 아닌가. 덕택에 부인에게 사랑받는 남편이 되었다는 옛날 이야기다. 이때부터 산딸기는 '뒤집어질 복(覆)' 자에 '항아리 분(盆)' 자가 합쳐져 복분자로 불리게 되었다.

이와 같이 복분자는 식용이나 약용으로 쓰이는 산딸기 열매인데, 장미과에 속하는 여러해살이 관목인 산딸기 속은 전 세계에 수백 종이 있으며 우리나라에는 천도(두메)딸기, 진들딸기, 멍석딸기, 산딸기, 멍덕딸기 등이 복분자로 쓰인다.

2~3m까지 자라며 줄기는 비스듬히 휘어지고 끝이 땅에 닿으면 뿌리를 내린다. 가시가 있는 검붉은 줄기는 흰 가루로 덮여있으며 잎자루에도 가시가 있다. 그러다 보니 봄철 산행 때면 등산객의 소매에 생채기를 내기도 하지만, 가지 끝의 산방꽃차례에 소담스레 분홍색 꽃을 피워 보는 이를 즐겁게 한다. 딸기 열매는 붉은색으로 익었다가 점차 검은색으로 변한다. 개화기는 5~6월이고 결실기는 7~8월이다.

매년 6월 하순 때면 전북 고창에선 복분자 축제가 열린다. 황해도 이남 어느 산야에서든 쉽게 볼 수 있는 나무딸기지만 고창 복분자는 일찌감치 지리적 특산품 제3호로 지정받을 정도로 그 명성이 자자하다. 지리적으로 접안지역이라 해풍을 충분히 맞는 데다 무기질이 풍부한 황토 땅에서 자라기 때문에 유효성분이 뛰어나다. 이렇게 자란 복분자는 단맛과 신맛이 적당히 어우러져 맛이 좋으며 색깔과 향이 독특하여 술을 빚어 마시게 되면 그 맛에 녹아나지 않을 주당이 없을 정도다.

이곳 관내에서도 아산면 성기마을에 오면 고창 제일의 복분자밭을 볼 수 있다. 6월부터 검붉은 열매들이 지천에 열리기 시작하는데 수건을

둘러쓴 아낙네들의 손길이 절로 바빠진다. 사람 키만큼이나 훌쩍 올라
온 가시투성이의 나무에서 복분자 열매를 따는 일은 언제나 조신하고
정성스러워야 하기 때문이다. 그런데 왜 하필이면 마을 이름이 성기(?)
일꼬. 참말로 거시기를 드러내놓고 요강을 엎어치기 하려는 건지 참 거
시기하다.

　고창은 명실공히 전국 최대의 복분자 생산지로서 선운산 일대의 심원
면, 아산면, 부안면 등 3개 면에 산재한 4천여 재배 농가가 연간 1,500
톤 이상을 수확하여 군내 양조장에서 전통과실주로 가공하거나 급랭시
킨 생과를 포장해 시장에 내놓는다. 수확기가 다른 지역에 비해 빠른 것
은 전체 생산량의 70% 정도를 비가림 하우스로 재배하기 때문이다.

　복분자에는 포도당, 과당, 펙틴 등의 탄수화물과 레몬산, 사과산, 개미
산, 살리실산 등 유기산, 비타민 B, C 외에 카로틴, 폴리페놀, 안토시아
닌 등의 유효성분이 풍부하다. 『본초강목(本草綱目)』 등 옛 문헌에서 밝
혀진 복분자의 효능은 발한 · 해열과 강정 · 강장 약으로 소개되고 있다.
신장 기능을 북돋아 유정(遺精), 몽정(夢精), 유뇨(遺尿) 등에 사용하며
시력 약화를 방지하고 몸을 가볍게 하며 머리를 검게 한다. 또 살결을 부
드럽고 아름답게 하기도 한다. 약리작용으로 항염 작용, 항산화 작용, 항
헬리코박터파이로리 작용이 보고되었다. 일반적으로 알려진 복분자의
주요 효능으로는 1. 노폐물 배출, 2. 노화 방지, 3. 시력 강화, 피로 회
복, 4. 불임 해소, 5. 호흡기, 천식 예방, 6. 신장 · 방광 기능 강화 등을
꼽을 수 있다. 먹는 방법은 하루 6~12g을 물로 달이거나 술로 담가 마
시거나, 졸여서 약엿처럼 만들거나 환이나 가루로 만들어 먹는다.

　센 놈은 센 놈끼리 만나야 제격이다. 그런 면에서 복분자술은 풍천장

어와 가장 잘 어울린다. 고창 복분자 축제에 가면 풍천장어 잡기대회, 요강 멀리 던지기대회 등 힘을 과시하는 다양한 행사가 열린다. 힘깨나 쓰는 양반은 6월 하순 고창을 찾아가 보기 바란다.

끝으로 복분자술 담그는 법을 소개한다.

< 복분자술 만드는 법 >

재료. 복분자 10kg, 설탕 2kg, 소주 1.8L 15병 정도

1. 항아리(또는 일반 용기)에 복분자 10kg과 설탕 2kg을 넣고 잘 버무린다.
2. 항아리를 공기가 들어가지 않도록 비닐로 밀봉시켜 3~4일간 서늘한 곳에 보관한다.
3. 3~4일 후 항아리 뚜껑을 열고 소주 1.8 리터 15병을 붓는다.
4. 소주를 넣은 후에 항아리 입구를 비닐로 밀봉시켜서 서늘한 곳에 보관한다.
5. 90일간 밀봉시켜 숙성시킨다.
6. 찌꺼기를 걸러내고 서늘한 곳에 보관하면서 맛본다.

< 복분자주스 만드는 법 >

재료. 복분자 500g, 물 2리터, 설탕, 구연산, 여과 천, 용기

1. 복분자를 거칠게 분쇄한다.(믹서기로 30초)
2. 가열 용기에 복분자와 물을 1:2 비율로 넣고 끓인다.
3. 끓인 후 식혀 여과 천으로 씨와 과육을 제거한다.
4. 걸러진 과육에 물 1:1 비율로 넣고 다시 가열한다.
5. 끓여 짜낸 액을 혼합하고 입맛에 맞게 설탕·구연산을 첨가한다.
   (설탕 150g, 구연산 5g)
6. 5번 액을 한번 끓여 살균 후 냉장 보관한다

복숭아

제63호 지리적표시 농산물 – 원주치악산 복숭아

한 해 실농(失農)하고서야 솎는 일이
버리는 일이 아니라 과정이란 걸 알았네.
삶도, 사랑도 첫 마음 잘 솎아야
좋은 열매 얻는다는 걸 뒤늦게 알았네.
나무는 제 살점 떼어 내는 일이니 아파하겠지만
굵게 잘 자라라고
부모님 같은 손길로 열매를 솎는 오월 아침
세상살이 내 마음 솎는 일이
더 어렵다는 걸 알았네.

경남 창녕 우포늪 일대에서 복숭아 농사를 짓는 생명시인 배한봉의 〈
복숭아를 솎으며〉라는 시 일부이다. 요즈음 귀농하려는 사람들이 적지 않다. 자연에의 회귀라는 낭만적인 감상보다는 농사짓기가 생업이 되는 현실에선 농촌생활이 호사가 될 순 없다. 실농을 하고서야 복숭아 솎기가 삶의 한 과정이라고 깨닫는데 그리 오랜 시간이 걸리지 않았으리라.

복숭아는 장미과 벚나무과에 속하는 복사나무의 열매이다. 원산지는 중국인데 실크로드를 통해 동서양으로 전파되었다. 우리나라에선 사과, 귤, 감, 포도 다음으로 많이 기르는 5대 과실나무 중 하나이다. 우리나라 최초의 번역시집인『두시언해(1481년)』에 복성화를 비롯,『언해두창집요』에 복숑와,『벽온방(僻瘟方)』에 복숭아로 표현되어 있어 봉선화〉봉숭아〉복숭아로 변천된 것으로 추정된다. 여기서 '복'은 붉다는 뜻이거나 복(福)을 나타내는 말이며 '숭아'는 仙花(신선의 꽃)를 지칭할 가능성이 높다.

무릉도원(武陵桃源)이란 말에서 알 수 있듯 복숭아는 신선이 먹는 음식으로 알려져 있다. 중국 신화에 등장하는 전설 속 곤륜산에 살고있는 신선 서왕모가 기르는 천도복숭아는 3천년에 한 번 꽃을 피우고 열매를 맺는다고 한다. 전한시대 인물인 동방삭은 이 신령스런 과실 3개를 훔쳐 먹고 삼천갑자(18만년)를 살았다니 최장수 기록이 아닐 수 없다. 복숭아 무늬는 다남(多男), 다복(多福), 다수(多壽)를 이르는 삼다(三多) 무늬 중 하나이다. 삼다를 지칭하는 식물무늬는 복숭아, 석류, 황금감 3가지 열매에서 따온 것인데 인생의 최대 행복을 상징한다. 또한 복숭아는 제사상에 올리지 못하는 대표적 음식 중 하나이다. 우리 선조들은 불로장생의 의미를 지닌 복숭아가 귀신을 내쫓는 축귀(逐鬼) 영력이 있다고 믿었기 때문이다.

오래전부터 한반도에서 재배된 복숭아의 주요 산지는 영덕, 청도, 경산, 김해, 음성 등지인데, 2010년 3월 강원도 원주 치악산 복숭아가 국내 최초로 지리적 표시제로 등록했다. 1900년대에 본격 재배를 시작하여 현재 국내 생산량의 3% 정도에 불과하지만, 해발 500m 치악산 기슭의 준고랭지에서 친환경농법으로 재배되는 치악산복숭아는 지난 1996년 전국 복숭아품평회에서 대상을 수상할 정도로 고품질을 인정받고 있다. 물 빠짐이 좋으며 성숙기 때인 6-8월에 일교차가 크고 일조량이 많아 국내 최고의 당도를 자랑하기 때문이다.

 복숭아의 품종은 크게 3가지로 나뉜다. 첫째, 껍질과 과육 모두 새하얀 백도는 과육이 물렁물렁하고 껍질이 쉽게 잘 까진다. 단맛이 강해 1개(약 270g)당 91kcal의 열량을 지니고 8월초부터 중순경까지 주로 출하된다. 둘째, 백도보다 겉이 붉고 과육이 노란 황도복숭아는 200g 개당 칼로리가 52kcal로 백도보다 낮지만 암 예방 효과가 있다는 베타카로틴이 10배 이상 높으며 통상 9월부터 출하된다. 셋째, 털이 없는 천도복숭아는 크기가 작고 당도(172g 개당 45kcal)가 낮으며 신맛이 많은 특성이 있다. 보통 7월 하순부터 9월 사이 출하된다.

 다량의 단백질과 아미노산을 함유한 복숭아의 기능성 성분으로는 폴리페놀류(항산화작용, 악취제거작용, 혈중 콜레스테롤 저하작용, 혈압강하작용, 발암방지작용, 항균작용), 아마그달린(기침해소, 신경안정작용), 캄페롤(이뇨작용), 베타카로틴(발암방지, 신장병예방), 솔비톨(변비예방, 장내 유해균억제, 비타민&미네랄 흡수촉진작용), 비타민C(항종양, 해독, 발암억제, 항피로, 항히스타민, 면역증강, 창상치유 외) 등이 있다. 이러한 유효 성분들의 작용에 의해 복숭아의 일반적 효능은 다음과 같이 소개되고 있다.

 1. 피부 미용. 여름 과일의 대표주자인 자두보다 10배나 많은 필수아

미노산이 피부노화를 방지하고 피부결속력을 강화시킨다.

2. **변비 해소.** 각종 비타민과 펙틴 등이 약해진 위의 기능을 원활하게 하고 이뇨를 도와 변비에 효과적이다.

3. **니코틴 제거.** 2006년 연세치대 연구팀에 의하면 흡연자에게 복숭아를 먹인 결과 니코틴분해가 활발해져 니코틴 대사물이 늘어났다고 판명되었다.

4. **노화 및 암 예방.** 사과보다 좀 더 많은 비타민C와 황도에 특히 많은 베타카로틴 등은 항산화 능력이 뛰어나다.

복숭아는 아무리 먹어도 탈이 나지 않는다며 병문안 갈 때 많이 사 가는 과일이다. 그러나 너무 많이 먹으면 유기산이 소화를 방해할 수 있으므로 유의해야 한다. 복숭아는 잔털이 있어 일반적으로 깎아 먹는다. 잔털은 열매 스스로가 방수기능을 나타내어 물에 붇지 않고 부패를 막으려는 자구책의 산물이다. 수용성 식이섬유인 펙틴 성분이 껍질에 많이 몰려있어서 장운동을 활발히 하고 혈중 콜레스테롤과 중성지방을 낮춘다. 그러니 잘 씻어서 껍질째 먹는 게 좋다. 하지만 복숭아 알레르기가 염려된다면 깎아 먹어야 한다. 복숭아 알레르기는 과피의 털에 있는 단백질에 의해 주로 유발되고 드물게 과육이 원인이 되기도 한다. 갈수록 발현율이 현저히 떨어져 알레르기 유발 5대 식품에서 빠졌고 가공할 경우에는 증상이 나타나지 않는 경우도 있어 개인의 특이체질을 점검해 볼 필요가 있겠다.

복숭아는 쉽게 물러지므로 보관이 쉽지 않아 통조림으로 많이 이용된다. 문제는 온도를 높여 살균처리를 하고 당 시럽을 충진 하다 보니 비타민 등의 파괴가 많고 칼로리가 두 배 정도 높아진다. 또한 복숭아의 과피 부분은 수산화나트륨을 이용한 알칼리 박피법을 이용하므로 유해 위험성이 지적되고 있다. 그래서 최근엔 뜨거운 물로 껍질을 벗기는 열수 박피법으로 대체되는 추세이다.

저장성이 좋지 않은 복숭아는 섭씨 5도 이하에서 3일 이상 저장하면 저온장해가 나타난다. 저온장해란 저온상태에서 과즙이 적어지고 조직감이 나빠지는 것을 뜻하는데 특히 백도가 심하다. 복숭아는 섭씨 10도 내외의 서늘한 곳에서 보관하다가 먹기 몇 시간 전에 냉장고에 잠시 넣었다가 꺼내 먹는 게 최상이다.

끝으로 잘못 쓰이고 있는 '복숭아뼈'라는 어휘를 바로 잡고자 한다. 표준어인 '복사뼈(발목 부근에 안팎으로 둥글게 나온 뼈)'의 잘못된 표현인데, 전자 국어사전에도 올라와 있을 정도로 많이 사용되고 있다. 이번 기회에 전라도 사투리 '복송씨'도 바로 잡았으면 좋겠다.

< 복숭아 아이스티 만드는 법 >

재료. (2인분) 복숭아 1개, 물 500ml, 홍차티백 2개, 얼음 적당량, 꿀 2TS

1. 찬물에 홍차티백을 넣고 1시간가량 미리 우려 준다.
2. 복숭아를 물에 담가 문질러 씻고 2~3번 헹궈 준다.
3. 복숭아를 1cm 간격으로 슬라이스한다.
4. 유리컵에 복숭아와 얼음을 담근다.
5. 우려낸 홍차를 붓고 꿀로 당도를 조절한다.
6. 허브(로즈마리나 애플민트)로 장식한다.

사과

제1의 사과는 아담과 이브의 사과,

제2의 사과는 빌헬름 텔의 사과,

제3의 사과는 아이작 뉴턴의 사과,

제4의 사과는 과실주의 사과,

제5의 사과는 나눔과 이타(利他)의 사과.

사과에 대한 주영돈 씨의 견해다. 원죄 사과에서부터 신뢰와 진리, 쾌락의 상징적 코드를 거쳐, 우연히 친구와 사과를 쪼개 먹으면서 깨달은 제5의 사과는 인류 역사의 원동력이라고 설파했다. 사과나무의 원산지는 발칸반도 및 서아시아 일대로 알려져 있다. BC 20세기경의 스위스 토굴에서 탄화된 사과가 발굴된 것으로 봐서 서양 사과는 4천 년 재배 역사를 가진 것으로 추정된다. 그리스, 로마 시대를 거치면서 이탈리아,

프랑스 일대에 퍼진 사과가 선악과를 대표하게 된 것은 아마도 가장 맛 있게 생긴 과일이었기 때문일 것이다.

 우리나라 최초의 기록은 고려 의종 때 『계림유사(鷄林類事)』에서 재래 종 사과를 임금으로 기술한 데서 찾아볼 수 있다. 이 임금이 오늘날 능 금의 어원이며, 능금 외에도 내자(柰子)라고 하는 토종사과도 있었지 만, 오늘날의 외래종 사과와는 품종이 달랐다. 현재의 서양사과 종인 M.domestica는 1600년대 중반 인조의 셋째 아들인 인평대군이 중국에 서 沙果(사과)라는 걸 가져왔다는 『남강만록(南江漫錄)』의 기록이 있지 만 아쉽게도 재배에는 성공하지 못했다. 병자호란이 끝난 18세기 무렵 '효종의 사위인 정재륜이 청나라에 사신으로 갔다가 사과나무를 들여온 뒤부터 널리 퍼지게 되었다'는 연암 박지원의 『열하일기(熱河日記)』 기 록으로 보아 한반도에서 개량종 사과를 먹기 시작한 것은 그리 오랜 일 이 아니다. 그 후 1899년 대구 경북 지방에 선교사로 왔던 우드브릿지 존슨이 그의 사택에 심은 72그루의 사과나무와 1901년 윤병수 씨가 외 국 선교사를 통해 입수한 국광, 홍옥 등의 묘목이 원산 일대에서 재식에 성공한 것이 근대 사과농원 경영의 효시가 되었다.

 1906년 구한말 뚝섬에 12ha 규모의 원예시범장이 설치되고 우리나라 기후, 풍토에 사과 재배가 매우 유망하다는 인식이 확산되면서 급속도 로 번져나가 지금은 낙엽과수 중 가장 널리 재배되고 있는데, 현재 우리 나라 과수 재배면적의 25%, 전체 과실량의 30% 정도를 차지하는 사과 는 65% 정도가 경상북도에서 재배되고 있다. 남,북반구의 위도 30~60 도 사이에 물빠짐이 좋은 완만한 고개나 비탈진 언덕 일대가 재배의 최 적지인데, 이곳 환경이 그런 조건을 충족시키고 있기 때문이다. 이 중 청송과 영주가 경북을 대표하는 지리적표시제 농산품으로 등록되어 있고 기타 등록지역으로는 충주, 밀양얼음골, 무주, 예산이 있다.

'매일 사과 한 개를 먹으면 의사는 빵을 구걸하게 된다.'는 서양속담과 '하루 한 개의 사과는 성인병을 내쫓는다'는 일본속담에서 느낄 수 있듯 사과는 대표적인 영양 과일이다. 특별히 아침에 먹는 사과는 심신을 상쾌하게 할 뿐만 아니라 위의 활동과 위액 분비를 촉진시켜 소화흡수를 돕는 등 하루의 에너지원이 된다. 하지만 찬 성질과 다량의 섬유질이 장을 자극하고 배변과 위액 분비를 촉진시키기 때문에 밤에 먹으면 속이 쓰리거나 뱃속이 불편할 수 있다. 그런 연유로 '아침에 먹으면 금, 밤에 먹으면 독'이라는 말이 나왔지 싶다.

사과는 수분이 86~87%를 차지하며 주성분은 탄수화물이고 단백질과 지방은 적은 대신 비타민A, 비타민C와 칼륨, 칼슘 등 무기질의 함량이 높은 알칼리성 식품이다. 사과의 약리 효과를 살펴보면,

1. **동맥경화 예방.** 고혈압과 혈중 지방 증가가 주원인인 동맥경화는 콜레스테롤과 중성지방의 양을 정상적으로 유지하는 것이 매우 중요하다. 사과에 풍부한 식물섬유는 혈관에 쌓인 유해 콜레스테롤을 배출하여 동맥경화를 예방해 준다.
2. **고혈압 예방.** 100g당 칼륨 100mg 이상을 함유하고 있는 사과는 체내 나트륨 성분을 체외로 배출시켜 혈압의 상승을 막아준다. 사과의 주산지인 일본 아오모리현 사람들이 높은 식염 섭취량에도 불구하고 전국 평균보다 낮은 혈압을 유지하는 비결이 바로 사과 덕분이다.
3. **당뇨병 예방.** 식물섬유가 풍부한 사과 한 개의 칼로리는 대략 100kcal 정도. 점성을 띠는 수용성 식물섬유가 음식물이 위 내에서 머무르는 시간과 소장에서의 영양흡수를 지연시켜 혈당치의 상승

도 자연스레 억제시키므로 칼로리 섭취를 제한받는 당뇨 환자에게
일석이조의 효과를 준다.

4. **변비 해소, 대장암 예방.** 식물섬유 섭취량이 적으면 대장 내 내용
물이 적어 직장 벽이 자극을 받지 못해 내용물이 쌓이게 되는데, 이
는 변비의 발생 원인이 된다. 또 발암성 물질이 대장을 통과하는 시
간이 길어질 경우 대장 점막과의 접촉시간이 길어진 만큼 대장암이
발생할 위험이 높아진다. 사과의 식물섬유는 유해물질을 흡수 배출
하고 대장암을 예방하는 데 큰 도움을 준다.

5. **피로회복,** 다이어트 효과. 사과에는 유기산이 0.5% 정도 함유되어
있어 몸 안에 쌓인 피로물질을 제거해 주는 역할을 한다. 비타민C는
피로회복, 해독작용, 면역강화 및 피부미용에 도움을 준다. 2~3일
간 사과만 먹는 사과 다이어트를 하게 되면 손쉽게 노폐물이 배설되
고 체중이 감량되어 건강하고 날씬한 몸매를 유지하게 해 준다.

이처럼 사과의 식물섬유에는 콜레스테롤과 혈당치를 낮추어주는 펙틴
성분과 대변적용을 도와주는 셀룰로즈, 리그닌 등 유익한 섬유소가 풍
부하다. 이러한 식물섬유를 효과적으로 섭취하는 방법은 사과를 껍질째
먹는 것이다. 왜냐 하면 과육과 과피 사이에 식물섬유가 30% 이상 몰려
있기 때문이다. 사과를 깎으면 갈색으로 변하는데 이것은 사과 속 클로
로겐산 폴리페놀산이 공기 중의 산소와 결합하여 산화되기 때문에 생기
는 갈변현상이다. 이를 방지하기 위해서는 소금물이나 설탕물에 담가두
면 된다. 이래저래 사과는 껍질째 먹는 것이 최상이다. 앞으로는 친환경
농법으로 재배된 사과를 잘 골라 반드시 껍질째 먹도록 하자.

삼베

....

제22호 지리적표시 농산물 – 안동 포(등록철회)
제45호 지리적표시 농산물 – 보성 삼베

눈 내리는 아침
할머니는 손수 지어놓으신 수의로 갈아입으셨다.
수의는 1978년 7월 15일 자 신문지에 싸여 있었다.
수의를 지어놓고도 이십 년을 더 사신 할머니는
백 살이 가까운 어느 겨울날이 되어서야
연둣빛을 군데군데 넣어 만든 그 수의를
벽장 속에 숨겨둔 날개옷처럼 차려입으신 것이다(중략)

　나희덕의 시 〈삼베 두 조각〉 전반부이다. 수의를 만들다 남은 삼베 두
조각으로 버선 대신 발을 감싸 드린 후반부까지 마저 읽다보면 돌아가
신 할머니에 대한 애틋함이 묻어나온다. 삼(Cannabis savita)과의 한해
살이풀로서 온대와 열대지방에서 자라는 삼의 껍질 안쪽 부분인 인피섬

유로 만들어지는 삼베는 인류가 최초로 직조한 옷감으로 구석기 시대부터 세계 각지에서 애용되었으며 우리나라에서도 고조선 때부터 의복이나 침구 재료로 사용되어왔다. 원래 삼베는 두루마기나 홑저고리 등 서민층 남자들의 여름 옷감으로 주로 사용되던 것이 죄를 지었거나 상을 당했을 때 입는 수의(囚衣) 또는 상복(喪服)으로 발전하였다. 이는 신라 경순왕의 아들 마의태자가 나라를 **빼앗긴** 설움을 가누지 못하고 삼베 누더기를 걸친 채 개골산(금강산)에 파묻혀 버리자, 이때부터 우리 조상들은 망자에 대한 애도의 뜻을 전하는 상제(喪祭) 때마다 삼베옷을 입는 풍습을 갖게 되었다.

수의(壽衣)로 삼베가 쓰이게 된 역사는 그리 오래지 않다. 일제 시대 수의(壽衣)라는 용어의 탄생과 함께 간소화된 것인데, 일제가 수탈을 목적으로 장례 예법 자체를 송두리째 바꿔놓은 것이다. 하지만 삼베 수의로 매장한 결과, 항균 기능을 갖는 삼베의 고유한 특성 때문에 시신의 **뼈**가 땅속에서도 썩지 않고 건조되어 누런 황골(黃骨)로 발견되었다. 황골은 풍수지리에서 최상의 발복(發福)이 된다 하여 가문이 번창하고 가족이 장수한다고 믿었다.

경북 안동 지방에서 나는 삼베를 지칭하는 안동포는 제22호 지리적 표시제 등록상품이다. 기후와 토질이 원료인 대마의 재배에 적합하고 이곳 여인네들의 길쌈 솜씨가 뛰어나 신라 시대에는 화랑도의 옷감으로, 조선 시대 때는 궁중 진상품으로 명성을 날리기도 했다. 문헌상으로는 19세기 초 발간된 서유구의 『임원경제지(林園經濟志)』에 처음으로 언급되고, 1911년 일본인들이 발간한 『조선산업지(朝鮮産業誌)』에는 안동이 대마의 주산지로 소개되고 있다. 안동포는 섬유질이 우수한 생냉이(겉껍질을 제거한 속껍질을 생으로 길쌈하여 짜냄)에 천연염료인 치자열매로 염색을 하여 올이 가늘고 고우며 빛깔이 붉고 누렇다. 원단의 품질 면에서 일반 삼베인 익냉이(겉껍질 채로 물에 불린 상태로 화학 처리하고 익혀 짠 것)나 무삼(여러번 물속에 담가 올이 굵게 짜낸 것)에 비할 바가 못 된다. 올의 굵기를 나타내는 단위인 새(升; 되 승)로 비교해 보면 1폭당 생냉이가 10~11새, 익냉이가 7새, 무삼이 5새 정도이다. 여기서 1새는 삼베 가닥 80올에 해당하는데, 올 수가 많으면 그만큼 옷감의 결이 고와진다.

안동포의 제작 과정은 대략 여덟 과정으로 나뉜다.
1. 정선종 대마를 4월 초순에 파종한다.
2. 7월에 수확하는데 줄기 밑둥의 잎이 떨어지고 줄기가 황색을 띨 때가 적기이다.
3. 수확한 삼베를 물에 불려 껍질을 벗겨 말린다.
4. 말린 삼 껍질을 물로 적셔서 손과 삼톱으로 째고 훑어내려 가닥(실)을 만든다. 이 과정의 바래기와 삼째기가 안동포의 섬세함을 좌우한다.
5. 삼베를 짤 틀에 새로 만든 실을 잇는다.
6. 굵은 실과 가는 실을 결정한 다음 물레에 올려 날실 타래를 만든다.
7. 날실에 된장을 섞어 발라 좁쌀풀을 먹인다. 이래야 끈기가 오래 간다.
8. 틀의 실이 팽팽하도록 잡아당긴 후 베틀을 이용하여 직물을 짠다.

안동포 제조과정은 백여 번의 세세한 손질이 가는 힘든 과정이다. 장마철에 베를 찌고 말리고 째고 매고 삼고 실을 뽑아내는 과정은 막노동보다 고되고 여름 열기보다 뜨겁다. 이렇듯 손이 많이 가는 탓에 길이 22m 15새 1필(40자) 안동포는 가격이 1천만 원을 넘는다.

전국 생산량의 25%, 유통량 50%를 차지하는 대마의 집산지인 전남 보성도 제45호 지리적 표시 등록을 마쳤다. 10여 년 전만 하더라도 1,000가구에 이르던 삼베 짜던 집들이 지금은 70가구 정도로 줄었다 하니 값싼 중국산의 공세 앞에 장인정신도 무색해지나 보다. 최근 보성군은 정통 보성포의 명맥을 잇고자 각종 대마 관련 문화산업을 장려하고 종자 개발 및 상품개발에 주력하고 있다 하니 머잖아 옛 명성을 되찾게 될 것이다.

일반적으로 마 직물은 대마(Hemp; 삼베), 아마(Linen), 저마(Ramie; 모시), 황마(Jute) 등으로 나뉜다. 이 중 삼베는 자연섬유 중 섬유질이 가장 길고 강도가 일반 면사에 비해 10배 정도 강하여 직물 이외에 로프, 그물, 모기장 등 다용도로 이용된다. 하지만 삼의 줄기와 잎에는 테트라히드로카나비놀(THC)이라는 마취성 물질이 함유되어 있어 대마초 마리화나로 악용되는 폐단이 있어 우리 정부는 1976년 대마관리법을 통해 재배 및 취급을 엄격히 규제하고 있다. 그러나 미국을 중심으로 삼베에 대한 활용도를 높이고자 하는 연구가 활발히 진행되고 있다.

1. **직물로서의 삼베.** 목화는 세계 경작지의 4% 정도에서 재배되고 있으나 거기에 뿌려지는 살충제의 양은 전체의 50%를 차지할 정도다. 반면 삼베는 재배에서 직물이 나오기까지 살충제나 화학적인 처리 없이 만들어져 'Green fabric'으로 불린다. 전통 방식의 거칠고 딱딱한 직물도 최근 방적기술의 발달로 면처럼 부드러운 직물로 탈바꿈하고 있다.

2. **종이 펄프로서의 삼.** 목재 펄프로 종이 1톤을 생산하는 데는 20년 수령의 나무 12그루가 필요하다. 고작 100일 정도 경작하는 삼 펄프를 활용한다면 1에이커당 목재 펄프보다 4배 정도의 생산효율을

가져올 수 있다. 삼 펄프 종이는 7~8번의 재활용이 가능해 3~4번
에 불과한 목재 펄프보다 재활용 면에서도 매우 효율적이다.

3. **화장품 원료로서의 삼.** 마약 성분인 THC는 줄기나 씨앗에는 거의
없고 잎이나 꽃잎에만 극소량(약 0.03%) 함유되어 있다. 삼 씨앗
으로 만들어지는 오일에는 달맞이꽃보다 4배가 많은 감마리놀렌산
(GLA)과 오메가 지방산이 함유되어 있어 노화 방지와 건성 피부에
탁월한 효과가 있다.

4. **산업재로서의 삼.** 삼은 자연섬유 중 최고의 섬유질을 갖고 있다. 삼
은 내피(70%)뿐만 아니라 표피(40%)에도 Cellulose 성분을 함유하
고 있어 가볍고 내구성 있는 산업재 원료, 예를 들어 썩는 플라스틱
소재로 활용되고 있다.

5. **의약품으로서의 삼.** 대마초는 매우 위험스럽고 유해하다. 그러나
대마초는 진통 환자, 구토나 구역질 환자, 불면증 환자, 녹내장 환
자, 암 환자, 식욕저하 환자, AIDS 환자 등에 효능이 있어 의사의
엄격한 처방에 의해 이를 부분적으로 허용하는 추세다. 암 환자나
AIDS 환자의 경우 심한 구토 증세로 받는 고통이 이만저만한 게
아니다. 이때 대마초는 구토 증세를 저하시키고 식욕을 왕성하게
해주어 생명 연장에 큰 도움을 준다.

미국 개척 초기의 성조기가 삼베로 만들어졌고 미국 독립선언문이 삼
종이에 기초 되었다는 사실은 당시 삼의 쓰임새가 얼마나 대단했던가를
대변한다. 흙으로 나서 흙으로 돌아가는 자연의 순리 앞에 가장 충실한
동반자가 되어주는 삼베옷이 망자의 옷으로 입히는 것은 아이러니가 아
닐 수 없다.

석류

제94호 지리적표시 농산물 – 고흥 석류

다스려도 다스려도 못 여밀 가슴 속을
알알 익은 고독, 기어이 터지는 추청(秋晴)
한 자락 가던 구름도 추녀 끝에 머문다.

『비가 오고 바람이 붑니다』라는 시조집으로 잘 알려진 이호우 시인의
여동생 이영도(1916~1976년)의 〈석류〉라는 시조이다. 오누이가 모두
정갈한 시어(詩語)를 잘 구사하였는데, 다스리지 못할 가슴 속 감정들을
알알이 익은 고독과 기어이 터지고 마는 맑게 갠 가을 날씨로 이입(移
入)시킨 시작 솜씨가 대단하지 않은가.

　석류나무(石榴, Punica granatum)는 석류나무과에 속하는 낙엽성 소
교목이다. 3~5m 정도 높이로 자라며 원줄기에서 갈라져 나온 가지가
많고 잎은 마주나는데 잎자루가 짧다. 꽃에는 양성화와 자성(雌性; 동

식물의 암컷다운 성질)이 퇴화된 수꽃이 있다. 꽃받침은 통 모양이고 다육(多肉; 줄기나 잎 또는 식물체 전체가 두껍게 살이 찌고 수분을 많이 가짐)질이며 5~7개로 갈라진다. 꽃잎은 5장이고 주홍색을 기본으로 하며 그 밖에 흰색, 붉은색에 흰색의 어루러기가 진 것, 등황색 등이 있다. 열매는 꽃턱이 발달한 것으로 거의 공 모양이고 끝에 꽃받침 열편(裂片)이 있다. 열매껍질은 두껍고 속에는 얇은 격막으로 칸막이가 된 6개의 자실이 있고 다수의 종자가 격막을 따라 배열되어 있다. 익은 과실의 열매껍질은 황백색 또는 자홍색이며 불규칙하게 벌어지고 속에는 즙이 많은 흰색·담홍색 또는 분홍색의 종자가 들어있다.

만개한 석류꽃뿐만 아니라 열매가 익어서 터지는 모양도 아름다워서 관상용으로도 재배한다. 추위에 약하여 중부지방에서는 제대로 생장이 안 되며, 전라북도·경상북도 이하의 지방에서만 야생 월동(越冬)이 가능하다. 토심이 깊고 배수가 잘되며 비옥한 양지에서 잘 자라고 결실이 잘된다. 국내에선 비교적 이런 재배 조건을 잘 갖춘 전남 고흥군이 '고흥석류'를 2014년 2월 지리적표시 제94호로 등록시켰다. 석류 생산 농가 총 346호에 재배면적 130ha, 생산량 515톤에 달하여 명실공히 전국 최고의 생산량(61.9%)을 자랑하고 있다.

석류는 안석류, 산석류, 감석류로도 불린다. 원산지는 이란 북부, 인도 북서부, 아프가니스탄, 히말라야, 발칸 지방으로 여겨지며 고대 히브리인들의 옷 술에 문양이 새겨지고 이집트 피라미드 벽화나 솔로몬 성전에서도 발견되고 있으며 성서에 30회나 언급될 정도로 매우 친근한 열매이다. 중국에는 한나라 무제 장건이 실크로드를 개척하고 귀국할 때 들여왔다고 전한다. 당시 중국은 페르시아를 안석국(安石國)이라 불렀는데 이 나라에서 자라는 나무라는 뜻으로 석류(石榴)라 이름 지었다.

삼국시대 신라 역사에 석류가 등장할 정도로 인도-중국을 거쳐 일찍이 우리나라에도 알려졌지만 정작 한반도에서의 생산 재배는 조선 초기쯤으로 추정된다.

중국에서 연밥과 석류는 다산, 복이 있는 아들을 뜻하여 결혼식의 의식상에 차려놓기도 하고 신혼의 축하선물로 전해주기도 하는 풍습이 있다. 석류는 열매껍질 속에 많은 종자가 들어 있어서 예로부터 다산과 자손번영의 상징이었다. 혼례복인 활옷이나 원삼의 문양에는 포도 문양과 석류 문양 · 동자 문양이 많이 보이는데, 이것은 포도 · 석류가 열매를 많이 맺는 것처럼 자손, 특히 아들을 많이 낳으라는 기복적 뜻이 담겨있다.

석류의 열매는 페르시아 시대 때부터 염료로 사용되었다. 식물이 잘 자라지 못하는 중동지역에서 염료를 얻기가 힘들었으므로 다양한 색상의 석류꽃과 고운 빛깔의 열매 속 종자는 염료로서 안성맞춤이어서 조공으로 바칠 품목에 들어있을 정도로 인기를 끌었다. 그리고 석류로 면 옷을 염색하면 화학반응에 의해 삼베처럼 조직이 바뀌어서 바람이 잘 통하게 되는 특성도 보인다. 석류는 고대 솔로몬 왕 때부터 음료수와 빙과를 만드는데 이용되었을 뿐만 아니라 석류의 꽃과 덜 익은 열매의 껍질은 이처럼 붉은색 염료의 원료로 사용되어왔다. 꽃은 붉은색, 가지색, 노란색, 흰색 등 여러 가지로 피고 탐스럽고 둥근 모양의 열매가 벌어져서 그 속에 씨앗을 감싼 육질이 번쩍이는, 가지런히 배열된 정육면체의 생김새를 보노라면 알알이 루비 보석이 박힌 듯해서 찬탄이 절로 나온다.

석류의 열매는 지름 6~8cm에 둥근 모양이며 단단하고 노르스름한 껍질이 감싸고 있는데 속에는 많은 종자가 들어있다. 먹을 수 있는 부분이 20% 정도이며 과육은 새콤달콤한 맛이 나고 껍질은 약으로 사용한다.

종류는 단맛이 강한 감(甘)과와 신맛이 강한 산(酸)과로 나뉜다. 주요 성분은 당질(포도당·과당)이 약 40%를 차지하며 유기산으로는 새콤한 맛을 내는 시트르산이 약 1.5% 들어있다. 지용성 비타민(B1·B2·나이아신)도 들어있으나 양은 적은 편이다. 껍질에는 떫은맛이 나는 타닌, 종자에는 갱년기 장애에 좋은 천연식물성 에스트로겐이 들어있다. 과즙은 빛깔이 고와서 과일주를 담그거나 농축 과즙을 만들어 음료나 과자를 만드는 데 쓰며, 올리브유와 섞어 변비에 좋은 오일을 만들기도 한다. 1속 2종의 식물이 아열대 지역에 자라며 우리나라에는 1속 1종의 식물이 있다. 줄기 껍질과 뿌리껍질에는 알칼로이드, 타닌질이 들어 있다.

흔히 석류는 '여인을 위한 만찬'으로 소개된다. 여성호르몬인 에스트로겐이 풍부하기 때문이다. 모 일간지에 실린 석류 기사를 몇 구절 옮겨보면, "석류는 진작부터 양귀비와 클레오파트라가 즐겨 먹었다거나 '갱년기 여성에게 제2의 삶을 준다'는 입소문이 퍼지면서 농축액 형태로 많이 판매되고 있다. 석류가 주목을 받게 된 것은 원산지인 페르시아만 주위의 중년여성들이 다른 지역의 여성들보다 젊음을 오래 유지하며 갱년기 장애도 거의 겪지 않는 것이 밝혀지면서부터다. 석류는 씨앗 1kg당 17mg의 에스트로겐 성분을 함유하고 있어 각종 부인병에 효과가 있으며, 콜라겐 결합조직의 양을 늘려서 피부미용에도 좋고 주름을 개선하는 효과가 있다고 한다. 그뿐만 아니라 고혈압과 동맥경화 예방에 좋으며, 목이 쉬거나 부었을 때 특효가 있어 한방에서는 석류 껍질을 말려서 편도선염 약재로 쓰고 있을 만큼 쓰임새가 다양하다. 석류를 먹을 때 새콤한 과즙만 빨아 먹고 씨를 뱉어내는 사람들이 많은데, 석류는 씨에 영양분이 더 많으므로 전부 먹는 것이 낫다."

신문 기사에 소개된 석류의 효능을 좀 더 자세히 정리해 보면

1. **갱년기 증상 완화.** 여성을 더욱 여성답게 해주는 여성호르몬 에스트로겐. 인체에서 분비되는 에스트로겐과 가장 유사한 천연 에스트로겐 전구물질이 석류에 풍부히 함유되어 있어서 이것을 섭취하면 체내에서 필요로 하는 여성호르몬으로 전환되어 갱년기 증상을 완화시켜 준다. 화학성분의 호르몬요법은 유방암 외의 여러 가지 암을 유발할 수 있다는 연구 결과가 나와 몸에 좋은 영향만을 주지는 않는다. 천연 호르몬이 풍부한 석류나 가공식품을 섭취하면 호르몬의 균형과 다양한 호전효과를 볼 수 있다.

2. **피부미용.** 석류에는 콜라겐의 합성을 돕고 피부를 희게 하는 작용이 있는 에라그산과 비타민C가 들어있어 피부를 젊게 유지하게 한다. 당나라 때의 절세가인 양귀비도 젊음과 아름다움을 유지하기 위해 석류를 매일 반쪽씩 먹었다고 한다. 석류에는 수용성 당질이 전체의 절반에 가까운 40% 이상을 차지하여 이른바 속효성 에너지원이 됨은 물론 포도당의 분해를 촉진하는 구연산, 에너지대사를 활발하게 하는 데 필요한 비타민(비타민B1, B2, 나이아신), 미네랄 등을 골고루 함유하고 있어 여성의 아름다움을 지켜준다.

3. **혈액정화.** 석류를 섭취하게 되면 피를 깨끗하게 하며 신선한 혈액을 체내에서 생성함으로써 자연 치유력을 높여 면역력을 강화시킨다. 혈액이 깨끗해지고 해독기능과 배설기능이 원활하게 이루어지면 체내에 침투한 공해물질이나 독소들이 밖으로 배출되기 때문에 체질개선이 진행되며 몸은 강해져서 스태미너가 증강된다.

4. **심혈관계 질환(심장병, 고혈압, 동맥경화 등) 예방.** 40~55세 여성을 대상으로 한 연구에서 폐경이 된 여성은 폐경이 되지 않은 여성에 비해 관상동맥질환을 포함한 심혈관질환으로 인한 사망의 빈도가 매우 높은 것으로 나타났다. 석류의 섭취를 통해 심혈관질환으로 인한 사망률을 낮출 수 있다는 연구 결과가 나왔다.

5. **골다공증 예방/치아 건강.** 폐경기에 즈음하여 혈중 여성호르몬인
   에스트라디올의 농도가 감소하면 골 소실이 가속화되는데, 총 골량
   은 폐경 후 매년 2~3%씩 급속히 감소하여 수년이 지나면 정상에
   비해 표준편차의 1~2배 이하로 떨어지게 된다. 에스트로겐을 투여
   하면 먼저 골 흡수 표지물이 감소하고 그 후 골 생성 표지물질의 감
   소가 일어나 골 교체와 골 표면의 골 재형성 단위(remodeling site)
   를 감소시켜 1차적으로 골 흡수보다 골 형성이 증가하게 되는 시기
   가 있는데, 이 기간동안 골 흡수가 일어나고 있는 흡수공(lacunae)
   이 채워지고 골밀도가 증가하게 된다. 즉 에스트로겐 투여에 의해
   골 교체의 억제가 일어남으로써 골량이 증가하게 되는 것이다. 또
   호르몬 대체요법의 이점으로 구강의 건강을 들고 있는데, 연구에
   의하면 치아 손실이나 무치의 위험도를 각각 24%와 49%까지 감소
   시키며 의치 사용률도 19%까지 감소시킨다고 한다. 이는 에스트로
   겐이 뼈뿐만 아니라 치주조직의 교원질과 혈관 조직의 개선 효과에
   도 관여하는 것으로 설명할 수 있다.
6. **관절통,** 근육통에 효과. 폐경에 의하여 에스트로겐 결핍 현상이 생
   기면 피부와 뼈, 인대 등에서도 교원질이 소실되어 관절통 및 근육
   통을 호소하는 여성들이 늘어난다. 우리나라 폐경 여성들이 가장
   많이 호소하는 증상이기도 하다. 통증 부위는 체중 부하 관절보다
   는 손목, 발목, 어깨 등에서 흔하게 나타난다. 이러한 증상들은 호
   르몬대체요법에 의해 효과적으로 경감된다. 관절염의 빈도도 비사
   용자에 비해 낮은 것으로 보고되고 있다.

   그런데 조심해야 할 점은 석류를 지나치게 많이 먹으면 폐와 치아에
손상을 주거나 가래가 많이 생길 수 있다. 또 석류 뿌리껍질 끓인 물은
위 점막을 손상할 수 있으므로 위염 환자는 안 먹는 것이 좋다.

수박

제46호 지리적표시 농산물 – 함안 수박
제73호 지리적표시 농산물 – 고령 수박

"저게 뭐니?"

"원두막"

"여기 참외 맛있니?"

"그럼 참외 맛도 좋지만 수박 맛은 더 좋다"

"하나 먹어 봤으면."

　황순원의 대표 단편소설인 〈소나기〉의 한 대목이다. 시골 소년과 서울서 온 윤 초시네 증손녀가 나누는 대화인데, 소년처럼 참외보다 수박을 좋아하는 이들이 많은 게 사실이다. 원두막에 옹기종기 모여앉아 개울물에 담가둔 수박을 썩둑썩둑 잘라먹던 달디단 수박 맛, 시골 출신이라면 그 맛을 평생 잊지 못할 것이다.

 수박은 남아프리카가 원산지인 한해살이 덩굴식물이다. 사막의 오아
시스로 불릴 정도로 갈증 해소 효과가 좋아 사막 사람들에게 음료 대용
식물로 사랑받았고 실크로드를 따라 중국에 전해져 '서역의 박'이라는
의미로 서과(西瓜)로 불리게 되었다. 우리나라에는 조선 시대 『연산군일
기(燕山君日記;1450년)』에 수박의 재배법이 기술되어 있고, 고려 때 거
란족으로부터 종자를 받아 처음 심었다는 『동의보감(東醫寶鑑)』의 기록
이 남아있다.

 열대식물인 수박은 적정 발아 온도가 섭씨 25~30도, 토양은 통기성
과 물 빠짐이 좋으며 토양산도는 pH 5.0~6.8이 적당하다. 우리나라 최
대 산지인 경남 함안은 이 모두를 충족시키는 입지조건으로 명성을 얻
고 있으며 최근에는 경북 고령 수박도 지리적표시 등록을 받았다.

 재배 역사가 오랜 수박은 원래 씨를 먹기 위해 재배되었다. 지금도 아
프리카, 중국에서는 수박씨로 짠 기름을 식용하고 있고, 중국인들은 콜
레스테롤이 많은 돼지요리를 먹을 때면 말린 수박씨를 소금과 함께 볶
아 먹기도 한다.

 흔히들 수박은 맛만 있지 영양은 별로인 식품이라고 생각한다. 수박
열매는 91~94%가 물이고 탄수화물이 5~8%라서 단물통 정도로 치부
할 만하지만 결코 그렇지 만은 않다. 여기서 퀴즈 하나. 수박과 사과 중
어느 쪽이 비타민C가 많을까. 이구동성으로 신맛이 감도는 사과를 꼽을
것이다. 그러나 정답은 수박이다. 놀랍게도 수박에는 사과의 두 배에 달
하는 비타민C가 들어있다. 비타민A의 전구물질인 베타카로틴 역시 과
일 중 수박이 으뜸이다. 미네랄을 살펴보면 마그네슘, 셀레늄 등은 복숭
아보다 많고 칼슘, 아연, 인, 철 등도 다른 과일에 뒤지지 않는다.

'갈증 해소약'으로도 불리는 수박은 대표적인 이뇨 식품이다. 수박에는 오줌의 주성분인 요소(尿素)의 생성을 돕는 시트룰린(Citrulline)이라는 아미노산이 많이 들어있기 때문이다. 따라서 신장기능이 약하거나 소변량이 적고 몸이 자주 붓는 사람에게 수박은 매우 유효적절한 식품이다. 또 하나 빼놓을 수 없는 수박의 자랑은 라이코펜(Lycopene)이 풍부하다는 데 있다. 라이코펜은 대표적인 항산화제로서 토마토를 언급할 때면 빠트리지 않는 웰빙 성분인데, 수박에 더 많은 양이 들어있다니 놀랍지 않은가.

이처럼 호화진용을 이루고 있음에도 수박이 베스트 푸드에 들지 못하는 이유는 무엇일까? 이유는 바로 높은 당지수(Glycemic Index) 때문이다. 당지수 70 이상이면 고 당지수 식품으로 분류되는데 수박의 당지수는 72에 달한다. 고 당지수 식품은 혈당치를 급상승시키고 비만의 원인이 되므로 주의를 요한다. 당지수 분야의 권위자 호주 시드니대학 제니 밀러 교수는 "당지수는 좋은 식품과 나쁜 식품을 구분 짓는 중요한 지표임에 틀림없다. 그러나 일부 식품은 당지수로만 영양평가를 내릴 수 없다. 비록 당지수는 높더라도 당 부하지수(Glycemic Load)가 낮으면 좋은 식품으로 보아야 하기 때문이다. 식품에 함유된 탄수화물의 양을 나타내는 당 부하지수는 10 이하면 좋은 식품으로 간주하는데, 수박은 고작 4인 반면 수박과 동일한 당지수를 가진 베이글 빵은 25"라며 수박은 당지수가 높더라도 당분을 포함한 탄수화물이 무척 적어 현실적으로 혈당치에 별 영향을 끼치지 않는다는 것이다. 지금껏 높은 당지수를 염려하여 수박을 멀리한 사람들에게 희소식이 아닐 수 없다.

수박을 즐길 수 있는 몇 가지 팁. 수박의 유효성분인 라이코펜은 보통 식품의 세포벽 안쪽에 단단히 달라붙어 있다. 토마토를 살짝 익혀 라이코펜을 우러나게 먹는 것도 이 때문. 수박은 익혀먹는 대신 플레인 요구르트를 얹어 먹도록 하자. 라이코펜은 기름에 잘 녹아 유제품의 도움을 받으면 우리 몸에서 더 잘 흡수된다. 수박의 달콤한 맛과 요구르트의 담백한 맛이 기막히게 조화를 이루어 맛도 만점, 영양도 만점이 되는 셈이다.

수박은 재배과정에서 일교차가 클수록 붉은색이 짙어진다. 과육이 노란 수박은 라이코펜의 양이 적으므로 기왕이면 붉은색으로 잘 익은 수박을 고르는 것이 좋고, 수박에는 수분 이외에 과당도 적지 않은데 저온일 때 단맛이 증가하므로 섭씨 2도 이하로 차게 해서 먹는 게 좋다. 수박의 흰 살 부분은 따로 모아서 노각처럼 무쳐 먹어도 좋고 물에 달여 보리차 대신 마시면 갈증을 호소하는 당뇨 환자에게 좋은 음료가 된다.

2022년 대선을 치르기전 당시 여당 정당내에서는 '수박' 논쟁이 불거진 적이 있었다. 겉은 파란데 속은 빨간, 겉 다르고 속 다른 철새 정치인들을 빗댄 풍자였다. 그러나 알고 보면 버릴 게 하나 없는 수박. 더이상 물로 보지 않고 수박을 여름 과일의 왕으로 임명하노라.

시금치

제96호 지리적표시 농산물 – 포항 시금치

"뽀빠이, 도와줘요~!"

우리나라에 TV가 보급되기 시작하던 60~70년대에 가장 인기 있었던 애니메이션은 단연 〈뽀빠이〉였다. 그의 여자 친구 올리브가 이렇게 외칠 때마다 시금치를 먹고 달려가 악당들을 물리치는 힘센돌이 사나이 뽀빠이. 1929년 미국에서 발간된 만화 〈골무극장〉에서 조연으로 처음 등장했던 뽀빠이는 이후 애니메이션 〈베티 붑의 대나무 섬〉에 등장하며 인기를 얻었다. 그 후 1933년 〈뱃사람 뽀빠이〉라는 독립 애니메이션 시리즈를 통해 주인공으로 거듭났고 세계 각국의 TV를 통해 동심을 사로잡았다.

이 만화영화를 보았던 우리 세대들은 하나같이 '시금치=정력'을 떠올린다. 시금치 통조림을 먹기만 하면 힘이 불끈 솟는 뽀빠이의 모습이 연상되어서이다. 이는 시금치에 철분이 많다고 알려진 이유인데, 재미난 에피소드가 전해온다. 1870년 독일의 과학자 울프(E. von Wolf)가 기고한 출판자료에서 여비서가 시금치 100g당 철분 3.6mg을 소수점을

빠트린 채 무려 36mg으로 잘못 타이핑 치는 바람에 벌어진 해프닝이었
는데, 1930년대에 와서야 정정되기까지 잘못된 이 수치를 미국의 시금
치 통조림 회사가 발 빠르게 상업적으로 우려먹은 게 〈뽀빠이〉 시금치
신화의 시초가 되었다. 참고로 시금치의 철분 함량은 배추나 브로콜리,
렌틸콩이나 말린 콩에도 못 미친다.

이런 영향 탓인지 미국인들은 지금도 시금치를 베스트 푸드의 반열에
올리길 주저하지 않는다. 2015년 초 미국 질병관리본부(CDC)가 발표
한 '채소 베스트 푸드 5'에 시금치를 포함 시켰으며, 미국 인터넷 매체인
『허핑턴포스트』도 함께 먹으면 좋은 음식 중 하나로 시금치와 레몬을 꼽
았다. 시금치, 케일, 근대 등 식물에 있는 철분은 비타민C와 함께 먹으
면 더 흡수가 잘 되고, 레몬주스나 약간의 딸기, 피망을 더하면 식물성
철분이 생선이나 고기에 있는 형태로 변하여 인체의 면역력을 향상시키
고 기운을 북돋아 주는 데 큰 도움을 준다는 것이다.

시금치는 명아주과에 속하는 1,2년생 풀이다. 아르메니아로부터 이란
에 걸친 지역이 원산지인데 페르시아, 아라비아, 지중해 연안 여러 나라
를 거쳐 유럽으로 퍼졌고 중국에는 3세기경 이란으로부터 전해졌으며,
우리나라에는 1577년(선조 10)에 최세진에 의해서 편찬된 『훈몽자회
(訓蒙字會)』에 처음 등장하는 것으로 보아 조선 초기 중국에서 전래 된
것으로 여겨진다. 시금치는 내한성이 강하여 한반도 전역에서 재배되고
있으며 경기 · 경남 · 전남 등지가 주산지이다.

시금치 이름의 어원은 이우철의 『한국 식물명의 유래』에서 찾아볼 수 있
다. 시금치의 붉은 뿌리를 상징하여 적근(赤根)/적근채(赤根菜)를 어원으
로 하는 중국발음(치근치)을 본떠 시근채〉시근취〉시금치로 변화하였다고

설명하고 있다. 한자명은 원산지 페르시아에서 전래 된 채소라는 뜻으로 '파릉채(波薐菜)' 또는 '파채(菠菜)'라 하고 빨간색 뿌리채소라는 뜻으로 '홍근채(紅根菜)'라고도 한다. 학명은 Spinacia oleracea L.이다. 속명 '스피나치아'는 라틴어에서 '종자에 가시(spina)가 있다'는 뜻에서 비롯되었으며, 종속명 '올레라시아'에는 '식용으로 쓰이는 채소'라는 뜻이 담겨있다.

　시금치의 재배 형태는 봄 가꾸기 · 여름 가꾸기 · 가을 가꾸기의 세 가지가 있다. 봄 가꾸기는 4~5월에 씨를 뿌려 5~6월에 수확하는 것으로 대표적인 품종으로는 노벨이 있다. 여름 가꾸기는 6~8월에 씨를 뿌려 8~10월에 수확하는 형태로 재래종이 재배되나 온도가 25℃ 이상 되면 자라지 않으므로 고랭지에서만 재배된다. 가을 가꾸기는 9~10월에 씨를 뿌려 10~11월에 수확하는 것으로 주로 우성 시금치가 재배된다. 파종은 줄뿌림을 주로 하며 시비량은 10a당 질소 20kg, 칼륨 15kg, 인산 12kg 정도이다. 수확은 재배 시기에 따라 다르나 파종 뒤 50~60일에 실시한다.

　시금치는 대표적인 장일(長日) 식물로 낮의 길이가 길어짐에 따라 성장이 빨라진다. 토양 산도는 pH 6.6~7.5가 알맞고 산성토양에서는 생육장해가 심하다. 시금치는 종자의 형태에 따라 각이 있는 유각종과 각이 없는 무각종으로 구분된다. 유각종은 종자에 2~3개의 돌기가 있고 잎은 가늘고 길며 내한성이 강하여 가을 재배에 알맞다. 무각종은 유각종의 돌연변이로 생겨 난 것으로서 잎이 넓고 옆면은 오글거려 파도 형상을 나타내며 주로 봄 재배에 이용된다. 또 이 두 종의 잡종도 재배된다.

　'포항초'로 잘 알려진 경북의 포항 시금치가 2014년 12월 시금치로서는 국내 처음으로 지리적표시 등록을 마쳤다. 포항 시금치는 이 지역의 토착 재래종으로 1950년대에 이미 수도권 지역으로 대량 출하되면서 전국적으로 명성을 쌓게 되었다. 포항은 겨울철에도 기온이 온난한 해양성 기후의 영향으로 시금치 재배에 적격이다. 이곳의 생산 농가는 544곳, 재배면적은 356㏊, 생산량 4,915톤 수준이지만 연 소득액은 133억 원으로 전국 시금치 소득액의 30% 수준이다. 연중 불어오는 해풍의 영향으로 뿌리 부분의 적색과 잎 부분의 녹색이 진하고 당도와 비타민C는 물론 수분과 식이섬유 함량이 높아서 비싼 값을 치르더라도 포항초를 찾는 이들이 꾸준하기 때문이다.

영양가가 높은 시금치에는 유기산으로 수산(蓚酸, oxalic acid), 사과산, 구연산, 아이오딘(옥소) 및 비타민C가 채소 중에서 제일 많이 들어 있다. 또 비타민B1, 비타민B2, 나이아신, 엽산, 사포닌 외에 당질, 단백질, 지방, 섬유질, 칼슘, 철 등의 영양소도 골고루 들어 있다. 성분을 살펴보면 단백질 2.6%, 지방 0.7%, 탄수화물 4.2%, 섬유질 0.7%이며, 철분이 100g에 3.0~4.2mg, 비타민A가 5,000~8,000I.U., 비타민C가 30~60mg 들어있다. 시금치는 채취하여 하루만 지나도 절반 이상의 영양분이 감소 되는 약점이 있다. 시금치 성분 중 비타민C는 열에 약하기 때문에 살짝 데쳐서 나물로 먹는 것이 가장 좋다.

시금치가 약용(藥用)으로 문헌에 처음 등장한 것은 713년에 발간된 『식료본초(食療本草)』에서다. "시금치는 오장에 이롭고 술로 인한 독을 풀어준다"라 하였다. 한편 『본초강목(本草綱目)』에는 "시금치는 혈맥을 통하게 하고 속이 막힌 것을 열어 준다"고 기술하고 있다.

1927년에 발간된 『미국의학(Journal of the American Medical Association)』지에 따르면, 시금치는 '채소의 왕'으로 불리며 빈혈, 소화불량, 쇠약, 정력 감퇴, 심장 장애, 신장 장애 등의 치료에 이용되었다고 한

다. 시금치는 카로티노이드를 많이 함유한 식품 중의 하나로서 폐암 예방
에 도움이 된다. 아울러 시금치에는 위장을 활발히 하고 정화하는 약리 작
용이 있으므로 위장장애, 변비, 냉증, 거친 피부 등에 유효하다. 뿌리에는
조혈 성분인 구리, 망간, 단백질 등의 영양소가 풍부하므로 생즙을 낼 때
에는 뿌리까지 이용하는 것이 효과적이다. 생즙은 치아의 건강에도 좋다.

　시금치는 다양한 비타민을 골고루 함유하고 있을 뿐만 아니라 보혈 강
장 효과가 있는 식품으로서 성장기 어린이는 물론 임산부에게 좋은 알
칼리성 식품이다. 아울러 시금치는 요산(尿酸)을 분리하여 배설시키므
로 류머티즘이나 통풍에 유효한 식품이다. 또 시금치는 식물성 섬유질
이 풍부하고 장의 운동을 활발하게 해주는 작용이 있어 변비에 효과적
이다. 장(腸)의 열을 내려주는 약효도 있어 치질에 먹으면 좋다. 철, 엽
산 등은 빈혈의 예방과 치료에 도움이 된다. 최근 국립보건연구원과 고
려대 안산병원은 노인 1,215명을 조사한 결과 혈중 호모시스테인 농도
가 높으면 치매 전 단계인 '경도 인지장애'에 걸릴 위험이 증가한다고 발
표했다. 체내 부산물인 호모시스테인 농도를 낮추려면 엽산과 비타민
B12를 많이 섭취하는 것이 좋은데 엽산은 시금치, 아스파라거스 등에
많고, 비타민B12는 굴과 소의 간 등에 많다.

　한편 시금치에는 수산이 다량 함유되어 있어서 오랜 기간 많이 먹으면
신장이나 방광에 결석(結石)이 생길 우려가 있다. 수산이 체내의 칼슘과
결합하면서 수산칼슘으로 변화하여 신장과 요도 등에 결석을 가져오게
만들기 때문이다. 그러나 하루에 500g 이상을 먹지 않으면 상관없으므
로 평소 먹는 분량으로는 별걱정을 안 해도 된다. 가정에서 손쉽게 활용
할 수 있는 식이요법으로는 시금치와 깻잎을 살짝 데쳐 먹으면 빈혈에
좋고, 시금칫국을 먹으면 주독(酒毒)이 풀린다.

시래기

제109호 지리적표시 농산물 – 양구 시래기

나이 드니 배추 머리가 시래기가 되었다.
낙엽이 봄꽃보다 아름답지 않은가.
늘 변함없이 한결같은, 모습은 소박하지만
아름다운 시래기 같은 존재가 되고 싶다.

'배추머리'란 별명으로 유명했던 개그맨 김병조 씨가 대학에서 23년째 한학을 가르치고 있다. 최근 모 방송에 출연하여 지금은 '시래기' 별명을 듣고 산다며 이렇게 말했다. 서당 훈장이었던 부친의 뒤를 이어 묵은 맛을 내는 그의 후반부 인생에 갈채를 보낸다.

시래기의 뜻풀이는 '무청이나 배춧잎을 말린 것'을 말한다. 무를 쓰고 남은 '쓰레기'가 변형되었다는 주장도 있지만, 인도에서 건너와 고조선

을 세웠다는 고대 아리안어의 '시라게(silage; 살아있는 초목)'에서 유래
했다는 설이 유력하다. 혼동하는 낱말로 우거지가 있는데, 이는 '푸성귀
를 다듬을 때 골라놓는 질 낮은 겉대'를 의미한다. 우거지의 어원은 '웃
걷이'다. 위와 걷을 합성 하였듯이 배추 같은 채소의 윗부분을 걷어낸
것을 가리킨다.

시래기를 만드는 무의 원산지는 코카서스 남부에서 그리스에 이르는
지중해 연안으로 알려져 있으며 종류가 다양하고 세계 전역에서 재배된
다. 시래기에 관한 가장 오랜 국내 문헌은 고려 때 일연이 쓴 〈삼국유사
〉에서 찾아볼 수 있다. 신라 21대 소지왕 때 정월대보름날 왕비와 한 신
하가 꾀하던 역모 사실을 알려준 까마귀를 기려 이날을 오기일(烏忌日)
로 정하고 까마귀를 닮은 검정찹쌀밥과 묵은나물을 지어 먹게 했는데,
묵은나물 9가지(시래기, 고사리, 곤드레, 무, 호박잎, 도라지, 취나물,
가지, 삼나물) 속에 시래기가 당당히 이름을 올리고 있는 걸로 봐서 삼
국시대 이전부터 시래기를 식용했을 것으로 추정된다.

강원도 양구군의 대표특산물인 일명 펀치볼시래기가 '양구시래기'라는
이름으로 2020년 3월 지리적표시 등록을 마쳤다. 펀치볼은 한국전쟁
때 이곳에서 북한군과 치열한 교전을 벌였던 미군들이 생김새가 화채그
릇(punch bowl) 같다고 이름 붙인 해안분지로서 일교차가 심해 시래기
를 건조하기에 최적지이다. 고원에서 자란 무를 정성스레 다듬어 오래
폭 삶아 찬물에 우려낸 후 말려 구수한 맛과 부드러운 촉감이 일품이다.

시래기는 추운 곳에서 말릴수록 제맛을 내는 채소이다. 껍질이 부드러
워지면서 맛도 한층 좋아진다. 추위와 찬 바람을 잘 견딘 시래기는 영
양소도 더 우수해진다. 혹독한 건조과정을 통해 무청의 영양소 함량이

늘어나기 때문이다. 식이섬유는 건조과정에서 3~4배 높아져 시래기의 35% 이상을 차지한다. 포만감을 주면서 변비나 각종 심혈관질환 예방에 도움을 준다. 폴리페놀산으로 대표되는 시래기의 항산화 효과는 무 자체보다 뛰어나다. 또한 시래기 100g에는 비타민C가 70mg(일일권장량의 70%), 칼슘이 190mg(33.5%), 철분이 14.5mg(72.5%) 다량 함유되어있어 면역기능과 골다공증 예방에도 좋다. 보기에는 볼품없어도 건조과정에서 영양소 함량이 부쩍 늘어난 엄연한 웰빙식품인 것이다. 시래기의 효능을 살펴보면

1. **변비와 다이어트에 도움을 준다.** 시래기는 100g에 32kcal일 정도로 저열량식이다. 건조과정에서 식이섬유 함량이 3~4배 이상 늘어나 위와 장에 오랜 시간 머물러 포만감을 주고 배변 활동을 도와 체중관리 및 변비에 도움을 준다.

2. **동맥경화를 예방한다.** 칼슘 및 식이섬유가 혈중 콜레스테롤 수치를 낮춰 동맥경화를 예방할 뿐만 아니라 장내의 독소 및 노폐물도 배출시켜준다. 또 철분이 풍부하여 빈혈에도 좋다.

3. **골다공증을 예방한다.** 시래기에는 비타민C,D, 칼슘, 칼륨, 엽산 함량이 높아 항산화 작용과 면역기능, 골다공증 예방에 효과적이다. 특히 칼슘의 경우에는 무청 100g당 함량이 무뿌리보다 10배가량 많다.

4. **암세포 증식을 억제한다.** 시래기에는 암을 억제하는 성분인 인돌류, 이소티오시아네이트 등이 많이 함유되어있어서 위암, 간암, 폐암, 췌장암, 유방암, 결장암 등을 억제하는 데 효과가 있다. 또 식이섬유가 풍부해 대장암 예방에도 도움을 준다.

좋은 시래기는 싱싱한 무에서 나온 것으로, 건조할 때 직사광선에 노출되지 않고 통풍이 잘되는 곳에 말려 푸른 빛이 감돈다. 따라서 잎과

줄기가 연하고 푸른빛을 띠는 것을 고르는 게 좋다. 구입한 후에는 서늘하고 통풍이 잘되는 곳에 보관하고 물에 불리거나 데쳐서 헹군 뒤 사용하며 남은 것은 물기를 짜서 냉동 보관하면 된다. 내친김에 시래기 삶는 법을 살펴보자. 먼저 묻어 있는 먼지나 불순물은 물에 담가서 씻어준다. 이때 너무 마른 것들은 빼고 시래기가 부숴지지 않도록 조심한다. 다음으로 물로 씻은 시래기를 팔팔 끓는 물에 25분간 불려준다. 미지근한 물에 불려서 다음날 삶는 게 일반적이지만 뜨거운 물을 부어준다면 오래 기다리지 않고 바로 삶는다. 여기에 시래기 500g 기준 설탕을 1/4컵(50ml) 넣는다. 설탕은 삼투압 작용으로 삶는 시간을 줄여주고 냄새도 잡아준다. 끓어올라 둥둥 떠오르고 부들부들해지면 찬물에 여러 번 씻어서 불순물을 제거한 후 물기를 짜고 먹을 만큼 양을 소분 해서 냉동실에 넣는다.

시래기로 만드는 요리에는 다음과 같은 것들이 있다. ① 시래기나물_쇠고기나 돼지고기를 다져 넣고 갖은 양념을 하여 기름에 볶은 것으로, 특히 정월 대보름날 많이 먹으며 콩나물을 섞어서 볶기도 한다. ② 시래기죽_시래기를 적당한 길이로 썰어서 된장을 걸러 붓고 쌀을 넣어 쑨 죽이다. 입맛이 없을 때 먹으면 별미이다. ③ 시래기찌개(조림)_시래기에 고등어 · 쇠고기 · 된장 · 두부 등을 넣고 바특하게 끓인 찌개이다. ④ 시래깃국_시래기에 된장을 걸러 붓고 끓인 국으로, 구수한 맛이 입맛을 돋운다. 쇠고기를 잘게 썰어 넣거나 조개를 넣고 끓이면 더 맛이 좋다.

여러 요리 가운데 시래기와 궁합이 잘 맞는 식재료는 단연 된장이다. 시래기는 된장과 잘 어울려 풍미와 군내를 잡아주고 된장에 부족한 비타민 등 영양소를 보충해준다. 시래기고등어조림도 썩 잘 어울리는 한 쌍이다. 고등어의 단백질과 불포화지방산이 시래기에 없는 영양성분을 보충해주어서이다. 시래기가 고등어를 만나면 필수 영양소를 고루 섭취할 수 있으며, 고등어의 비린내도 잡아주는 역할을 한다. 들기름과 시래기의 만남도 괜찮다. 들기름의 필수지방산이 시래기에 부족한 영양성분을 보충해줄 뿐만 아니라 시래기를 훨씬 부드럽게 만들어주어서이다. 들깨 가루도 마찬가지다. 식이섬유, 불포화지방산, 비타민E,F가 풍부해 시래기의 성분을 극대화 시켜준다.

경남 통영에 가면 명물 요리로 '시락국'을 맛볼 수 있다. 시래깃국의 경상도 사투리다. 경남 진해가 고향인 필자도 겨울철만 되면 시락국이 떠오른다. 어머님이 된장을 풀어 끓여주시던 시락국 한 그릇은 언 몸을 녹여 추위를 가시게 했다. 막내 삼촌은 입맛이 없을 때마다 집에 들러 시락국 타령을 했다. "형수님은 시락국에 미제 된장을 써능교? 와이리 맛있능교!"하고 너스레를 떨던 기억이 난다. 추억을 소환하는 향토 음식 시락국에 대한 향수는 지금도 삶의 활력이 되고 있다.

애석한 점은 2020년 3월 지리적표시 등록의 낭보와 때를 같이하여 코로나19 감염이 극성을 부리는 바람에 한창 팔려나갈 양구 시래기 매출이 뚝 떨어져 농가의 시름이 깊어졌다는 점이다. 다행히 농촌돕기 국민 캠페인이 벌어져 폐기처분의 위기는 모면했다. 가족과 이웃, 고향의 정을 느끼게 하는 시래기 살리기에 여러분도 동참해 주기 바란다.

쌀

밥상 앞에
무릎을 꿇지 말 것
눈물로 만든 밥보다
모래로 만든 밥을 먼저 먹을 것

무엇보다도
전시된 밥은 먹지 말 것
먹더라도 혼자 먹을 것
아니면 차라리 굶을 것
굶어서 가벼워질 것

시인 정호승의 시 〈밥 먹는 법〉 일부이다. 모래로 만든 밥이나 전시된 밥을 먹을 바에야 차라리 굶으라는 질타는 밥상 앞에 앉는 우리에게 시사하는 바가 크다. 밥그릇 안에 담긴 작은 밥알에서 엄마의 숨결과 사람과 땅 냄새를 느낀다면 세상도 한결 풍요로워질 것이다.

우리가 매일 먹는 밥의 주재료는 쌀이다. 쌀은 벼의 씨앗에서 껍질을 벗겨 낸 곡물이다. 벼와 쌀의 어원은 고대 인도어인 '브리히'와 '사리'에서 기원한다. 씨(種)의 옛말과 알(粒)의 옛말이 합쳐진 '씨알'의 줄임말이라는 설도 있다. 충청 이남 지역에서 사용되는 나락이란 말은 급료를 벼로 준 신라의 봉록, 즉 '라록(羅祿)'에서 변천된 것으로 여겨진다. 우리나라의 벼 재배역사는 경기 고양, 김포 일대의 B.C 2300년경 신석기 토층에서 자포니카 볍씨가 잇달아 발굴됨으로써 4300년 이전부터 시작된 것으로 추정된다. 참고로 중국 양자강 유역의 하모도 유적지에서 발굴된 7천 년 된 탄화미가 가장 오랜 것으로 알려져 있다.

벼는 식물 분류상 Orysa(벼)속 중에서 Sativa 종에 속한다. 벼속에는 20~30종의 야생종이 있지만, 재배종은 아시아에 기원을 둔 O.savita와 아프리카 원산인 O.glaberrima 2종뿐이다. 일반적으로 벼는 O.savita 한 종만을 지칭하는데, 크게 대륙 지역의 인도형(Indica), 온대지역의 일본형(Japonica), 열대지역의 자바형(Javanica) 3가지 품종으로 나뉜다. 이들 품종을 구별하는 방법은 벼알의 모양이 약간 납작하고 길면 인디카, 폭이 넓고 두터우면 자바니카, 짧고 둥글면 자포니카종으로 보면 된다.

밀, 옥수수에 이어 세계 3대 곡물로 꼽히는 쌀의 세계 생산량은 6억 톤을 능가한다. 총생산량의 5~6%만이 교역될 정도로 자국 소비 경향이 강한데, 최대 생산 국가는 중국(31%), 인도(20%), 인도네시아(9%)

순이고, 최대 수출국은 태국(26%), 베트남(15%), 미국(11%) 순이다. 우리나라의 쌀 재배면적은 총 90만 ha 정도로 전남, 충남, 전북 등 전국적으로 골고루 재배되고 있지만 20년 전에 비하면 약 25% 이상 재배면적이 줄어들었다. 이는 2005년 이후 쌀 한 가마니도 안 되는 연간 75kg 이하로 떨어진 1인당 쌀 소비량과 무관치 않다. 지금은 비록 쌀이 남아돈다지만 식량과 자원이 무기화되는 추세를 감안해 볼 때 간과해서는 안 될 문제임에 틀림없다.

우리나라 쌀의 유명산지는 대개 중부 내륙 지방에 몰려있다. 일찍이 이천에 이어 철원, 여주 세 곳이 쌀을 지리적표시 상품으로 등록했으나 이후 김포, 군산, 안성도 가세했다. 왕실 진상미로 유명했던 이천 임금님표 쌀이나 여주 대왕님표 쌀의 아성에 비무장지대 청정지역을 내세우는 철원 오대쌀 외에 경기, 호남의 평야 지대가 도전장을 내밀고 있는 양상이다. 지역이야 어디든 여섯 곳 모두 흙과 모래가 잘 배합된 사양질 토양에 지하수, 관개수 등 물이 풍부하며 군산을 제외하곤 내륙 북단에 치우쳐 있어 태풍이나 벼멸구로부터의 피해가 적다는 공통점을 지니고 있다.

예로부터 우리 조상들은 밥을 상약(上藥), 치료약을 중,하약(中,下藥)으로 여겼다. 허준의 『동의보감(東醫寶鑑)』에도 '밥의 성질은 화평하고 달며 위장을 편안하게 하고 살을 오르게 한다. 뱃속을 따뜻하게 하고 설사를 그치게 하며 기운을 북돋워 주고 마음을 안정시킨다'고 기술하고 있다. 곧 밥이 보약이라는 것이다. 사실 쌀은 지구력 증진에 좋은 탄수화물과 힘의 원천인 단백질 외에 철분과 칼륨 등 무기질이 고루 분포된 완전식품이다. 쌀눈에 많이 들어있는 가바(GABA; Gamma-amino butyric acid)라는 물질은 혈액 내 중성지방을 줄이고 간 기능을 향상시킨다. 이외에도 노화를 방지하는 비타민 E와 옥타코사놀, 독소를 배출하는 비타민 B와 나이신 등 다양한 물질이 함유되어 있다.

1. **고혈압을 내리는 가바(GABA).** 현미 100g당 8mg, 백미에는 5mg 정도 들어있다. 쌀눈에 풍부한 가바는 중성지방을 줄이고 간 기능을 높여줘 고혈압을 개선시키고 신경을 안정시킨다. 일본 신주대학 연구팀에 따르면 섭씨 40도 물에서 4시간 불린 쌀 100g당 가바 함량이 300mg 이상 증가한 것을 발견했다. 쌀의 배아가 발아 과정에 들어가면서 가바가 크게 증가한 것이다. 가바는 현재 뇌혈류 개선 의약품으로 연구되고 있다.

2. **대장암을 예방하는 IP6.** 현미의 식이섬유에 많은 이 물질은 대장암 예방에 중요한 작용을 한다. IP6는 세포의 생장에 빼놓을 수 없는 물질로 암 예방은 물론 지방간이나 동맥경화 예방에 탁월한 효과가 있다. 미국 메릴랜드대 연구팀에 따르면 쥐 실험에서 대장암의 암세포 수가 크게 줄어들었다는 것이다. 쌀겨에 주로 있는 IP6는 현미에 2.2%가 들어있고 도정을 할수록 함유량이 떨어진다.

3. **쌀은 다이어트 식품.** 쌀밥의 100g당 칼로리는 145kcal로 260kcal 인 빵의 절반 정도에 불과하다. 쌀 100g당 지방함량은 밀가루의 1/4에 불과하고 73%가 불포화지방산이라 비만과 거리가 멀다. 또 쌀밥은 혈당을 급격히 상승시켜 비만세포에 지방을 축적 시키는 빵, 국수와는 달리 식후 혈액 내 인슐린 수치를 서서히 증가시킨다. 문제는 밥과 함께 먹는 동물성 반찬이나 찌개, 식후에 먹는 간식 등에 있다. 다이어트를 위해 탄수화물 섭취량을 줄이려면 밥보다 빵, 케이크, 국수 등 밀가루 음식을 덜 먹어야 한다. 일본의 스즈키 소노코는 '하루 세끼 밥을 규칙적으로 먹을 경우 체내 포도당이 일정하게 유지되어 살이 찌지 않는다.'며 먹으면서 살 빼는 법을 지도하고 있다.

옛말에 '속이 쓰리면 찰떡을 먹으라'는 말이 있다. 찹쌀에 많은 프롤라민(prolamin) 성분이 위궤양을 치료하는 효과가 있기 때문이다. 찹쌀을 먹으면 프롤라민 성분이 위 점막을 보호하는 점액 물질을 50% 정도 더 분비하게 하고 위 점막의 항산화 기능도 30% 정도 개선 시킨다. 단 찹쌀에 열을 가하면 효능이 떨어지므로 생 찹쌀가루를 물에 타서 수시로 마시는 게 좋다.

최근 농촌진흥청 부설 연구소가 아침밥과 수능성적 간 관계를 조사한 결과, 매일 아침밥을 먹은 학생의 수능성적이 평균 294점인데 반해 3~4일은 281.1점, 이틀 이하는 275점으로 나타났다. 또 쥐 실험에서 쌀 중심의 식단과 밀 중심의 식단을 비교한 결과, 성장 효율, 단백질 이용효율, 콜레스테롤 저하 효과 등 모든 면에서 쌀 중심의 식단 쪽이 높은 것으로 조사되었다.

그럼에도 불구하고 쌀 소비가 줄고 있다. 미국과 일본에선 건강식으로 쌀 소비가 느는 반면 우리나라에선 서양 대체식과 각종 패스트 푸드에 밀려나고 있다. 장자는 다스림의 최고 상태로 함포고복(含哺鼓腹)을 꼽았다. 젖을 물고 기뻐하는 아이들과 배불리 먹어 배를 두드리는 어른들을 말함이다. 배불리 먹는다는 현대적 의미는 더 이상 양의 문제가 아니다. 허기진 영혼을 풍족하고 따뜻하게 해 줄 밥 한 그릇, 쌀밥의 의미를 재조명해 보자.

약쑥·쑥

제16호 지리적표시 농산물 – 강화 약쑥
제85호 지리적표시 농산물 – 거문도 쑥

곰과 호랑이는 사람이 되게 해 달라고 빌었다.
환웅은 이들에게 쑥 한 줌과 마늘 스무 개를 주고
이걸로 백일 동안 동굴 속 생활을 연명하
면 사람이 될 것이라 일렀다.
끝까지 잘 견뎌낸 곰은 웅녀가 되었고
환웅과 결혼하여 아이를 낳았으니
그가 바로 고조선의 시조인 단군왕검이다.

단군신화에서 보듯 쑥은 예로부터 영약으로 알려져 왔다. 매년 단군
시조에게 제사를 올리는 강화 마니산 참성단 얕은 산자락이 약쑥의 자
생지라는 점이 신화의 의미를 되새긴다고나 할까. 강화 약쑥은 햇볕이
잘 드는 바닷가 쪽에 많이 서식하며 잎의 생김새가 마치 사자 발처럼 생

겼다 해서 사자발쑥 또는 싸주아리로도 불린다.

 약초의 왕으로까지 불리는 쑥에 대해 『동의보감(東醫寶鑑)』에서는 "독이 없고 만병을 다스린다. 특히 부인병에 좋고 자식을 낳게 한다"고 기록하고 있으며, 예로부터 쑥 중에서도 섬이나 해안에서 바닷바람을 맞으며 자란 것을 으뜸으로 쳤다. 또 우리 속담에 '7년 된 병을 3년 묵은 쑥이 고친다.'는 말이 있듯 쑥은 오래된 것일수록 더 좋으며 마늘, 당근과 더불어 성인병을 예방하는 3대 식품으로 알려져 있다.

 약쑥은 쌍떡잎식물 초롱꽃목 국화과의 여러해살이풀인 쑥의 별칭이다. 한방에서 뜸을 뜨는 데 필요한 뜸쑥을 만드는 쑥과 약으로 쓰는 쑥을 뜻한다. 쑥의 잎을 말려서 비비면 딱딱한 부분이 떨어지고 솜 같은 부분만 남는데 이것을 뭉쳐 뜸쑥을 만들고 뜸쑥을 살에 대고 불을 붙여 뜸을 뜬다. 한방에서 쑥의 잎은 애엽(艾葉)이라는 약재로 쓰는데, 지혈작용을 하고 세균의 발육을 억제하며 진해 · 거담 작용을 하고 여성의 생리통 · 생리불순 · 대하에 효과가 있으며 습진과 피부가려움증에 약물을 달인 물로 환부를 세척하면 좋다.

 강화 약쑥은 일반 쑥과는 달리 봄에 나오는 새싹부터 쓴맛이 나고 자랄수록 특유의 박하 향을 발산한다. 보통 외줄기로 60~90cm 정도 자라기 때문에 밀식(密植)을 하며 번식속도가 느린 데 반해, 인진쑥은 키가 작고 줄기가 가늘며 포기번식으로 간격을 넓게 심기 때문에 재배 모습이 사뭇 다르다. 5월 단오에 가두어서 바람이 잘 통하는 음지에서 3년 이상 숙성시킨 것을 최고로 치는데 엑기스, 환, 뜸 등의 원료로 쓰인다. 강화 약쑥이 좋은 이유는 토양이 오염이 안 된 양질의 화강암계 성질을 가지고 있고 풍부한 일조량과 염기가 적당히 섞인 해풍이 약쑥의 효능을 높이는

데다 잡초나 잡쑥이 섞이지 않도록 품종관리를 철저히 하기 때문이다.

 지리적표시 농산물 제16호로 등록된 강화 약쑥은 독특한 맛과 향을 자랑하며 일반 쑥보다 유파틸린(eupatilin)이라는 성분이 많아 위장병에 탁월한 효과가 있는 것으로 알려져 있다. 이외에도 암세포 및 고지혈증 억제작용, 간장 보호와 당뇨 예방에도 큰 것으로 밝혀져 성인병, 냉증, 월경불순, 요통, 노화 방지, 피부미용, 생리통, 두통 등에 두루 약용으로 쓰이고 있다. 강화에서는 옛날부터 감기, 변비, 설사를 예방하는 방법으로 약쑥을 달여서 보리차처럼 음용 했다고 하는데, 가을에 이곳을 찾으면 길 양쪽으로 강화 약쑥을 베어다가 말리는 모습을 흔히 볼 수 있다.

 강화 약쑥을 이용하는 방법은 아래와 같이 다양하다.
1. **생즙.** 쑥잎 5-10장 정도를 물에 씻어 믹서에 간 생즙을 하루 2번 1회 20ml씩 마신다. 이때 쓴맛이나 풋내를 없애려면 생강이나 사과를 함께 넣어 갈거나 꿀을 넣어 마시면 된다.
2. **쑥차.** 말린 쑥 10g(어른 손 한 주먹)을 얇게 썬 생강 2~3조각과 함께 물 700ml이 담긴 주전자에 20분 정도 가열한 후 물이 반 정도로 줄 때까지 약한 불로 달인다. 이때 철제주전자는 쑥이 탄닌 성분과 반응하여 악영향을 미칠 수 있으므로 피한다. 1회 100ml씩 하루 3회 정도 마신다.
3. **쑥술.** 잎을 이용할 때에는 믹서에 갈려진 말린 쑥 가제 자루를 통째로 25도의 소주 1되(1.8리터)에 1/3~1/4 정도가 되도록 넣어 2개월 정도 숙성시키면 된다. 뿌리를 이용할 때에는 꽃이 피기 전의 약쑥 뿌리 300g을 2,3일 정도 말렸다가 청주 1되에 담가 6개월간 그늘진 곳에 보관한 뒤 뿌리를 건져내면 술의 빛깔이 바뀌고 쑥의 향기를 느낄 수 있다. 매일 저녁 20ml 정도를 마시는 것이 좋다.

4. **베개**, 방석 및 이불. 말린 쑥을 베개나 방석에 채워 납작해질 때까지 사용한다. 대개 쑥은 1년에 한 번씩 바꿔주는 것이 적당하다.

5. **뜸쑥**. 말린 쑥잎을 가루로 만들어 체로 쳐서 푸른 찌꺼기는 버리고 부드럽게 된 섬유만을 이용한다.

6. **가공품**. 떡, 죽, 튀김, 미숫가루, 국수, 장아찌, 음료, 빵, 엿 등 식품에 사용하거나 비누, 미용팩, 화장품 등 미용 제품으로 만들어 쓴다.

최근 강화군은 강화 약쑥으로 개발한 사료에 대해 3건의 특허를 획득했다. 중앙대와 공동 연구 결과, 약쑥 사료를 먹인 한우는 불포화지방산이 높은 육질로 변모되어 고기 내 콜레스테롤치가 낮고 맛도 뛰어나 한두 등급씩 높은 판정을 받았다는 것이다. 강화군 농업기술센터는 이러한 웰빙 한우를 강화 특산품으로 육성하기 위해 강화 약쑥 우량종묘 100만 본을 보급, 2000년 10ha이던 쑥 재배 면적을 5배 이상 늘리는 계획을 추진 중이다. 이외에도 정부지원금을 받아 쑥 홍삼, 쑥 마늘, 약쑥 청국장, 약쑥 된장, 약쑥 고추장 등을 선보이고 있다.

2012년 7월 전남 거문도 쑥도 지리적표시 상품으로 등록되었다. 여수시 삼산면, 남면, 화정면 일대에서 수확되는 거문도 쑥은 화강암계 암석이 많아 품질이 좋고 육지로부터 117km 떨어진 섬에서 해풍을 맞고 자라므로 강인한 생명력과 진한 향을 자랑하는 식용 참쑥이다. 이처럼 거문도 쑥 특유의 향기가 있는데 이 향기는 치네올(cineol)이라는 정유 성분으로 살균과 살충력이 뛰어나다. 수산업이 불가능한 고령자들이 하나둘 소일거리로 시작한 것이 지금은 연간 10억 원의 소득을 올리는 주요 작목으로 발전하였다. 산 · 관 · 학연 사업단까지 나서 쑥차, 쑥카스테라, 냉동쑥 등 다양한 제품개발과 포장재 지원사업을 벌이고 있어 6월 이전에 거문도를 찾는다면 바다 냄새보다 진한 쑥 향기를 맡게 될 것이다.

양파

제30호 지리적표시 농산물 – 창녕 양파
제31호 지리적표시 농산물 – 무안 양파

"양파, 만만하고 흔한 야채이지만 잘 골라야 하고,
만질 때도 마음을 딴 데다 두지 않고 살살 다루어야지,
그렇지 않으면 뭔가 망친 기분이 들고, 눈물이 날 수도 있다.
그뿐인가, 잠시 방치하면 어느새 줄기
가 자라나 아예 못 먹게 된다."
- 〈양파 이야기(최윤정 지음)〉 일부 -

  만만한 양파라지만 잘 못 다루면 눈물도 나고 못 먹어 버리기 일쑤다.
양파가 속살을 드러내는 과정처럼, 인생이란 사소한 데서 기죽거나 실
쭉할 일이 아니라는 작가의 말에 십분 공감이 간다. "벗겨도 먹어도 깊
은 그 맛, 양파링~~" N사의 CM 송처럼 몸에 좋은 양파는 조미 소재로
오랫동안 인기를 누려왔다.

기원전 5,000년 이전부터 이란, 서파키스탄, 중앙아시아, 지중해 연안 등지에서 재배되기 시작했던 양파는 백합과 파속에 속하며 학명은 Allium cepa L.이다. 속명인 All은 켈트어의 '태운다'는 뜻으로 눈을 강하게 자극하는 양파 향을 의미하고 종명인 cep는 '머리' 모양의 생김새를 의미한다. 고대 이집트에서는 피라미드를 쌓을 때 배급되었던 스태미너 식품으로서 장례 제물이나 미라에 함께 봉분 될 정도로 신성시 여겼으며, 기원전 6세기경 인도 의학서에는 이뇨제, 소화제, 눈 또는 관절 영양제로 소개되고 있다.

양파는 중세 들어 유럽에 널리 전파되었는데 남부 유럽에서는 단맛이 강한 양파로, 동부 유럽에서는 매운맛이 강한 양파로 분화되었다. 우리나라에는 한창 뒤늦은 20세기 초 개화기에 미국과 일본으로부터 처음 들여왔는데 '서양에서 들어온 파'라는 뜻으로 양파로 불리게 되었다. 생산량 16%를 차지하며 국내 최고의 산지로 발돋움한 전남 무안 지역에는 조선조 말엽 일본 유학생인 정순담이 갖고 들어와 보급한 것이 시초였고, 지금은 경남 창녕도 양파 산지로 유명세를 떨치고 있다. 특별히 무안 양파는 전체 면적의 70%를 차지하는 양질의 황토 토양에다 병충해를 막아주는 해풍과 염기가 풍부해 무공해 농산물을 자랑한다.

중국에서 양파는 발한, 이뇨, 최면, 건위, 강장 효과가 인정되어 거의 끼니마다 식탁에 오르는 일용식품이 되었고, 우리나라 『동의보감』에도 감기, 변비, 피로, 불면증, 동맥경화 예방, 혈액순환, 해열작용, 변비 예방, 성 기능 강화, 간장 기능 강화 등에 효과가 있다고 소개되고 있다. 최근 양파는 각종 성인병 예방에 특효가 있어 '밭에서 나는 불로초'라고 불린다. 특히 단맛보다는 매운맛의 양파가 약리효과가 뛰어난 것으로 밝혀졌다.

양파의 약리효과를 간단히 살펴보면,

1. **살균작용.** 미국 초대 대통령이었던 조지 워싱턴은 감기에 걸릴 때마다 양파를 구워 먹었다고 한다. 파스퇴르는 19세기 중반 양파의 항균작용을 처음으로 규명했고 러시아 과학자들은 생양파를 3~8분간 씹기만 해도 입속이 무균상태로 된다고 하였다. 최근에는 위염을 일으키는 헬리코박터 파이로리 균의 성장을 억제하는 것으로 밝혀졌다.

2. **혈액순환 효과.** 혈관 내벽에 콜레스테롤이 침착되고 혈전이 형성되면 혈관이 막히면서 혈압이 높아지고 심근경색, 뇌졸중 등 순환기 계통의 질병이 야기된다. 그런데 알리움(Allium)속 식물 중 양파는 대표적으로 퀘르세틴(Quercetin) 성분이 다량 함유되어 세포의 산화적 손상과 지방의 산패를 막고 이를 통해 고혈압을 예방하는 항산화 작용이 강하다.

3. **정장 효과.** 양파는 Free radical을 소거하고 위염 유발 헬리코박터 파이로리 균의 성장을 억제함과 동시에 알리인(alliin)계 휘발성분이 위장의 점막을 자극, 소화 분비를 촉진하고 장 무력증을 예방해 준다.

4. **당뇨 예방.** 당뇨병은 그 자체도 문제지만 당과 단백질이 결합하여 당단백질이 되면 순환기질환, 백내장 등 각종 합병증을 유발한다. 양파는 체내 인슐린 분비를 촉진시켜 혈당을 내리는 효과가 있어 당뇨병의 예방 및 치료에 도움을 준다.

5. **암 예방.** 현재 남성 암의 30~40%, 여성 암의 60% 정도가 음식물과 관련이 있는 것으로 알려져 있다. 양파는 항산화 성분의 퀘르세틴 외에 각종 파이토케미칼(Phytochemical) 성분이 항암, 항균 작용을 하는 것으로 밝혀졌다.

6. **스태미너 증진.** 양파는 Diamine propyldisulfide란 물질이 비타민

B1 복합체로 작용하여 신진대사를 원활하게 한다. 또 간장의 조혈, 해독작용이 있는 글루타치온(Glutathione) 유도체가 많아 숙취 해소 및 시력 보호에 도움을 준다.

7. **골다공증 예방.** 스위스 베른 대학팀은 쥐 실험을 통해 양파가 미네랄 함량의 17%, 미네랄 밀도의 13% 정도를 증가시켜 골다공증의 발생을 줄일 수 있다고 보고했다.

양파의 특이한 냄새는 알리신(Allicin) 때문인데 양파를 얇게 썰어 물에 잠시 담가두면 매운 냄새를 일부 없앨 수 있지만 수용성 영양소가 달아나므로 권장하고 싶지 않다. 험난한 세상살이, 오히려 양파의 톡 쏘는 맛을 즐기는 편이 어떨까.

오디

....

제108호 지리적표시 농산물 – 부안 오디

<u>소화가 잘 되는 오디를 먹으면</u>
<u>방귀가 뽕뽕 나와서 뽕나무래요</u>

항간에 '뽕나무 열매 오디를 먹으면 소화가 잘 되어서 방귀가 뽕뽕 나온다'고 나무 이름을 뽕나무라 지었다는 설이 나돈다. 그야말로 낭설이다. 1986년 이두용 감독의 영화 〈뽕〉에서처럼 과거 남녀가 뽕밭에서 자주 사랑을 나누다 보니 암퇘지 자궁을 '암뽕'이라 부르며 푸줏간에서 귀하게 팔리는 사실에 빗대어 여성의 생식기나 성행위에서 유래되었다는 설도 있으나 이 또한 낭설이다. 중국 전설에 의하면 동쪽 해가 뜨는 곳에 있는 신령스러운 나무를 부상(扶桑)이라고 했다는데, 부상이 부앙〉붕〉뽕으로 변했다는 설도 있다. 여러 설 중 나름대로 설득력이 있으나 이마저도 공인된 뽕나무의 유래설은 아니며, 오디에 대한 유래는 아예 오리무중이다.

상전벽해(桑田碧海), '뽕나무밭이 푸른 바다가 되었다'는 뜻으로 세상이 몰라보게 바뀌었음을 이르는 고사성어이다. 고대 중국 동진의 갈홍(葛洪; 283-343)이 저술한『신선전(神仙傳)』에서 유래되었을 정도로 우리에게 매우 익숙한 뽕나무는 중국이 원산지로서, 번식력이 강하기도 하지만 밭이란 밭은 온통 뽕밭이었음을 짐작케 한다. 우리나라도 예외는 아니어서 일찍이 고구려가 비단으로 유명했고, 대를 이어 왕실에서도 왕비가 친잠(親蠶)하며 비단 짜기를 장려했다. 숲속일지라도 뽕나무가 흔한 곳은 필시 과거에 마을이 있었다는 증거로 봐도 무방하다. 이처럼 뽕나무는 누에에게 뽕잎을 먹여 명주실을 자아내게 만드는데, 남북조 시대 송나라의 범엽(范曄; 398-445)이 펴낸『후한서(後漢書)』에 '중국의 전설적인 황제(黃帝)의 비였던 서릉씨(西陵氏)가 처음으로 양잠법을 가르쳐 잠신(蠶神)으로 받들어졌다'고 기록되어 있다. 우리나라에서도 고려 초기 때부터 선잠단(先蠶壇)을 두었고, 조선 중종 원년에는 지방의 잠실(蠶室)을 서울로 모이게 하여 그 일대가 지금의 강남 잠실동 이름으로 남아 있으며, 구한말까지 세종대왕이 심었다는 400년 된 뽕나무가 존재했다.

뽕나무는 양잠 말고도 매우 유용한 작물이었다. 중국 위나라의 무제(조조; 236-290)는 전쟁 중에 뽕밭을 발견하여 굶주림을 면하였고, 금나라 말기 대기근 때에도 뽕나무로 연명한 백성이 수없이 많았다고 전해온다. 평상시엔 잎을 누에에게 먹이고 재목은 활을 만드는 재료로 썼으나, 비상시 봄철에는 여린 뽕잎으로 나물을 무쳐 먹고, 여름에는 무성해진 잎을 말린 뽕잎 가루를 곡식 가루와 섞어 먹고, 6월 이후에는 열매를 따 먹거나 술로 담그거나 말려 가루로 먹었다.

이제부턴 뽕나무 열매인 오디(Mulberry)에 대해 집중적으로 살펴보

자. 열매는 구형(球形)으로 6월에서 7월 사이 붉은색에서 검은 자주색
으로 익으며 열매가 익은 후에는 암술대가 거의 보이지 않는다. 로마의
시인 오비디우스는 바빌로니아에 살던 퓌라모스와 티스베라는 두 연인
의 슬픈 사랑을 노래하며 그들의 죽음이 마치 뽕나무 열매인 오디가 처
음 흰색에서 붉은색으로, 연이어 검은색으로 바뀌는 것으로 비유하며
애통히 여겼다. 스웨덴 식물학자 린네가 붙인 뽕나무의 학명은 'Morus'
인데, 모루스는 검은색을 나타내는 켈트어 '모르(Mor)'에서 유래했다.

 우리말로 오들개라고도 하고, 한자로는 상실(桑實), 상심(桑椹), 상심
자(桑椹子)라고 한다. 허준은 『동의보감(東醫寶鑑)』 탕액(湯液)편에서
'검은 오디에는 뽕나무의 정기가 가득 들어 있으므로 상복하면 좋다. 성
질은 차고 맛은 달며 독이 없는 약재로 갈증과 당뇨를 주로 치료하며,
세 가지 장을 이롭게 하고 오래 먹으면 배고픔을 달래준다. 귀와 눈을
밝게 하고 장복하면 백발이 검게 되어 노화를 방지한다(黑椹桑之精英盡
在於此, 性寒味甘無毒主消渴利三藏久服不飢, 明耳目, 久服變白不老)'고
기술하고 있다. 생으로 먹기도 하지만 약효가 뛰어나 당나라 때부터 약
재로 사용되었다.

 오디는 몸에 좋다는 블랙 푸드는 물론 과일의 황제라 불릴 정도로 영
양성분이 풍부하다. 주요 영양소를 살펴보면,

 1. **비타민과 무기질**. 사과와 견주어 비타민C(5mg/100g)는 14배, 비타
    민B군은 70배, 남자들의 로망인 복분자에 비해 철분(2.3mg/100g)
    은 9배, 블루베리와 견주어 칼륨(284mg/100g)은 3.6배, 칼슘
    (45mg/100g)은 7.5배 정도라서 성인병 예방, 골다공증 치료, 피부
    미용, 활력 증진, 숙취 해소, 빈혈 등에 도움을 준다.
 2. **안토시아닌**. 보라색을 띠는 대표적인 항산화 성분이 안토시아닌

이다. 오디 100g에는 안토시아닌의 일종인 C3G(cyanidin-3-glucoside)가 383mg 함유되어 블루베리보다 1.5배, 포도보다 25배, 검정콩보다 9배, 흑미보다 4배 정도 많다. 유해활성산소를 제거하는 항산화력이 토코페롤보다 7배 정도 높아 노화 억제, 망막장애 치료, 시력 개선 등에 효과가 뛰어나다.

3. **레스베라트롤(resveratrol).** 식물에서 발견되는 항독성/항산화 물질인 레스베라트롤은 육식을 즐기면서도 이 성분이 많은 적포도주를 즐겨 마셔 프랑스 사람들이 심혈관 질환 발병률이 낮다는 French paradox로 널리 알려져 있다. 오디 100g에 평균 78mg이 함유되어 포도에 비해 무려 156배가 많고 땅콩에 비해서도 78배가 많다. 레스베라트롤은 인체에서 암 예방, 지질대사 제어, 혈소판응집 억제, 피부탄력 증진 등에 도움을 준다.

4. **루틴(rutin).** 황색 색소의 플라보노이드 성분인 루틴은 모세혈관 강화 및 수축작용을 통해 순환계질환 치료나 고혈압치료 보조제 역할을 하는데, 메밀보다 월등히 높은 수준으로 뽕잎과 오디에 함유되어 있다.

5. **유리당(1-Deoxynojirimycin).** 뽕잎에도 있는 당 성분인 1-DNJ가 오디에도 함유되어 있어서 혈당을 떨어뜨리는 작용을 한다.

6. **GABA(Gamma-aminobutynic acid).** 가바는 혈압저하, 이뇨작용, 신경안정 등에 효과가 있는 아미노산 물질이다. 뽕잎과 함께 오디에도 다량 함유되어 있어서 갱년기에 발생하는 호르몬 고갈이나 불균형을 해소하는 데 도움을 준다.

오디를 고를 때는 꼭지가 신선하고 통통한 것을 고르되 겉은 검은색이고 무르지 않은 것이 좋다. 쉽게 물러지므로 단시간 내에 먹어야 하고, 장기간 먹으려면 물기 없는 비닐팩 속에 넣어 냉동고에 보관한다. 생 오디는 맛이 달아 아이들도 잘 먹는데, 잼이나 즙, 주스, 효소 등으로 만들

어 먹으면 가족 건강에 유용하고, 성인인 경우 술을 담가 마시거나 효소
액을 만들어 장복하면 성인병 예방에 큰 도움이 된다. 궁합 음식은 단연
요구르트이다. 요구르트에 생 오디를 섞어 먹거나 오디즙에 요구르트를
타 먹거나 믹서기로 함께 갈아 먹거나 하면 영양뿐만 아니라 맛도 그만
이다. 내친김에 오디발효(효소)액 만드는 법을 소개한다.

< 오디발효(효소)액 만드는 법 >

1. 싱싱한 오디를 물로 간단히 세척하여 물기를 제거한다.
2. 소독한 항아리나 유리병에 오디와 설탕을 1:1 비율로 켜켜이 담고 맨 위는 설탕
   으로 완전히 덮어준다.
3. 용기 뚜껑은 완전밀봉하지 않고 무명천 등으로 살짝 가려준다.
4. 5일 정도 지나 나무주걱으로 잘 저어주고 좋은 균들이 보글거리며 활동하기
   시작하면 하루에 한두 번씩 저어준다. 이렇게 2~3개월 지나면 반응이 없어지고
   발효액이 완성된다.

Tip. 설탕의 비율, 공기가 밀폐되지 않는 뚜껑과 나무주걱 사용을 준수하고 완성된
   발효액은 오래 저장하지 말고 수개월 내 다 드시는 것이 좋다.

2019년 9월 전북 부안군의 대표 특산물인 '부안 오디'가 지리적표
시 제107호로 등록되었다. 이에 따라 생산품의 원산지 보호뿐만 아니
라 체계적인 품질관리로 농가소득이 증대될 것으로 기대된다. 부안 오
디는 변산반도 서해안 해풍과 풍부한 일조량으로 과실의 크기가 크며,
13brix의 높은 당도(糖度)를 자랑할 정도로 오디 본연의 단맛이 풍부하
다. 현재 850여 농가 237㏊에서 연간 1,800t의 오디를 수확해 전국 생
산량의 4분의 1가량을 차지하고 있고 뽕주, 오디잼, 오디빵 등 다양한
가공품도 시판하고 있다. 뽕 열매 오디로 상전벽해처럼 부뽕(=부안의
히로뽕)이 되길 기원한다.

울금

··

제95호 지리적표시 농산물 – 진도 울금

나의 사진 앞에서 울지 마요.

나는 그곳에 없어요.

나는 천 개의 바람, 천 개의 바람이 되었죠.

저 넓은 하늘 위를 자유롭게 날고 있죠.

　2014년 5월 7일 자로 진도 울금(鬱金)이 지리적표시 농산품으로 등록
되었다. 축하해주어야 마땅하나 한 달 전쯤 그곳 앞바다에서 목숨을 잃
은 수백 명의 젊은 학생들 생각에 숙연한 마음이 앞서는 건 어쩔 수 없
다. 일본인 아라이만이 작곡하고 임형주가 번안하여 부른 〈천 개의 바
람이 되어(A Thousand Winds)〉로 우선 그들의 넋을 위로하고자 한다.

　생강과에 속하는 울금은 열대 아시아가 원산인 여러해살이 초본식물

이다. 인도와 인도네시아, 중국 남부, 오키나와 등지의 동남아시아 일대에서 자생하며 우리나라 중남부 이남 지역에서도 재배된다. 원래 다년생 식물이지만 10℃ 이하에서 냉해를 입을 수 있다 보니 우리나라에선 4월 하순경에 심어 12월 초 서리가 한두 번 내린 후 수확하는 1년생 재배종으로 간주 된다.

잎은 기부(基部; 밑 부분)에서 나오고 기부의 잎자루 길이는 5cm 정도로 짧으며, 잎은 끝이 뾰족한 타원형으로 4~8개의 다발모양을 이루면서 높이 50~150cm까지 자란다. 잎의 모양은 칸나와 비슷하게 생겼고 잎맥이 선명한 것이 특징이다. 초가을에 꽃줄기가 20cm 정도 자라서 끝에 꽃송이가 달리며 비늘 모양으로 겹쳐진 꽃턱잎 안에 흰색 또는 연노란색 꽃을 피운다. 땅속에 지름 3~4cm의 굵은 뿌리줄기가 맺히며 중심 뿌리줄기는 공 모양에 가깝다. 갈라져 나온 뿌리줄기는 원기둥 모양인데 바깥쪽은 갈색이고 속은 귤색으로서 모양은 생강과 흡사하다.

기원전 6백 년 경의 『앗시리아 식물지』에 이미 울금을 착색성 물질로 이용하였다 하였고 성서 시대에는 향수나 향신료로 사용하였다는 기록이 남아있다. 마르코 폴로는 울금이 중국 푸젠성(福建省)에 많다 하였고, 명나라 때의 『통아(通雅)』에는 울금으로 황색을 염색한다 하였으며, 『위지(魏志)』에도 왜인이 울금을 헌납하였다 할 정도로 중국에서는 염료로서의 쓰임새가 높았다. 미얀마에서는 지금도 승려복을 울금으로 염색하고 있다. 우리나라에서도 『규합총서(閨閤叢書)』, 『상방정례(尙房定例)』 등에 울금 염색법이 소개되어 있다.

울금은 술과 함께 섞었을 때 누런 금같이 되어 붙여진 이름이다. 학명 Curcuma는 아랍어의 kurkum(황금)에서 유래하고 뿌리줄기가 오렌지빛이 감도는 노란색을 띠다 보니 중세에는 '인도의 사프란(Indian Saffron)'으로 불렸다. 참고로 사프란은 붓꽃과에 속하는 다년생 식물로 황금색의 끝이 뾰족한 암술머리를 말려 음식의 맛이나 색을 내거나 염료로도 사용하지만 비싼 게 흠이다. 울금의 뿌리줄기는 후추와 비슷한 향이 있으며 약간 쓰면서도 화끈거리는 맛이 난다. 카레, 조미료, 단무지, 피클, 야채용 양념 버터, 생선요리, 달걀요리 등의 식용 천연착색제로 쓰이며 닭고기 · 쌀밥 · 돼지고기에도 넣어 조리한다. 일부 아시아 국가에서는 피부를 황금색으로 빛나는 것처럼 보이게 하는 화장품으로 쓰기도 한다.

울금은 황제족(黃帝足)이라 불릴 정도로 열대지방의 왕족이나 귀족들 사이에서는 일찍부터 장수식품으로 인기가 높았다. 일본은 오키나와산 울금을 우콘(うこん)이라 부르며 왕족만 먹는 황실 전매품으로 일반판매를 금지하기도 했다. 1950년대 일본 후생성은 '암 극복 10년' 프로젝트를 펼치며 오키나와가 세계 제일의 장수촌이 된 비책으로 우콘을 소개한 바 있다. 우리나라에서는 고려 시대 때의 재배기록이 남아있으며 조선 시대에는 전주부 임실현에서 생산되는 것을 최상품으로 꼽았다. 하지만 지금은 전국 생산량의 70%를 독차지할 정도로 진도가 울금의 메카로 부상했다. 진도군은 1993년 일본에서 들여온 울금을 대대적으로 심기 시작하여 2002년부터는 각종 가공제품을 내놓고 있다. 울금은 괴근(塊根;덩이뿌리)을 약용 식용 염색용으로 다양하게 이용한다.

울금의 주성분은 황색 색소인 커큐민(Curcumin) 1~3%, 정유 1~5%, 녹말 30~40% 등이다. 정유의 주성분은 투르메론(Turmerone), 디히드로투르메론(Dehydroturmerone)이 약 50%로 그 외에 진기베렌(zingiberene), 디알파펠란드렌, 씨네올, 알파사비넬, 보르네올 등이다.

『본초강목(本草綱目)』이 모든 병을 치료하는 한방약초로 소개할 만큼 간장해독 촉진, 담즙분비 촉진, 담도결석 제거, 강심, 이뇨, 항 출혈, 항균, 항 궤양, 혈중콜레스테롤 억제 등에 효험이 있음이 밝혀졌고, 특별히 담즙분비 성분이 많이 함유되어 있어서 간염, 특히 만성 C형간염, 담도염, 황달, 위염, 생리불순, 고혈압, 동맥경화 등에 대한 효능이 뛰어나다. 이밖에 항암, 항염, 치매 효과도 속속 밝혀지고 있다.

  일반적으로 울금은 간을 보호하고 숙취를 예방한다고 알려져 있다. 주성분인 커큐민이 알코올 분해효소를 활성화시키고 담즙분비를 촉진하여 해독작용을 발휘하기 때문이다. 최근에는 함께 들어있는 정유 성분이 항산화 작용을 돕고 아라키돈산 대사에 관여하는 등 복합효과가 한몫을 한다는 연구가 활발히 진행 중이다. 이미 검증된 효능으로 소화불량 개선 및 건위작용을 들 수 있는데, 독일 커미션E(독일 보험청 소속으로 의약품으로 사용되는 허브 성분의 효과와 안전성을 검토하는 세계적 권위의 위원회)에서는 강황(=가을울금)을 소화부전 치료제로 허용하고 있다. 또 커큐민의 작용으로 담즙분비가 활발하게 되면 체내 콜레스테롤과 중성지방은 그만큼 줄어들어 다이어트 효과도 있다. 레시틴 성분과 함께 섭취하면 유화 작용으로 인해 소장에서 흡수가 잘되므로 레시틴이 풍부한 콩 식품(두유, 두부 등)을 함께 섭취하면 다이어트 효과에 더 보탬이 된다.

  커큐민의 강점은 뭐니뭐니 해도 비타민E보다 1.5배나 강력한 항산화력에 있다. 장내에서 테트라히드로커큐민(THC)이라는 강력한 항산화물질로 변환되어 유해 활성산소를 제거하여 동맥경화 예방 및 피부 노화 방지에도 도움이 되기 때문이다. 커큐민은 효모나 유산균 등과 함께 섭취하면 더 효율적으로 THC로 변환된다. 따라서 효모로 발효시킨 카레를 먹고 식후 디저트로 요구르트를 마신다면 가장 이상적일 것이다.

울금의 치명적인 부작용으로 설사와 가려움증을 꼽을 수 있다. 차고 맵고 쓰고 강한 성질 때문에 위장이 약한 사람은 그 양을 줄여 조금씩 늘려 가도록 하고 일주일이 지나도록 가려움이 계속될 경우에는 녹두차를 2,3일 마시면 금세 좋아진다.

많은 사람들이 울금(鬱金)과 강황(薑黃)을 같은 식물로 이해하고 있다. 틀린 건 아니다. 학명이 Curcuma longa Radix인 울금과 Curcuma longa Rhizoma인 강황은 집채(=울금)에 들어있는 안방(=강황) 정도로 이해하면 된다. 우리나라 식품의약품안전처도 강황을 가을울금이라 하여 울금에 포함시키고 있지만, 우리 땅에서 난 것은 울금일 뿐 인도에서 가져온 강황과 혼동해 부르진 않는다. 한의학 전문서인 『본초비요(本草備要)』에서는 '울금은 약초 색깔이 회색에 가깝고 강황은 노란색으로 서로 다르다. 강황은 매우 뜨거운 성질을 지녀 눈이 뻑뻑하고 잘 마르는 혈이 부족한 체질에는 사용을 금한다. 울금은 맛이 똑같이 맵지만 차고 뜨거운 성질이 강황처럼 강하지 않다'고 구분하고 있다.

항암효과를 볼 수 있는 커큐민의 양은 연구자마다 달라서 하루에 대략 40~200mg 정도는 섭취해야 한다고 본다. 그런데 시중에 판매되는 인스턴트 카레 제품의 경우 100g당 30~50mg이 함유되어 있어 효과를 제대로 보려면 양의 보충이 필요하다. 역시 걸쭉한 입맛의 엄마표 카레가 최고가 아닐까. 울금은 특유의 맛으로 인해서 먹기 힘들 수 있으나 환이나 즙, 가루로 만들어 다양한 요리에 넣거나 생강 대신 김장에 활용할 수 있고 느끼하고 비릿한 음식(생선, 고기)에 넣어 비린내를 없앨 수도 있다. 가장 간단한 방법은 슬라이스 친 생울금 1~3g에 400~600ml

의 물을 부어 끓여 우려낸 것을 보리차처럼 마시면 OK.

　마침 농사 관련 동네협동조합의 조합원인 K가 울금 종자가 있다 해서 근처 농원에 심어 보았다. 사질토에서 잘 자라는 울금인지라 논 자리를 복토한 밭 자리에서 잘 자랄지 걱정이었는데, 보름이 지나도록 싹을 틔우지 않는다. 살짝 뿌리를 들춰보았더니 죽진 않았다. 한 달이 다 되어서야 고개를 내민 울금 줄기는 9월 들어 넓은 잎사귀로 힘찬 기세를 뽐내고 있다. 울금을 보며 느림의 미학을 깨닫는다.

< 울금밥 짓는 법 >

재료. 생울금 2개(혹은 울금가루 2TS), 쌀 2컵, 물 적당량
  1. 생울금 2개를 썰어 물 1컵과 함께 믹서기에 갈아 체로 걸러낸다
    (또는 울금가루 2TS을 물 1컵에 잘 섞는다)
  2. 쌀 2컵으로 밥을 앉힌다
  3. 앉힌 쌀 속에 1의 울금액을 붓고 물로 조절하여 밥을 짓는다
  ** 울금의 커큐민에는 항암·항염 성분이 풍부하므로 환자식으로 적당하다.

유자

제14호 지리적표시 농산물 – 고흥 유자

반중 早紅(조홍)감이 고와도 보이나다.
유자 아니라도 품엄 즉도 하다마난,
품어가 반기리 없을쎄 글로 셜워하나이다.

쟁반 가운데에 놓인 조홍감이 곱게도 보이는구나.
유자가 아니라 해도 품어 가지고 갈 마음이 있지만,
품어가도 반기실 부모님이 안 계시니 그것이 서럽구나.

　조선 광해군 때 박인로(1561-1642)의 연시조 〈조홍시가(早紅柿歌)〉
4수 중 한 수이다. 한음 이덕형의 집에 놀러 갔을 때 쟁반 위에 내놓은
조홍감을 보고 중국 오나라 육적의 〈회귤고사(懷橘故事)〉를 빗대어 돌
아가신 부모님을 그리워하는 마음을 담아내고 있다. 여기서 유자, 즉 귤
은 부모님께 바칠 정도로 귀한 과실을 일컫는다.

유자는 한쪽으로 치우친 공 모양이며 지름 4~7cm이다. 빛깔은 밝은 노란색이고 껍질이 울퉁불퉁하다. 향기가 좋으며 과육이 부드러우나 신맛이 강하다. 원산지는 중국 양쯔강 상류와 인도 티벳인데, 우리나라에는 AD 840년 신라의 장보고가 중국 당나라 상인에게 얻어와 널리 퍼졌다고 한다. 『세종실록(世宗實錄)』 31권에 1426년(세종 8) 2월 전라도와 경상도 일대에 유자를 심게 한 기록이 남아있다.

종류에는 청유자, 황유자, 실유자가 있다. 한국, 중국, 일본이 주요 산지인데, 한국산이 가장 향이 진하고 껍질이 두텁다. 국내 주요 산지로는 전라남도 고흥 · 완도 · 장흥 · 진도와 경상남도 거제, 남해, 통영 등이다. 이 중에서도 고흥 유자는 지리적 표시제 상품 제14호로 등록될 만큼 그 명성을 떨치고 있다. 고흥군은 8가지 특산품과 9가지 맛, 10군데 볼거리, 즉 八品/九味/十景을 선정해 홍보하고 있는데, 이 중 8품은 유자, 석류, 간척지쌀, 마늘, 참다래, 꼬막, 미역, 순한한우 등이며, 유자가 단연 일품으로 꼽힌다.

지난 2001년 이곳 풍양면 한동리에 3만 평 규모로 조성된 유자공원은 유자나무 숲이 장관을 이루는 고흥의 특별한 명소다. 1962년 정부의 지원으로 유자단지를 조성한 이래 1995년에는 재배면적이 1,500ha까지 늘어났으나 홍보 부족과 수급불균형으로 가격이 하락하여 지금은 500ha 정도를 재배하고 있다. 공원 맞은편에는 특산품 전시판매장이 마련되어 고흥 유자의 역사와 약리효과 등에 관한 자료를 살펴보고 유자차를 사갈 수 있다. 매년 10월 말~11월 초에는 유자축제가 열리므로 한 번 찾아가 보기 바란다.

향기가 뛰어난 유자 덕택인지 많은 스타들이 이곳에서 배출되었다. 가

수 비와 만능엔터테이너 박진영이 고흥 출신이고, 축구 국가대표 박지성, 김태영 선수도 이곳 출신이다. 이 정도면 연예인을 꿈꾸는 자라면 무릎팍 도사 대신 이곳 고흥 땅을 찾아 끼를 팍팍 받아가야 하지 않을까.

유자는 영양학적인 면에서도 탁월한 식품이다. 주요 성분으로 비타민C가 레몬보다 3배나 많아서 감기와 피부미용에 좋고, 노화와 피로를 막아주는 유기산이 많이 들어 있다. 그 밖에 비타민B와 당질·단백질 등이 다른 감귤류 과일보다 많고 모세혈관을 보호하는 헤스페리딘(Hesperidin)이 들어 있어 뇌혈관 장애와 중풍을 막아준다. 또 배농(排膿) 및 배설작용을 해서 몸 안에 쌓여 있는 노폐물을 밖으로 내보낸다. 유자의 하얀 속살에는 헤스페리딘이 들어 있어 모세혈관을 보호하고 뇌혈관 장애를 막아 동맥경화와 고지혈증에도 좋다. 노란색 계통의 항산화 성분인 플라보노이드가 과육보다 껍질에 더 많으므로 껍질까지 먹는 것이 좋다.

주로 얇게 저며 차를 만들거나 소금이나 설탕에 절임을 하여 먹는다. 과육은 잼·젤리·양갱 등을 만들고 즙으로는 식초나 음료를 만든다. 껍질은 얼려 진공 건조한 뒤 즉석식품으로 이용하거나 가루를 내어 향신료로 쓰고, 종자는 기름을 짜서 식용유나 화장품용 향료로 쓰거나 신경통·관절염 약재로 쓴다. 술을 담그기도 하는데, 기관지 천식과 기침·가래를 없애는 데 효과가 있다. 그러고 보니 버릴 것 하나 없는 실속 만점 과실인 셈이다.

유자는 0~5℃ 정도의 낮은 온도가 보관하기 적당하다. 껍질을 벗기지 않은 그 자체로 신문지에 싸서 냉장 보관하는 것이 가장 일반적으로, 일주일 정도 보관 가능하다. 유자에는 비타민C가 매우 풍부해서 철이나 구리와 함께 있으면 산화가 촉진되므로 금속 용기에 보관하는 것은 좋지 않다. 유자를 열에 오랫동안 가열하면 풍부한 비타민C가 파괴되니 되도록 열도 가하지 않는 것이 좋다.

추운 겨울, 가족들의 건강과 가정의 화목을 위해서는 따뜻한 유자차 한 잔이 그만이다. 맛있는 유자차 만드는 법을 소개한다.

< 유자차 만드는 법 >

재료. (4인분 기준) 토란 200g, 두부 100g, 쇠고기(양지머리) 100g,
국물(무150g, 물1.2L, 다시마10cm, 다진마늘 2작은술), 소금 1작은술(3g),
재래간장 1큰술(15ml), 대파 10cm(20g)

1. 먼저 냄비에 설탕과 물을 넣고 절반으로 졸아들 때까지 달여 설탕 시럽을 만든다.
2. 유자를 깨끗이 씻어 반으로 잘라 2㎜ 두께로 썬다.
3. 용기에 유자를 빡빡하게 눌러 담고 설탕 시럽을 부어 유자청을 만든다.
4. 냉장고에 20일 정도 보관한 후 먹기 시작한다.
5. 유자청 2작은술을 찻잔에 담는다.
6. 물을 끓여 찻잔에 부은 후 잘 섞어 마신다.

인삼(백삼/수삼/태극삼/홍삼/흑삼)

제19호 지리적표시 농산물 – 고려 홍삼
제20호 지리적표시 농산물 – 고려 백삼
제21호 지리적표시 농산물 – 고려 태극삼
제39호 지리적표시 농산물 – 고려 수삼
제47호 지리적표시 농산물 – 고려 인삼제품
제48호 지리적표시 농산물 – 고려 홍삼제품
제102호 지리적표시 농산물 – 고려 흑삼
제103호 지리적표시 농산물 – 고려 흑삼제품

財上平如水(재상평여수)
人中直似衡(인중직사형)
재물은 평등하기가 물과 같고
사람은 바르기가 저울과 같다

최인호 소설에 인용되기도 했던 조선 최고의 인삼 상인 임상옥의 말이
다. 자신의 인삼을 불태워버림으로써 중국 상계를 굴복시켰던 상도(商
道)를 여실히 보여준다.

예로부터 인삼은 우리나라를 대표하는 특산품이었다. 중국의 삼칠인
삼(三七人參), 일본의 죽절인삼(竹節人參) 등 다른 나라 약초도 있지만,

약효가 뛰어나기로 유명했던 한국 인삼을 구별 짓기 위해 고려인삼(高
麗人蔘, Korean ginseng)이라 명명하고 외국 삼의 '參'과는 달리 '蔘 '
자를 쓰고 있다.

원래 인삼은 대부분 자연산을 채취한 산삼(山蔘)이었다. 산삼 가공품
에는 한 차례 찐 증삼(蒸蔘), 껍질을 벗겨 말린 건삼(乾蔘), 익혀서 색깔
이 흰 백삼(白蔘)도 있었다. 『고려도경(高麗圖經)』에서는 춘주(春州; 지
금의 춘천 일대) 삼이 좋다고 했지만, 경상도 나삼(羅蔘)을 진품으로 치
기도 했고 조선 시대에는 두만강, 백두산 일대의 강삼(江蔘)을 최고로
여겼다. 강원도 인제 일대의 기삼(麒蔘)이나 함경도, 평안도 일대의 산
악지대에서 나오는 북삼(北蔘)도 유명했다. 모두 산삼이었다.

우리 고유의 이름은 '심'인데 지금은 산삼채취인들의 은어로만 일부 남
아있다. 산삼채취인을 '심마니', 산삼을 발견했을 때 지르는 함성 "심 봤
다" 정도에서 명맥이 유지되고 있을 뿐이다. 고려인삼은 우리 땅에서 나
고 자란 인삼을 통칭하는 말로서 중국 문헌상으로는 1500여 년 전 중국
양나라 도홍경이 저술한 의학서 『신농본초경집주(神農本草經集注)』에,
한국 문헌으로는 『삼국사기(三國史記)』, 『향약구급방(鄕藥救急方)』에 올
라있는 인삼 기록이 가장 오랜 것이다.

『신농본초경』에서는 365종의 약물을 상/중/하 3품으로 분류하고 있는
데, 인삼은 단연 상품에 속한다. 인삼의 약효에 대해서는 "오장을 보호
하고 정신을 안정시키며 눈을 밝게 하고 오래 복용하면 몸이 가벼워지
고 장수할 수 있다."고 표현하고 있어 오늘날 과학적으로 입증된 인삼의
효능과 잘 부합된다. 한방처방서인 『방약합편(方藥合編)』에서도 인삼이
배합된 처방의 94%를 보제(補劑) 또는 화제(和劑)로 분류하고 있어 보

약 또는 강장제로 인삼을 사용하였음을 알 수 있다.

 북위 30-48도 지역에 자생하는 인삼은 재배지에 대한 선택성이 강하여 아무 데서나 잘 자라지 않는다. 또한 기후나 토질 등 자연환경에 따라 그 형태나 약효에 현저한 차이를 보이는데 동일 위도상의 중국, 미국, 일본 등지에서 재배되는 인삼에 비할 바가 못 될 정도로 고려인삼은 그 모양과 효능이 뛰어나다.

 인삼은 가공하는 방법에 따라 수삼, 백삼, 홍삼, 흑삼 등으로 나뉜다. 갓 수확한 생삼을 수삼, 4년생 뿌리의 껍질을 벗겨 햇볕에 말린 것을 백삼, 6년생 뿌리를 껍질째 수증기로 쪄서 말린 것을 홍삼, 수삼을 증기 등의 방법으로 쪄서 익혀 말린 것으로 검은색을 띠는 것을 흑삼이라 부른다. 이 중 섭씨 95도 정도의 고온에서 2~3일에 걸쳐 여러 번 쪄내 말린 홍삼은 이런 과정을 통해 인삼의 주요 약리 성분인 진세노사이드(Ginsenoside) 성분이 풍부해진다. 특히 숙지황과 같은 한약에서 응용하고 있는 구증구폭(九蒸九曝)의 방법을 이용하여 새로운 형태의 홍삼류로 개발된 흑삼은 이러한 증숙 및 건조과정을 통해 Ginsenoside Re, Rf, Rg1, Rg2, 그리고 Rh1의 유효성분 함량이 백삼, 홍삼보다 높은 특성을 보인다. 본래 수삼에는 없거나 미미했던 항암 성분, 항당뇨 성분, 항염증 성분, 항산화 성분, 간기능 해독성분, 중금속 해독성분 등 10여 가지가 새로 생겨나거나 함유량이 몇 배로 늘어나게 되는 것이다.

 홍삼에 대한 최초의 기록은 1123년(고려 인종1년)에 고려를 다녀간 송나라 사신 서긍이 저술한 『선화봉사고려도경(宣和奉使高麗圖經)』에서 엿볼 수 있는데 "백삼이 좋긴 한데 여름을 지내면 좀이 먹으므로 솥에 쪄야 보존성이 좋다"라고 적고 있어 홍삼의 역사 또한 일천 하지 않음을 알 수 있다. 하지만 거상 임상옥이 등장하기 전까지 우리나라 사람들은 백삼을 고집했고 홍삼은 중국이나 왜에 수출하는 가공품쯤으로 여겼다. 오죽했으면 정조는 홍삼을 가삼(假蔘;가짜삼)이라 불렀을까. 홍삼/흑삼에 관한 과학적인 연구는 1950년대 이후에 이르러서야 급진전을 보였다.

오늘날 인삼의 기본적인 약리작용을 '적응소 효과'로 보는 학설이 유력한데, 이는 생체가 가지는 비특이적인 저항력을 증대시켜줌으로써 병적인 상태를 정상화시켜 준다는 개념이다. 즉 인삼의 사포닌 배당체 물질이 부신피질호르몬의 일종인 글루코코르티코이드(Glucocorticoid)의 분비를 촉진 시켜 각종 스트레스에 대한 부신피질 기능 강화에 유효하다는 것이고, 대뇌피질을 자극하여 콜린 활동성을 높임으로써 혈압강하, 호흡 촉진, 과혈당 억제, 인슐린작용 증대, 적혈구 및 헤모글로빈의 증가, 소화관 운동 항진 등의 작용이 있음이 밝혀졌다. 그 밖에 생체단백질 및 DNA 합성 촉진작용, 항암작용 등이 속속 밝혀지면서 인삼의 학명인 'Panax(=Pan 모든+Axos 의학) Ginseng', 즉 만병통치약으로서의 진면목을 과학적으로 입증받고 있다. 이런 장점으로 해서 건강기능식품 총매출액의 36%를 차지할 정도로 우리나라 사람들이 가장 애호하는 No.1 건강식품이 되었다.

그런데 인삼류가 모든 사람에게 다 좋을까? 답은 '아니다'이다. 왜냐하면 인삼의 주성분인 사포닌을 제대로 흡수하려면 프라보텔라오리스라는 장내 미생물에 의한 사포닌 분해효소가 작용해야 하는데 한국인 37.5%는 아예 이 효소가 없거나 있어도 개인차가 극심하다는 것이다. 한방에서는 체질의 문제로 보기도 한다. 홍삼은 열성 약재여서 소음인에겐 잘 맞는 대신 태음인에겐 효과가 잘 드러나지 않을 수 있으며, 소양인과 태양인이 홍삼을 복용하면 열이 너무 올라 도리어 좋지 않을 수 있다는 것이다. 전 원광대 약대 김재백 박사는 이러한 문제점을 보완하여 장내 미생물의 사포닌 분해과정 없이도 체내 흡수가 가능한 발효홍삼을 개발하여 보급하고 있다.

한편 홍삼이나 흑삼, 백삼의 흡수율을 높이기 위한 또 하나의 방편으로 식후 4시간 이내에 먹는 것을 삼가야 한다. 식후에는 장내 미생물이 식사를 통해 들어온 당을 먼저 분해하기 때문에 식후에 바로 먹는 홍삼은 그만큼 분해가 덜 되어 흡수율이 떨어지기 때문이다. 또 홍삼을 먹는 동안에는 카페인, 혈압약, 에스트로겐, 정신병 치료제 등을 함께 복용하지 않는 것이 좋다. 홍삼은 혈압과 신경을 항진시키는 작용이 있으므로 이들 약과 함께 먹을 경우, 약효가 너무 강해져 부작용을 호소할 수 있기 때문이다.

여름 보양식인 삼계탕에 들어있는 인삼 뿌리는 대추처럼 독소를 빨아들이므로 먹지 말아야 한다는 속설에 대해서는 낭설로 받아들여야 한다. 우선 닭에는 독성이 없다. 닭의 냄새를 없애주고 인삼의 유효성분이 닭의 영양소와 궁합을 이루므로 다 먹는 것이 좋다.

자두

제59호 지리적표시 농산물 – 김천 자두

瓜田不納履(과천불납리)
李下不整冠(이하부정관)
오이밭에서는 신을 신지 말고
자두나무 아래서는 갓을 바로 잡지 말라

　현존하는 중국 선집 중 가장 오랜 것으로 알려진 남조 시대의 『문선(文選)』에 나오는 글귀다. 군자는 모름지기 오해를 살 수 있는 불필요한 행동을 자제해야 한다는 가르침이다. 『시경(詩經)』에도 주나라 시대의 으뜸 꽃나무로 매화와 오얏을 꼽았다. 중국이 원산지인 오얏은 자두를 이르는 순우리말로 여러 고서에서 쉽게 찾아 볼 수 있을 만큼 친근한 낱말이다. 자주색 복숭아라는 뜻의 자도(紫桃)가 자두로 변하여 1988년 표준말로 채택된 탓에 쓰임새가 많이 사라졌지만, 옥편에서 李를 '오얏 리'

라 훈을 단 것처럼 한자 읽기에서는 여전히 위력을 발휘하고 있다.

내친김에 '오얏 리(李)'의 탄생 배경을 살펴보자. 도가의 창시자로 잘 알려진 노자(老子)의 본명은 이이(李耳)인데, 오얏나무 아래에서 태어난 그가 나무 목(木)과 사내아이 자(子) 두 글자를 합쳐 '오얏나무 이(李)'라는 성을 만들었다는 것이다. 어쨌든 오얏, 즉 자두는 역사가 오랜 작물 중 하나로서 2천 년 전쯤 로마로 전해진 이래 유럽 및 아메리카 대륙으로 급속히 퍼져나갔다.

장미과 Prunus 속 핵과에 속하는 자두는 전 세계적으로 30여 종의 기본종이 존재하는데, 대표적 품종으로 자색 또는 흑색을 띠는 유럽계 자두(P. domestica)와 황색 또는 진홍색을 띠는 일본계 자두(P. salicina) 등 2종으로 압축된다. 우리나라에서 맛 볼 수 있는 자두는 대여섯 종이다. 6월 말에서 7월 초에 나와 여름이 왔음을 알리는 '대석'은 짙은 빨간색에 크기가 작으며 과육이 부드럽고 새콤달콤하다. 7월 중순이 제철인 '포모사(일명 후무사)'는 손에 꽉 찰 정도의 크기에 노란색 바탕에 빨간색이 수채화 물감처럼 올라있고 속은 옅은 노란색이다. 과즙이 풍부함에도 씹히는 맛이 제법 있어 우리 입맛에 잘 어울리다 보니 재배량이 가장 많다. 같은 기간 나오는 '수박자두'는 겉은 퍼런데 속이 빨갛고 당도가 뛰어나 붙여진 이름이다. 8월 들어 출시되는 '피자두'는 이름처럼 겉과 속이 온통 시뻘겋다. 과육이 단단하고 새콤한 데다 색깔도 강해 과일 샐러드로 많이 이용된다. 가을에 접어들면 '추희'가 나오는데 자두 중 가장 크고 당도도 높으며 과육이 단단해 자두 중 유일하게 장기보관이 가능하다.

김천 자두가 제59호 지리적표시 농산물로 등록되었다. 우리나라의 자두 재배면적은 3,100 ha 정도로 70% 이상이 경북 지방에서 생산되고 있다. 전국 생산량의 27%를 감당하는 김천시가 전국 1위를 차지하고 있는데 수확량의 40%가량이 구성면 양각마을에서 나온다. 이곳 자두가 특별히 맛있는 이유는 분지 지형 덕분이다. 내륙 분지는 여름 기온이 상당히 높아 자두의 맛을 한껏 올려주기 때문이다. 여름철 김천 시내에서 10분 거리인 이 산골 마을을 방문하면 달콤한 향이 온 마을을 뒤덮는다고 한다. 산비탈의 과수원에서 낙과한 자두가 자연 숙성되면서 내는 향수의 향연이라고나 할까.

우리나라에서 자두가 재배된 것은 삼국시대 이전이다. 1920년대 서양과 일본 등지에서 개량종을 들여오기 훨씬 이전부터 재래종의 기록이 『삼국유사(三國遺事)』 등에 실려 있다. 주 재배지인 경상도 지방에서는 자두를 '에추'라 불렀는데 사과나 복숭아에 비해 보잘것없는 과일이라는 비하성 방언이다. 하지만 『동의보감(東醫寶鑑)』에 따르면, '오얏이 갈증을 멎게 하고 피로회복과 식욕 증진을 꾀하며 체질개선 및 열독(熱毒), 치통, 이질을 낫게 한다. 잎을 삶은 물은 땀띠 치료에 효과가 있다'고 밝히고 있다. 『본초강목(本草綱目)』에서는 '골절이 쑤시는 것과 오랜 열을 다스린다'고 하였고, 민간요법으로도 '자두를 절여 장복하면 간장에 좋고 씨는 수종을 내리고 얼굴 기미를 없앤다'고 하였다.

자두의 일반 영양성분을 살펴보면 수분 84.7%, 탄수화물 13.7%, 칼슘 8mg, 인 145mg, 비타민C 5mg 등이 함유되어 있다. 사과산과 구연산 등 유기산이 1~2% 들어있어 신맛이 강한 편이다. 식물성 섬유소와 다량의 펙틴질을 함유하고 있어 쨈과 젤리가 잘 만들어진다. 또 카로티노이드 같은 비타민류와 칼슘, 인, 철, 칼륨 등 미네랄 성분이 풍부하고 소량이지만 10여 종의 아미노산이 골고루 들어있다. 항산화 및 생리활성 증진물질로 알려진 폴리페놀의 생과 100g당 함량을 따져보면 자두가 471mg,

사과가 320~474mg, 배가 271~408mg, 키위가 274mg로 다른 과일에 비해 높은 편이다. 유용한 색소 성분인 안토시아닌 함량도 100g당 자두가 33~173mg 정도로 복숭아의 6~37mg보다 월등히 높다.

이러한 유효성분들로 인해 볼 수 있는 자두의 효능을 정리해 보면,

1. 각종 유기산 함유로 피로회복 및 식욕 증진 효과
2. 기미 및 주근깨 제거 및 노화 방지 효과
3. 식이섬유가 풍부해 변비 해소 및 다이어트 효과
4. 면역기능 강화 및 염증 유발억제 효과
5. 각종 미네랄이 풍부하여 고혈압, 빈혈 및 혈액순환 장애에 도움
6. 안토시아닌으로 야맹증 및 안구건조증에 도움을 준다는 것이다.

서양에서는 가공 여부에 따라 명칭을 달리하는데, 씨를 제거하여 말린 품종을 '푸룬(Prune)'이라 하고 말리지 않고 가공한 것을 '플럼(Plum)'이라 부른다. 이 중 푸룬은 건자두, 주스, 농축액 등 다양한 형태로 국내에도 소개되어 많은 사랑을 받고 있다. 미국 농무부는 매년 과일 영양 평가를 통해 푸룬을 매우 영양가 높은 과일로 소개하고 있는데, 2010년 발표에서도 비타민 A가 키위의 9배, 칼륨이 바나나의 2배, 철분이 사과의 13배, 수용성 식이섬유가 사과의 5배 정도가 많은 건강 과일이라고 밝히고 있다.

무더위가 한창인 여름철에 맛보는 자두 생과는 쉽게 물러지므로 잘 골라야 한다. 너무 익으면 당도가 낮아지고 새콤한 맛도 덜해진다. 오감 중 시각, 촉각, 후각별로 고르는 법을 소개하면,

1. 시각: 둥글고 뭉툭한 것보다 뾰족하고 푸른빛이 감도는 붉은 자두를 고른다.
2. 촉각: 만져서 무르지 않고 적당히 딱딱한 것을 고른다.

3. 후각: 자두 특유의 향이 강한 것을 고른다.

아주 오랜 옛날, 더위와 갈증에 힘들어하던 병사들에게 장군이 "저 마을에 자두나무가 많이 있다"고 고함을 질러 그 소리에 힘을 얻은 병사들이 무사히 행군을 마쳤다는 중국 고사가 전해지고 있다. 말만 들어도 군침을 흘리게 만드는 자두, 여러분에게도 활력소가 될 것임에 틀림없다.

끝으로 간단히 자두주 만드는 법을 소개한다.

< 자두주 만드는 법 >

재료. 자두 1kg, 소주 1.5L, 레몬 1개

1. 자두를 옅은 소금물에 씻어 물기를 빼고 레몬은 얇게 썰어둔다.
2. 입구가 큰 유리병에 자두와 레몬을 담고 술을 부어 무거운 돌로 살짝 눌러 둔다.
3. 2달 후 고운 채에 걸러 병에 담아 밀봉하여 보관하면 된다.

쪽파

제105호 지리적표시 농산물 – 기장 쪽파

톡 쏘는 매운맛에 눈물 찔끔 쏟다 말고
괜스레 보고 싶은 파 뿌리 내 어머니
안으로 감싸던 그 맘 혀끝 다 얼얼하다

차달숙 시조시인의 〈쪽파〉라는 시조다. 쪽파가 들어간 음식을 먹다가 어머니를 떠올린다. 검던 머리가 파뿌리가 되었어도 감싸고 다독여 주시는 어머니의 마음을 쪽파의 혀끝 얼얼한 맛으로 느껴본다. 아마도 고향 마을의 쪽파밭을 떠올리면 누구나 다 시인과 같은 생각에 젖어들 것이다.

부산 동북 지역에 위치한 지역 특산물인 '기장 쪽파'가 2018년 3월 제105호 지리적표시 농산물로 등록되었다. 일광면, 장안읍, 기장읍을 중

심으로 300여 농가가 67ha 규모의 밭에서 3기작으로 재배하는 기장 쪽
파 생산량은 연간 4천여 톤에 이른다. 해양성 기후와 유기질 토양, 청정
지하수 등 최적의 재배 조건을 두루 갖춘 지리적 여건이 독특한 맛을 내
는 비결이다. 길이가 짧고 굵기가 얇으며 향이 진하고 당도가 높아 익혀
먹으면 달콤한 맛을 내는 특징이 있다 보니, 부산의 향토 음식인 '동래
파전'의 재료로 사용되면서 유명세를 타고 있다.

쪽파는 백합과에 속하는 다년생 초본으로, 원산지는 중국과 고대 그리
스 지역이며, 우리나라에는 1500여 년 전 중국 당나라로부터 전해져 지
금도 당파 혹은 자청파로도 불린다. 파와 양파의 교접에 의해 만들어졌
다는 게 정설이다. 가을에서 봄 사이 생육하고 여름에는 비늘줄기(鱗莖;
bulb)를 만들어 휴면하며, 잎이 가늘고 분열 상태가 매우 왕성하여 1포
기에 20본(本)이나 분열되고, 드물게 꽃줄기를 내기도 하지만 꽃씨로
번식하진 않는다. 따라서 주로 성숙해진 비늘줄기의 분구(分球)에 의해
번식한다.

첫해에는 영양 생장만 한다. 비늘줄기가 약간 굵어지고 수염뿌리가 밑
에서 사방으로 퍼지고 꽃줄기(花梗; peduncle)는 20~30cm 정도이다.
꽃줄기와 잎이 파보다 작고 가늘다. 잎은 가는 빨대 모양으로 끝이 뾰족
하며 밑 부분이 잎집 형태로 서로 감싸고 점성이 있다. 5~6월 경에 개
화하며 원주형의 꽃자루 끝에 둥글게 퍼지는 꽃차례가 달리고 1개의 총
포(總苞; 꽃의 밑동을 싸고 있는 비늘 모양의 조각)가 어린 꽃차례를 완
전히 둘러싼다.

재배환경을 살펴보면, 토양은 별로 가리지 않으나 배수가 양호하고 보
습성이 있는 곳이 좋다. 산성토양에서는 생육이 불량하므로 pH 6.5 정

도가 되도록 석회로 토양을 개량해 주고, 연작(連作) 시에는 품질이 떨어지고 병충해 발생이 잦아지므로 윤작 하는 게 좋다. 연작이 불가피할 경우에는 1ha당 200kg 이상 퇴비를 다량 시용하거나 18cm 이상 깊이 갈이 석회 시용, 높은 이랑 재배 등으로 연작 피해를 줄이도록 노력해야 한다. 파에 비해 내한성이 약하므로 남부지방이 재배 적지이다. 여름철에도 흑비닐 멀칭으로 땅의 온도를 낮춰주고 스프링쿨러 등으로 관수를 자주 해 주면 파종 후 40여 일만에 출하할 수 있을 정도로 재배 기간이 짧아 6,7월을 제외하곤 1년에 수차례 수확이 가능하다. 쪽파의 최대 수요시기인 김장철용은 8월 하순, 9월 상순 사이에 파종하여 11월 하순, 12월 상순 사이에 주로 출하한다.

쪽파는 예로부터 항암효과가 있어 면역기능을 강화시켜 주는 식품으로 알려져 있다. 『동의보감(東醫寶鑑)』에도 '성질이 따뜻해서 몸이 차가운 체질에 아주 이로운 식품이다. 비장과 신장을 좋게 하여 기운을 북돋고 피로를 이기게 한다.'고 적혀있다. 쪽파에는 비타민 A,B,C,D,E를 비롯하여 양질의 아미노산, 식이섬유, 항산화 성분 등이 골고루 들어있다. 대파와 비교해서도 100g당 칼슘(Ca)은 무려 4배인 96mg, 비타민C는 1.63배인 18mg, 비타민K 또한 일일 권장량의 172%가 들어있다.

쪽파 속엔 아미노산 중 글루탐산이 가장 많고 아스파탐산, 프롤린, 알라닌의 순으로 들어 있다. 글루탐산과 아스파탐산은 뇌세포를 활성화하고 에너지를 고양하는 작용을 한다. 글루탐산은 알라닌과 함께 간해독 대사에도 관여한다. 프롤린은 콜라겐 합성에 필수적이라서 관절과 연골을 보호하는 역할을 하고 비타민C와 함께 상처치유와 피부보호 작용도 한다.

쪽파의 줄기비늘인 총백(蔥白)에는 알리신이 풍부하여 항균작용을 하고 대소변을 통하게 하고 땀을 잘 내게 해준다. 쪽파의 뿌리는 두통과 동상을 치료하고 종자(種子)는 시력을 좋게 한다. 잎은 땀을 내게 하여 감기나 오한, 부기 등을 줄여준다. 쪽파 전체를 액즙으로 먹게 되면 어혈(瘀血)도 사라져 두통과 코피를 멎게 해준다.

쪽파에는 100g당 비타민A가 일일 권장량의 33%가 들어있어서 망막 및 피부보호, 특별히 장벽을 튼튼히 해서 장누수증후군을 예방하는 효과가 있다. 원인 모를 피부질환은 대부분 장내세균총의 불균형에서 오는데 그 출발점은 장벽 누수 현상이다. 지산틴, 카로틴, 루테인 등 쪽파에 많은 플라보노이드 항산화 성분들이 장과 피부의 염증을 제거해 준다.

일일 권장량을 훨씬 능가하는 비타민K는 혈액 응고 작용과 뼛속 미네랄화 작용, 혈관 내 석회화 억제작용 등 중요한 일을 한다. 풍부한 비타민C와 함께 골다공증을 예방하고 출혈방지와 면역 보호에도 일조한다. 비타민D와 상호작용을 하기 때문에 햇볕을 충분히 쬐면서 쪽파를 자주 먹는 것이 도움이 된다.

비록 마늘에는 못 미치지만 쪽파 속의 티오설피네이트(Thiosulfinates)가 알리신으로 변환되는 과정에 간에서 콜레스테롤 합성 대사과정의 효소를 억제함으로써 고지혈증을 예방해 주고 해독작용도 한다. 또한 혈관 내 산화질소를 적절히 자극해 심혈관을 보호하는 작용도 한다. 더욱이 쪽파의 황 성분은 몸속에서 독소나 중금속이 발견되면 이를 해독 정화 배설하는 작용을 한다. 조리 가열 과정에서 발생하는 유해 활성산소를 제거하는 항산화 작용을 통해 음식 속 독소를 걸러주는 것이다.

잘 삭힌, 다시 말해 신맛이 배어나는 잘 발효된 쪽파김치는 면역강화

식품으로 최고다. 감기, 식중독, 감염성 질환, 암, 당뇨, 만성간염, 대상
포진 등 약해진 면역이 원인이 되는 질병과 비염, 기관지천식, 결막염
같은 면역과민 질병, 류머티스 관절염, 갑상선 질병, 클론씨병, 근무력
증 등의 자가면역이상 질환에 유용하다. 특별히 쪽파김치는 췌장의 기
능을 복원하는 작용을 해서 오래 먹으면 당뇨병을 근본적으로 뿌리 뽑
을 수도 있다. 한편 쪽파김치가 잘 발효되면 뇌세포를 복원하고 활동성
을 높이는 초미립자의 염기성 물질이 생겨나므로 꾸준히 먹으면 건망증
이나 치매, 파킨슨병 등을 예방하고 치료하는 효과를 볼 수 있다. 쪽파
김치는 구토와 설사를 비롯한 체증과 식중독 등 소화기계통의 질병을
치료하는 효과도 있어 가히 '밥상 위의 감초'라 불러도 무방하다.

이제 쪽파김치를 담가보자.

< 쪽파김치 담그는 법>

재료. 쪽파 7단(약 6.5kg), 고춧가루 1.5kg, 밭마늘 3kg, 토종생강 2kg,
　　　천일염 3kg, 새우젓 1kg

　1. 고춧가루는 입자가 살에 달라붙어 염증을 일으키지 않도록 씨를 빼고 곱게
　　　빻아 쓴다.
　2. 천일염에 잘 다듬은 쪽파를 넣어 숨을 죽인 다음, 고춧가루와 마늘, 생강을
　　　넣어 잘 버무린다.
　3. 여기에 새우젓을 넣되 국물70%, 건더기30%가 되게 하여 다시 잘 버무린다.
　4. 다 버무린 뒤 항아리에 담아 볕이 잘 들고 바람이 잘 통하는 곳에서 1주일
　　　이상 익힌다.
　** 삭아서 시어 꼬부라진 맛이 나는 것일수록 몸에 좋으니 약으로 쓰려면
　　　2,3년 푹 묵히고 기왕이면 담글 때에도 매운 청양고추를 쓴다.

주의할 점은 냉장고에 옮겨두면 약효가 소실되므로 냉장보관은 삼가

야 한다. 그리고 먹을 때에도 조금 식힌 밥에 파김치를 올려 천천히 씹어 먹는 게 좋다. 뜨거운 밥에 얹혀 먹거나 찌개로 조리하면 유익한 미생물이 죽어버리고 알칼리성 물질이 날아가 산성이 되기 때문이다.

황분을 함유하여 독특한 향이 나고 줄기와 잎이 야들야들하여 식감이 좋은 쪽파는 김치, 파전, 장아찌, 뿌리볶음 외에도 냉채, 복어 요리 등에도 부재료로 이용된다. 기장군은 기장 쪽파의 지리적표시 등록을 계기로 2019년부터 5년간 1) 공동작업장 설치, 2) 종구(種球) 구입비 보조, 3) 쪽파식품 개발 등 명품브랜드 사업에 9억여 원을 지원할 예정이라 한다. 묵은 맛을 낼수록 약효를 내는 쪽파김치처럼 무한변신을 기대한다.

찰쌀보리쌀

....

제49호 지리적표시 농산물 – 군산 찰쌀보리쌀
제65호 지리적표시 농산물 – 영광 찰쌀보리쌀

<u>보리피리 불며</u>
<u>봄 언덕</u>
<u>고향 그리워</u>
<u>피-ㄹ 닐니리</u>

<u>보리피리 불며</u>
<u>꽃, 청산</u>
<u>어린 때 그리워</u>
<u>피-ㄹ 닐니리</u>

　문둥이 시인 한하운의 〈보리피리〉는 언제 읽어도 가슴이 찡하다. 먹을 것이 부족했던 춘궁기에 보리피리로 마음 달래던 시절이 있었다. 엄동설한 언 땅에 뿌리를 내려 파릇파릇 잎을 돋는 보리는 강한 생명력만큼이나 인류가 재배한 가장 오랜 작물 중 하나다. 이집트 미이라에서 보리

껍질이 발견되어 1만년의 재배역사가 추정된다. 볏과의 두해살이풀인 보리의 조성은 보리알이 배열된 열수에 따라 두 종류로 나뉜다. 두줄보리는 여섯줄보리에 비해 한 이삭에 열리는 보리알의 수가 적은 대신 크기가 크다. 우리나라에서 주로 재배되는 보리쌀용 여섯줄보리와는 달리 유럽에서 많이 재배되는 두줄보리는 맥주제조용으로 쓰인다. 여섯줄보리는 중국 양쯔강 상류의 티벳지방, 두줄보리는 카스피해 남쪽 터키 일대의 중앙아시아 지역이 원산지다.

오랜 옛날부터 주식으로 많이 재배되었고 소맥인 밀보다 양식으로 더 중요시 여겨 대맥이라 불렀다. 1960년대 1인당 연간 소비량 40kg에 달하던 것이 1970년대에는 1.6kg로 격감했다. 식미성이 좋지 않아 주식에서 밀려난 탓이다. 우리나라에는 삼한 시대 이전부터 재배된 것으로 추정되며 보리라는 단어는 1466년 『구급방언해』에서 처음 발견된다. 겉보리와 쌀보리가 생산되고 있으며 주로 전라도 지방에서 생산된다.

겉보리는 가을에 파종하여 이듬해 5월말경에 수확하고 영남지방에서 주로 재배되어 보리차, 엿기름의 재료로 쓰인다. 쌀보리는 봄에 파종하여 5월말경에 수확하는데 주로 호남지방에서 재배되고 식사용 보리쌀로 쓰인다. 보리 종자에 찹쌀 성분을 교배한 개량종인 찰보리의 전분은 아밀로오스가 적고 아밀로펙틴이 많아 찰기가 뛰어나다. 이처럼 보리는 전분의 구성비에 따라 찰메성이 있는 찰보리와 일반보리인 메보리로 나뉜다. 찰보리쌀은 쌀과 바로 혼합하여 밥을 지을 수 있고 밥이 식었을 때 덜 딱딱해지는 특성이 있으나 찰기가 떨어지는 메보리는 따로 삶았다가 쌀과 합해 다시 밥을 지어야 하는 번거로움이 있어 일반 가정에서는 단연 찰보리를 선호한다. 또한 메보리보다 식이섬유 함량이 높고 베타글루칸도 20% 이상 더 많아 비싼 만큼 경제적이다.

찰보리의 주산지인 호남 지역 중 전북 군산과 전남 영광이 지리적 표시제 등록을 완료했다. 두 곳 다 도내 최고생산량을 기록하고 있는데 토양이 기름지고 비옥하며 보리생육에 적당한 pH 6-7 정도의 미사질양토의 재배환경을 갖고 있다. 이 중 흰찰쌀보리 명품화 사업에 먼저 시동을 건 군산시는 보리막걸리인 '맥걸리'를 비롯해 보리국수, 보리빵, 보리떡 등 다양한 관련 상품을 선보이고 있다.

보리가 쌀보다 낫다? 쌀이 부족했던 60,70년대만 하더라도 보리밥 장려운동이 한창이었다. 이 때 내세운 구호였는데 과연 사실일까. 보리는 조단백이 9.5-11.8%, 지방질이 1.1-1.2%로 쌀보다 높고 당질은 77%로 81.6%의 쌀보다 낮지만 식이섬유가 쌀의 10배, 밀가루의 5배로 훨씬 많다. 다양한 무기질 중 칼륨과 철분의 함량은 쌀에 비해 8배와 5배가 높고 비타민 B군은 쌀보다 1.5-2배 많이 함유되어 있다. 특별히 도정한 후에도 속겨층이 쌀처럼 완전 제거되지 않고 보리알의 중앙 깊은 골에 섬유질과 영양소가 그대로 남아있어 손실이 적은 대신 거친 질감을 준다. 쌀에 비해 거칠고 물에 잘 풀리지 않아 익히는데 시간이 더 걸린다는 단점을 제외하면 완전한 판정승이다.

보리의 대표적인 효능을 소개하면,
1. 콜레스테롤의 합성을 억제하는 토코트리에놀이 다량 함유되어 있다. 끈적이는 성질의 수용성 식이섬유 베타글루칸은 위와 장에서 음식물의 통과를 느리게 하여 당이나 지방의 흡수를 지연시키므로 당뇨 환자에 좋다. 쌀보다 훨씬 많은 칼슘, 섬유질, 비타민 B군 등이 피부를 탄력있게 해 주며 나트륨이 적은 대신 칼륨이 많아 혈압을 조절해 준다.
2. 풍부한 비타민 B6가 두뇌활동을 촉진하고 집중력을 높여주어 성장

　기 어린의 정신 건강에 좋다.

3. 말초혈관 활동을 원활히 하는 비타민 E와 말초신경의 기능을 향상시키는 비타민 B가 정력을 강화시킨다. 고대 로마 검투사들이 체력 보강을 위해 섭취했다는 기록이 있다.

4. 보리는 『동의보감』에 다섯 가지 곡식 중 으뜸이라는 오곡지장으로 기록되어 있다. 풍부한 비타민과 수용성 식이섬유가 장내세균총의 환경을 개선하여 장을 튼튼하게 하고 변비를 해소하며 포만감을 주어 식품의 섭취량을 줄여주고 소화촉진을 돕는다.

5. 화학비료를 사용하는 산성토양 대신 알칼리성 불모지에서 잘 자라는 보리는 우리 몸을 알칼리성 체질로 바꿔준다.

6. 백미에는 섬유질이 100g당 0.3g, 현미에는 1g이지만 보리에는 무려 2.9g이 함유되어 있어 섬유질이 전혀 없는 육식 섭취시 함께 먹으면 변비를 예방하고 장내 독소와 오염물질을 배출해 준다.

7. 보리 속의 프로안토시아니딘과 폴리페놀화합물은 면역증강 효과와 항알레르기 작용, 항산화 효과를 나타내어 암 예방에 도움을 준다.

'방귀 길 나자 보리양식 떨어진다.' 보리밥을 먹으면 방귀가 잘 나오는데 좀 뀔 만하니까 양식이 떨어지곤 했던 보릿고개 시절의 속담이다. 보리에 많은 수용성 식이섬유는 소장에서 소화 흡수되지 않은 채 대장에 도달하면 점질성의 베타글루칸은 장내 미생물에 의해 급속히 발효되어 여러 가지 휘발성 물질을 생성하는데 이것이 장내가스를 유발하여 방귀가 잦아지는 것이다. 그렇지만 방귀는 생리적으로 대단히 중요하다. 발효부산물로 생성되는 아세테이트와 프로피온산 등 짧은 사슬의 지방산들이 간에서 콜레스테롤 합성을 저해하고 부티르산 같은 지방산이 대장암에 대한 보호 효과를 발휘하기 때문이다. 그러니 방귀대장 뿡뿡이로 놀림을 받더라도 몸에 좋은 보리밥을 먹은 후엔 마음껏 방귀를 끼시라.

찰옥수수

옥수수 잎 서걱거릴 때면
강냉이 한 아름 이고
풀섶에 치맛자락 끌리며
재 넘던 어머니 발자국 소리 ...

　시인 박연걸의 시 〈옥수수 잎〉 한 대목이다. 불볕더위를 헤집으며 밭이랑에 땀방울을 쏟아내던 어머니 생각이 간절하다. 어렵던 시절, 서민들의 한 끼 식사로 여겨졌던 옥수수는 우리나라뿐만 아니라 세계 각지에서 식사 대용 및 사료작물로 큰 인기를 누리고 있다. 한반도에는 16세기경 고려 원나라 군사들이 들여온 것으로 추정되며 조선시대 『산림경제(山林經濟)』에 그 재배법이 실려있다. 옥수수의 어원은 알맹이가 구슬처럼 윤택이 난다 하여 수수에 '구슬 옥(玉)'자를 붙였다는 설과 '옥촉

수'라는 한자 이름이 옥수수로 변화되었다는 설이 전해진다. 강냉이는 중국 강남땅에서 건너왔다는 뜻을 담고 있다.

옥수수는 한해살이풀로서 외떡잎식물 벼목 화분과에 속한다. 멕시코 테후아칸(Tehyacan) 계곡에서 발견된 것이 가장 오래된 옥수수로 약 7,000년 전에 재배된 것으로 추정되며 그 야생종은 테오신트(Teosinte) 일 것이라는 학설이 지배적이다. 야생종이 멕시코 및 과테말라 지역에서 많이 발견되고 있으며, 재배된 증거를 보여주는 테후아칸 동굴이 인근에 있어서다. 또한 1만 년 전의 옥수수 화분이 발굴되었던 옥사카(Oxaca)도 같은 지역에 있기 때문에 중앙아메리카, 멕시코를 옥수수의 원산지로 보는 것이다. 이후 북미 전역에 퍼져나가 미국 대평원에 콘 벨트(Corn belt) 대단지가 형성되게 된다. 1492년 콜롬부스의 신대륙 발견 이후 유럽으로 전파되어 16~17세기에 걸쳐 중국, 아프리카로 확산되었다. 미국은 연간 2억5천만 톤 정도를 생산, 세계 무역량의 65%를 차지하는 최대생산국이다. 밀, 쌀에 이어 세계 3대 곡물인 옥수수는 사료용, 공업용 등 그 쓰임새가 다양하여 교역량이 적지 않은데, 연간 생산 8만 톤에 불과한 우리나라는 생산량의 100배를 초과하는 850만 톤 이상을 수입에 의존하고 있다.

우리나라 최대산지는 강원도인데 홍천, 정선 일대가 지리적 표시제 농산물로 등록되어 최고 산지로 이름을 날리고 있다. 옥수수는 벼과 한해살이풀로서 척박한 땅에서도 잘 자라는 강한 식물이라서 농약 없이도 재배 가능한 친환경 농산물이다. 특히 이곳에서 재배되는 찰옥수수(Waxy corn)는 나종 또는 납질종으로 불리는데 종실(從實)은 반투명에 가깝고 가열하면 점성 녹말인 아밀로펙틴(amylopectin)으로 인해 찰기가 강해진다. 근래 발표에 의하면 우리나라 옥수수가 최고의 품질과 맛을 자랑한다고 하니 옥수수를 통해서도 강원도의 힘을 느껴봄 직하다.

　옥수수는 단백질, 지질, 당질, 섬유소, 무기질, 비타민 등 성분을 골고
루 함유하고 있어 남녀노소를 가리지 않고 사랑받는 영양식품이다. 찌
거나 굽거나 튀밥으로 먹어도 고소한 맛이 탁월하여 맛에서도 세대를
초월하여 많은 사랑을 받고 있다.

옥수수의 대표적인 효능을 살펴보면,

1. **혈관 정화.** 혈관을 깨끗이 청소해 주는 필수지방산인 리놀렌산
   (Linoleic acid)이 풍부하여 혈중 콜레스테롤치를 낮추어 동맥경화,
   고혈압, 심장병, 뇌졸중 등 심혈관계 질환을 예방하는 효과가 있다.

2. **충치 예방.** 인사돌, 덴타돌 등 잇몸질환치료제의 주성분인 덴타놀
   (Dentanol)은 치아를 튼튼하게 하여 충치를 예방해 준다.

3. **정장 효과.** 옥수수의 섬유질은 장을 자극하여 장 운동을 활발하게
   하고 노폐물을 배출해 주는 기능을 한다. 단 과식하면 설사를 유발
   할 수 있으므로 적당히 섭취할 것.

4. **신경안정 효과.** 탄수화물의 조절기능으로 인해 신경을 안정시키고
   쾌면을 유도한다. 조개류와 함께 조리해 먹으면 눈의 피로를 없애
   고 초조감을 진정시킬 수 있다.

5. **체력 증강.** 풍부한 비타민B1이 식욕부진, 무기력증을 해소하고 비
   타민E가 체력을 증강시키고 신장병에 효과를 나타낸다. 단 필수아
   미노산의 함량이 적으므로 이를 간단히 보충해 줄 수 있는 우유와
   함께 먹는 것이 좋다.

6. **항암작용.** 항암물질로 알려진 단백분해효소억제제(Protease
   inhibitor)가 고농도로 함유되어 있다. 미국 루이지애나대학 메디
   컬센터팀은 결장암, 유방암, 전립선암의 사망률을 개선하는 효과가
   있다고 밝혔다.

최근 다이어트 음료로 각광받고 있는 옥수수수염은 이뇨, 지혈 작용이
있다. 예로부터 소변을 배출하고 부종을 제거하는 특효약으로 사용되어
온 옥수수수염은 염화물의 배출량을 증가시키고 혈액 중의 프로트롬빈
(Prothrombin) 함량을 증가시켜 지혈제와 이뇨제, 방광과 요도결석에
응용되고 있다. 최근 중앙대 비뇨기과 명순철 교수는 옥수수수염 추출
물에서 루테올린 등 3가지 항산화, 항염증 물질과 방광 및 전립선 증상
개선작용이 있는 유효성분을 확인하여 이를 입증한 바 있다. 하지만 다
이어트를 한답시고 옥수수수염차를 과다 섭취하는 것은 금물이다. 섭취
량보다 더 많은 소변 배출을 야기하여 탈수 증상을 보일 수 있으므로 조
심해야 한다. 장기간 옥수수수염차를 복용할 경우에는 중간중간 생수를
마셔 주는 것이 좋다.

영화관에서 즐기는 팝콘(Pop corn)은 미국 개척시대 메사추세츠 주의
인디언 추장 콰테쿠이나가 튀긴 옥수수를 축제선물로 담아온 데서 유래
한다고 한다. '터트린 옥수수'라는 뜻의 팝콘은 섬유질이 풍부하고 칼로
리가 적어 인디언들의 다이어트 간식으로 애용되었지만, 지금은 버터를
잔뜩 발라 맛을 내므로 오히려 비만을 유발하는 원흉으로 지목받고 있
다. 몸에 좋은 옐로우 푸드의 대명사인 옥수수, 찌거나 굽거나 튀기거나
간에 그대로의 맛과 영양을 즐기도록 하자.

참외

....

제10호 지리적표시 농산물 – 성주 참외

<u>어머니는 뚝배기 하나 사고 소금 조금 사고 개구리참외도 사실까</u>
<u>참외 사시면서 이승에 두고 온 아들 딸 생각 또 하실까...</u>
<u>개구리참외는 목생이 형이랑 둘이서만 먹을까</u>
<u>거기서도 어머니는 찔름 들어간 못생긴 참외를 잡수시고</u>
<u>예쁘고 맛난 건 아들 주실까...</u>

　지금은 고인이 된 동화작가 권정생의 동시 '어머니 사시는 그 나라에
는' 일부분이다. 저승에서도 장을 보실 돌아가신 어머니에 대한 그리움
이 덕지덕지 묻어난다. 돌아가신 내 어머님도 여름철 장을 보고 오실 때
면 어김없이 참외 한 봉지를 풀어놓곤 하셨다.

　박과에 속하는 1년생 식물인 참외의 원산지는 아프리카 니제르강 연
안의 기니아(Guinea)로 추정된다. 우리나라에는 삼국시대 이전에 중국

화북으로부터 들여온 것이 시초였으며 고려 시대에는 참외를 형상화한 자기나 주전자가 만들어질 만큼 참외 재배가 융성하였다고 한다. 『증보 산림경제(增補山林經濟)』에 의하면 참외는 계통이 많고 과피 색은 청록 색이거나 금빛, 개구리 무늬가 있는 등 다양하였다는 기록이 있다. 참외 의 '참'은 우리말큰사전에서 '허름하지 않고 썩 좋은'이라는 뜻을 지니고 있어 다른 박과 식물보다 맛과 향이 좋다는 의미를 담고 있다.

참외는 우리나라의 기후 풍토에서 그 특성이 가장 돋보이는 유전자를 지니고 있다. 60-70년 전만 하더라도 개구리참외(성환 참외) 같은 재래 종 품종이 주류를 이루었으나 1957년 일본에서 은전참외가 처음 도입 되어 높은 당도와 아삭한 육질로 인기를 모으더니 60년대 들어서는 교 배종인 신품종이 속속 발표되면서 재배 방식도 노지 재배에서 하우스 시설재배로 발전되었다. 대표적인 여름 과일이라는 게 무색할 만큼 지 금은 95% 정도가 하우스 시설재배를 하므로 한겨울을 제외하곤 1년 내 내 싱싱한 참외를 맛볼 수 있다.

우리나라 참외 주산지는 단연 경북 성주이다. 성주에 가면 끝없이 펼 쳐진 하우스가 장관을 이룬다. 대부분이 참외 하우스일 정도로 이곳의 하우스 참외는 우리나라 전체 생산량의 65% 이상을 차지하고 있다. 성 주군은 경상북도 서남부에 위치한 산간 내륙지역으로서 가야산 일대의 양토와 풍부한 일조량, 낙동강을 끼고 있는 넓은 평야와 깨끗한 농업용 수 등 최적의 재배 조건을 갖추고 있다. 토양이 화강암 부식토라서 칼슘 성분이 많고 고온 건조한 기후와 풍토가 참외 재배에 적합한 데다 오랜 경험으로 터득한 재배 기술까지 더해져 성주 참외가 으뜸일 수밖에 없 다는 것이 이곳 관계자의 설명이다.

성주 참외의 일등 비결을 좀 더 자세히 살펴보니 첫째, 이곳의 비닐하우

스 높이가 다른 곳에 비해 상대적으로 낮았다. 열 전도율이 좋도록 비닐
하우스 천장높이를 최대한 낮춘 것이다. 둘째, 호박 뿌리에 참외 줄기를
접목하고 있었다. 연작이 힘든 작물이라서 한 번 열매를 맺고 나면 뿌리
가 약해져 시들어 버리는 것을 방지하기 위함이다. 셋째, 참외 상자를 규
격화하여 작목반이 달라도 똑같은 모양과 크기로 소비자에게 신뢰감을 심
어주고 있다. 최근에는 한약재를 이용하거나 비료 대신 유기퇴비를 사용
해 한방 참외, 꿀 참외, 유기농 참외 등 브랜드 상품을 선보이고 있다.

　참외는 달다고 해서 첨과(甛瓜), 뛰어나다고 해서 진과(眞瓜)로 불린
다. 수분 함량이 90% 정도이고 단백질과 지질, 당질이 풍부하며 칼슘,
인 등 무기질과 피로회복에 좋은 비타민 C의 함량이 높다. 땀이 많이 나
는 하절기에는 몸이 산성으로 변하기 쉬운데 알칼리성 식품인 참외를
많이 먹으면 몸의 균형을 유지할 수 있다. 이뇨작용을 하는 칼륨 함량이
높아 한방에서는 이뇨작용과 갈증해소 약재로도 유용하게 쓰이고 있다.
또 기침을 멎게 하고 가래를 없애주며 피와 간을 해독하는 효과도 있다.
신진대사를 촉진하고 노폐물을 제거해 변비와 황달, 수종, 이뇨 등의 증
상에 사용된다. 특히 쿠쿠르비타신이라는 항암 성분이 들어 있어 암세
포가 확산되는 것을 막아준다. 하지만 수박과 마찬가지로 찬 성질을 가
지고 있어 몸이 차거나 위가 약한 사람, 어린아이들은 한꺼번에 너무 많
이 먹지 않는 것이 좋다.

맛있는 참외 고르는 요령
1. 크기가 큰 것보다는 작은 것이 더 달다. 들어봐서 약간 가벼운 듯한
　것이 좋다.
2. 잘 익은 참외는 겉에서 향이 난다. 하지만 향이 너무 짙으면 수확한
　지 오래된 것일 수 있다.

3. 색깔이 선명하여 맑은 노란색이나 짙은 감빛을 띠는 것이 좋다.

4. 골이 움푹 파이고 꼭지가 가는 것이 달고 신선하다.

5. 흔들었을 때 묵직하거나 출렁거리는 느낌이 있다면 물이 든 것이므로 피하는 것이 좋다.

참외를 보관할 때는 냉장고에 보관하는 것보다 신문지에 싸거나 종이 봉투 등에 담아서 그늘지고 시원한 곳에 두는 게 좋다. 참외를 비롯한 대부분의 과일들은 시간이 흐를수록 수분이 증발하여 고유의 맛과 향, 당도가 떨어지게 되는데, 이렇게 하면 어느 정도 막을 수 있다.

매년 4월 하순이면 이곳 성주에서는 참외 축제가 열린다. 우수 재배 농가를 선정하여 포상하고 참외 시식행사 등을 통해 성주 참외의 진가를 널리 알리고 있다. 2011년 3월에는 처음으로 일본 수출의 길이 열렸고 대만, 홍콩, 등지에서 바이어 상담이 한창이라 한다. 우리 농업의 경쟁력, 성주 참외가 그 핵심에 우뚝 서 주길 기대한다.

참외장아찌 만드는 법

재료. 참외 8개, (달임장)간장 1200g, 청주 160g, 식초 750g. 설탕 100g, 고추씨 100g

1. 꼭지 부분을 떼어낸 참외를 베이킹 푼 물에 담궈 씻은 후 깨끗이 헹군다.
2. 참외 물기를 확실히 닦아주고 반으로 자른다.
3. 티스푼을 이용해 무른 부분까지 깔끔하게 속을 파낸 후 소독한 유리병에 담아준다.
5. 분량의 달임장을 계량해서 냄비에 담고 끓여서 차게 식힌다.
6. 식은 달임장을 손질한 참외에 부어준다.
7. 몇 시간 실온에서 뒤집다가 병에 담아 냉장고에 넣는다.
8. 3일 후 다시 달임장만 꺼내 간장 80g을 더 넣고 끓인 후 차게 식혀 다시 붓는다.
   (처음부터 간장 80g을 추가해서 끓여도 됩니다)
9. 3~4일 후부터 드시면 된다.

청태전(靑苔田)

신청 준비 지리적표시 농산물 – 장흥 청태전

노산 연산오계(連山烏鷄),

울릉군 칡소와 섬말나리,

장흥 돈차 청태전,

제주 푸른콩장과 흑우(黑牛),

진주 앉은뱅이밀,

태안 자염(煮鹽)

　이상 6개 지역의 8가지 식품은 국제 슬로푸드 운동본부가 선정하는 'Ark of Taste(맛의 방주)' 목록에 등재된 대한민국 먹거리들이다. 'Slow food'란 1986년 이탈리아의 음식 운동가 카를로 페트리니에 의해 시작된 시민운동으로서 Good(맛있고 신선하고 감각을 자극하여 오감을 만족시키는 음식), Clean(생태계와 환경을 해치지 않고 인간의 건강을 위협하지 않도록 생산된 음식), Fair(생산—상품화—소비의 모든 단계에서 공정한 조건을 갖춘 음식)에 부합하는 식품을 골라 슬로푸드 운동을 펼치고 있는데, 1996년부터는 잊히거나 과소 평가되어 완전히 사라질 위험에 처한 먹거리 목록을 만들고 있다. 이름하여 '맛의 방주'. 성경 속 노아의 방주처럼 인류 위기 때 꼭 지켜내야 할 귀중한 식품들로서 이탈리아 푸길리아 지방의 붉은 양파, 브라질의 과일 음부(Umbu), 캐나다의 토종 흰닭(Chantecler coq) 등 500여 점이 이름을 올리고 있다. 우리나라도 천연기념물인 논산의 연산 화악리 오계를 비롯해 총 8종이 등재되어 있으며 그중에는 장흥의 전통차인 돈차 청태전도 당당히 이름을 올리고 있다. 맛의 방주에 이름을 올린 식품들은 누구도 알아주지 않는 일에 푹 빠진 개개인들의 피땀에 의해 복원된 소중한 인류자산들이다.

장흥 돈차 청태전을 복원한 김수희 씨는 장흥 토박이로 평생을 살아온 평범한 촌부였다. 그녀가 전통차인 청태전에 관심을 가지게 된 것은 장흥군 '보림사(寶林寺)'라는 절에 다니던 어느 날, 한 스님으로부터 청태전을 소개받고 차를 만드는 방법도 사사 받았다. 그녀의 말을 빌리면, "청태전은 보림사가 창건된 통일신라 시대 때부터 마시던 차로서, 『세종실록(世宗實錄)』『동국여지승람(東國輿地勝覽)』『경세유표(經世遺表)』『임하필기(林下筆記)』 등에 전해지지요. 장흥은 고려시대 때 전국 19곳의 다소(茶所) 가운데 13개 소가 이곳에 밀집해 있었을 만큼 차와 샘의 본산지라고 할 수 있습니다. 대부분의 차는 잎을 덖어 만들지만, 청태전은 시루에 찌고 맷돌에 빻아 틀에 넣어 만들었지요. 그 생김새가 엽전처럼 생겼다 해서 전차(錢茶), 돈차라 불렀고 곶감 말리는 모습과 같다 해서 '곶차'라고도 했지요. 청태전이라 부른 곳은 이곳 장흥이 유일한데, 고형차를 만들어 처마 밑에 줄줄이 꿰어 널어놓은 모양에서 푸른곰팡이가 생길 것 같은 염려에서 '푸를 청(靑)+이끼 태(苔)+돈 전(錢)'으로 불렀다는 설이 있고, 장흥 바닷가에서 채취한 김의 일종인 청태(靑苔)의 빛깔이 연상되어 그렇게 불렸다는 설이 전해집니다." 정리하건대 청태전은 우리 고유의 전통차로 삼국시대 때부터 우리나라 남해안, 특히 장흥 일대를 중심으로 존재했던 세계에서 유일한 동전 모양의 떡차(=餅茶)이다. 육우의『다경(茶經)』에 기록된 병차(餅茶)의 영향을 이어받은 유습으로 평가되며 동아시아 차 문화 및 발달사의 역사적 근간을 이루는 귀중한 차 문화유산이다.

이렇게 김수희 씨가 청태전에 푹 빠져 장흥 산야의 야생차밭을 누비며 수확하고 전통 방식에 따라 청태전을 만들어 온 지 20여 년만인 2008년, 장흥 청태전이 세상에 빛을 발할 기회가 찾아왔다. 그녀의 육성을 좀 더 들어보자. "당시 국내에서는 잊혀져가던 차 가운데 하나였지만 일본에서는 최고의 차라고 칭송하던 모 대학교수의 제자가 청태전 등 우리나라 전통차를 공부하기 위해 한국에 머물고 있었어요. 그해에 마침 일본에서 〈세계 녹차 콘테스트〉가 열릴 예정이어서 그분과 그 스승님의 권유로 청태전을 출품하게 되었는데, 그게 그만 최고 금상을 받았지 뭐예요." 한국 일본 중국 등지에서 출품된 90여 종의 뛰어난 차들과 경합을 벌인 콘테스트에서 최고 금상을 받았으니 대단한 쾌거였다. 이후 장흥 일대에서 가장 넓은 야생차밭을 소유한 보림사와 지역의 뜻 있는 야생차 자생지 땅 주인 등의 도움을 받아 '평화다원(장흥읍 평화리 74-1 소재)'을 열고 가공한 차를 보관하는 전용 시설을 갖춰 숙성과 발효과정을 거친 청태전을 안정적으로 가공하게 되었다. 2010년에 발족한 장흥청태전영농조합법인(대표 장내순)은 '2022년 행안부형 마을기업 고도화 분야'에 선정될 정도로 청태전 생산에 심혈을 기울여 장흥 청태전이 세계 속의 명차로 거듭나는 데 일조하고 있다. 이에 발맞추어 장흥군도 차 산업의 성장 잠재력을 자극하여 침체된 농업에 활력을 불어넣고 지역 발전을 도모할 목적으로 목포대 산학협력단에 전통차 청태전 복원 및 생약초 연구개발 용역을 의뢰하고, 지리적표시 농산물 등록을 통해 장흥 청태전의 브랜드 가치를 드높임은 물론 이미지 제고를 위한 홍보 및 차문화 활성화에 힘써 청태전이 명품 'World tea'가 되도록 육성 지원에 심혈을 기울이고 있다.

국가중요농업유산 제12호로 지정된 '장흥 발효차 청태전 농업 시스템'은 비자나무, 소나무 등 수목 하층부에서의 차 재배환경 조성과 청태전을 만드는 제다 과정, 음용법 등이 오랫동안 독특하게 유지되어 와 중요농업유산으로서 가치를 인정받았다. 차나무와 공생하는 상층부 수목의 가지를 정지하여 햇볕의 양을 조절하는 재배기법은 찻잎의 수확량 및 차의 맛을 좌우하는 성분과도 밀접한 관계가 있으며, 청태전의 맛에도 영향을 미치고 있다. 청태전은 산속에서 자란 야생 녹차잎을 따와 절구질해서 동그랗게 성형하고, 10여 개씩 대꼬챙이에 끼워 매달아 실내에서 20일가량 자연 건조시킨 뒤 항아리에 담아 1년 이상 발효과정을 거쳐 만든다. 완성된 청태전은 맥반석 위에서 한번 은근하게 구운 뒤 끓는 물에 우려내면 진홍빛을 띤다. 빛깔은 언뜻 보면 오미자차와 비슷하나 맛과 향은 옥수수차나 보리차에 더 가깝다. 발효과정을 거치면서 녹차의 떫은맛이 자연스레 사라지고, 부드러운 맛과 고소한 향만 남게 되어 마실수록 독특한 매력에 끌린다. 발효식품을 만드는 데 가장 중요한 점은 일정한 환경을 조성하는 것이다. 잘못하면 발효과정에서 원재료가 상하는 일도 비일비재하기 때문이다. 일정한 온도, 습도, 통풍을 유지해 발효에 적합한 환경을 유지해야 한다.

장흥 돈차 청태전을 마시는 법은 의외로 간단하다. 생수 500~600ml를 팔팔 끓인 뒤 청태전 한 덩이(7~9g)를 넣어 약 5분간 우려내어 마시

면 된다. 3,4회 우려내도 맛과 향, 영양이 그대로 유지된다. 프라이팬에
약불로 3분쯤 구운 뒤 끓는 물에 넣으면 조금 색다른 맛을 느낄 수 있
다. 청태전은 예로부터 속앓이를 할 때 마시는 상비약으로 활용되었고,
지금도 감기 초기증상이 나타날 때 청태전에 생강 모과 유자 귤피 오가
피 쑥 등을 함께 넣어 마시면 민간요법으로 제법 약효를 볼 수 있다. 맑
고 투명한 탕 색과 부드러운 맛이 돋보이는 '청태전'은 폴리페놀 성분인
카테킨이 다량 함유되어 있어 성인병과 노화 방지에 효과가 있으며 변
비 예방과 해열 등에도 효능이 있다.

농촌진흥청은 우리나라와 중국, 일본 동양 3개국의 전통 미생물 후발
효차의 군집 분석을 통해 우리 전통차의 독창성을 밝혔다. 분석 결과,
한국의 청태전에는 혐기성미생물(Pantoea)이 57.14%, 중국의 보이차
(普洱茶)는 호기성미생물(Sphingomonas)이 19.1%, 일본의 아와반차
(阿波晩茶)는 통성혐기성미생물(Lactobacillus)이 88.9%나 들어 있는
것으로 나타났다. 이는 한국의 전통 후발효차인 떡차(청태전)는 중국과
일본의 전통 미생물차(후발효차)와 구별되는 독창성을 가지며, 한국 전
통 차 문화의 계승과 농업인의 소득을 위해 국가에서 보존해야 할 가치
가 높다는 점을 과학적으로 입증한 셈이다.

콩

....

제78호 지리적표시 농산물 – 인제 콩

콩 심은 데 콩 나고
팥 심은 데 팥 난다.

뿌린 대로 거둔다는 우리 속담이다. 전래동화 『콩쥐팥쥐』에서도 알 수 있듯이 팥과 함께 콩은 우리 음식문화의 대중을 이룬다. 무슨 일이든 근본에 합당한 결과를 바라야 한다는 삶의 지혜는 예나 지금이나 변함이 없다.

콩(Soybean)은 콩과에 속하는 1년생 식용작물로 생육 기간은 75～200일에 이르지만, 일반적인 재배품종은 90～160일 범위에 속한다. 최적의 생육온도는 25～30℃이고 파종기와 발아기에는 15～17℃ 이상, 개화 · 결실기에는 밤 온도가 20～25℃가 알맞다. 수분이 충분한 중성·약산성 토양에 부식·인산·칼리·석회 등이 풍부하고 배수가 잘 되는 사양토나 식양토가 알맞다. 강원도 인제군이 콩을 지리적표시 농산물로 등록하였다. 이곳은 생육 기간인 7~8월의 평균기온이 23.4도이고 생육 후기인 8~10월의 일교차가 평균 12.6도로 높아 활발한 광합성이 꼬투리 결실을 좋게 하며 콩의 비대를 촉진, 단백질 함량이 높은 콩을 생산해낸다.

콩은 『시경(詩經)』에 숙(菽)이라는 이름으로 처음 등장하는데, 숙의 꼬투리가 나무로 만든 제기인 두(豆)와 비슷하여 숙은 두가 되어버렸다. 그러다가 알갱이가 작은 콩 무리가 들어오게 되자 이것을 소두(小豆), 본래의 콩을 대두(大豆)라 구별 짓게 되었다. 콩의 원산지는 옛 고구려 땅인 중국 동북부 지방이다. 『관자(管子)』에 제나라 환공이 만주에서 콩을 가져와 중국에 보급시켰다는 기록이 있고, 함경북도 회령군의 청동기시대 유적에서 콩이 출토된 점 등이 이를 뒷받침한다. 유럽에는 1690년경 독일에 처음 전파되었고, 미국에는 1804년경에 소개되어 1900년경부터 널리 재배되기 시작하여 현재 세계 총생산량의 약 70%를 차지하고 있다.

콩은 '밭에서 나는 소고기'로 불릴 정도로 단백질의 양이 농작물 중에서 최고이며 구성 아미노산의 종류도 육류에 비해 손색이 없다. 콩은 100g당 열량 400㎉, 탄수화물 30.7g, 단백질 36.2g, 지방 17.8g, 비타민(비타민 B1, B2, 나이아신 등), 무기질(칼슘, 인, 철, 나트륨, 칼륨 등), 섬유소 등이 들어 있는 영양식품이다. 비타민 C는 거의 없지만 콩나물로 재배될 때 싹이 돋는 과정에 변화가 생겨 비타민 C가 풍부한 식품이 된다.

콩의 주요 효능으로 체중 감량, 골밀도 증강, 유방암 발병률 감소 등을

들 수 있다. 콩의 풍부한 식이섬유가 급격한 혈당 상승을 억제하여 당뇨
병 예방에 도움이 되고 콩의 사포닌 성분이 비만 체질을 개선한다. 또
콩을 많이 먹으면 치매를 방지하고 머리가 좋아진다. 이는 콩의 레시틴
이 뇌세포의 활동에 관여하는 아세틸콜린(acetylcholine)이라는 신경전
달물질의 원료가 되기 때문이다. 항암작용과 골다공증 예방에도 효과적
이고 장 기능을 개선하여 배변을 원활하게 하는 데도 기여한다. 특히 검
은콩 껍질에는 글리시테인(glycitein)이라는 항암 물질이 들어 있어 암
예방에 큰 도움을 준다. 그러나 성질이 차서 소화기관이 약하거나 설사
를 자주 하는 사람은 자제하는 것이 좋다. 동물실험에서 콩 단백질을 먹
은 쥐는 우유 단백질을 섭취한 쥐에 비해 체지방이 평균 20%, 체중은
1% 줄어든 것으로 나타났다. 콩이 다이어트에도 좋다는 실험결과이다.

콩을 언급하면서 빼놓을 수 없는 성분이 이소플라본(Isoflavon)이다.
콩에 함유되어 있는 이소플라본은 골밀도를 높여 뼈를 튼튼하게 해준
다. 항암효과도 있으며 혈중 콜레스테롤을 낮추고 심장병 예방에도 효
과가 있다. 매일 50~100㎎의 이소플라본을 섭취하는 것이 좋은데 두
부 1모에 150㎎, 두유 1팩(200㎖)에는 30㎎, 된장 15g에는 5.5㎎가량
의 이소플라본이 들어 있다. 한편 쥐의 눈처럼 생겨 서목태(鼠目太)라고
불리는 쥐눈이콩에는 이소플라본 성분이 일반 콩보다 5~6배 많다. 쥐
눈이콩에 함유되어 있는 인 중합체 폴리포스페이트(polyphosphate)는
자외선에 의한 피부 노화를 억제하는 것으로 밝혀져 있다.

심혈관 질환에 미치는 영향에 관한 여러 연구에 따르면 규칙적인 콩
섭취는 저밀도지방단백질(LDL) 콜레스테롤과 중성지방을 낮춤과 동시
에 동맥경화를 예방하는 고밀도지방단백질(HDL) 콜레스테롤을 높인
다. 풍부한 불포화지방산이 LDL 콜레스테롤 수치를 낮추는 작용을 하

기 때문이다. 또 콩에는 동맥경화를 예방하는 오메가-3 지방산도 많이 들어 있다. 일명 노란콩 또는 흰콩(백태)으로 불리는 대두는 오장을 보해 주고 경락의 순환을 도우며 장과 위를 따뜻하게 해주는 효능이 있다. 『동의보감(東醫寶鑑)』에는 대두를 '두시(豆豉)'라 하여 울화증을 가라앉히는 데 효과적이라고 했다.

콩은 날로 먹으면 소화가 잘 안 되지만 익혀 먹으면 65%, 두부로 먹으면 95%, 된장으로 먹으면 80% 정도 소화 · 흡수가 된다. 그 때문인지 오래전부터 장을 담그거나 메주를 쑤는 가공기술이 발달하였다. A.D 290년에 발간된 『삼국지위지동이전(三國志魏志東夷傳)』에 '고구려인은 장 담그고 술 빚는 솜씨가 훌륭하다'고 적혀 있고, 『삼국사기(三國史記)』에는 신라 신문왕이 김흠운의 딸을 왕비로 삼을 때 보낸 예물 중 '시(豉)', 즉 메주를 보냈다는 기록이 있다. 한편 우리 전통 된장은 '바실러스 서브틸러스(B. subtilis)'라는 세균과 자연계 국균을 이용하는 데 반해 일본 된장인 미소(みそ)는 '아스퍼절러스 오리제(A. oryzae)'라는 순수 국균만 사용한다. 그런 이유로 우리 된장이 구수하고 짠 데 반해 일본 된장은 달고 담백하다.

메주콩을 쑤어 아랫목에 놓아 담요나 이불을 씌워 2~3일간 따뜻하게 보온시킨 청국장(淸國醬, 일명 담북장)은 납두균(納豆菌)이 번식하여 끈끈한 향기를 가진 발효물질로 변한다. 다 뜨게 되면 끈끈이 실을 내는데 이는 아미노산인 글루탐산이 여러 개 합친 것과 과당의 중합물인 프락탄(fructan)이 엉겨서 된 것이다. 납두균의 작용으로 소화력이 높아질 뿐 아니라 콜레스테롤을 분해하는 작용도 한다. 또 납두에는 두뇌 영양물질인 레시틴이 풍부하여 뇌세포간의 신경전달물질인 아세틸콜린의 원료가 된다. 청국장의 포자는 찌개로 끓였을 경우 10분 이상 생존하므로 혈전 제거 효과를 기대한다면 생으로 먹는 것이 가장 좋으나 여의치 않으면 조리 과정 마지막에 청국장을 넣고 1~2분 정도 살짝 끓이는 것이 현명하다.

두유(豆乳, soybean milk)는 우리나라를 비롯하여 중국과 일본 등에서 콩 음료로 마셔 온 것이다. 가정에서 두유 만드는 방법을 소개하면, ① 콩을 물에 담가 하루 정도 불린다. ② 불린 콩을 삶는다. ③ 삶아서 껍질 깐 콩 1/2컵, 물 150㎖(콩 분량의 1.5배 분량)를 넣고 믹서로 간다. ④ 각자의 취향에 따라 약간의 소금 또는 설탕을 넣어 마신다.

두유는 훌륭한 단백질 공급원(100㎖당 4.4g)이며 콜레스테롤이 전혀 없으므로 혈관 건강에 유익한 식품이다. 웰빙 성분인 이소플라본이 풍부하여 특별히 폐경기 여성에게 좋은 음료이다. 안면 홍조, 우울감, 기억력 감퇴 등 갱년기 증상 완화에 도움이 된다.

콩국수는 예나 지금이나 입맛이 없고 땀을 많이 흘리게 되는 여름이면 더위에 지친 심신에 활력을 주는 보양식이다. 여름에는 땀으로 체내의 질소가 다량 배설되므로 단백질 보충이 필요한데 콩은 칼로리나 지방질, 당질은 적은 반면 단백질이 풍부한 저지방 고단백 식품이라서 피로 회복을 돕고 혈관을 튼튼하게 하며 동맥경화 예방 및 노화 지연에 도움이 된다.

남미 에콰도르의 작은 마을 빌카밤바(Vilcabamba)는 질병이 없는 '면역의 섬'으로 알려져 있는데, 건강 장수의 비결은 바로 유기 재배한 콩이었다. 원광대 보건대학원도 우리나라 장수마을을 조사한 결과, 콩과 마늘을 많이 섭취한 주민들이 오래 산다고 발표하였다. 세계 각지에서 콩이 각광을 받고 있다. 콩 심은 데 콩 나듯 콩을 많이 먹으면 무병장수한다.

키위

신청 준비 지리적표시 농산물 – 보성 키위

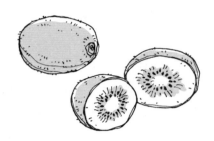

Kiwi(키위)

揚桃(양타오)

참다래

오늘날 세계적 과일이 된 키위는 원산지로 착각할 정도로 뉴질랜드산 키위가 위세를 떨치고 있지만, 원산지는 엄연히 중국 양쯔강 유역 산림 지역이고 우리나라에도 '참다래'라는 예쁜 이름이 있다. '귤화위지(橘化 爲枳; 심는 지역에 따라 귤이 탱자가 된다)'라는 고사처럼 다래과 덩굴성 낙엽과수를 대표하여 멀리 바다를 건너간 양타오가 키위로 변신하며 세계를 제패하는 사이, 중국은 양타오라는 원래 이름 대신 '원숭이 복숭아'라는 의미의 '미허우타오(獼猴桃)' 또는 키위의 발음을 흉내 내어 '괴상하게 생겼다'는 의미로 '치위구어(奇异果)'라 부르며 이 과일을 조롱하고 있다. 우습지 아니한가.

이처럼 키위는 뉴질랜드의 국민 과일이라 불릴 정도로 뉴질랜드를 대표하는 특산물이다. 뉴질랜드의 한 여고 교장이었던 이사벨 프레이저(Isabel Fraser)가 1904년 중국 후베이성 이창시의 학교를 방문했다가 양타오(揚桃, 키위) 맛에 반해 그 씨를 뉴질랜드로 들여온 것이 시초였다. 당시 키위는 '차이니즈 구즈베리(Chinese Gooseberry)'라 불렸는데 뉴질랜드 원예학자 헤이워드 라이트(Hayward Wright)가 1928년에 지금의 키위에 해당하는 품종을 개발하는 데 성공함으로써 'Kiwi Fruit'이라는 이름을 얻게 됐다. 초록색 과육과 달리 과피는 갈색 털로 덮여 있어서 그 모양이 뉴질랜드의 토종 조류인 'Kiwi'와 닮아서였다. 더불어 녹색 키위는 개발자의 이름을 따 '헤이워드 키위'로 불리기 시작했다. 한편 제2차 세계대전 당시 뉴질랜드에 주둔했던 미·영 장병들이 키위에 푹 빠짐으로써 종전 후 영국과 미국으로 수출되며 한껏 위상이 높아진 뉴질랜드산 키위는 한때 세계 키위 시장의 90%를 차지했으며 지금은 뉴질랜드 키위 판매조합인 제스프리(Zespri)사의 감독 아래 미국, 독일, 한국 등지에서 재배, 판매되고 있다. 2010년 기준 세계 생산량이 130만 톤 정도였는데, 이탈리아(33.9%)〉뉴질랜드(28.4%)〉칠레(13.2%) 순으로 빅3가 4분의 3을 차지하고 있다.

참다래 또는 양다래로 불리는 키위의 국내 최대 산지는 단연코 전남 보성이다. '보성' 하면 녹차와 벌교 꼬막을 떠올리기 마련이지만 보성 키위의 재배 역사도 40년이 넘기 때문이다. 1970년대 후반 故 이진형(2003년 작고) 씨가 키위 묘목을 도입한 게 시초로, 1981년 농가 5곳에 식재법을 전수하면서 본격적으로 재배가 시작됐으며 이곳 조성면에는 그를 기리는 공적비가 세워져 있다. 국내 키위 재배 면적은 약 1,250ha. 이 중 전라남도가 44%로써 보성이 20%로 절반 가까운 재배 면적을 보유하고 있다. 농가 330곳에서 연평균 4,500 톤을 생산, 전국 생산량 1위(22% 점유)를 자랑한다. 주요 품종은 Gold Kiwi인 '해금', Green Kiwi인 '헤이워드'와 Red Kiwi이다. 이는 모두 국내 육종생산 품종이다. 특히 해금은 국립종자원으로부터 품종보호종으로 등록돼 보성에서만 생산 판매가 가능하다. 보성 키위의 매력은 시간이 지나도 과육이 잘 물러지지 않는다는 점이다. 이곳에서 생산되는 그린키위는 새콤한 맛, 레드키위는 당도가 최대 25브릭스(당농도 측정단위)에 달할 정도로 달콤한 맛으로 인기가 높다. 참고로 사과의 당도는 15~20브릭스, 하우스 감귤은 12~15브릭스 정도이다. 보성 키위는 2019년 지리적표시 등록을 신청했지만 한 차례 고배를 마신 바 있다. 키위가 외래종인 데다 재배 역사도 길지 않다는 이유에서였다. 하지만 보성군은 등록 자격이 충분하다는 입장이다. 재배 역사가 40년이 넘었고, 국내 최대 생산지이기 때문이다. 2022년 재신청한 보성 키위가 이번에는 기필코 지리적표시 농산물로 등재되어 국산 품종 키위의 새 역사를 열어주길 소망한다.

　최근 일본에서는 '키위 스키너트(Kiwi skinet)'란 신조어가 등장했다. 스킨케어(skin care)와 다이어트(diet)의 합성어로 하루에 키위 1~3개를 먹으면 피부미용과 체중감량 효과를 동시에 얻을 수 있다는 의미이다. 키위가 다이어트의 핵심으로 떠오른 이유는 풍부한 식이섬유 함량이다. 키위에 든 식이섬유는 사과의 3배 수준으로, 팩틴과 같은 가용성 식이섬유는 혈액에 녹아 당, 콜레스테롤과 같은 영양소의 흡수를 지연시키는 효과가 있다. 반면 불용성 식이섬유는 대장 속 노폐물이 잘 배출되도록 도와주므로 변비를 개선해 몸에 쌓인 독소를 제거하고, 검버섯 · 잡티 생성을 막아주는 효과도 있다. 과육보다 껍질 부분에 가용성 식이섬유인 펙틴이 더 많으므로 반으로 잘라 껍질 바로 밑 부분까지 최대한 긁어먹는 게 좋다. 키위는 혈당지수(GI; Glycemic index) 수치가

35로 매우 낮아서 1개당 칼로리는 50~70㎉ 정도로 다른 과일과 비슷하나 낮은 혈당지수로 말미암아 천천히 흡수된다. 또한 혈당지수가 낮으면 지방을 쉽게 소모할 뿐만 아니라 지방이 적게 축적되어 체중 조절에 좋다. 대개 신맛 나는 과일이 단맛 나는 과일에 비해 혈당지수가 낮은 편이다.

그린키위 나무에 새로운 종자를 접붙이하는 방식으로 개량한 것이 '골드키위'다. 우리나라에도 1977년 묘목을 수입해 제주 전남 경남 들지에서 재배하기 시작하여 2002년 골드키위 1호인 '제시골드'를 개발, 2015년까지 10품종의 골드키위를 육성하였다. 그린키위/골드키위 간의 영양을 비교해 보면 열량 72㎉/55㎉, 식이섬유 3.4g/1.4g, 탄수화물 15g/11.3g 등에서는 그린키위가 우세를 보인 반면 엽산, 비타민C, 비타민E는 골드키위가 우세를 보인다. 골드키위에는 오렌지의 2배에 달하는 비타민C, 사과의 6배나 되는 비타민E, 바나나의 5배에 달하는 식이섬유소가 들어 있으며, 과일 중 가장 풍부한 엽산 외에 칼륨, 칼슘, 인 등 무기질이 다량 함유되어 있어서 성장기 어린이에게 특히 좋다. 면역력 증강 효과가 좋아 서양에서는 감기나 잔병치레가 잦은 아이들에게 특별히 권장되는 식품이다. 또한 성장호르몬 분비를 촉진하는 글루탐산과 알기닌을 포함한 다양한 아미노산이 풍부할 뿐만 아니라, 뇌 발달과 폐 기능 향상에 효과적인 식물성 성장호르몬 이노시톨(Inositol)도 함유하고 있다. 임산부들은 대개 임신 이전 4주부터 임신 기간 13주 동안 기형아 출산을 예방하기 위하여 엽산 보충제를 복용하는데, 뉴질랜드 임산부들은 엽산 보충제 대신 엽산이 풍부한 골드키위를 먹는다고 한다. 키위 과즙에는 단백질분해효소인 악티니딘(actinidine)이 들어 있어 고기를 먹은 뒤 후식으로 먹으면 단백질 소화를 도와준다. 또한 키위는 나트륨은 적은 대신 칼륨은 풍부하여 고혈압 예방에도 좋다. 특히 잘 익은 키위는 흑갈색의 작은 씨앗이 동심원상으로 배열되어 있는데, 그 씨 안에는 '생명의 에너지'가 응축되어 있을 뿐만 아니라 여러 가지 영양소가 함유되어 있다. 또한 카로티노이드 일종인 베타카로틴(β-carotene)이 들어 있어 동맥경화, 백내장, 암과 같은 성인병 예방에 이로운 식품이다.

파파야, 파인애플에 알레르기 반응이 있는 사람은 키위에도 알레르기가 있을 확률이 높다. 악티니딘은 단백질을 분해하므로 키위를 유제품과 섞어서 요리하거나, 젤라틴과 섞어서 요리하는 것은 피하여야 한다. 또한 옥살산칼슘(Ca oxalate) 결정이 있어서 다량 섭취하면 심할 경우 입과 목이 붓고 토할 경우도 있으므로 어린아이들이 섭취할 때는 주의해야 한다. 키위를 지속적으로 섭취하면 아스피린과 같이 혈전 형성을 막는다는 연구 결과가 있는데, 이는 씨에 포함된 비타민E와 오메가-3 지방산의 역할 때문이다.

구입 요령은 껍질 색깔이 윤기 있는 갈색을 띠고, 손가락 끝으로 눌렀을 때 잘 익은 복숭아처럼 약간 말랑말랑하며 모양이 고르게 생긴 것을 고르는 게 좋다. 키위의 통상적인 보관일은 5일, 보관온도는 1~5℃이다. 천천히 익혀 먹고 싶을 때는 느슨하게 밀폐된 용기 안에 넣어 상온에서 2~3일 동안 보관하면 되고, 빨리 익혀 먹고 싶을 때는 이미 익은 다른 과일들과 함께 비닐봉지 안에 넣어둔다. 먹을 때는 물에 씻어 잔털을 제거하고 껍질을 벗겨 먹으면 된다. 키위는 늦여름에서 초가을에 열매가 열리는데, 이때 키위가 익기 전에 수확한 뒤 3개월가량 저장 혹은 이동 과정을 거치면 열매가 익어 달콤한 맛으로 즐길 수 있게 된다. 키위는 거친 겉껍질을 제거한 뒤 생으로 그냥 섭취하여도 맛이 좋으며 과일청, 잼, 주스, 아이스크림, 샐러드, 제과의 재료 등으로 다양하게 활용가능하다.

토란

제108호 지리적표시 농산물 – 곡성 토란

부엉이댁이 구미구미 여퉈놓은 피륙에다
이성이댁이 질세라 아낌없이 내놓은 비단필까지 보태면
알토란 같은 포목전을 하나 새로 낼 만했다

　박완서 소설 『미망』 상편에 나오는 한 구절이다. 언급된 알토란은 '내용
이 충실하거나 옹골차고 실속이 있음'을 이르는 말이다. 아무것도 걸치지
않은 몸을 '알몸'이라고 하듯 토란 앞에 붙은 '알-'은 겉에 덮여 있거나 딸
린 것이 완전히 제거되었다는 뜻이므로 껍질을 벗겨낸 하얀 달걀 모양의
알토란을 볼라치면 부실한 데 없이 속이 꽉 차고 단단해 보인다.

　넓은 잎이 연잎과 닮아 토련(土蓮)이라고도 불리는 토란(土卵)은 '흙
속의 알'이란 뜻이다. 열대 아시아 지역이 원산지인 고온성 식물로서,

영어명 taro는 천남성과의 여러해살이풀을 총칭하는 폴리네시아 어원
의 이름이다. 주로 열대지방에서 재배되며 비늘 같은 갈색 껍질로 덮인
덩이줄기 형태의 뿌리를 식용으로 사용한다. 알줄기로 번식하며 약간
습한 곳에서 잘 자란다. 잎은 뿌리에서 나와서 약 1m까지 자라고 긴 잎
자루 위에 형성되는 타원형의 잎몸이 다 자라면 길이 30~50cm, 나비
25~30cm에 이른다. 겉면에 작은 돌기가 있고 양면에 털이 없으며 가
장자리가 물결 모양으로 밋밋하다. 드물게 잎자루 사이에서 14개의 꽃
줄기가 나오는데, 8~9월에 막대 모양의 꽃이삭 위쪽으로 수꽃, 아래쪽
으로 암꽃이 달린다.

  우리나라에선 경기 이남 지역에서 주로 재배되며 3월 중순 종자를 습
하고 기름진 땅에 빽빽이 묻어두었다가 곡우(穀雨; 4월 중순 이후) 즈음
싹이 서너 개 날 때 본밭에 옮겨심는다. 밑거름을 충분히 주었다면 웃거
름은 주지 않아도 되지만 풀을 자주 매주는 것이 좋다. 알이 굵어지게
하려면 풀을 매줄 때 튼실한 놈만 남겨두고 주위의 약한 싹은 잘라준다.
가뭄이 심할 때는 물을 흥건하게 주고 줄기 주위가 마르지 않도록 뽑아
낸 잡풀을 덮어준다. 수확은 상강(霜降; 10월 중하순) 무렵이면 되는데,
알을 캘 때는 흙을 묻힌 채 어미토란(종자로 심었던 토란)과 새끼토란이
떨어지지 않도록 한다. 토란대는 낫으로 확확 베지 말고 작은 칼로 흠집
만 내어 꺾어 잘라야 하는데, 잘린 부위의 산화를 최소화하기 위함이다.
토란즙에는 독성이 있으므로 장갑을 껴서 손과 팔에 묻지 않도록 유의
한다.

  토란은 고려 고종(1213~1259 재위) 때 대장도감에서 간행한 우리나
라 최고(最古)의 한의서인 『향약구급방(鄕藥救急方)』과 고려 후기의 문
신인 이규보(1168~1241) 시문집 『동국이상국집(東國李相國集)』에 언급

된 점으로 보아 고려 시대 이전에 이미 우리나라에 전파된 것으로 추정
된다. 한약재로는 우(芋) 또는 토지(土芝)로 언급되는데, 한방에서는 뱃
속의 열을 내리고 위와 장의 운동을 촉진하는 음식으로 토란국(芋頭湯)
을 추천하고 있다. 조선 영조 25년(1749) 조정준이 저술한『급유방(及幼
方; 소아과 전문의학서)』에는 '토란은 성질이 맵고 평하다. 날것은 약간
의 독이 있으나 끓여 먹으면 독이 없어진다'고 밝히고 있다. 조선 헌종
(1834~1849 재위) 때 정학유가 지은 가사집『농가월령가(農家月令歌)』
'8월령'에 나오는 "북어쾌 젓조기로 추석 명절 쉬어보세. 신도주 올벼송
편 박나물 토란국을 선산에 제물하고 이웃과 나눠 먹세" 구절로 보아 조
선 시대 때는 이미 추석 절식(節食)으로 자리 잡았음을 알 수 있다.

　생 토란 100g에는 수분 84.1g, 탄수화물 13.1g, 단백질 1.5g, 지질
0.1g 외에 무기질과 비타민이 다종 함유되어 있다. 주성분이 탄수화물
과 단백질로 이루어져 있어 감자와 고구마가 전래 되기 전까지는 녹말
의 공급원 역할을 했다. 또한 칼륨(640mg/100g)을 많이 함유하고 있
어 체내의 나트륨 배출을 도와주고 고혈압 예방에 좋을 뿐만 아니라 섬
유질(2.3g/100g)이 풍부해 장의 운동을 활발하게 해주므로 변비와 대
장암 예방에 도움이 된다. 미끈거리는 것은 갈락탄(galactan)과 무틴
(mutin)이라는 점성 성분 때문인데, 갈락탄은 면역력 증진과 뇌세포활
성화, 암세포 증식억제 효과가 있고, 무틴은 위와 장의 점막을 보호하고
소화기관을 강화해준다. 반면 열량은 58kcal로서 고구마 132kcal, 호
박 91kcal, 감자 76kcal 등에 비해 낮은 편이라 다이어트식으로 손색이
없다. 한편 토란대는 칼슘, 인, 철분, 비타민 등이 풍부하게 들어있는
섬유질 채소에 속한다.

　토란은 뿌리 외에도 줄기와 잎까지 모두 먹을 수 있는 유용한 작물이

다. 줄기는 무더위가 꺾이는 8월 이후에, 뿌리는 서리가 내리기 전에 수
확하며 저장성이 좋아 오래 두고 먹을 수 있다. 토란을 고를 때는 표면
에 흙이 묻어있고 껍질에 물기가 촉촉하게 있는 것을 고른다. 토란의 겉
모양은 원형에 가까우면서 머리 부분에 푸른색이 없고, 쉰내가 나지 않
으며, 갈색으로 변하지 않은 것이 좋다. 껍질이 말라 있거나 갈라져 있
는 것, 길고 가느다란 것은 피한다. 토란을 잘랐을 때는 흰색을 띠고, 끈
적끈적한 느낌이 강하면서 윤기가 도는 것이 좋은 토란이다.

 보통 흐르는 물에 깨끗이 씻은 토란은 맨손으로 만지면 가려움증을 유
발할 수 있으므로 소금이나 베이킹파우더를 묻혀 만지거나 장갑을 착용
한 후 손질해야 한다. 껍질을 벗길 때는 쌀뜨물에 담가 독성과 잡냄새
를 제거하는 것도 잊지 말아야 한다. 식물들은 방어기제로 약간의 독성
을 갖는 경우가 많은데, 토란의 경우에는 옥살산칼슘(calcium oxalate)
을 지니고 있다. 날로 먹으면 떫은맛과 함께 칼 모양 결정체로 인해 독
화살처럼 상처를 입을 수 있다. 또한 토란과 토란대에는 공히 수산화석
회(calcium hydroxide)와 호모젠티스산(homogentisic acid)이 들어
있어서 아린 맛이 난다. 이런 점들을 모두 해결하는 길은 삶거나 익히
는 길뿐이다. 토란을 익힐 때 다시마를 함께 넣어주면 다시마의 알긴산
(alginate)이 토란의 유해 성분과 떫은맛을 잡아주고 감칠맛은 더해져
토란 고유의 맛을 배가시켜 준다. 한편 토란은 찬 기온과 건조함에 약하
므로 냉장 보관하면 썩기 쉬우니 흙이 묻은 채로 신문지에 싼 다음 물을
살짝 뿌려 공기가 잘 통하는 서늘한 곳에 보관하는 것이 좋다.

 토란은 인근 국가인 중국이나 일본, 동남아 등 아시아 지역에서 많
이 먹지만, 남미 국가나 유럽의 식탁에도 오른다. 열대지방에서는 카사
바·얌과 더불어 중요한 녹말 식량으로서 주로 굽거나 쪄서 먹는다. 특

별히 토란을 자신들의 조상이라고 여기는 하와이 원주민들에게 생으로 갈아 발효시킨 '포이(poi)'는 전통 파티인 루아우(luau)에 절대 빠뜨리지 말아야 하는 붙박이 음식으로 인식되고 있다. 우리나라도 명절 절식으로 사용함은 물론 일상적인 식생활에서 토란은 주로 조림이나 탕, 찜 등에 감자와 비슷한 용도로, 말린 토란대는 나물 무침이나 육개장, 된장국, 닭볶음탕 등의 재료로 사용한다. 토란은 감자, 고구마와 같은 서류(庶類) 중 하나로서 추석 전후에 나오기 시작한다. 이때가 가장 영양 많고 맛도 좋으므로 갓 캐낸 토란으로 토란국 끓이는 법을 소개한다.

< 토란국 끓이는 법 >

재료. (4인분 기준) 토란 200g, 두부 100g, 쇠고기(양지머리) 100g,
국물(무150g, 물1.2L, 다시마 10cm, 다진마늘 2작은술, 소금 1작은술(3g),
재래간장 1큰술(15ml), 대파 10cm(20g)를 준비하여 아래와 같이 1시간
조리한다.

1. 토란은 흐르는 물에 씻은 후 껍질을 벗긴다. 크기가 큰 것은 2~4등분하여
   쌀뜨물에 10분간 담가 두었다가 끓는 소금물에 넣고 살짝 삶는다.
   두부는 사방 3cm 크기로 납작하게 썰고 대파는 송송 썬다.
2. 냄비에 쇠고기, 무, 다시마를 넣고 끓인다. 끓어오르면 다시마를 건지고
   한소끔 끓인다. 체에 걸러 국물은 따로 두고 쇠고기는 한 김 식혀 잘게 찢는다.
3. 냄비에 ②의 국물을 넣고 끓어오르면 토란, 쇠고기 넣고 한소끔 끓인다.
4. 파, 마늘, 두부를 넣고 끓이다가 간장, 소금으로 간한다.

다만 국물에 오래 끓이면 부서져 버리므로 파스타를 삶을 때처럼 토란을 미리 소금 간 하여 별도로 15분 정도 끓여놓는 게 좋다. 부서진 토란은 국에 넣었을 때 보기에도 안 좋으며 국물을 탁하게 만들어서이다. 삶는 도중 젓가락으로 찔러 아주 살짝 단단한 느낌이 들 정도면 충분하므로 건져내어 찬물에 헹군다. 한편 손질한 토란은 크기를 봐서 너무 큰

경우 반으로 갈라 크기를 비슷하게 맞춰준다. 크기가 비슷할수록 동일 시간 안에 알맞게 조리되어 부서지는 걸 줄여주기 때문이다.

앞서 밝힌 대로 토란은 경기 이북 지역에서는 재배하기 힘든 작물이라 주요 생산지는 전남 곡성,순천,보성, 충남 서천,부여,예산,당진,보령, 경기 용인 등지이다. 이 중 국내 토란 재배면적의 약 40%, 생산량의 약 70%를 차지하는 국내 최대 토란 주산지인 전남 곡성군에서 2019년 9월 토란 최초로 지리적표시 농산물을 획득했다. 서남 내륙에 위치한 이곳은 연중 기온이 온난하고 일조량이 풍부하며 토양이 양토와 사양토로 이루어져 있고, 연평균 강수량이 1,426.3mm로 다른 생산지에 비해 풍부해 토란 재배에 적격지다. 곡성군은 2016년부터 토란대학, 토란 세미나 및 시식회 등을 매년 개최하여 수확량과 품질을 향상시키고 토란대육개장, 토란장아찌, 토란빵, 토란고로케 등 신상품 개발에도 앞장서고 있다.

실 가는 데 바늘 간다고 무시할 수 없는 게 볼거리다. 충효의 청정지역인 곡성에는 폐철로를 활용한 '섬진강 기차마을(곡성역—가정간이역 사이)', 1004종 38,000그루가 장관을 이루는 '천사 장미축제', 청류동 계곡과 태안사, 고려 개국공신 신숭겸 장군의 사당인 '덕산서원', 효녀 심청의 원류를 찾아보는 '성덕산 관음사 사적기' 등 볼거리도 풍성하다. 머잖아 사회적 거리 두기가 해제되면 토란대육개장으로 식후경 하러 곡성엘 다녀와야겠다.

토마토

제86호 지리적표시 농산물 – 부산대저 토마토

토마토가 빨갛게 익으면
의사의 얼굴이 파랗게 질린다.

　서양에 전해오는 속담이다. 의사가 파랗게 질릴 정도로 토마토는 효능
이 뛰어나 미국 〈타임(TIME)〉지는 '수퍼푸드(Super food) 10'으로 토
마토를 선정한 바 있다. 참고로 수퍼푸드는 당분과 염도는 낮으면서 식
물 섬유소와 각종 영양소가 풍부하여 과체중은 줄여주고 면역력을 높여
주는 건강에 좋은 식품을 일컫는다.

　토마토는 가지과에 속하는 일년생 반 덩굴성 식물 열매이다. 미국에선
한때 토마토가 과일이냐 채소냐로 논란이 일었다. 대법원까지 간 시비
끝에 채소로 최종판결이 났지만, 과일과 채소의 특성을 두루 갖춰 최고

의 비타민 무기질 공급원으로 손꼽히고 있다. 토마토를 즐겨 먹는 남미 안데스산맥 기슭의 빌카밤바(Vilcabamba) 마을이 세계적인 장수촌이 된 이유가 여기에 있다.

토마토의 원산지는 적도 근처인 이곳 안데스산맥의 해발 2천~3천m 의 고랭지이다. 원래 옥수수밭에서 노란색의 작은 열매를 맺는 잡초의 일종이었는데, 서기 700년 무렵 인디오들의 이동에 따라 중앙아메리카 와 멕시코에 전해지면서 주요 식품으로 자리 잡게 되었다. 토마토의 어 원은 고대 멕시코의 아스텍인들이 이를 '토마틀(tomatl)'이라 부른 데서 유래한다. 16세기 초 콜럼버스가 신대륙을 발견한 즈음 유럽으로 전해 져 스페인과 이탈리아 등지에서 재배되기 시작했다. 그 뒤 스페인 사람 들에 의해 필리핀을 비롯한 아시아 전역으로 퍼져나갔다. 우리나라에는 이수광의 『지봉유설(芝峯類說)』에 기록된 것으로 보아 책의 제작연대인 1614년 이전에 들어온 것으로 추정된다. 육당 최남선은 '임진왜란 때부 터인지는 모르겠지만 토마토가 중국을 거쳐 들어와 남만시(南蠻柿)라고 하였다'라고 기술하고 있다. 우리말로는 '한 해에 먹는 감처럼 생긴 과 실'이란 뜻에서 '일년감'이라 불렸는데, 처음에는 초기 유럽에서와 마찬 가지로 관상용으로 심었다가 차츰 영양가가 밝혀지고 밭에 재배하면서 식용하게 되었다.

부산 강서구를 대표하는 '대저 짭짤이 토마토'가 2012년 9월에 제86 호 지리적표시 농산물로 등록되었다. 이곳은 낙동강 하류의 삼각주 평 야 지역으로 주위에 높은 산이 없고 연평균 기온이 15.4℃, 겨울철 평 균기온도 5.5℃로 온난하여 겨울 생육이 가능하다. 과실의 성숙기인 2~5월간의 일조시간이 820시간 정도로 길어 활발한 광합성을 통해 과 육이 튼실하고 당도가 뛰어난 최상품 토마토가 생산되는 것이다.

이처럼 일조량이 많고 낮과 밤의 기온 차가 심한 곳에서는 거의 예외 없이 토마토가 잘 자란다. 이런 연유로 유럽에서는 지중해 연안이 토마토 벨트를 이루었다. 심장같이 생겨 '황소의 심장(cuore di bue)'이라 이름 붙여진 이탈리아의 토마토는 생김새가 몹시 투박하지만 어떤 생 토마토보다 맛이 뛰어나다. 마찬가지로 스페인의 발렌시아 지역과 프랑스의 프로방스 토마토도 유명하다.

우리나라에서는 20여 종만을 재배하고 있지만, 토마토의 종류는 전 세계적으로 5,000가지가 넘는다. 크게 케첩이나 통조림 등을 만들기 위한 '가공용 토마토'와 생으로 먹는 '생식용 토마토'로 나눌 수 있다. 생식용 토마토는 분홍색에 가깝고 흠집 없는 예쁜 모양을 하고 있다. 또 껍질이 얇고 완숙되면 과육이 부드러워지면서 즙이 많아진다. 그에 반해 가공용 토마토는 크기도 고르지 않고 모양도 떨어지지만 색깔이 진해서 새빨갛다. 또 껍질이 두껍고 과육이 단단하며 즙이 적은 특징이 있다. 이들은 재배방법도 달라 생식용 토마토는 보통 비닐하우스 재배로 한겨울에도 생산되지만 노지에서 햇빛과 비바람을 맞으며 거칠게 자라는 가공용 토마토는 보통 여름에만 수확된다.

소스나 케첩, 통조림 등에 쓰이는 가공용 토마토는 길이 6~8㎝의 타원형으로 가늘고 길쭉한 모양을 하고 있다. 생김새가 마치 서양자두 같다 해서 'Plum tomato'라 부르기도 한다. 한여름 햇빛을 듬뿍 받고 자라기 때문에 라이코펜(Lycopene) 함량이 매우 높아 새빨갛다. 게다가 감칠맛 성분인 글루타민산(Glutamic acid)이 생식용 토마토의 배 이상으로 풍부해 요리용으로 적격이다. 가공용 토마토 중 가장 유명한 것이 '산 마르차노(san marzano)'인데 이탈리아 나폴리 근처에 있는 베수비오산의 화산 분지에서 재배되는 최상품이다.

우리나라에서는 가공용 토마토를 재배하지 않으므로 시장에서 흔히 보는 토마토는 모두 생식용이다. 생식용 토마토는 크기에 따라 한 알 무게가 20g 전후인 방울토마토와 150g 이상인 일반 토마토로 나뉜다. 그 밖에 포도송이처럼 송이째로 수확하는 무게 100g 내외의 송이토마토도 있다. 방울토마토는 먹기도 편하고 모양도 앙증맞아 장식용으로도 인기가 높으며 당도나 영양가에서도 일반 토마토를 앞선다. 색깔이나 크기, 모양에 따라 다양한 종류가 있는데 현재 우리나라에서 재배되는 방울토마토의 대부분은 일본 품종으로 '뻬뻬(ペペ)'나 '꼬꼬(ここ)'가 가장 일반적이다. 일반 토마토는 보통 디저트나 샐러드, 햄버거용 등으로 사용되며 현재 서광토마토, 영광토마토, 광수토마토, 강육토마토, 광명토마토, 풍영토마토, 선명토마토, 알찬토마토, 세계토마토 등이 재배되고 있다.

토마토에는 구연산, 사과산, 호박산, 아미노산, 루틴, 단백질, 당질, 회분, 칼슘, 철, 인, 비타민 A, 비타민 B1, 비타민 B2, 비타민 C, 식이섬유 등이 다양하게 함유되어 있다. 비타민 C의 경우 토마토 한 개에 하루 섭취 권장량의 절반가량이 들어 있다. 또 토마토에는 라이코펜, 베타카로틴 등 항산화 물질이 많다. 토마토의 빨간색은 '카로티노이드(carotenoid)'라는 물질 때문인데 잘 익은 토마토 100g에는 라이코펜이 7~12㎎ 들어 있다.

파란 것보다 빨간 것이 건강에 더 유익하지만, 그냥 먹으면 체내 흡수율이 떨어지므로 토마토는 열을 가해 조리해서 먹는 것이 좋다. 열을 가하면 토마토 세포벽 밖으로 라이코펜이 빠져나와 더 잘 흡수되기 때문이다. 실제로 생으로 먹기보다 토마토소스로 먹을 경우 라이코펜의 흡수율은 5배로 증가한다. 또 껍질을 쉽게 벗기려면 끓는 물에 잠시 담갔다가 찬물에서 벗기면 된다. 껍질을 벗긴 토마토를 으깬 후 체에 걸러

졸인 것을 '토마토퓨레(=농축액)'라고 한다. 이것에 소금과 향신료로 조미한 것이 '토마토소스'이며 소스를 보다 강하게 조미하고 단맛을 낸 것이 '토마토케첩'이다.

그런데 토마토처럼 산도가 높은 식품을 조리할 때는 단시간에 조리하거나 스테인리스 재질의 조리 기구를 사용해야 한다. 알루미늄 재질의 조리 기구를 사용하게 되면 그 성분이 녹아 나올 수 있어서 세계보건기구(WHO)는 1997년 알루미늄에 대해 신체 과다 노출시 구토, 설사, 메스꺼움 등을 유발할 수 있다고 경고한 바 있다.

토마토가 건강식품으로 주목받는 이유는 뭐니뭐니해도 '라이코펜' 덕분이다. 노화의 원인이 되는 활성산소를 배출시켜 세포의 젊음을 유지시키고 남성의 전립선암, 여성의 유방암, 소화기계통의 암을 예방하는 데 효과가 있다. 알코올을 분해할 때 생기는 독성물질을 배출하는 역할도 하므로 술 마시기 전에 주스로 마시거나 생토마토를 술안주로 먹는 것도 좋다. 또 비타민 K가 많아 칼슘이 빠져나가는 것을 막아주고 골다공증이나 노인성 치매를 예방하는 데 도움을 준다. 토마토에 함유된 비타민 C는 피부에 탄력을 줘 잔주름을 예방하고 멜라닌 색소가 생기는 것을 막아 기미 예방에도 효과가 뛰어나다. 아울러 토마토에 들어 있는 칼륨이 체내 염분을 몸 밖으로 배출시킴과 동시에 루틴은 혈관을 튼튼하게 하고 혈압을 내리는 역할을 하므로 고혈압 환자에도 좋은 식품이다. 토마토는 다이어트에도 제격이다. 토마토 1개(200g)의 열량은 35kcal에 불과하며 수분과 식이섬유가 많아 포만감을 준다. 식전에 토마토를 한 개 먹으면 식사량을 줄일 수 있으며 소화도 돕고 신진대사를 촉진하는 효과도 있다.

이처럼 팔방미인인 토마토는 익히면 영양 성분이 더 잘 흡수되므로 요리법도 다양하게 응용할 수 있다. 토마토 수프, 토마토 샐러드, 토마토 피자, 토마토 베이글 샌드위치, 해물 토마토찜 등은 맛도 좋고 몸에도 좋은 토마토 요리들이다. 또 토마토를 올리브유, 우유 등과 함께 먹으면 영양소의 체내 흡수력을 높여 주므로 더욱 좋다. 하지만 설익은 것을 먹을 경우 다량 함유된 염기 때문에 설사, 구토, 피로 등 부작용이 나타날 수 있고 단맛이 덜하다고 설탕을 치는 것은 금물이다. 설탕을 분해하려고 토마토의 비타민 B1이 소실되기 때문.

끝으로 몸속의 독소를 제거하는데 탁월한 효과를 보인다는 '해독주스 만드는 법'을 소개한다. 서재걸 의학박사(대한자연의학회 회장)가 처음 개발한 것으로 끓는 물에 양배추, 브로콜리, 당근, 토마토를 넣고 삶은 후 사과, 바나나와 함께 믹서기에 갈기만 하면 완성되는데 식전 30분에 1잔씩 마시면 된다. 여기에 사용되는 과일과 채소는 제각각의 항산화 물질을 다량 함유하고 있어 이를 이용해 간편하면서도 효과적으로 섭취하기 위해 고안된 방법이다. 서재걸 박사는 "생채소로 먹으면 우리 몸에서 흡수되는 비율이 5~10% 정도이지만 이걸 삶아 먹으면 60%가 흡수되고, 삶아 갈아 먹으면 80~90%가 흡수된다. 체내 흡수율을 높여야 최고의 해독 효과를 볼 수 있다"고 전했다. 익힐수록 제 몫을 다하는 토마토처럼 지금 우리에겐 보다 성숙해진 식습관이 절실하다.

포도

내 고향 칠월은
청포도가 익어가는 시절

이 마을 전설이 주저리주저리 열리고
먼데 하늘이 꿈꾸며 알알이 들어와 박혀

하늘 밑 푸른 바다가 가슴을 열고
흰 돛단배가 곱게 밀려서 오면

내가 바라는 손님은 고달픈 몸으로
청포를 입고 찾아온다고 했으니

내 그를 맞아 이 포도를 따 먹으면
두 손은 함뿍 적셔도 좋으련

아이야 우리 식탁엔 은쟁반에
하이얀 모시 수건을 마련해 두렴.

시인 이육사의 〈청포도〉 시구처럼 7월은 포도가 익어가는 계절이다. 지난 6월말 첫 수확을 시작하여 여름 내내 잔뜩 영근 포도송이를 따기에 부산한 고장이 있으니 그곳이 바로 경북 영천이다. 이곳의 포도재배 면적은 2,200ha 정도로 수확량은 전국 10%를 차지한다. 대구에서 가까운 영천은 강수량이 적은 대신 일조량이 풍부하여 당도가 높고 알이 굵은 최상급 포도를 생산하기에 최적의 환경을 갖추고 있다.

포도는 전 세계 과일 생산량의 절반을 차지할 정도로 세계 전역에서 폭넓게 재배되고 있다. 여기서 잠깐 퀴즈 하나. 포도의 최대생산국은 프랑스일까? 정답은 이탈리아로 연간 850톤 정도를 생산하여 단연 1위이다. 2위 중국, 3위 미국, 4위 프랑스, 5위 스페인 순인데 칠레, 남아공 등이 신흥생산지로 부상하고 있어 6대주 어디에서건 포도밭을 볼 수 있다.

원산지는 서아시아의 반사막지대이다. 재배역사는 구약성경 『창세기』에 노아의 방주로 유명한 노아가 심은 포도나무와 포도주 이야기가 실려 있어 기원전 2000년 훨씬 이전으로 거슬러 올라간다. 포도(葡萄)란 말은 이란어 Budaw를 음역한 것으로 중국 한나라 무제 때 장건이 서역에서 가져와 재배하게 되었다고 한다. 우리나라에는 고려시대에 들여온 것으로 추정되는데 충렬왕 11년에 원제가 고려왕에게 포도주를 보내왔다고 『고려사(高麗史)』에 기록되어 있고 이색의 『목은집(牧隱集)』, 이숭인의 『도은집(陶隱集)』에도 포도가 기술되어 있다.

허준의 『동의보감』에는 포도, 포도뿌리, 포도주에 대해 이렇게 기록하고 있다.
1. **포도.** 성질이 평하고 맛은 달고 시며 독이 없다. 습비(濕痺)와 임병을 치료하고 오줌이 잘 나가게 하며 기를 돕는다. 따 두었다가 마마

때 구슬이 돋지 않는 데 쓰면 매우 효과적이나 많이 먹으면 눈이 어두워진다.

2. 포도뿌리. 달여 마시면 구역질과 딸꾹질이 멎는다. 임신 중 태기가 명치를 치밀 때 마시면 곧 내려간다. 오줌을 잘 나가게 한다.

3. 포도주. 얼굴빛이 좋아지게 하고 신장을 따뜻하게 한다.

포도는 피로 회복과 해독작용에 특효가 있는 천연물질이다. 포도는 당질이 주성분인데, 포도에 들어있는 포도당과 과당은 소화를 촉진하고 피로 회복에 도움을 준다. 포도에는 주석산과 사과산이 05-1.5%, 펩틴이 0.3-1%, 비타민B복합체, 탄닌 등이 들어있어서 장의 활동을 돕고 해독작용을 하여 변비에 특히 좋다.

특별히 포도의 영양은 껍질과 씨앗에 몰려 있다. 껍질에 들어있는 레스베라트롤 (resveratrol)은 항산화 작용, 항암작용, 항염증 작용으로 질병을 예방하는 효과가 크다. 이 성분은 콜레스테롤을 저하시켜 심혈관질환 예방에도 도움을 준다. 포도씨에는 OPC(Oligomeric Proanthocyanidin)라는 폴리페놀 성분이 있어 비타민E의 50배가 되는 강한 항산화 효과를 나타내고, 혈소판이 서로 엉기는 것을 막아 모세혈관을 튼튼하게 해 줌으로써 심장병도 예방한다.

최근 러시아의 한 연구팀에서는 45세 이상 중년 여성들에게 포도껍질과 씨 추출물을 섭취하게 한 결과, 2시간 만에 세포내 콜레스테롤 농도가 최고 700% 감소함을 입증한 바 있다.

프랑스인은 흡연, 비만, 고혈압 유병률이 미국, 영국 등 다른 서방들과 별 차이가 없는데도 심장병에 의한 사망률은 두 세 배 이상 낮은 것으로 알려져 있다. 1989년 WHO의 조사에 의해 채소, 과일 및 올리브 오일

등의 지중해식 식사법과 하루 200ml 이상 마시는 포도주가 그 비결로
밝혀졌다. 즉 '프렌치 패러독스'의 요체인데 포도주에 든 폴리페놀화합
물이 심장병을 예방한다는 것이다. 폴리페놀은 체내 유해산소를 제거하
는 항산화 물질로 심장병 외에 노화, 암, 동맥경화 방지에도 유효하다.
이 물질은 포도껍질 쪽에 몰려있어 포도껍질째 숙성 발효시키는 와인이
생포도 대신 베스트푸드로 각광받고 있는 것도 다 이 때문이다.

  포도의 항산화 능력을 비교해 보면 백포도주보다는 적포도주가, 적포
도주보다는 포도원액 주스가 더 높다. 하지만 포도주의 일일 권장량은
20~50ml로서 반 잔 이하의 분량이 적당하다. 적포도주는 편두통을 일
으킬 수 있고, 효모나 세균의 발육을 억제하기 위해 포도주에 사용하는
이산화황이 잔류할 경우 천식을 유발할 수도 있다. 과음하면 일반 술과
같은 폐해를 부르니 이래저래 권장량 범위 내에서 즐기는 것이 좋겠다.
생포도 역시 잘못 먹으면 독이 된다. 위장병, 궤양이 있는 사람은 포도
껍질이 부담을 줄 수 있으므로 삼가는 것이 좋다. 또한 포도송이에는 백
색 가루가 덮여있는데 농약으로 오인하여 닦아낼 필요가 없다. 이 가루
가 누룩 역할을 하여 잘 발효되도록 돕기 때문이다.

  오늘 저녁에는 연어 안주를 곁들인 포도주 한 잔 하심이 어떠신지.

한과

강원도 강릉에서 자라던 어린 시절,
어머니를 따라 절에 가면
비구니 스님이 손에 한과를 쥐어 주었어요.
너무 맛있어서 '이것만 먹고 살았으면 소원이 없겠다'고 했지요.

어릴 때의 그 맛을 되살려 전통한과 사업으로 성공을 거둔 교동한과 대표 심영숙 씨의 말이다. 한과(韓菓)는 서양과자와 구별되는 한국의 전통 과자로서 주로 곡물가루나 과일, 식용 식물의 뿌리나 잎을 꿀, 엿, 설탕 등으로 달콤하게 만든 것을 말한다.

한과를 만들기 시작한 시기는 정확히 알 수 없으나 『삼국유사(三國遺事)』 가락국기에 '제사 음식으로 菓(과자)를 쓴다'는 기록이 있어 삼국시대 이전으로 거슬러 올라간다. 신라 신문왕 3년(683년) 왕비를 맞이할 때 신부집으로 보내는 예물 중에 꿀이 포함되어 있어 한과를 만들어 먹었을 것으로 추정하고 있으나 문헌에 의해 확인되는 것은 고려 시대부터이다. 한과는 본래 불교의 소찬(素饌;고기나 생선이 없는 반찬)에서 발달한 것이다. 불교 전성기인 고려 시대 때 곡물 생산을 늘리고 육식을 기피하게 되면서 제사에 올리는 중요한 음식으로 한과가 자리매김하게 되었으며 일반 잔치에까지 오르게 되었다. 이때 만들어진 유밀과는 중국에까지 알려져 '고려병(高麗餠)'으로 인기가 높았다. 조선 시대에 한과는 왕실과 귀족들의 각종 잔칫상 필수 음식이었고 손님들을 위한 다과상에도 사용되었다.

한반도 여기저기에서 지역 특색을 살린 한과들이 많이 만들어졌는데 한과의 본고장으로 100년 이상의 긴 역사를 가진 강릉한과는 다른 지역의 한과에 비해 입안에 감기는 맛이 부드러우면서 바삭하고 달면서 고소해 한과로서는 국내 처음으로 지리적 표시 농산물로 지정되었다.

한과의 바탕을 만드는 찹쌀을 깨끗이 씻은 후 약 25일 정도 전분을 분해하는 침지 과정을 거친다. 물 위에 허연 골마지가 끼면 찹쌀을 여러 번 헹궈서 빻는다. 체에 내린 고운 찹쌀가루를 반죽해서 스팀 증숙(蒸熟)을 시켜 찜통에 쪄낸다. 이렇게 쪄낸 덩어리를 방망이를 이용해 꽈리가 일도록 힘껏 친 다음 바탕 작업에 들어간다. 얇고 판판하게 밀어 사방 10cm 정도로 자른 바탕은 다시 건조와 숙성과정을 거쳐 기름에 튀겨진다. 4배가량 부풀려진 바탕은 절단 작업을 통해 반듯한 모양으로 변신한 후 조청(맥아엿)을 묻히고 소를 입힌 다음 포장이 되어 완제품으로 탄생한다. 침지에서 포장작업에 이르기까지 14개의 수작업 공정을 거쳐야만 비로소 강릉한과가 만들어지는 것이다.

우리나라의 전통한과(과줄)는 만드는 법에 따라 기름에 지지는 한과,
기름에 튀기는 한과, 판에 찍어 내는 한과, 조리는 한과, 엿에 버무리는
한과 등으로 나뉜다.

1. **강정.** 강정은 한과의 으뜸으로서 모양이 마치 누에고치 같다 하여
   '견병(繭餠)'이라고도 한다. 옛날에는 혼인 잔치를 치른 신랑 신부
   집에서 돌아가는 상객에게 이바지 음식으로 강정을 가득 담아 보냈
   다. 서로 간의 음식 솜씨와 정성을 담아 보낸 것이다. 강정은 고려
   시대부터 널리 퍼진 것으로 추정된다. 강정의 원재료는 찹쌀이며
   고물로는 튀밥, 깨, 나락 튀긴 것, 잣가루, 계피가루 등이 쓰인다.
   만드는 모양이나 고물에 따라 네모난 것을 산자라 하고 튀밥을 고
   물로 묻히면 튀밥 산자나 튀밥 강정이 되고 밥풀을 부숴 고운 가루
   로 묻히면 세반 산자 또는 세반 강정이 된다. 누에고치처럼 둥글게
   만들면 손가락강정, 바탕 부서진 것을 튀겨 모아서 모지게 만든 것
   은 빙사과, 나락 튀긴 것을 붙인 것은 매화강정이라 한다.

2. **유밀과.** 밀가루를 주재료로 기름과 꿀을 반죽하여 튀긴 과자를 말
   한다. 옛날에는 기름에 튀겨낸 밀가루 과자는 매우 특별한 음식이
   었다. 나라 안의 꿀과 참기름이 동이 날 만큼 고려 시대에 성행하여
   국빈을 대접하는 연향 때에는 유밀과의 숫자를 제한하였다고 한다.
   유밀과 중에서도 널리 알려진 것이 약과이다. 불교의 전성기이던
   고려 시대에는 살생을 금하여 생선이나 고기 대신 유밀과가 중요한
   제사 음식이 되었다. 흔히 고배(高排) 상에는 대약과를 놓고 반과상
   이나 다과상에는 다식과와 매작과와 약과를 쓰며 웃기로는 만두과
   를 얹는다.

3. **숙실과.** 숙실과는 이름 그대로 실과를 날로 안 쓰고 익혀 만든 과
   자이다. 밤이나 대추를 제 모양대로 꿀에 넣어 조린 밤초와 대추초
   가 있고, 실과를 삶거나 쪄서 으깬 후 다시 제 모양으로 빚어 만드

는 밤이 재료인 율란, 대추가 재료인 조란, 생강이 재료인 생란 등
이 있다. 곶감쌈도 숙실과의 일종이다. 밤초와 대추초는 쌍둥이처
럼 둘을 함께 만들어 한 그릇에 담아내며 율란, 조란, 생란도 손이
좀 많이 가긴 해도 함께 담아내는 것이 보기에 좋다.

4. **과편.** 과편은 과일을 이용해서 묵 쑤듯이 만드는 서양 젤리와 비슷
한 과자이다. 과일 중에 신맛이 들어 있는 딸기나 앵두, 살구, 산사
중 과육이 부드럽고 맛이 시며 빛깔이 고운 것을 주로 쓴다. 사과나
배, 복숭아는 빛깔이 변하므로 쓰지 않는다.

5. **다식.** 다식은 깨, 콩(백태), 찹쌀, 송화, 녹두, 녹말 등을 가루 내어
꿀로 반죽한 다음 틀에 찍어 낸 과자이다. 녹차와 곁들여 먹으면 차
맛을 한층 더 높여 준다. 『삼국유사(三國遺事)』에 제사 때 차를 쓴
다는 기록이 나온다. 중국 송나라에서 고려에 예물로 보낸 차를 시
초로 해서 이를 즐기게 되었다고 하는데 용단이라 하는 떡차에 물
을 부어 마셨다. 이때의 찻가루가 다른 곡식 가루를 뭉친 형태로 바
뀐 것이 지금의 다식으로 추정된다. 다식을 찍어 내는 모양틀은 문
양이 퍽 다양하다. 수복강녕(壽福康寧), 인간의 복을 비는 글귀를
비롯해서 꽃무늬, 수레바퀴 모양, 완자무늬에 이르기까지 모양새가
정교하여 그 당시의 예술성을 엿볼 수 있게 한다.

6. **정과.** 정과는 식물의 뿌리나 열매를 꿀이나 물엿으로 쫄깃하고 달
짝지근하게 조린 것으로 전과라고도 한다. 보통 다과상에도 오르지
만 제수 때에는 제기에 괴어 담고 잔치 때에는 평 접시에 괴어 담
는다. 고종 때 궁중 진연(進宴)을 기록한 의궤를 보면 정과 한 그릇
의 재료와 분량이 잘 적혀 있다. 연근과 산사자 각 두 되, 생강 일곱
근, 질경 스무 단, 모과 열 개와 그 밖에 청매당(靑梅糖;매화나무
열매를 설탕에 조린 것) 한 봉, 당행인(唐杏仁;중국산 살구씨) 반
봉, 동과(冬瓜;박과에 속하는 만초) 다섯 편, 청밀(淸蜜) 한 말 일곱

되가 쓰였다.

　달콤한 맛에 손이 절로 가는 한과의 영양학적 평가는 그리 후하지 않다. 그러나 단백질이 풍부하고 소화 기능이 뛰어난 찹쌀을 주원료로, 고물로 쓰이는 참깨와 차조, 흑미 등의 씨열매(種實)류는 단백질과 필수지방산이 풍부할 뿐 아니라 비타민B군과 무기질의 공급원으로 손색이 없다. 대대로 이어져 온 우리 할머니와 어머니의 손맛이 묻어있는 한과를 맛볼 기대로 다가오는 한가위 명절이 기다려진다. 대표 한과인 강정 만드는 법을 살펴보자

< 강정 만드는 법 >

재료. 보리밥 1공기(200g), 해바라기씨 35g, 깨 1큰술(10g), 아몬드 슬라이스
　　 3과 1/2큰술(35g), 물엿 6큰술(60g), 설탕 6큰술(60g), 현미유 1큰술(15ml),
　　 식용유 3컵(600ml)

1. 보리밥은 물에 여러 번 헹구어 전분기를 뺀다.
2. 체에 넓게 펼쳐 통풍이 잘되는 곳에서 2~3일간 바싹 말린다.
3. 깊은 팬에 식용유를 붓고 170℃로 가열하여 말린 보리밥을 넣어 바삭하게
　 튀긴 후 키친타올 위에 올려 기름기를 뺀다.
4. 깊은 팬에 설탕, 현미유, 물엿을 넣어 중간 불에서 끓인다.
5. 바글바글 끓어오르면 아몬드 슬라이스, 해바라기씨, 튀긴 보리밥, 깨를 넣어
　 골고루 섞는다.
6. 틀에 식용유를 펴 바르고 5를 넣어 골고루 펴 굳힌다.
　 굳은 강정은 한입 크기로 썬다.

한라봉

제100호 지리적표시 농산물 – 제주 한라봉

<u>2월이 가기 전에 맛봐야 할 제철 음식을 꼽으라면</u>
<u>채소류로는 우엉, 과일로는 한라봉, 어패류로는 꼬막,</u>
<u>생선으로는 아귀와 삼치, 이렇게 5가지를 들 수 있다.</u>

조선족들의 뉴스와 생활 정보를 대변하는 조글로미디어(www.ckywf.
com)에 실린 기사이다. 그들의 입맛으로도 겨울과 봄 사이에 맛보게 되
는 새콤달콤한 한라봉 맛이 과일로선 으뜸인가 보다. 이처럼 한라봉을
맛본 사람이라면 누구도 이견을 달지 않을 만큼 일반 귤에 견주어 당도
가 높고 육즙이 풍부하다고 이구동성으로 맞장구를 친다. 가히 만다린
계의 왕좌를 꿰차고 있다고 해도 과언이 아니다.

하지만 한라봉의 탄생 역사는 그리 오래지 않다. 일본 농림수산성 과
수시험장 감귤부에서 뽕깐(ぽんかん ; 凸柑 ; 인도 원산의 감귤 품종)과
키요미(きよみ 清見;궁천조생에 트로비타오렌지를 교배하여 육성한 오

렌지 품종)를 1972년에 처음으로 교배 육성시킨 교잡종 감귤이어서이
다. 1977~1978년에 첫 결실을 보았으나 과실의 과경(fruit stalk, 果
梗)부가 삼보감(citrus sulcata takahashi)처럼 나타나고 과피색이 연
하며 과실형태가 고르지 못해 기형과실이 나오기 쉽다는 이유로 선발에
서 제외되었지만, 1984년부터 양산하기 시작하여 1990년 구마모토현
시험장·농협 등의 관계관 회의에서 품종명을 시라누이(不知火), 상품
명을 데코뽕(デコポン)으로 정한 후 이를 공표했다.

  우리나라에는 1980년대 후반 제주의 한 농민이 들여와 알려지게 되었
으며 1991년 제주도농업기술원이 공식 연구에 나섰다. 1990년대 중반
부터 이곳 제주에서도 조금씩 수확되기 시작하여 농가마다 부지화, 데
코폰 등 제각각 이름을 달리하여 출하하기 시작하였다. 동일 품종의 감
귤이 이처럼 여러 가지 이름으로 출하되자 소비자들의 혼란을 야기할
수 있다는 지적이 제기되었고, 1996년 논의 끝에 봉긋 솟아오른 감귤
꼭지 부분이 제주를 상징하는 한라산과 닮았다는 점을 들어 '한라봉'이
란 근사한 이름으로 재탄생되기에 이르렀다. 아울러 재배 20주년을 넘
긴 2015년 5월에 대한민국 제100호 지리적표시 농산물 "제주 한라봉"
으로 등록되어 제주 돼지고기, 제주 녹차에 이어 3번째의 제주 특산물
로 당당히 이름을 올리게 되었다.

  한라봉은 열매가 늦게 익는 만감(晩柑)류다. 어린나무는 곧게 자라지
만 열매가 맺힐 무렵부터는 옆으로 갈라지며 꽃은 다른 감귤류의 꽃보
다 큰 대신 꽃가루는 적다. 기형의 꽃도 많이 나고 열매는 거의 씨가 없
으며 씨가 있더라도 아주 적다. 열매의 무게는 200~300g인데, 대체
로 크기와 모양이 고르지 않다. 처음에는 옅은 녹색이었다가 10월 중
순부터 색깔이 변하기 시작하여 12월 초가 되면 주황색이 되고 이듬해

2~3월에 완전히 익는다. 껍질의 두께는 3.5~5mm로서 크기에 비해서는 비교적 얇은 편이다. 감촉은 울퉁불퉁 거칠지만 잘 벗겨지며 육질이 부드러우면서 즙이 많다. 당도가 13브릭스(brix) 이상으로 일반 감귤(8~11브릭스)보다 달콤한 맛이 강하다.

한라봉의 재배면적은 1995년 6.5헥타르(ha)에서 2014년 1,326헥타르로 크게 늘었다. 생산량은 연간 36,000톤을 능가한다. 한라봉은 뿌리가 튼튼한 탱자나무나 수입 대목(臺木; 접목할 때 뿌리 쪽을 남기는 나무)인 스윙글(swingle) 등에 가지를 접붙여 재배한다. 감귤 주산지인 서귀포 남원읍 위미리의 한 비닐하우스 농장주 윤신근씨는 "재배에 따라 맛의 차이가 크다"며 "비닐하우스 내 온도를 최소 13도 이상으로 유지해야 한다."고 강조한다. 온도가 낮으면 과실 배꼽이 움푹 파이는 기형과실 발생 비율이 높아지며 과실이 잘 자라지 않아 가온에 신경을 써야 한다는 것이다. 가온재배를 하면 생육이 빨라져 수세(樹勢)가 좋아지고 큰 과실 생산에 유리하며 산의 함량 감소에도 도움이 되지만 착화량이 적어지거나 당도가 올라가지 않는 경우도 있어 유의해야 한다. 한 마디로 한라봉 농사는 산 함량 관리에 성패가 달려있다고 해도 과언이 아니다. 출하 시기에 맞추어 산도를 내리고 당도를 올리는 것이 기술인 것이다.

한라봉은 껍질을 벗겨 생과일로 먹거나, 껍질을 말려 한라봉차로 우려 마시거나, 껍질과 과육을 채 썰어 설탕에 조린 젤리 형태의 마멀레이드(marmalade)로 만들어 먹는다. 100g당 한라봉의 칼로리는 48kcal이다. 비슷한 단맛의 사과(57kcal), 키위(54kcal), 배(51kcal)에 비해 낮은 편이라 다이어트하는 사람들에게 인기가 높다. 칼로리는 낮아도 한라봉에는 영양분이 풍부하다. 특히 비타민C가 일반 감귤보다 1.6배가 많아서 체내면역력을 높이고 신진대사를 활발하게 해주며, 피로 회복 및 감기 예방에 효과가 있다. 또한 한라봉에 함유된 항산화물질인 카르티노이드(carotenoids) 성분은 노화를 방지하는 데 도움을 준다.

건강을 생각한다면 껍질까지 챙겨 먹는 게 좋다. 한라봉의 겉껍질에는 모노테르펜 탄화수소의 일종인 리모넨(limonene) 성분이, 속껍질에는 플라보노이드의 일종인 헤스페리딘(hesperidin) 성분이 들어있다. 리모넨은 진정·항암작용에 도움을 주고, 헤스페리딘은 동맥경화·뇌졸중·천식 등을 예방하는 효과가 있다. 유의할 점은, 껍질째 먹을 때는 소금으로 껍질을 문질러 씻어 농약성분을 제거해야 한다는 점이다. 껍질이 두꺼워 먹기 불편하다면 껍질을 말려 차로 끓여 마셔도 좋겠다.

한라봉의 궁합 식품으로 브로콜리가 언급된다. 브로콜리 외에도 철분이 많은 육류, 현미, 잡곡류, 조개류, 콩, 해조류, 녹황색 채소, 전복, 달걀노른자, 견과류 등을 함께 먹으면 한라봉의 풍부한 비타민C가 철분의 체내흡수를 도와주기 때문이다.

한라봉의 효능을 간략히 정리해 보면
1. **피로회복과 감기 예방.** 한라봉에는 비타민C 성분이 1개당 44mg 이상 풍부하게 들어있어서 신진대사를 활발하게 해 준다.
2. **성인병 예방.** 비타민C와 수분이 혈관의 노폐물을 배출시키고, 비타민P의 일종인 헤스페리딘이 신진대사를 도와서 모세혈관을 강화시킨다.
3. **변비 예방.** 한라봉에 풍부한 섬유질 펙틴이 장내 유익균을 번식시켜서 장을 튼튼하게 만든다.
4. **피부미용.** 한라봉 껍질을 잘 말려 진피차처럼 마시거나 아토피·건성 피부에 달인 물로 씻으면 효과를 볼 수 있다.
5. **다이어트.** 100g당 한라봉의 열량(48kcal)은 쌀밥(160kcal)의 3분

의 1에도 못 미치고 새콤한 맛을 내는 구연산은 에너지대사를 활발
히 하여 다이어트에 도움을 준다.

6. **눈 건강.** 한라봉에 풍부한 비타민A는 야맹증과 눈의 피로에 도움을
준다.

좋은 한라봉을 고르는 방법으로 껍질에 주름이 많은 것은 신맛이 강
할 수 있으므로 피해야 한다. 묵직한 느낌이 들고 위아래로 타원형인 것
을 선택하는 게 좋다. 일반 과일들처럼 한라봉도 크고 무게가 많이 나
가는 것이 최상품일 것이라 짐작하기 쉽다. 하지만 한라봉의 최상품은
200~250g짜리를 최고로 친다. 300g 이상인 것보다 많게는 두 배나 가
격이 비싸다. 신맛이 강한 한라봉을 맛있게 먹을 수 있는 팁을 알려드리
면 '한라봉을 하나씩 비닐봉지에 싸서 상온에 두면 1,2개월 동안 신선도
를 유지하면서 신맛도 사라진다'는 사실이다.

몇 해 전 축구선수 구자철과 방송인 노홍철의 별명이 '한라봉'이었다 한
다. 동료선수 기성용이 자신의 트위터에 한라봉 속에 구자철의 얼굴을
새긴 합성 이미지를 올리며 "자봉아, 구자봉아"라고 놀렸는데 구자철은
한라봉 꼭지를 모자처럼 받쳐 쓴 자신의 해맑은 모습이 싫지 않았던 모
양이다. 노홍철 역시 힙합 가수 데프콘으로부터 "노홍철의 코가 아침만
되면 한라봉처럼 커진다"고 놀림을 당했지만, 남성의 코는 정력의 상징
아닌가. 그것도 한라봉처럼 커진다는 데 마다할 별명이 아니지 않은가.
한라봉은 교접의 산물이다. 바다 건너온 다문화 작물이 한라산의 정기를
머금고 제주에서 다시 태어나 남해안 일대를 찍고 충청도, 경기도로 북
상을 거듭하고 있다. 온 국민의 사랑을 받고있는 것처럼 휴전선까지 무
너뜨려 멀리 백두산에 가서는 '백두봉'으로 거듭나기를 꿈꿔 본다. 한라
에서 백두까지, 한라봉의 변신은 통일의 그 날까지 쭉 계속되어야 한다.

한산소곡주

....

제110호 지리적표시 농산물 – 서천 한산소곡주

<u>유현종의 소설 〈임꺽정전〉에는 흥미로운 술이 등장한다.</u>
<u>바로 앉은뱅이 술 '한산소곡주'에 관한 이야기다.</u>
<u>마시면 주저앉아 일어서지 못하는 이유는 간단하다.</u>
<u>맛이 너무 좋아서 흥건히 취할 때까지 마시기 때문이다</u>

    한산소곡주와 관련한 앉은뱅이 술 이야기는 두 가지가 전해온다. 하나
는 과거 시험 보러 가던 유생이 가는 도중에 목만 축이자고 마셨다가 술
맛에 취해 정작 시험을 놓쳤다는 것, 나머지 하나는 젓가락으로 술맛을
보던 며느리가 맛이 좋아 계속 맛보다 보니 결국 주저앉아 버렸다는 이
야기다. 사실인즉, 한산소곡주는 쌀 함량이 압도적으로 많아 쌀에서 나
오는 단맛이 강한 반면, 신선한 감주 형태로 두 번 걸러내어 발효주로는
알코올 도수가 18도로 상당히 높은 편이다.

이렇게 앉은뱅이 술로 불리는 한산소곡주는 1,500년의 역사를 지닌 충청남도 한산 지역의 유서 깊은 천연발효 전통주이다. 이곳 한산면 호암리의 김영신이 선조들로부터 제조 비법을 물려받아 1979년 충남 무형문화재 제3호 명인으로 지정되었다가 1997년 별세 이후 며느리인 우희열이 무형문화재를 승계받아 전통을 이어가고 있다. 2021년 9월에는 그 명성을 인정받아 서천군 4개면(한산면 · 화양면 · 기산면 · 마산면)이 생산하는 '한산소곡주'가 제110호 지리적표시 농산물로 지정 등록되었다.

소곡주의 어원에 대해서는 의견이 분분하여, 우희열 명인의 인터뷰에서는 "옛날에는 흰옷을 입고 정갈한 마음으로 담갔으므로 '흴 소(素)'에 '누룩 국/곡(麴)'을 써서 소곡주(素麴酒)라 불리지 않았을까"하고 추측한 바 있으며, 희다(素)는 것은 맑다(淸)는 뜻이고 곡(麴)에는 술이라는 뜻도 있으므로 소곡(素麴)이 곧 청주(淸酒)의 이칭이라는 설도 있다. 한편 소곡(素麴) 또는 소곡(小麴)이 사용하는 누룩의 종류를 일컫는 말이라고 추측하는 견해도 있다. 즉 '흰 누룩으로 담근 술' 또는 '작은 덩어리 누룩으로 담근 술'이라는 것이다. 희게 바랜 누룩으로 담근 술이라는 설은 박록담 씨의 주장인 반면, 중국 남방계 백주의 양조에 쓰이는 소곡(小麴)이라는 누룩 종류가 있기는 하지만 한산소곡주와는 관계가 없는 듯하다.

『박씨전』에 "백제의 마의태자가 개골산(=금강산)에 들어가 나라를 잃은 설움을 술로 풀었는데, 그 맛이 소곡주와 같았다."고 하는 이야기가 전해 오고 있는 것으로 미루어 삼국시대부터 명성을 얻은 술로 추측된다. 백제 멸망 후 유민들이 이곳 한산 건지산 주류산성에서 흰 소복을 입고 나라를 잃은 슬픔을 달래기 위해 궁중 술인 소곡주를 빚어 마셨다고도 전해온다. 기록으로는 『동국세시기(東國歲時記)』, 『요록(澆綠)』, 『규합총서(閨閤叢書)』, 『음식디미방(飮食知味方)』, 『임원십육지(林園十六

志)』, 『역주방문(歷酒方文)』, 『시의전서(是議全書)』, 『경도잡지(京都雜
志)』, 『양주방(釀酒方)』 등 주로 조선시대 문헌에 등장한다. 이처럼 고려
시대 문헌에는 나타나지 않고 조선시대 문헌에 자주 등장하는 것으로
미루어 술 빚기가 체계를 갖추게 된 조선시대에 이르러 소곡주가 재조
명되며 대중화되었음을 짐작할 수 있다.

만드는 법은 주로 이양주(二釀酒)이고, 더러 삼양주로 빚기도 한다. 이
양주의 예를 보면, 먼저 수곡(水穀; 물과 낟알)을 만들어 밀기울을 제거
한 후 흰무리(백설기)를 지어 한데 섞어 밑술을 빚고, 다시 고두밥을 지
어 식기 전에 밑술과 고루 섞어 덧술을 빚어서 발효시키는 방법이다.
술 빚는 시기에 대해서는 "음력 정월 첫 해일(亥日)에 밑술을 담기 시작
하여 3~4월 또는 덧술을 한 지 10일간 발효 숙성시켜 채주한다."고 소
개하고 있다. 소곡주는 술 빚는 방법에서 몇 가지 특징을 발견할 수 있
다. 첫째는 누룩을 적게 사용한다는 점이다. 누룩을 적게 사용함으로써
술 빛깔이 맑고 깨끗하며 아름다운 향기를 간직하게 된다. 둘째는 덧술
을 할 때 고두밥에 온기를 남겨서 밑술과 합하고 1차 발효시킨 뒤 저온
에서 오랜 기간 2차 발효·숙성시킨다는 점이다. 술 빚는 시기가 삼해
주(三亥酒)에서와 같이 정월 첫 해일이라는 점에서 특이하다. 이와 같이
소곡주는 달고 향기로운 맛의 감향주(甘香酒) 빚는 법과 같고, 맑고 깨
끗한 술 빛깔을 얻기 위해 겨울철(저온발효)에 빚는 삼해주 방법을 혼용
한 것으로 추측된다.

한산소곡주는 찹쌀과 누룩을 주원료로 들국화, 메주콩, 생강, 홍고추
등을 부재료로 하여 약 100일간 숙성시켜 빚어서 감미로운 향과 감칠맛
을 내는 청주이다. 양조장에 따라 맛이 다를 수도 있지만, 기본적으로는
단맛과 감칠맛이 강하고 알코올 맛은 크게 느껴지지 않는다. 곡주는 찹

쌀 함량이 높을수록 단맛이 강한데, 소곡주는 대부분 곡류를 멥쌀 없이 찹쌀만 사용하기 때문이다. 이곳 사람들은 기본적으로 한 모금은 식혜를 곁들여 인절미를 먹는 맛으로 시작해서 칡차를 곁들여 누룽지를 먹는 뒷맛으로 끝낸다. 물이 적게 사용되어 더욱 달다는 느낌이 있으며 식감도 사케나 백세주보다 진하다. 말 그대로 '쌀과 콩으로 만들었구나!' 라는 느낌과 함께 '술이 입에 찰싹 달라붙는' 느낌을 느끼게 된다. 대개의 전통주들이 나이 지긋한 어르신들이 선호하는 맛이지만, 자극적인 맛과 향을 좋아하는 젊은이들에게도 은근히 어필할 맛이라서 술맛을 어느 정도 아는 사람이라면 호 · 불호를 기리지 않고 좋아할 맛이다.

이곳의 삼화양조장은 자신들의 홈페이지를 통해 소곡주의 효능을 다음과 같이 소개한다. 위에서 언급한 5가지 이상의 주원료와 부재료로 말미암아 첫째, 혈액순환이 촉진되어 신진대사가 활발하게 일어나게 한다. 둘째, 소화액이 분비되어 안주와 함께 마시다 보면 식욕을 증진시키고 취기도 금세 사라지게 한다. 셋째, 유기산과 아미노산이 다량 함유되어 청혈해독의 약리작용과 말초혈관 확장으로 혈압을 낮추어 고혈압을 예방한다. 넷째, 적당한 음주는 피로회복에 도움을 주며 음주 후 숙취를 없애준다.

하지만 아무리 술이 쎈 사람이라도 처음 마실 때는 주의해야 할 술이다. 알코올 도수가 시판되는 희석식 소주 급(18~20도)인데도 탁월한 맛과 향이 알코올의 쓴맛을 대부분 가려주기 때문에 정말 술술 넘어간다. 몇몇 애주가들은 희석식 소주의 쓰디쓴 알코올 맛이나 맥주의 호프 맛, 막걸리의 쉰 맛, 대량생산 곡주의 시큼한 맛, 과실 청을 탄 소주처럼 끈적한 단맛도 나지 않으면서 오히려 뒷맛이 보리차처럼 구수하게 느껴질 정도로 깔끔하게 잘 넘어가므로 쉬지 않고 술잔을 비우게 만든다고 말한다. 그 맛에 무심코 계속 들이키다 보면 자기도 모르는 새 취기가 묵직하게 올라 줘도 새도 모르게 앉은뱅이가 되고 만다. '앉은뱅이 술'이라는 별명이 괜히 붙었겠는가. 안전한 음주 속도는 시판되는 희석식 소주와 비슷하게 10분에 작은 잔 한 잔 분량이므로 될 수 있는 한 와인을 마실 때처럼 풍미와 향을 음미하면서 조금씩 느리게 마시는 것이 좋다.

소곡주는 지역을 대표하는 특산물이기 때문에 충청남도와 서천군에서 적극 지원하고 있다. 현재 40여 곳의 양조장이 면허를 받아 운영 중이며 점점 늘어나는 추세이다. 우희열 명인의 양조장을 비롯해 품질 좋은 소곡주를 만드는 양조장마다 레시피가 조금씩 달라 맛이 다 다르다. 진한 단맛과 감칠맛의 결합이 이 술의 특징인데, 그 비율에 따라 양조장의 개성이 갈라진다고 할 수 있다. 몇몇 외국인들은 한산소곡주에서 버터나 케이크 맛이 난다고 신기해하는 사람들도 있다. 한편 2015년부터 매년 10월 마지막 주에 본고장인 서천군에서는 한산소곡주 축제가 열려 관광객이 함께 참여하는 소곡주 빚기, 술 품평회, 안주 경연대회, 소곡주 경매행사 등 다양한 행사가 마련되고 있다. 이뿐만 아니라 이곳의 다른 특산품인 한산모시와 한산모시떡도 체험할 수 있어서 해마다 많은 사람이 찾고 있다.

홍주(紅酒)

제26호 지리적표시 농산물 – 진도 홍주

어떤 때는 일곱 되가 못 되게 나오기도 허고
어떤 때는 일곱 되가 넘기도 허고, 헐 때마다 다 달러.
맛을 봐감서 타진 듯한 냇내가 나는가 봐야 허고
맛을 보고 술을 더 내려야 헐지 말아야 헐지도 결정허게.
허지만 어떤 때건 말간 홍색을 띄지 않으믄 안되게.

　진도 홍주 기능보유자인 허화자 할머니의 설명처럼 청주 두 말에서 만
들어지는 홍주는 고작 일곱 되나 일곱 되 반에 불과하다. 하루종일 불과
씨름하며 소줏고리에서 얻는 양은 홍주 서너 되 정도. 하지만 홍주를 빚
는 할머니의 방법은 의외로 간단하다. 쌀과 누룩으로 청주를 만들고 청
주를 소줏거리에 넣어 내리면 된다. 이때 누룩은 보리누룩을, 쌀은 멥쌀
을 주로 쓰는데 그는 보리누룩을 손수 디뎌 방에서 고이 말린다. 발효실

은 따로 두지 않아서 온두가 맞는 봄과 가을에만 홍주를 빚는 것이 그만의 방식이다.

홍주의 붉은 빛은 지초(芝草)에서 나온다. 소주가 내려지는 항아리의 입구에 지초를 썰어 넣은 삼베주머니를 넣어두면 지초에서 핏물처럼 선명한 선홍색이 우려져 나오는 것이다. 지초는 지치과에 속하는 다년생 초본으로서 동아시아 지역에 주로 분포한다. 1950년대까지만 해도 이곳 진도에서 흔히 볼 수 있었으나 산림이 황폐해지고 불법 채취가 성행했던 탓에 지금은 전국적으로 멸종 위기에 처해있다. 진도 홍주에 쓰이는 지초도 제천, 금산 등 내륙에서 재배한 것들이 대부분이다.

이곳의 진돗개가 세계적인 명견 반열에 오르게 된 것은 진도가 섬이었기에 가능했다. 1984년 진도대교가 놓이기 전까지만 해도 누구와도 섞이지 않은 순종(純種)을 유지하였고 이러한 순종의 문화가 자연스레 이곳만의 독특한 민요, 서화, 술로 대변되는 '진도 3가락'을 탄생시켰다. 진도 3가락의 으뜸은 단연 진도 홍주다. 선홍색의 붉은 빛에 40도를 능가하는 강한 맛은 알코올 도수가 높은 술 대부분이 추운 지방에서 유래한 것과는 달리 습하고 따뜻한 남쪽 섬에서 빚어진 점이 특이하다.

증류주인 진도 홍주는 고려 때 원나라에서 들여온 소주에서 그 근원을 찾을 수 있다. 당시 삼별초를 토벌하러 온 몽골인들이 그 비법을 전했다고도 하고, 연산군 때 이주(李胄)가 유배 오면서 전래하였다고도 한다. 가장 유력한 설은 세조 때 이시애의 난을 평정했던 허종(許琮)의 부인인 청주 한씨가 홍주의 비법을 알고 있었는데 9대 성종 때 윤비를 폐출하려는 어전회의에 참석하려던 남편에게 독한 홍주를 마시게 해 회의에 불참시켰고 그 뒤 윤비 소생인 연산군이 일으킨 갑자사화에서 화를 면

하도록 일러주었다는 일화가 전해오고 있다. 이후 부인 한씨의 후손 중
한 사람인 허대(許垈) 집안이 홍주의 비법을 전수 받아 지금의 진도 지
방에 정착시켰다는 것이다. 당시 술을 빚을 때 사용하던 고조리(소줏거
리)가 양천 허씨 문중에서 대대로 전해져 11대손인 허화자 할머니에게
까지 계승 보전되고 있다.

　진도 홍주는 토산 명주 중의 명주로 사랑을 받아왔다. 7재(七材), 즉
좋은 물, 좋은 쌀, 좋은 누룩, 좋은 질그릇, 지극정성, 불의 온도에 좋
은 지초까지 어우러져야만 제 맛을 낸다. 주재료인 지초는 한방에서 건
위, 강장, 해독, 청열, 화상, 동상, 습진, 황달 등의 약재로 사용되고 있
으며 항균이나 항염 작용이 있는 것으로 보고되고 있다. 민간에서도 오
래 묵은 지초는 산삼에 버금가는 신비로운 약초로 인식되어 있다. 지초
의 주성분은 시코닌, 프락토올리고당, 알칼로이드, 이노시톨, 루틴 등인
데 이 중 시코닌은 항암, 항염, 항산화 효과가 있으며 프락토올리고당은
항산화, 충치예방효과, 비만 및 당뇨예방, 칼슘흡수 촉진, 면역증강 효
과, 콜레스테롤 저하 효과 등 다양한 생리활성작용을 나타낸다. 최근 경
희대 동서의학대학원의 한 임상연구에서는 지초 추출물에서 항당뇨 기
능 강화의 가능성을 발견하였다.

　흔히 주당들은 1 3 5 7 9 식으로 홀수 배를 해야 한다는데 한 잔은 고
배(苦杯)로 애송이 술이고 두 잔은 단배(單杯)로 단순한 술꾼들의 술이
며 석 잔은 품배(品杯)로서 품위 있는 선비들의 술이라 부른다. 하지만
넉 잔 술은 효배(囂杯)라 하여 잔소리가 많아지므로 한 잔 술로도 깔끔
하게 가슴이 탁 트이게 하려면 진도 홍주만한 게 없다는 것이다.

　홍주 칵테일로는 사이다에 배합하는 방식과 맥주에 배합하는 방식이

있다. 잔에 사이다 1/2가량을 먼저 따른 뒤 잔을 기울여 천천히 홍주 1/2를 채우는 일명 한마음주가 있다. 처음 만나는 사람끼리 마음의 문을 연다는 뜻으로 건배주로 즐겨 마신다. 사이다 2/3을 먼저 따르고 홍주 1/3을 천천히 채워 마시는 일명 반지주는 홍주가 반지 모양으로 떠 있어서 여성들에게 인기가 높으며 잠자기 전 러브샷으로 제격이다. 맥주 3/4를 먼저 따른 잔에 홍주 1/4를 채우는 일명 일출주는 해돋이 때 태양이 바다에서 일렁이는 모습과 흡사하고 뒤끝이 깨끗하여 부드러운 폭탄주로 불린다.

진도 홍주의 원료인 지초는 여러 다당류의 효능에 의해 소화를 도우므로 육류, 생선 등 안주를 가리지 않고 술맛을 돋운다. 특별히 진도 사람들이 추천하는 궁합 음식 5선을 볼라치면 진도 연근해에서 잡히는 숭어 어란과 호두튀김, 아연이 풍부한 굴튀김, 진도 대파를 이용한 대파말이, 진도 구기자로 맛을 낸 갈비찜, 바다의 불로초로 불리는 전복탕 등을 꼽을 수 있다.

최근 진도군은 홍주를 거르고 난 뒤 생기는 홍주 주정박을 사료로 먹인 홍우(紅牛), 홍돈(紅豚)을 브랜드화하고 있다. 고품질 청정 축산물인 홍돈갈비찜을 안주 삼아 최고의 전통 민속주인 진도 홍주를 드시고 싶으신 분은 진도 쌍정리의 파란 대문집을 찾으시라. 홍주 명인 욕쟁이 할머니가 여러분을 반겨줄 것이다.

황기

제27호 지리적표시 농산물 – 정선 황기

<u>黃耆甘溫收汗表</u>
<u>托瘡生肌虛莫少</u>

황기는 맛이 달고 성질은 따뜻한데 표를 굳게 해 땀을 멎게 한다.
새살을 빨리 돋게 하고 헌데 잘 낫게 하니 허하면 많이 사용하자.

　황도연이 쓴 『방약합편(方藥合編)』에서는 황기를 위와 같이 서술하고
있다. 약초로 이름난 황기는 콩과의 여러해살이풀인 황기(黃耆)의 뿌리
로서 백본, 단너삼, 독지, 황계라고도 불린다. 뿌리가 매우 길고 땅속
깊이 박혀있을 뿐만 아니라 구멍이 숭숭 뚫려있어 속이 성글며 잔가지
가 거의 없어서 캐낼 때 호미를 사용하지 않고 그냥 힘을 주어 뽑아낸
다. 이런 연유로 옛사람들은 황기가 깊은 곳에 처져있는 기운을 끌어 올
리고 그 성질이 쭉쭉 뻗어 나간다고 믿었다. 4-5월에 파종하는데 줄기

는 곧게 90~150cm 정도 자라며 꽃은 7-8월에 나비 모양의 엷은 노란 꽃이 핀다. 늦가을인 11월 중순경에 채취하여 껍질을 벗긴 후 햇볕에 말려 한약재로 주로 쓴다.

막협황기와 몽고황기 두 종류가 있으며 우리나라를 포함해 중국, 일본 등 동북아시아 지역이 원산지이며 우리나라에는 막협황기가 한반도 전역에 분포되어 있다. 주로 강원, 경북, 함경도의 고산지대에 분포하여 자생하는데 강원도 정선군이 제27호 지리적표시제 상품으로 이를 등록하였다. 물 빠짐이 좋은 석회암 점토질에서 재배되어 재질이 단단하고 저장성이 좋으며 밤낮의 기온 차가 큰 해발 300미터 이상 고랭지에서 생산되어 다른 지역의 제품보다 약효가 뛰어난 것이 특징이다.

황기의 효능은 중국 한나라 이전부터 임상에 널리 사용되었는데, 당시 문헌인『오십이병방(五十二病方)』에는 황기에 작약, 건강 등을 배합해 뼈나 살이 썩는 병을 고쳤다고 기록되어 있다. 한약재를 최초로 소개한『신농본초경(神農本草經)』에도 황기를 상품(上品)의 약으로 분류하고 있다. 즉 황기는 독이 없으므로 아무리 많이 오래 먹어도 사람을 상하게 하지 않고 오히려 먹을수록 몸이 가벼워지고 기운이 생기며 늙지 않고 오래 살게 해 준다는 것이다.『본초구진(本草求眞)』에서도 '황기는 폐에 들어가 기를 보하고 몸의 표피로 들어가서 방어력을 증진시킨다. 기를 보하는 약재 중 으뜸은 황기'라고 기술하고 있다. 누런색의 황(黃) 자에 어른 스승을 뜻하는 기(耆) 자를 붙여 보약의 우두머리라고『본초강목(本草綱目)』은 해설을 달고 있다.

황기의 일반 성분은 당류, 배당체, 플라보노이드, 아미노산, 콜린, 섬유질 등인데 약효를 나타내는 주성분은 포르모노네틴, 아스트라 이소플라본, 아스트라 프테로카르판, 베타시토스테롤 등이 있다.

 황기는 기를 보하는 대표적인 한방재료이다. 한의학의 기를 보하는 약재들은 질병에 대항하여 방어력을 높이는 것을 목적으로 신체적 반응을 강화시키는 효능이 있다. 인삼, 황기, 녹용 등 대표적인 보익 약재 중 황기는 인체의 외부를 강화하여 땀을 그치게 하고 배뇨를 촉진하며 부종을 줄인다. 특히 당뇨성 궤양의 회복을 돕고 산후 또는 심각한 출혈 후 기력과 혈액을 보충하는 데 도움을 주는 등 소모성 증후군의 치료를 위해 널리 사용되고 있다.

 황기의 주요 효능을 정리해 보면,
첫째, 구준히 복용하면 체질을 보강시켜주고 두뇌활동을 활발하게 하여 정신안정 효과가 있다.
둘째, 장기간 설사가 멎지 않고 계속 나올 경우 황기로 설사를 치료할 수 있다.
셋째, 평소 감기에 잘 걸리거나 각종 질병에 쉽게 노출되는 경우 황기를 먹으면 면역력이 향상된다.
넷째, 생리 때마다 월경이 과다하거나 자궁에 출혈이 자주 있는 여성은 황기를 먹으면 좋다.
다섯째, 땀을 많이 흘리는 경우 기가 밖으로 빠져나가지 않게 해주고 땀을 그치게 한다.
여섯째, 평소 소화가 잘되지 않거나 호흡기가 약하신 분들에게 허약증세를 개선시켜 주는 효과가 있다.
일곱째, 황기를 달인 물을 자주 음용하면 이뇨효과가 있고 체내 나트륨을 배출하는 효과가 있다.

황기와 잘 어울리는 음식으로 단연 삼계탕을 꼽는다. 여름 보양식으로 으뜸인 삼계탕은 잘게 썬 황기를 약천에 싸서 토종닭의 배 안에 넣어 끓이는 황기백숙이 최고의 보신이었다. 황기는 여름철 땀을 많이 흘리는 사람에게 좋은 약재로 피부 장벽 기능을 강화한다. 귀신을 물리치는 닭의 영험에다 몸을 강화하는 인삼까지 더해지니 이보다 더한 보양식이 어디 있었으랴.

민간에서는 황기를 달여 차로 마신다. 차를 만드는 법은 황기를 썰어 꿀물에 담갔다가 볶아서 하루에 12g씩 물 2~3컵을 넣고 반으로 줄어들 때까지 달이면 OK. 이를 하루에 수차례 나누어 마시면 땀이 많은 사람은 땀이 달아날뿐더러 식은땀을 흘리는 어린이에게도 큰 도움을 준다. 황기차는 혈액순환이 잘 안 되고 잘 체하며 쉽게 지치는 사람에게 좋고, 비만인 사람에게도 좋다.

하지만 황기차를 삼가야 하는 체질도 있다. 소화 기능이 강한 사람은 체중조절을 할 때 황기차를 마시면 안 된다. 소화 기능이 활발한 사람은 대개 태음인이나 소양인인데, 이런 사람들이 황기차를 마시면 식욕이 심할 정도로 왕성해져 오히려 비만을 부추길 수 있기 때문이다. 이럴 땐 율무차나 대황차를 마시는 게 좋다. 또 몸 자체에 열이 많은 사람에게도 황기차는 좋지 않으니 유의해야 한다.

3

축산물

돼지고기
한우

돼지고기

제주 와시믄 혼번 먹어봅써
쫀득허곡 돌코롬허멍 입에 착 돌라붙는 맛이 하여 좋수다.
혼저 먹어봅서양~

"제주에 왔으면 한 번 드셔보세요. 쫄깃하고 달콤하면서도 입에 착 달라붙는 맛이 정말 일품입니다. 어서 드셔보세요~" 제주 사람들은 외지인에게 돼지족발 아강발을 이렇게 소개한다. 아강발은 돼지족발 중에서도 발목 아래 발 부분을 가리키는 제주도 방언이다. 보기에는 볼품없어 보이지만 특유의 맛과 뛰어난 영양으로 이곳 제일의 토속음식으로 손꼽힌다.

아강발은 삶는 것부터가 여간 어려운 게 아니다. 하루종일 물에 담가 두었다가 각종 약초들을 넣고 두 번 이상 삶아내는데, 이렇게 하는 것은 돼지고기 특유의 냄새를 없애고 깔끔한 맛이 우러나게 하고자 함이다. 두 번째 삶을 때는 2시간 이상 푹 삶는다. 아강발은 일반적으로 삶아 조린 건더기 음식으로 알려져 있지만, 제주 사람들은 우려낸 뽀얀 육수를 국으로 즐겼는데 임산부에게 적극 권장되었다. 실제 아강발은 단백질과 젤라틴 성분이 풍부하여 혈색이 좋아지고 피부미용과 노화 방지에 탁월한 효과가 있다. 여기에다 모유 분비를 촉진하는 작용까지 있으니 산모에게 최고의 보양식일 수밖에.

제주 돼지고기는 2007년 횡성 한우에 바로 이어 농축산물 지리적표시 상품으로 등록되었다. 품종이 대부분 통일되어 있는 데다 무공해 사육방법으로 지리적 특성을 인정받은 것이다. 매년 5월 이곳 제주에서는 '도새기(돼지의 제주 방언) 축제'가 열린다. 지난 99년 세계 공인 돼지 전염병 청정지역으로 선포된 데 이어 2001년 5월에는 세계 최초로 구제역 청정지역으로 승인되자 2003년 도민들이 이를 널리 알리자며 산업축제를 연 것이 계기가 되었다.

그렇다면 언제부터 이곳 제주에 돼지가 사육되기 시작했을까. 13세기 고려 시대 때 원나라 지배를 받으면서 육식을 즐기는 몽골 군사들에게 먹일 양식으로 말, 소 등 다른 가축들과 함께 들여온 것이 시초로 알려져 있다. 흑돼지로 불리는 흑색 소형종이 주종을 이뤘는데 1984년 전국 소년체전 때 대대적인 변소개량사업을 벌이기 전만 해도 농가에서 화장실 청소부 역할을 하여 '똥돼지'라는 별명을 얻기도 했다. 1960년 성 이시돌 목장에서 외국산 개량 돼지가 처음 수입되어 대량 사육되면서 흑돼지 개체 수가 크게 줄었으나 그 인기는 지금도 여전하다. 대부분이 개량종인 제주산 돼지 사육 수는 지금도 전국 4%를 웃돌며 감귤에 이어 조수입 2위를 차지, 이곳 농가 수입의 큰 몫을 차지하고 있다.

제주 돼지고기의 가장 큰 경쟁력은 뭐니뭐니 해도 무공해 청정 이미지이다. 그러나 맛과 영양이 더해지지 않으면 그 명성을 이어갈 순 없다. 제주 도새기는 육질이 우수하고 적절한 지방층으로 인해 우리 입맛에 가장 잘 어울린다고 평가받는다. 부산 경성대 식품연구실의 연구 결과, 제주산 돼지고기는 단백 아미노산 함량은 높은 반면에 지방과 열량은 낮았고 몸에 나쁜 포화지방산 대신 불포화지방산의 함량이 높았다. 특히 우리 몸에 꼭 필요한 필수지방산인 오메가3와 고기 맛을 내는 올레인산 함량이 높았다. 실제로 육질 상위등급 비율이 전국 평균보다 4%나 높게 나타나 국내 최고의 품질임을 입증했다.

돼지의 어원은 순우리말 '돝'에서 유래되었다. '돝'에 작은 물체나 동물 새끼에 따라붙는 어미 '-아지'를 붙여 쓴 돝아지가 도아지〉도야지로 변화되며 돼지로 축약된 것이다. 어원에서 알 수 있듯 토종 흑돼지는 덩치가 크지 않은 소형종이었음이 확실하지만, 세계인들이 우리나라의 삼겹살에 엄지척 하듯 고기 맛만은 세계 최고 수준이다. 제주 방언인 도새기도 같은 어원에서 출발, 새끼 같은 작은 체구의 돼지를 일컫는 말로 돝+새끼가 도새끼〉도새기로 연음화된 것이 아닐까 싶다.

일반적으로 돼지고기의 조성은 수분 55~70%, 단백질 14~20%, 지방 3.5~30%, 탄수화물 0.2~0.5%로서 수분과 지방 함량은 반비례하고 비육(肥肉)의 정도에 따라 지방 함량의 변동 폭이 크다. 리놀렌산, 아라키돈산과 같은 불포화지방산이 쇠고기, 양고기보다 많고 필수 아미노산이 균형 있게 함유된 뛰어난 단백 공급원이다. 티아민, 리보플라빈, 판토텐

산, 엽산, 피리독신 외 비타민 B군 공급원으로 훌륭한 반면, 상대적으로 비타민 A, C, D, E, K와 칼슘 함량은 매우 적은 편이다.

부위별로 살펴보면 안심은 연하고 지방질이 거의 없는 반면 등심(필레)은 살코기 속에 지방 성분이 많다. 엉덩이, 넓적다리살은 지방질이 거의 없는 근육이므로 살코기로 사용하기에 적당하고 어깨살은 근육 사이에 지방이 있고 섬유질이 거칠어 오래 삶아야 제맛이 난다. 삼겹살(뱃살)은 살코기와 지방층이 교대로 층을 이루어 깊은 맛이 나고, 갈비는 지방층이 두텁고 살코기가 연해 가장 맛이 좋은 부위이다.

앞서 소개한 돼지족발은 관절, 연골, 힘줄, 피부 등 여러 인체조직을 이루는 젤라틴 성분의 보고(寶庫)이다. 체내 합성이 되지 않는 젤라틴은 외부에서 직접 섭취해야 하는데 돼지족발의 껍질과 힘줄이 몽땅 이 성분으로 이루어져 있기 때문이다.

기름진 돼지고기를 먹을 때 새우젓은 찹쌀궁합이다. 잘 발효된 새우젓에는 단백분해효소인 프로테아제와 지방분해효소인 리파아제가 듬뿍 들어 있어서 고단백 고지방의 돼지고기가 제대로 소화되도록 도와주는 역할을 담당한다. 또한 중금속 오염에 노출된 현장 근로자들은 돼지고기를 자주 먹는 게 좋다. 돼지고기 요리는 중금속 등 체내독소를 제거해주기 때문이다.

반면 돼지고기는 쉽게 상하는 성질이 있다. 상한 고기는 비브리오균의 온상이 되어 식중독을 일으키므로 오래 보존하려면 반드시 냉동 보관하도록 한다. 냉장할 경우에는 고기에 샐러드나 마요네즈를 발라 밀폐 용기에 넣어두면 4, 5일 정도는 끄떡없다. 질긴 고기를 요리할 땐 식초 물에 씻어서 1시간가량 두었다가 사용하면 연해진다.

 글을 쓰다 보니 삼겹살에 쐬주 한 잔 생각이 간절하다. 오늘 저녁에는 제주산 오겹살을 끊어가야겠다. 그러고 보니 여럿이 둘러앉아 구워 먹는 삼겹살은 단순한 식품이 아니라 가족과 친구, 직장동료 간에 사랑과 애환을 함께 나눌 수 있는 매개 음식이란 생각이 든다. 누구든 제주 여행을 간다면 신제주 그랜드호텔 뒷골목에 있는 순화국수집을 찾아가 보시라. 아강발이란 또 다른 매개 음식이 여러분을 기다리고 있을 테니.

한우

나 다시 태어나면 나 다시 소가 될래
백두산 바람 속을 씽씽 달리는 소가 될래
빛나는 뿔 나쁜 것들은 얼씬도 못 할 거야
고운 노래나 되새김질하며 살아야지
...(중략)
그대 두고 간 소 한 마리,
오늘도 저무는 하늘을 보며 다음 세상을 꿈꾼다.

　화가 이중섭의 〈소〉 작품을 앞에 두고 시인 백창우는 이렇게 읊조렸다. 어진 소의 눈을 통해 다음 세상을 꿈꾸고자 한 시인의 바람과는 달리 미친 소 때문에 세상이 여간 시끄러운 게 아니었다. 2012년 한미 간

자유무역협정이 발효되자마자 또 광우병 소동이 불거졌다. 진상조사단이 미국을 다녀왔지만 불안하긴 마찬가지여서 미국산 수입 소에 문제가 생길 때마다 애꿎은 한우에 불똥이 튄다. 온 국민이 안심할 수 있는 확실한 대책을 마련하여 하루빨리 평온을 되찾길 바란다.

한우는 우리나라에서 사육되고 있는 재래종 소를 총칭하는 말이다. 원종(原種)은 유럽계 원우인 보스 타우루스(Bos taurus)가 중국 북부와 만주를 거쳐 한반도로 들어와 신석기 말엽인 약 4천 년 전부터 농경용으로 사육되기 시작한 것으로 추정된다. 김해 패총에서 2천 년 전의 것으로 보이는 소의 무덤이 발견된 점으로 미루어 짐작컨대 한반도 전역에서 사육되었고 삼한 시대 때부터 농용(農用), 승용(乘用), 식용(食用)으로 두루 쓰여졌으며 고구려 평원왕 때에는 조정에 유우소(乳牛所)를 설치, 왕실에 필요한 우유를 공급하기도 했다.

강원도 횡성 한우가 우리나라 축산물 최초로 지리적표시 등록을 받았다. 1970년대 육우 사업을 시작하여 90년대 한우개량단지 및 유통센터가 설립되면서 그 명성이 더해졌다. 횡성은 오염이 거의 없는 사육환경과 목초 및 산야초, 볏짚 등 사료가 풍부해 1등급 한우를 생산하는 최적의 조건을 갖추고 있다. 이후 인근의 홍천에 이어 전라도 함평, 영광, 고흥 지역과 과서 우시장으로 이름을 떨쳤던 경기도 안성이 등록을 마쳐 수입 소에 맞서 6대 천왕이 한우대첩을 벌이고 있다.

1등급 고급육은 좋은 풍미와 질감을 갖춘 우수한 쇠고기를 일컫는다. 고급육을 생산해 내기 위해서는 성장단계별 사육관리가 필수적인데 생후 4~6개월령 무렵에 거세 시술한 수송아지를 육성기 때 양질의 자급사료로 사육하여 골격과 소화기관을 발달시키고 비육기에는 배합사료를 먹여 근육을 발달시키며 비육후기에는 고열량 사료를 이용하여 근육 내 지방도를 높여 마침내 생후 28~30개월령으로 650kg이상 무게에 이르러서야 도축한다. 이를 4~6일간 숙성 처리하여 냉장 판매하는 것이 1등급 한우이다.

그러다 보니 육즙이 풍부한 한우는 감칠맛이 나고 씹은 후의 뒷맛이 담백하다. 건강에 좋은 불포화지방산의 비율이 높아서 기열 후에도 부드러운 육질을 유지하고 곡류에서 부족하기 쉬운 필수 아미노산을 충분히 보충할 수 있으며 맛을 결정하는 다량의 글루타민산이 맛을 돋운다. 일본의 육우 전문가들도 자국 최고의 고베 비프에 견줄 정도로 우리 한우의 우수성을 인정하고 있다.

쇠고기는 2/3을 차지하는 수분을 제외하곤 그야말로 단백질 덩어리라 해도 과언이 아니다. 전체의 20% 정도를 차지하는 소고기 단백질의 아미노산은 인간의 몸을 구성하는 아미노산 조성과 너무도 흡사하여 완전 단백질로 불린다. 인간의 몸은 성장과 유지를 위해 끊임없이 20여 가지 단백 아미노산을 섭취해야 하는데 소고기의 아미노산 종류도 정확히 20가지이고 이 중 9가지는 꼭 섭취해야 하는 필수 아미노산이다.

필수 아미노산은 체내에서 합성하지 못하므로 반드시 외부로부터 섭취해야 한다. 쌀이나 밀 등 곡류에는 라이신(Lysine)이라는 필수 아미노산이 없고, 다른 식물성 식품들에서도 트립토판(tryptophan) 외에 최소 한 가지 이상 필수 아미노산이 부족한 것으로 밝혀져 쇠고기 등 육류를 무작정 기피할 경우 저혈압과 빈혈, 손톱이나 머리카락 손상, 피부 주름 형성, 소화 기능 저하, 불면증, 우울증 등 다양한 단백질 결핍증세를 보이게 된다.

　한국인 성인의 1일 단백질 권장량은 체중 1kg당 1.13g으로서 성인 남자에 75g, 성인 여자에는 60g 정도를 권장하고 있다. 어린이는 성장 발육과 새로운 조직 형성을 위해서 보다 많은 단백질이 요구된다. 3세 어린이인 경우 kg당 성인의 2배가 필요하고, 임신이나 수유기 여성에도 15~30g이 추가로 요구된다. 그러니 또다시 광우병 촛불 집회에 나선다 할지라도 고단백 고기 음식을 충분히 섭취하고 나서야 한다. 세계에서 육류섭취를 가장 적게 하는 뉴기니아 원주민들은 나이 40이 되면 피부가 쭈글쭈글해지고 머리는 하얗게 세며 허리가 굽어진다. 단백질 결핍 증세의 전형적인 모습인데, 육류섭취를 멀리하여 빨리 늙고 빨리 죽는 운명을 스스로 택한 결과이다.

　반면 단백질을 과잉 섭취하면 남아도는 단백질 대사에 과다한 열량이 소모되어 체온증가, 혈압상승 및 피로감을 느끼게 되고 알칼리성 장액의 분비 증가 및 장운동 억제로 변비가 생기며 신장에 부담을 주게 되므로 지나친 것도 금물이다. 따라서 단백질도 골고루 권장량만큼만 섭취하는 게 상책이다.

　쇠고기의 품질은 품종, 연령, 성별, 사육 및 도살 후 취급방법 등 복합적인 요인에 의해 결정된다. 그러나 대개 아래 항목으로 육질을 판단할 수 있다.

< 좋은 한우 고르는 법 >

1. 근내지방도. 쇠고기 등심이나 채끝, 목심 등에는 살코기 속에 지방이 곱게 박혀 있는데 이것을 근내지방이라 부른다. 연령이 적당하고 비육이 잘 된 소일수록 근내 지방도가 높아 육질이 연하고 맛이 뛰어난다.

2. 고기의 색. 숙성 중인 고기 표면이 암적색을 띠어도 새로 절단된 면의 색이 밝고 윤기가 나면 좋은 고기이다. 고기는 숙성될수록 육질이 연해진다.

3. 지방색. 유백색 또는 연노란색 정도가 정상이다. 황색인 경우에는 고기가 질기거나 풋내가 날 수 있다.

4. 고깃결. 수소보다 암소, 늙은 소보다 어린 소, 체구가 큰 소보다 작은 소가 고깃결이 고운 편이다. 소의 연령, 성별을 가릴 수 있는 기준이 되며 윤기가 있고 탄력이 있는 것이 좋다.

4

임산물

개두릅

어처구니없다.

　어이없다는 뜻으로 쓰이는 '어처구니'에는 두 가지 어원이 전해온다. 하나는 맷돌의 손잡이를 어처구니라고 하는데 맷돌에 손잡이가 없으면 아무 소용없다는 뜻이고, 다른 하나는 궁궐 추녀마루 끝자락의 흙으로 빚은 수호 조각들을 어처구니라고 하는데 서민들의 기와지붕 올리기에만 익숙했던 기와장이들이 당연히 올려야 할 이것들을 깜빡 잊고 올리지 않은 데서 유래한다.

　그런데 후자의 어처구니에는 개두릅나무(=엄나무)와 관련된 설화가 전해온다. 유몽인의 『어우야담(於于野談)』에 의하면 아주 오랜 옛날 옥황상제가 장난꾸러기 귀신들이었던 어처구니들에게 날수에 따라 사방을 돌아다니며 사람들을 괴롭히는 손이라는 귀신을 잡아 오라 명령한다. 어처구니들이 합심하여 손을 잡은 뒤 손행자(손오공; 옥황상제를 닮은 허수아비로 선녀들을 놀린 어처구니)가 엄나무 껍질을 벗겨 만든 999자 길이의 포승 밧줄로 하늘나라로 압송하던 중 그만 밧줄이 끊어져 손이 도망가 버리게 된다. 이유인즉 엄나무 껍질이 조금 모자라 생김이 비슷한 두릅나무 껍질로 마무리한 게 화근이었다. 화가 난 옥황상제는 그 후 어처구니들을 잡아다 궁궐 추녀 끝에서 손으로부터 사람들을 지키도록 하였다는 재미난 이야기다. 지금도 민속신앙을 좇아 '손 없는 날'을 골라 예식이나 이삿날을 정하는 풍습이 남아있다.

엄나무는 한국 일본 만주 중국 등에 자생하는 낙엽 활엽 큰키나무로 음나무, 개두릅나무, 자아추목, 자추피, 정피, 정동피, 자통나무, 며느리채찍나무 등으로도 불리며 껍질은 해동피(海桐皮)라 하여 약제로 쓰인다. 높이 25m까지 자라고 잎은 단풍나무 잎처럼 5~9개로 어긋나고 둥글게 갈라지며 굵은 가지에는 바늘 모양의 가시들이 **빽빽**하게 나 있다. 열매는 둥근 모양의 핵과로 10월에 검게 익는다. 농촌에서는 엄나무의 가시가 잡귀의 침입을 막는다 하여 나뭇가지를 대문이나 방문 위에 꽂아 둔다. 간혹 엄나무를 정자나무나 신목(神木)으로 받들기도 했는데 마을 어귀에 엄나무를 심으면 각종 전염병이 비켜 간다고 믿었다. 엄나무는 기름지고 물기 많은 땅에서 잘 자라서 물기와 습기에 강한 면모를 보이므로 비올 때 신는 나막신 목재로도 쓰였다.

엄나무의 가시는 양기의 상징이다. 외부의 적들로부터 자신의 몸을 안전하게 지키기 위한 무기인 것이다. 동양 전통의학에서 가시가 있는 모든 식물은 음기, 즉 바람과 습기로 인해 생기는 병을 물리친다. 관절염이나 신경통 등 갖가지 염증, 악성 세포에 의한 암, 귀신들리거나 피부에 생기는 나병 등에 이르기까지 찔레나무나 아까시나무, 주엽나무, 탱자나무 등 가시 달린 식물이 어김없이 동원된다.

약명이 해동목인 엄나무도 차고 습한 기운이 스며들어 생기는 신경통
이나 관절염, 요통, 근육통, 타박상, 늑막염, 만성 위염, 구내염증, 만성
대장염, 만성간염 등과 각종 종기, 종창, 옴, 피부병 외에 어깨와 목이
뻣뻣할 때에도 효능을 나타낸다.

민간요법에서 자주 쓰이는 처방을 소개하면,
1. 만성위염에는 엄나무 껍질을 가루 내어 6-8g씩 식전에 먹인다.
2. 만성간염이나 간경화 초기에는 속껍질을 잘게 썰어 말린 것 1.5kg
   에 물 5되(=1.8L)를 부은 후 물이 1/3 정도 줄 때까지 달여서 1번
   에 20ml씩 하루 3번 식후 또는 식사 중에 복용시킨다. 이렇게 4~5
   개월간 복용하면 80% 정도의 치료 효과를 보이고 잎을 달여 차로
   상복하면 효과가 더 빨라진다.
3. 신경통, 관절염, 근육통, 근육 마비, 신허요통 등에는 뿌리껍질을
   잘게 토막 내어 믹서로 갈아서 생즙을 내어 하루 1잔 맥주잔으로
   마시면 탁월한 효과가 있다.
4. 만성 신경통, 관절염이나 옴, 종기 등 피부병, 늑막염에는 죽력(竹
   瀝; 대나무기름)을 짜내는 전통방식과 동일한 방법으로 짜낸 엄나
   무 기름을 사용하면 신기할 정도로 효험이 있다.
5. 늑막염이나 기침 가래 끓는 데에는 뿌리 생즙이 효과가 뛰어나며
   나무 속껍질과 뿌리로 술을 담가 먹기도 한다.
6. 관절염이나 요통에는 엄나무를 닭과 함께 삶아 먹인다.
7. 신경통에는 속껍질 6~12g을 잘게 썰어 물 200ml를 넣고 그 절반
   이 되도록 달여 하루 2번 마시고 찌꺼기는 아픈 부위에 붙이기도
   한다.

개두릅은 봄철에만 맛볼 수 있는 엄나무순이다. 봄나물의 으뜸으로 치

는 두릅에는 두릅나무 순인 참두릅과 땅속에서 자라나는 순인 땅두릅(獨活), 그리고 엄나무 순인 개두릅이 있다. 한방에서는 두릅을 목두채(木頭菜)라 하여 아침 기상이 힘든 사람이나 공부하는 수험생에게 특별히 좋다고 알려져 있다. 두릅에 함유된 다량의 사포닌 성분이 혈당과 혈중지질을 낮추어 당뇨병을 예방하고 대뇌작용을 활발하게 하여 머리를 맑게 하고 정신적 피로를 덜어주기 때문이다. 사포닌은 뿌리에 3.3%, 줄기 껍질에 2.4%, 잎에 1.9%가 함유되어 있다. 봄에 돋아나는 여린 순은 싹이 짧고 뭉툭한 것을 골라 끓는 물에 살짝 데쳐 갖은 양념으로 버무려 먹는 게 일반적인데, 반드시 생채로 먹지 말고 물에 삶거나 데쳐서 쓴맛과 독성을 제거하여야 한다. 이처럼 봄철 입맛을 돋우는 쌉쌀한 맛은 개두릅이 참두릅에 비해 좀 더 강하다. 쓴맛의 사포닌이 인삼, 산삼에 견줄 정도여서 항암, 항염, 항산화 효과가 있고 비타민 A도 콩나물의 6배, 고구마의 2배나 들어 있어 각종 질환에 좋은 효과를 나타낸다.

강릉 개두릅이 지리적표시 임산물 제41호로 등록되었다. 이른 봄에 나는 개두릅에는 사포닌 등 생리활성물질이 많아서 겨우내 잃었던 영양분을 보충하고 봄날의 나른함을 이겨내는 데 없어서는 안 될 이곳만의 특산 산나물이다. 처음엔 향이 너무 강해 거부감을 느끼는 사람도 있지만 은근한 중독성이 있어 자주 먹다 보면 그 맛에 반하기 일쑤이다. 개두릅 새순을 채취하는 매년 4월 말이면 이곳 해살이마을에서 〈개두릅축제〉가 열린다. 개두릅 새순을 직접 따 그것으로 만든 개두릅 나물밥을 먹어보는 것이 축제의 하이라이트. 이 외에도 개두릅전, 엄나무백숙, 개두릅김밥 등 다양한 봄 음식을 맛볼 수 있다.

이곳 사람들이 가장 즐겨 먹는 개두릅장아찌는 소금으로 삭힌 뒤에 갖은 양념에 버무려 먹는 장아찌이다. 봄철에 연한 새순을 채취하여 항아리에 개두릅을 차곡차곡 담은 후 소금으로 절여서 3개월 정도 돌로 꾹 눌러 놓는다. 먹기 하루 전에 꺼내어 물에 담가 짠맛을 없앤 후 물기를 제거하고 고추장, 다진 파, 다진 마늘, 설탕, 깨소금 등으로 만든 양념장에 무쳐 먹는다. 몸에 좋은 약이 쓰듯 개두릅도 쓰다. 사람들이 쓴맛을 즐기는 것은 그 맛에 인생의 고단함이 배어 있어서 때문일까.

고로쇠

제16호 지리적표시 임산물 – 광양 백운산 고로쇠
제33호 지리적표시 임산물 – 덕유산 고로쇠수액
제40호 지리적표시 임산물 – 을릉도 고로쇠
제50호 지리적표시 임산물 – 인제 고로쇠수액

고로쇠나무 밑에서 만나리.
그대 이마에 해가 올 때
갈잎 더미 위에 눕혀놓고 보리.

문효치의 시 일부이다. 어느 가을날 수북이 갈잎이 쌓여있는 낙엽 진 고로쇠나무 밑에서 사랑하는 이를 가장 편안한 모습으로 바라보고 싶은 시인의 마음이 깔려있다. 얼마 전 대전 장태산 휴양림을 찾은 적이 있다. 메타세콰이어 숲 사이로 스며드는 가을 햇살과 솜이불 같은 낙엽이 이루었던 진풍경이 이 시에서 고스란히 느껴진다.

고로쇠나무는 단풍나무과의 낙엽활엽교목이다. 고로실나무 · 오각풍 · 수색수 · 색목이라고도 하는데, 해발 500m 이상 되는 우리나라 전역의 산지 숲속에서 높이 약 20m까지 자라고 가지가 웅장하게 퍼진다. 나무 껍질은 회색이고 여러 갈래로 갈라지며 잔가지에 털이 없다. 잎은 마주 나고 둥글며 대부분 손바닥처럼 5갈래로 갈라진다. 잎끝이 뾰족하고 톱니는 없다. 긴 잎자루가 있으며 뒷면 맥 위에 가는 털이 난다. 꽃은 잡성으로 양성화와 수꽃이 같은 그루에 핀다. 4~5월에 작은 꽃이 잎보다 먼저 연한 노란색으로 핀다. 꽃잎은 5개이고 수술은 8개, 암술은 1개이다. 열매는 시과(翅果)로 프로펠러 같은 날개가 있으며 길이 2~3cm로 9월에 익는다. 재질(材質)은 겉 재목인 변재(邊材)와 중심부인 심재(心材)의 구별이 분명하지 않고, 빛깔은 붉은빛을 띤 흰색이거나 연한 홍갈색이며 나이테는 희미하다. 한반도가 원산이며 한국(전라남도·경상남도·강원도)·일본·사할린섬·중국·헤이룽강 등지에 분포한다.

지역에 따라 고로쇠가 조금씩 다른데 잎이 깊게 갈라지고 갈래 조각이 바소꼴이며 잎자루가 매우 긴 긴고로쇠(for dissectum), 잎이 얕게 5개로 갈라지고 뒷면에 짧은 갈색 털이 나는 털고로쇠(var. ambiguum), 잎이 대개 7개로 갈라지고 갈래 조각이 넓은 삼각형이며 열매가 거의 수평으로 벌어지는 왕고로쇠(var. savatieri), 열매가 수평으로 벌어지는 산고로쇠(var. horizontale), 열매가 예각으로 벌어지는 집게고로쇠(for. connivens), 잎자루가 붉은 붉은고로쇠(for. rubripes) 등이 있으며 고로쇠에 따라 수액의 맛도 달라진다.

고로쇠에 얽힌 일화를 소개하면, 삼국시대 신라와 백제의 전쟁이 한창이던 지리산에서 양국의 군사들이 격렬한 전투를 벌인 뒤 타는 갈증으로 지쳐가고 있었다. 그때 화살이 박힌 나무에서 뚝뚝 흐르는 수액을 마신 병사들이 갈증을 말끔히 해소하였다고 한다. 고로쇠 수액의 어원은 통일신라로 거슬러 올라간다. 도선 대사가 이른 봄에 백운산에서 도를 닦고 있었는데 오랫동안 좌선한 후 몸을 일으키려 했으나 무릎이 펴지질 않았다. 대사가 재차 일어나 보려고 곁에 있는 나무를 잡자 가지만 부러질 뿐이었다. 그런데 부러진 나뭇가지에서 물이 흘러나와 그 수액으로 목을 축였더니 거짓말처럼 무릎이 펴졌다고 한다. 그래서 대사는 '뼈에 좋은 물'이라는 뜻으로 '골리수(骨利樹)'라 이름을 붙였고 이것이 지금의 고로쇠로 바뀌었다는 것이다.

고로쇠 약수는 나무의 1m 정도 높이에 채취용 드릴로 1~3cm 깊이의 구멍을 뚫고 호스를 꽂아 흘러내리는 수액을 통에 받는다. 수액은 해마다 봄 경칩 전후인 2월 말~3월 중순에 채취하며, 바닷바람이 닿지 않는 지리산 기슭의 왕고로쇠를 최고품으로 친다. 잎은 지혈제로, 뿌리와 뿌리껍질은 관절통과 골절 치료에 쓴다. 일본과 중국에서는 나무에 상처를 내어 흘러내린 즙을 풍당(楓糖)이라 하여 위장병·폐병·신경통·관절염 환자들에게 약수로 마시게 하는데, 즙에는 당류 성분이 들어 있다.

고로쇠수액 1L에 함유된 주요 성분을 분석해 보니
1. Ca(칼슘, 63.8ml; 골격을 형성),
2. K(칼륨, 67.9ml; 혈압을 조절하여 혈압 질환을 예방),
3. Mn(망간, 5.0ml; 성장과 골격구조를 형성),
4. Fe(철; 빈혈, 특히 임산부 산후조리에 좋음),
5. Mg(마그네슘, 4.5ml; 신경계통을 정상으로 유지)
이외에 허약, 피로, 탈수 현상을 방지하는 아연, 황산, 염소 등 10여 종의 미네랄이 다량 함유되어 있으며, 식수와 비교한 결과 칼슘은 약 40배, 마그네슘은 약 30배가 많고 자당 함유는 16.4g이나 되고 1.8~2.0%의 당도를 유지하고 있음이 밝혀졌다.

　이런 성분들의 영향으로 인해 고로쇠수액은 산후조리, 숙취제거에 탁월한 효과가 있다. 내장기관의 노폐물을 제거하고 신진대사를 촉진하며 비뇨, 변비, 류머티스, 관절염, 위장병, 신경통, 피부미용에도 효험이 크다. 또한 신장병, 이뇨작용에 탁월한 효과가 있다.

　고로쇠수액은 천연의 이온 음료로 독특한 향과 특유의 단맛을 가지고 있으며, 몸 안의 노폐물을 내보내는 효과가 크다. 맛이 쉽게 변하기 때문에 장기간 음용을 원한다면 서늘한 곳이나 냉동실을 이용해야 한다. 고로쇠 수액은 따뜻한 온돌방에서 땀을 흘리며 짧은 시간 안에 많은 양을 마시는 것이 좋다. 오징어, 멸치, 명태, 땅콩 같은 짭짤한 음식을 곁들여 마시면 체내에 있는 노폐물이 소변과 함께 빠져나가고 고로쇠 수액의 영양분이 체내에 골고루 흡수된다. 음료수뿐만 아니라 장이나 국물김치를 담글 때, 흑염소나 토종닭의 조리나 북어국이나 미역국의 조리에 수액을 이용해도 좋다. 고로쇠 수액은 햇볕이 들지 않는 음지에 보관하면 한 달 정도는 상하지 않고 마실 수 있는데, 마실 물은 유리병에 담아 냉장고에 따로 보관하면 오래도록 제맛을 느낄 수 있다.

　모든 나무는 겨울이면 얼어 죽지 않기 위해 자신의 몸에서 수분을 다 빼낸 후 봄이 오면 다시 보충하게 되는데, 단풍나무과 식물의 경우 그 물을 올리는 양이 많아 구멍을 뚫으면 수액이 밖으로 흘러내린다. 이 수액을 받아 졸인 달콤한 시럽이 'Maple syrup(메이플시럽)'이다. 최초로 수액을 채취하여 시럽으로 제조한 이들은 북부 아메리카의 원주민들이었다. 이 지역에 산재한 단풍나무 수액으로 감미 재료를 만들었는데 1500년대 이후 이주한 유럽인들이 이를 따라 하였고 캐나다는 이 메이플시럽을 정부 특산품으로 발전시켰다.

지리산에는 고로쇠나무가 많다. 특히 뱀사골의 800m 이상 고지대에는 왕고로쇠나무가 군락을 이루고 있다. 이곳에서 고로쇠 수액을 채취하기 시작한 것은 1990년대 초의 일이다. 처음에는 나무에 구멍을 뚫고 봉지를 매달아 수액을 받았다. 2000년대 들어 채취 방법이 바뀌어 높은 곳에서 집 가까이로 파이프를 길게 늘어뜨리고 그 파이프에 가는 지선의 파이프를 고로쇠나무에 박아 지선에서 원선으로 모인 수액을 계곡 아래로 흘러내리게 하여 이를 큰 통에 받는 것이다. 기존의 봉지 채취법은 수액이 봉지 안에서 며칠 방치되는 데 비해 이 파이프 채취법은 매일 신선한 수액을 담을 수 있다는 장점이 있다.

고로쇠 수액 채취는 2월 중순에서 시작하여 4월 초까지 이루어진다. 나무 하나당 4L 정도의 수액을 채취할 수 있는데 지리산 일대뿐만 아니라 강원도, 제주도, 울릉도 등 전국 각지에서 고로쇠 수액이 나온다. 지역에 따라 맛이 조금씩 다른데 고로쇠나무가 자라는 자연환경 탓인지 수종 차이 탓인지 명확하지 않다. 칼슘, 마그네슘 등 미네랄이 풍부하여 약간 미끄덩하고 비릿한 냄새가 나는 특징이 있고 당분이 많아 달콤한 정도는 어느 지역이든 비슷하다. 고로쇠 수액은 아무런 가공 없이 병에 담은 것이므로 빨리 먹지 않으면 금방 상하고 봄 한때 잠시 맛볼 수 있어 한철 건강음료로 인식되고 있다.

한 사람이 하루 18L까지 마셔도 배앓이를 하지 않으므로 한증막에서 땀을 빼면서 즐겁게 마셔 보시라. 다만 흡수가 너무 빨라서 1시간 간격으로 화장실을 오갈 각오는 하시라.

고사리

제13호 지리적표시 임산물 – 창선 고사리

그대들은 주나라의 녹을 받을 수 없다더니
주나라의 산에서 주나라의 고사리를 먹는 일은 어찌 된 일인가?

이에 백이와 숙제 두 사람은 고사리마저 먹지 않았고,
마침내 굶어 죽게 된다.

사마천의 『사기열전(史記列傳)』에 나오는 대목이다. 상나라 영주의 아
들이었던 백이, 숙제 두 형제는 나라를 강탈당한 뒤 두 임금을 섬기지
않았고 주나라 산의 고사리마저 거부하다가 순절한 충절로 인해 의인의
표본이 되고 있다. 우리나라에서도 고려가 망하자 정온은 지리산의 고
사리로 연명하였고, 구한말 을사보호조약이 체결되자 황매천은 고사리
죽을 끓여 먹은 후 자결하기도 했다.

이처럼 절개와 충의를 상징하는 고사리는 고사리속 양치류의 총칭이다. 세계적으로 온대와 열대지역에 널리 분포하는 여러해살이풀로 높이 1m가량, 잎자루 높이 20~80cm가량 자란다. 양치류를 영어로는 'bracken' 또는 'brake'라고 하는데 12 변종이 있고 이 중 4 변종은 북아메리카와 영국에서 자란다. 우리나라에서 생식하는 종은 라티우스쿨룸이다.

어원에 관하여 몇 가지 설이 있으나 굽었다는 '곡(曲)'에 풀(草)이라는 '사리'가 합성된 곡사리가 변해서 고사리가 되었다는 주장이 정설로 받아들여진다. 고사리의 새싹은 갓난아기의 주먹 쥔 손과 같아서 '고사리 손'이라는 표현이 생겼다. 어린 고사리가 아기 주먹처럼 동글스러운 모양을 드러내면 불과 몇 시간 만에 머리가 살짝 굽은 어린 고사리를 채취하게 되는 것이다.

고사리의 뿌리줄기는 땅속을 길게 기며 둥글고 어린 부분에는 갈색 털이 있다. 잎자루는 곧게 서며 굵고 털이 없으나, 그 기부(基部) 부근은 어두운 갈색을 띠며 같은 빛의 털이 있다. 다 자란 고사리의 잎 뒷면에는 포자낭이 있으며, 포자낭이 터지면 그 안의 포자가 땅에 떨어져 번식한다. 이후 땅에 떨어진 포자가 자라서 전엽체로 성장하는데 전엽체는 평평한 심장 모양으로 녹색을 띠며 지름은 5㎜ 정도이다. 이 전엽체 뒷면에 장정기와 장란기가 있다. 장정기 속에서 만들어진 정자는 장란기 속에서 생긴 난자가 있는 곳까지 헤엄쳐 가서 수정한다. 수정한 난세포는 전엽체의 장란기 속에서 싹을 틔워 생장하여 새로운 고사리의 몸이 되고, 전엽체는 시들어 버린다. 이처럼 고사리류에서는 포자를 만들어 번식하는 무성생식 시대와 난세포와 정자가 수정하여 새로운 고사리가 되는 유성생식 시대를 반복하는데 이것을 세대교번이라고 한다.

한의학에서는 고사리를 '궐채(蕨茱)' 혹은 '궐기근(蕨其根)'이라고 한다. 고사리는 12경락(經絡) 중 간경(肝經) · 신경(腎經)에 작용하며, 습열(濕熱)을 없애고 소변을 잘 나가게 하며 장을 윤택하게 한다. 차가운 성질이 있어 성욕을 억제시키며 정신을 맑게 하는 작용이 있으므로 공부하는 선비나 수도하는 사람에게 좋은 식품으로도 알려져 있다. 민간에서는 고사리 뿌리를 달인 물이 이뇨와 해열, 고혈압, 여성 대하, 황달, 치질, 야뇨증의 치료를 위해 복용되고 있다. 고사리 잎과 뿌리를 태워 가루로 만들어 복용하면 장염이나 설사 치료에 도움이 된다.

『본초강목(本草綱目)』에서는 '오장의 부족한 것을 보충해 주며 독기를 풀어준다'라고 쓰여 있다. 『동의보감(東醫寶鑑)』에는 '갑작스럽게 열이 났을 때 섭취하면 좋다'고 나와 있다. 『본초도감(本草圖鑑)』에도 '장의 운동을 좋게 하며 감기로 인한 열이나 고혈압 · 황달 · 이질에 효과가 있다'고 기록되어 있다. 과거 약이 귀하던 시절 고사리 뿌리는 기생충을 죽이는 구충제로도 사용되었다. 이러한 효과 때문에 고사리는 우리나라는 물론 영국, 미국, 캐나다, 뉴질랜드, 일본 등에서도 즐겨 먹고 있다.

고사리는 '산속의 쇠고기'라고 불릴 정도로 단백질이 풍부하고 칼슘, 칼륨 등의 무기질도 다량 함유되어 있다. 영양성분 함량은 단백질 23.7g, 탄수화물 44.6g, 회분 13.5g, 칼슘 225mg, 인 283mg, 철 9.5mg, 비타민 B1 0.13mg, B2 0.50mg 등이다. 고사리는 아미노산류인 아스파라긴(Asparagine), 글루타민산(Glutaminic acid), 플라보노이드의 일종인 아스트라갈린(Astragaline) 등의 성분이 다량으로 함유되어 있다. 칼슘과 칼륨 등 무기질 성분이 풍부하여 치아와 뼈를 튼튼해지게 하고 혈액을 맑게 하여 성장기 어린이와 각종 공해에 시달리는 현대인들에게 좋은 식품으로 알려져 있다.

궁합 음식으로는 율무를 꼽을 수 있다. 율무도 면역을 증강시키는 작용이 뛰어난 식품이다. 율무로 밥을 지어서 고사리를 넣고 쓱쓱 비벼 먹으면 고사리의 향이 잘 배합되어 입맛을 살리는 데 도움이 된다. 또 제사음식이나 비빔밥에 빠지지 않고 나오는 고사리에는 면역계의 일부분인 보체계(complement system)를 활성화하는 기능성 다당류들이 들어있다. 특히 고사리에 들어있는 4종의 산성 복합다당(PAⅡa-1, PAⅡa-2, PAⅡa-3, HPA-ⅠVa) 등이 모두 보체계 경로를 활성화하는 것으로 나타났으며 in vivo에서도 보체계를 활성화시키는 것으로 확인되었다.

고사리는 칼슘과 칼륨 등 무기질 성분이 풍부하여 성장기 어린이들에게 좋으며 고사리에 들어있는 산성 다당류가 면역기능을 증가시켜 준다. 예로부터 봄비가 내린 후 새순이 돋을 때 채취한 고사리는 일반 채소에서 부족할 수 있는 단백질을 충분히 보충해 주기 때문에 성장기 어린이에게 좋은 식품으로 추천되었다.

고사리는 몸에 좋은 건강식품이지만 비타민B1을 파괴하는 분해효소인 아네우라제와 발암물질인 브라켄톡신이 있어 비타민B1의 결핍증인 각기병에 걸리거나 직장암이나 방광암 등에 걸릴 수 있다는 연구보고가 있다. 하지만 말린 고사리를 불린 뒤 다시 삶아 볶거나 무쳐 먹으면 별 문제가 없다. 이 성분들이 모두 열에 의해 파괴되거나 제거되기 때문이다. 따라서 고사리는 생으로 먹지 말고 꼭 조리하여 섭취하고 너무 자주, 많이 먹지 않도록 해야 한다. 또 한방에선 고사리를 '음기(陰氣)'가 강한 음식으로 분류한다. 실제 남성 호르몬 작용을 약화시키는 성분이 소량 들어있으나 식용하는 보통의 양으론 정력에 별 영향을 미치지 않으며 조리할 경우 이러한 성분이 제거되기 때문에 아무런 문제가 없다고 할 수 있다.

한반도 최남단 남해군 창선면. 해마다 4~6월이면 집집마다 고사리 말리는 풍경이 장관을 이룬다. 계단식 밭에서 400가구가 넘는 농가가 연간 수확하는 양이 100톤에 이르러 국내 생산량 35% 이상을 차지한다. 1990년대 초, 포자가 잘 번식할 수 있도록 햇볕이 잘 드는 환경을 조성한 것이 창선 고사리를 최대의 소득원으로 탈바꿈시킨 것이다. 자, 이제 창선 고사리로 나물을 만들어 그 맛을 보도록 하자.

고사리는 생명력이 아주 뛰어나다. 산불이 난 후 제일 먼저 올라오는 식물이 바로 고사리라고 한다. 힘들고 지칠 때엔 고사리나물로 그 기운을 고스란히 받아보도록 하자.

< 고사리 나물 만드는 법 >

1. 불린 고사리는 삶은 후 이틀간 물을 교체하며 충분히 우려내고 체에 걸러 물기를 뺀다.
2. 불린 고사리를 억센 줄기는 덜어내고 4~5cm 길이로 자른다.
3. 자른 고사리에 준비한 양념장으로 양념을 한다.
4. 냄비에 기름을 두르고 양념한 고사리를 넣어 볶는다.
   볶다가 육수 3큰술을 넣어 뜸을 들이면서 부드럽게 볶는다.
5. 불을 약하게 한 후 뚜껑을 잠시 덮어두어 익힌다.
6. 고사리 무친 것을 접시에 담고 통깨를 조금 뿌리면 한결 깔끔하고 먹음직스럽다.

곤드레

제34호 지리적표시 임산물 – 정선 곤드레
제51호 지리적표시 임산물 – 영월 곤드레

곤드레 만드레 우거진 골로
우리네 삼동네 보나물 가세

　강원도의 대표적인 구전민요 정선아라리에 등장하는 가사 한 대목이다. 정선아리랑으로 계승 발전된 본 가사에는 '한 치 뒷산에 곤드레 딱죽이 님의 맛만 같으면 고것만 뜯어 먹어도 봄 살아나지'라는 대목도 있다. 여기서 한 치 뒷산은 평창과 정선에 인접해 있는 청옥산인데, 이 산에는 곤드레라는 푸성귀가 많이 자생하며 딱죽이, 참나물, 누리대 등과 함께 고급 산나물로 분류된다.

　가사 중 '만드레'는 이곳 사람들이 음력 6월 초순 모를 심은 후 7월 중순 백중 즈음에 세벌김매기를 하면서 불렀던 전통 농요(農謠)인데, 이날

농사를 잘 지은 부농들이 머슴들의 노고를 치하하여 고기와 술 등을 제
공하는 풍년제를 올렸다 한다. 깊은 산속에서 어지럽게 자생하는 곤드
레의 모습이 만드렛날 술 취한 머슴들의 모양새와 같다 하여 '곤드레 만
드레'가 탄생한 것이다.

곤드레(고려엉겅퀴, Cirsium setidens)는 국화과에 속하는 다년초로
서 전국 들판에 자생하며 한국, 일본, 중국 등 동아시아뿐만 아니라 지
중해 연안, 북미 남서부 등 북반구의 온대부터 한대까지 널리 분포한다.
어린잎과 줄기를 식용으로 하는데 데쳐서 우려내어 건나물, 국거리, 볶
음용으로 이용하며 무기성분, 비타민 등 각종 영양소를 함유하고 있어
보기보다 맛이 좋은 산채이며 빈궁기에는 구황식물로 이용되기도 한 유
용한 산채이다.

고려엉겅퀴는 대개 2~3년 정도 지나면 뿌리가 썩어 죽게 되고 종자
가 떨어져 자라게 된다. 초장이 50~100cm정도이며 1년생의 경우는 분
지(分枝)가 1~3개 정도이나 2~3년생의 경우에는 8~11개 정도로 발
생하며 줄기는 곧게 자라고 근생엽은 15~30cm, 너비 6~15cm의 장타
원형으로 가장자리에 결각상의 톱니와 가시가 있다. 꽃은 7~8월에 피
며 가지 끝에 자줏빛 두화(頭花)가 여러 개 핀다. 열매는 수과이며 길이
가 1~2cm 정도로 5~9mm의 관모가 있다.

생육에 알맞은 온도는 18~25℃로서 비교적 서늘하고 공중습도가 높
은 곳이 좋으며 건조가 계속되는 곳은 적합하지 않다. 토층이 두꺼워 배
수가 양호하면서 보수력도 좋은 비옥지가 이상적이다. 토질은 약산성
(pH 5.5~6.5)으로 사질양토가 좋으나 어느 토질에서나 잘 자라는 편
이다. 산성에 상당히 강하며 습지에도 잘 견디므로 배수구를 만든다면

밭 재배로도 가능하다. 상품성을 높이기 위해서는 비가림 시설로 재배하는 것이 좋다.

　곤드레나물은 곤달비라고도 한다. 주로 태백산의 해발 700m 고지에서 자생하는 야생 나물로서 담백하고 영양가가 풍부하여 우리나라의 500여 가지 산나물 중 으뜸 나물로 꼽힌다. 정선, 평창, 영월지역이 무공해 특산지로서 매년 5월쯤 채취하는 곤드레를 이용한 다양한 음식을 맛볼 수 있다.

　곤드레는 맛이 부드럽고 향기가 없는 것이 특징이다. 곤드레나물에는 단백질, 칼슘, 비타민 A 등의 영양소가 풍부할 뿐만 아니라 곤드레를 쌀과 섞어서 밥을 지어 양념장과 곁들여 비벼 먹으면 그 맛이 일품이라서 요즘 건강식으로 호평을 받고 있다. 곤드레는 곰취와 같이 약용으로 쓰이며 민간에서는 부인병에 사용된다. 정맥증을 치료하고 지혈, 소염, 이뇨작용을 하며 당뇨와 고혈압, 혈액순환을 개선하여 성인병에 매우 좋은 음식이라고 한다.

　『동의보감(東醫寶鑑)』에서는 고려엉겅퀴에 관해서 다음과 같이 기록하고 있다. '성질은 평(平)하고 맛은 쓰며[苦] 독이 없다. 어혈이 풀리게 하고 피를 토하는 것, 코피를 흘리는 것을 멎게 하며 옹종(擁腫)과 옴과 버짐을 낫게 한다. 여자의 적백대하를 낫게 하고 정(精)을 보태 주며 혈을 보한다.'

　곤드레는 섬유질이 풍부하여 소화가 잘되고 나물 중에는 비교적 많은 단백질을 함유하고 있다. 그 외 칼슘, 비타민 A가 풍부하여 각종 성인병에도 좋은 건강식품이다. 곤드레 100g에는 열량 275kcal, 단백질 5.6,

지질 2.8, 당질 66.5, 칼슘 51mg, 비타민A 44R.E 등이 함유되어 있다. 곤드레의 효능을 살펴보면

1. **성인병 예방.** 곤드레는 섬유질, 단백질, 필수지방산, 칼슘, 인, 철분, 베타카로틴, 비타민A가 풍부하여 당뇨와 고혈압, 혈액순환에 좋아 성인병에 좋은 건강식품이다.
2. **여성병 치료.** 곤드레는 어혈을 풀어주며 자궁의 냉대하에도 좋다.
3. **변비예방.** 곤드레는 섬유질이 가장 많아 변비 개선에 좋다.
4. **지혈작용.** 곤드레는 지혈작용이 있다.
5. **이뇨작용.** 곤드레는 신장에 좋은 영향을 주어 신장염, 소염, 이뇨작용, 부종에 좋은 효능이 있다.
6. **신경통 관절염 예방.** 곤드레 생즙을 마시면 신경통과 관절염에 좋은 효능이 있다.
7. **소화촉진.** 곤드레는 소화가 잘되어 소화력이 약한 어르신들에게 특히 좋다.

건강식으로 알려진 곤드레나물밥 만드는 법을 소개한다.

< 생채로 곤드레 나물밥 만드는 법 >

1. 곤드레를 삶아서 물기를 꼭 짜서 들기름과 소금으로 무친다.
2. 일반적인 물의 양으로 약한 불로 밥을 짓는다.
3. 물이 끓기 시작하면 준비한 곤드레를 흩어 넣는다.
4. 밥이 다 되면 양념간장으로 비벼서 먹는다.

< 말린 나물로 곤드레 나물밥 만드는 법 >

1. 곤드레나물을 오랫동안 물에 불려서 부드럽게 삶아 꼭 짜둔다.
2. 들기름을 듬뿍 넣고 소금, 마늘, 파를 조금씩 넣어 무쳐 둔다.
3. 물을 조금 적게 넣은 밥솥에 나물을 골고루 펼쳐 얹고 밥을 짓는다.
4. 밥이 다 되면 골고루 섞어 큰 대접에 담아 양념장으로 비벼 먹는다.

< 양념장 만드는 법 >

1. 간장에 깨소금, 고춧가루, 실파, 마늘을 넣어서 만든다.
2. 막장이나 된장에 다진 마늘, 다진 파, 깨소금 등을 넣고 만들거나
   입맛에 따라 재래간장 이나 왜간장 등에 여러 양념을 해서 먹어도 된다.
3. 뚝배기 된장찌개에 갖은 양념을 해서 비벼 먹거나 고기를 구워서
   쌈 싸 먹어도 좋다.

< 곤드레 삶을 때 주의사항 >

1. 물을 충분히 붓고 소금을 조금 넣어 준다.
2. 물이 끓을 때 곤드레를 넣는다.
   물에 완전히 잠기지 않으면 나물색이 검게 변하니 가끔 뒤집어 준다.
3. 시금치를 데치듯이 하면 곤드레 특유의 맛이 나지 않으므로 줄기가
   어느 정도 물러질 때까지 충분히 삶아야 한다.
4. 건져낸 후 찬물에 헹궈 요리하면 된다.

곰취

....

제31호 지리적표시 임산물 – 태백 곰취
제32호 지리적표시 임산물 – 인제 곰취(등록철회)

거기 설하곡, 상팔담, 명경대계곡에 얼음 녹아 봄 되면
마타리, 금강초롱, 마가목 잎 피고
여기 귀때기청봉, 백담계곡, 토왕성폭포에도 얼음 녹아
솜다리, 주목, 곰취 싹 돋아나고

김명수 시인의 장시(長詩) 〈설악이 금강에게〉의 몇 대목이다. 금강산
과 설악산이 화답하듯 통일의 염원을 노래하고 있다. 설악산을 대표하
는 자생식물 중 하나로 꼽을 만큼 곰취는 강원 산간에 흔한 식물이다.

곰취(Ligularia fischeri)는 한국, 일본, 중국, 사할린 등지에 분포하는
초롱꽃목 국화과의 여러해살이 쌍떡잎식물이다. 줄기는 1~2m 높이로
자란다. 뿌리줄기는 굵고 아랫부분에 거미줄 같은 흰 잔털이 있으며 윗
부분에는 짧은 털이 있다. 뿌리 위에 나는 잎에는 긴 잎자루가 있고, 잎

몸은 심장 모양이며 가장자리에 고른 톱니가 있다. 잎 앞면은 녹색이며 뒷면은 엷은 녹색이다. 줄기에는 3개의 잎이 있고, 맨 아래 잎은 작고 잎자루 밑둥으로 줄기를 싼다. 맨 위의 잎은 훨씬 작고 잎자루는 짧으며 밑이 넓어 잎집처럼 된다. 총상꽃차례로 밑에서부터 차례로 피고 가지를 치기도 한다. 관모는 갈색 또는 갈자색이고, 열매는 수과(瘦果)로 길이 7~11㎜의 원기둥 모양이고 세로줄이 있다. 7~9월에 꽃이 피고 열매는 10월에 익는다.

이름의 유래는 산속에 사는 곰이 좋아하는 나물이라는 뜻에서 '곰취'라 부르게 되었다고 전해진다. 곰취는 옛날 춘궁기의 구황식물로 어린잎을 식용으로 이용해 왔다. 곰취는 산나물 중에서 날로 쌈을 싸서 먹으면 그 향긋한 맛이 일품이다. 산채 중에 귀하게 여기며 여러 가지 민간요법으로도 사용하는 산나물이다. 곰취는 호로칠(葫蘆七), 대구가(大救駕), 하엽칠(荷葉七), 산자원(山紫菀), 신엽고오(腎葉蘘吾) 등 여러 이름의 한약재로 쓰인다. 최근 항암작용이 있는 것으로 밝혀져 건강식품으로도 가치가 높으며 진해, 거담, 진통, 혈액순환 촉진제로 이용된다.

곰취는 꽃보다는 잎으로 더 잘 알려진 식물이다. '취'자라는 글자가 뒤에 붙은 유사한 국화과 식물들을 모두 합쳐 그저 취나물이라고 총칭하지만 유독 곰취만은 제 이름을 불러준다. 그만큼 나물로서의 곰취가 맛과 향기 면에서 뛰어나 다른 취나물과는 다른 독보적인 존재로 자리를 잡았기 때문이다. 그래서 산나물을 조금이라도 알고 있는 이들은 곰취를 다 안다. 산나물 뜯기가 한참인 5월쯤 이들의 망태기에는 곰취가 들려 있기 마련이다.

그러나 나물로의 쓰임새가 워낙 유용하기 때문인지 곰취의 꽃을 알아

보는 이는 드물다. 그래서 가을 냄새가 전해 오는 늦은 여름. 하나둘 피어나기 시작하여 어느 순간 산비탈을 가득 채울 만큼 진노란색 꽃잎을 활짝 펼쳐 놓은 곰취의 꽃송이들을 만나도 그저 그 아름다움에 감탄할 뿐 잎과 꽃을 연상시키지 못하는 경우가 많다.

 곰취의 성분을 살펴보면, 뿌리줄기에서 세스쿠이테르펜락톤인 페타살빈(1.2%), 에리몰리게놀(0.44%), 푸라노에레모필란(0.04%), 리굴라론(0.05%), 6-β-히드록시에레모필레놀리드(0.01%)가 분리되었고 잎에서는 알칼로이드, 어린잎에서는 190mg의 아스코르브산이 확인되었다.

 동물실험으로 확인된 전초(全草)의 약리작용은 항염증 작용과 약한 지혈작용이다. 곰취는 맛은 달고 매우며 성질은 따뜻하다. 기의 순환을 조절하고 혈액순환을 촉진시키며 지통, 지해, 가래를 없애는 효능이 있다. 타박상, 노상, 요퇴통, 해수기천, 백일해, 폐옹, 객혈을 치료한다. 곰취의 채취는 여름과 가을 사이에 채취하여 말린다. 하루 4~12g을 물로 달여서 복용하거나 가루 내어 충복(沖服: 달이지 않고 함께 물로 잘 섞어서 복용하는 것)한다. 주의사항으로 장수(漿水: 좁쌀죽의 윗물을 가리킴)를 피해야 한다. 음허, 폐열건해(肺熱乾咳)가 있는 사람은 복용에 주의해야 한다. 중국의『섬서중초약(陝西中草藥)』에서는 '허리와 다리가 아픈 요퇴통(腰腿痛)에는 곰취 80g을 가루 내어 1일 2회, 1회에 8g을 맹물로 끓여 식힌 백탕과 함께 충복한다.'고 기록하고 있다.

 우리나라에서 곰취의 가장 큰 용도는 아무래도 나물이다. 특히 어린잎을 따서 생으로 쌈을 싸 먹으면 쌉쌀하면서도 오래도록 입안에 감도는 향기가 일품이어서 사람들은 '산나물의 제왕'이라는 거창한 별명도 붙여 놓았다. 잎이 조금 거세지기 시작하면 호박잎처럼 끓는 물에 살짝 데

쳐 쌈 싸 먹거나 초고추장을 찍어 먹기도 하고, 억세진 곰취 잎으로 간
장 또는 된장 장아찌를 담가 먹기도 한다. 초여름에 딴 잎을 말려 두었
다가 겨우내 묵나물로 해 먹어도 된다. 사람들이 곰취와 구분하지 못하
는 식물 가운데 곤달비라는 나물이 있는데 곤달비는 잎은 억세져도 쓴
맛이 없고 오히려 단맛이 나며 잎의 모양이 좀 더 벌어졌고 노란 꽃잎이
3~4장으로 6장 이상을 가진 곰취보다 적어 이를 보고 식별하면 된다.
우리나라에서는 산나물 재배의 일환으로 강원도 서늘한 곳에서 곰취를
재배하나 중국에서는 주로 약용하기 위해 재배한다. 곰취의 효능은 폐
를 튼튼히 하고 가래를 삭이므로 기침, 천식 및 감기의 치료제로 이용되
고 민간에서는 황달, 고혈압, 관절염, 간염 등에 쓴다.

곰취나물 먹는 법 몇 가지를 소개한다. 초여름에 곰취의 어린잎으로
쌈을 싸 먹고 연한 잎을 삶아 말려 두고 나물로 먹거나, 생 곰취를 고기
에 싸서 드시면 느끼한 맛이 없어지고 곰취의 향을 느낄 수 있어 최고의
별미이다. 곰취를 삶은 것은 곰취나물무침, 곰취나물볶음, 국거리, 찌개
등으로 다양하게 조리할 수 있으며 묵나물로도 이용할 수 있다. 곰취를
소금물에 삭힌 다음 간장 달인 물을 부어 3~4주 뒤에 잘 숙성시켜 장아
찌로도 먹는다. 곰취나물무침 만드는 법을 소개하면,

< 곰취나물무침 만드는 법 >

재료. 곰취나물 300g, 들기름 1큰술, 다진 파 2큰술, 다진 마늘 1큰술,
    국간장 1큰술, 깨소금 1큰술
  1. 곰취의 억센 줄기와 잎을 골라낸다.
  2. 끓는 물에 소금을 넣고 데친다.
  3. 찬물에 헹궈서 물기를 뺀다.
  4. 분량의 양념을 넣어 골고루 무치면 OK.

곶감·반시

<u>울면 호랑이가 잡아간단다</u>
<u>곶감 줄게 울지마라 아가야</u>

　엄마의 이 말에 울던 아이가 울음을 뚝 그치자, 문밖에 있던 호랑이가 자기보다 더 무서운 곶감이란 놈이 방안에 있는 줄 알고 줄행랑을 쳤다는 전래 민화가 전해온다. 알뜰살뜰 모아 둔 재산을 힘들이지 않고 하나씩 빼 먹는다는 뜻으로 '곶감 빼 먹듯 한다.'는 속담도 있다. 둘 다 곶감이 귀하고 맛난 음식이었음을 비유한다.

　곶감의 어원은 '꽂다'의 옛말인 '곶다'를 어간으로 삼는다. 즉 꼬챙이에 꽂아 말린 감을 말한다. 떫은맛이 나는 생감을 완숙되기 전에 따서 껍질을 얇게 벗겨 대꼬챙이나 싸리꼬챙이에 꿰어 햇볕이 적당히 들고 통풍이 잘되는 곳에 매달아 건조시킨다. 수분이 1/3 정도로 건조되었을 때 속의 씨를 빼내고 손질하여 다시 건조시킨 후 그것을 볏짚에 싸서 상자에 늘어놓고 밀폐된 상태로 두면 표면에 흰 가루가 생기는데 이것을 꺼내 다시 한번 더 건조시켜서 상자에 넣고 밀폐해 두면 곶감이 된다.

곶감은 우리나라의 대표적 특산품으로 예로부터 농가에서 저장성을 높이기 위해 직접 만들어 온 건조과실 가공품이다. 곶감용으로 알맞은 감의 조건은 당분이 많고 점질의 육질에다 씨가 적어야 한다. 곶감을 만드는데 사용하는 감 품종은 상주와 영동의 둥시, 예천의 은평준시, 함안의 수시, 완주의 고종시 등이 손꼽힌다. 건조 방법은 음지에서 자연 건조시키는 방법과 인공 건조시키는 방법이 있는데, 자연건조가 20일 정도 걸리는 데 반해 인공 건조는 단 4일 만에 섭씨 37도로 시작해 32도로 낮춰 마무리하게 된다. 수분이 최소 50% 이하가 되어야 건조를 끝내게 되고 표면이 마를수록 엷은 가루가 나오는데 가루의 성분은 과당과 포도당이 1:6의 비율을 나타낸다. 인공 건조시 탄닌의 산화, 갈변을 막아 색조가 선명한 상품을 만들어 내기 위해 유황 훈증을 한다. 유황의 양은 품종에 따라 다르지만 1제곱미터당 10g가량을 15~20분 정도 사용한다. 잔류 유황의 허용치는 건과당 아황산으로 3.0g 이하로 엄격히 규제하고 있다.

곶감은 말린 정도에 따라 건시(乾枾), 반건시(半乾時), 홍시(紅枾) 등으로 분류된다. 건시는 말 그대로 잘 말린 감이라는 뜻이고, 홍시는 생감의 떫은맛이 자연적 또는 인위적인 방법으로 제거되어 붉은색으로 말랑말랑하게 무르익은 상태의 감으로서 연시(軟枾; 부드러운 감)라고도 한다. 반건시는 건시와 홍시 사이의 곶감으로 겉은 딱딱한데 속은 말랑말랑한 상태를 말한다.

잘 말린 곶감은 100g당 수분이 30% 정도에 탄수화물 66g, 단백질 2.2g, 지질 0.2g, 열량 237kcal를 나타낸다. 칼슘 28mg, 인 65mg, 철 1.3mg, 칼륨 736mg 외에 비타민A, 비타민B1, B2, 비타민C, 나이아신 등이 함유되어 있다. 대개 곶감 1개의 무게가 32g 정도라서 곶감 2, 3 개만 먹어도 밥 1공기 분량의 칼로리를 섭취하게 된다.

감은 중국, 한국이 원산지이고 재배역사도 기원전으로 거슬러 올라간 다. AD 6세기경에 저술된 중국의 최고(最古) 농서인『제민요술(齊民要 術)』에 곶감 만드는 법과 떫은맛을 제거하는 방법이 소개되어 있고, 우 리나라에서는 고려 명종 때(1138년) 고욤(재래종 감)에 대한 기록이 남 아있다.

생감은 다른 과일에 비해 수분 함량이 83% 정도로 적은 반면 당분이 14% 이상이다. 그런데 말려지는 제조과정을 거치면서 당분이 45% 이 상을 차지하는 고열량 식품이 된다. 하지만 대부분의 당분이 포도당과 과당이라서 소화 흡수가 잘된다. 생감의 떫은맛은 탄닌이란 성분 때문 인데 물에 잘 녹는 수용성으로 존재하므로 그 맛을 떨쳐낼 수가 없다. 그러나 감이 마르면서 탄닌이 물에 녹지 않는 불용성으로 바뀌므로 잘 말린 곶감은 단맛 일색이다. 한편 감에는 비타민C가 사과의 8배나 많은 데도 신맛이 나지 않는 것은 신맛을 내는 유기산인 구연산이나 사과산 이 겨우 0.2%밖에 들어있지 않기 때문이다.

『본초강목(本草綱目)』에 '곶감은 체력을 보하고 위장을 튼튼히 하며 뱃 속에 고여있는 나쁜 피를 없애준다. 기침과 가래를 삭이고 각혈을 멈추 게 하며 목을 편안하게 해 준다. 곶감을 식초에 담근 즙은 벌레에 물린 데 효과가 있다'고 기록하고 있다.

한방에서 소개하는 곶감의 효능 8가지를 기술하면,

1. **영양 섭취.** 비타민A와 C가 풍부하여 시중의 비타민 함유 건강기능 식품을 능가한다.
2. **설사 치료.** 곶감에 풍부한 탄닌 성분이 설사를 멎게 한다.
3. **고혈압 예방.** 탄닌 성분이 모세혈관을 튼튼하게 해 주어 혈압 상승을 방지한다.
4. **숙취 해소.** 곶감에 많은 과당, 비타민C와 콜린 성분이 알코올 분해를 돕는다.
5. **기관지 강화.** 한방에서는 곶감 표면의 하얀 가루를 기침, 가래, 기관지염 등에 사용한다.
6. **비위 강화.** 몸을 따뜻하게 하고 위장을 강화하며 얼굴의 주근깨를 없애준다.
7. **정력 강화.** 시설(柿雪)이라 불리는 하얀 가루는 정액 생성을 향상시킨다.
8. **각종 질병 및 감기 예방.** 면역력을 길러주어 각종 질병과 감기를 예방해 준다.

한편 곶감의 탄닌 성분은 수렴작용이 강해 점막표면의 조직을 수축시키므로 변비증세가 있는 사람은 삼가야 하고, 탄닌이 철분과 잘 결합하기 때문에 빈혈을 일으킬 수 있으므로 빈혈이 있거나 저혈압인 사람도 자제해야 한다. 음식 궁합의 예로 볼 때 간 요리를 먹은 후 후식으로 먹는 곶감은 상극이다. 곶감의 탄닌 성분이 간에 있는 영양소의 체내흡수를 방해하여 영양 손실이 커지기 때문. 반면 수정과에 고명으로 들어가는 곶감과 잣은 찰떡궁합이다. 잣은 곶감의 탄닌과 수정과 속의 철분이 결합하여 탄닌산 철이 되는 것을 막아 빈혈과 변비를 예방하기 때문이다.

곶감 수정과 만드는 법을 소개한다.

< 곶감 수정과 만드는 법 >

재료. 생강 50g, 물 6컵, 통 계피 30g, 황설탕 1½컵, 곶감 소 20개, 잣 1큰술

1. 생강 껍질을 벗겨 얇게 저민다. 물을 부어 은근한 불에서 서서히 끓여 고운 채에 거른다.

2. 통계피는 흐르는 물에 깨끗이 씻거나 물기를 꼭 짠 행주로 먼지 없이 닦는다. 향이 잘 우러나도록 손으로 적당한 크기로 부순 계피를 냄비에 넣고 물을 붓는다. 계피의 맛과 향이 충분히 우러날 수 있도록 중간 불에서 서서히 푹 끓인다.

3. 맛과 향이 충분히 우러난 생강 물과 계피 물은 각각 고운 채에 받는다. 걸러진 생강과 계피 찌꺼기는 버리고 서로 합하여 수정과를 만든다.

4. 위의 수정과 물을 냄비에 붓고 설탕을 넣어 고루 저어 준다. 설탕이 완전히 녹으면 단맛이 잘 어우러지도록 잠시 끓인 뒤 불에서 내려 충분히 식힌 뒤 담아낸다.

5. 고명으로 띄울 곶감은 작고 씨가 없는 주머니 모양으로 생긴 것을 골라 꼭지를 떼고 둥글넓적하게 펴서 가위로 4등분 하여 잔 칼집을 낸 후 모양을 잡아 잣을 끼운다.

6. 수정과를 들기 3시간 정도 전에 달여놓은 국물에 곶감을 담가 불려서 부드러워지면 화채 그릇에 수정과를 담고 모양낸 곶감과 잣을 서너 알씩 띄워서 대접한다.

구기자

집을 떠나 천리길에 구기자를 먹지 마라 – 중국속담
독신자는 구기자를 먹지 마라 – 일본속담

인삼, 하수오와 함께 3대 야생 정력초로 손꼽히는 구기자에 관한 속담
이다. 우리나라에도 구기자에 얽힌 설화가 전해오는데 옛날 전남 진도
읍 북상리에서는 오랜 기근이 닥쳤는데도 사람들이 늙어도 죽지 않고 2
백년 이상 살았다 한다. 노인들로 득실거리게 된 마을 사람들이 원인 규
명에 나선 결과 마을 위쪽에 있는 샘물을 지목하게 된다. 한 아름 크기
의 구기자 고목나무 뿌리가 샘돌 사이에 뻗쳐 있었던 것이다. 혹시 하는
마음에 구기자나무를 잘라버렸더니 차츰 수명이 줄어 다른 동네 사람들
과 똑같이 되었다는 믿기 힘든 이야기가 전해온다. 하지만 중국 진시황
제가 그토록 찾던 불로장생의 약재에도 구기자가 포함되었다 하니 효능

효과는 전 세계적으로 인정받고 있는 셈이다.

우리나라를 비롯해 중국, 일본 전역에 분포하는 구기자나무는 가지과에 속하는 낙엽관목이다. 가시가 헛개나무(구;枸)와 비슷하고 줄기는 버드나무(기;杞)와 비슷하여 두 글자를 합쳐 구기(拘杞)라 부르게 되었다. 4미터 높이까지 자라며 6-9월 사이에 연보라색 꽃을 피우고 8-10월 사이 길이 1.5-2.5cm 크기의 타원형 모양의 밝은 붉은색 열매를 맺는다.

우리나라를 대표하는 구기자 주산지는 칠갑산을 등 뒤에 두고 해발 480m 사자산 자락에 위치한 충남 청양군 일대이다. 연간 400여 톤을 생산, 전국 생산량의 70% 이상을 차지하고 있는 이곳이 구기자 특산지로 자리 잡게 된 것은 10대의 젊음을 송두리째 바친 고 박관용 씨의 노력 덕택이다. 1920년대 어린 시절을 공주군 신풍면 토끼울에서 보냈던 그의 집에 구기자 울타리가 있었는데 그 열매를 말려 놓으면 상인들이 사 간다는 말을 듣게 되었다. 그때부터 구기자 재배 및 품종 개발에 몰두하여 이후 청양군 목면 신흥리 임장골에 자신의 이름을 건 생약 시험장을 설치하며 본격적인 구기자 재배에 들어갔다. 그 뒤로 구기자를 심으면 부자가 된다는 입소문이 번지면서 이곳 150ha의 농지가 구기자 재배지로 탈바꿈한 것이다.

구기자는 『본초강목(本草綱目)』에서 '독성이 없고 차가우며 몸속의 간사한 기운과 가슴의 염증, 갈증을 수반하는 당뇨병이나 신경이 마비되는 질병에 좋다. 정기를 보하고 폐나 신장의 기능을 촉진하여 시력이 좋아진다. 오랫동안 복용하면 몸이 가벼워지고 늙지 않으며 더위와 추위를 타지 않게 된다.'고 했다. 『신농본초경(神農本草經)』에서는 무독한 상약(上藥)으로 인삼과 구기 등을 거론할 만큼 민간에서 요긴하게 쓰여 왔다.

신선들이 마셨다는 구기자차는 무병장수의 건강차로 알려져 있다. 잎과 열매, 뿌리를 말렸다 달여 마시는 구기자차는 열매를 이용한 구기자차, 잎을 이용한 구기엽차, 뿌리를 이용한 지골피(地骨皮)차로 세분된다. 잎은 신선한 어린잎을, 열매는 약간 덜 익은 것을, 뿌리는 늦가을에서부터 이른 봄 사이에 주로 채취한다. 이렇게 채취한 잎과 뿌리는 그늘에서, 열매는 햇볕에서 말린다. 잘 말린 재료는 한지 봉지에 보관하여 필요할 때마다 차 또는 탕약으로 이용하는데, 잎은 살짝 볶아 사용하면 향기가 좋아지고 열탕에 우려 마시는 것이 영양 손실을 막는 좋은 방법이 된다.

임상실험을 통해 입증된 구기자의 효능효과를 살펴보면

1. **항균 효과.** G(+)균 및 (−)균, 대장균, 효모와 곰팡이에 MIC (minimum inhibition concentration) 테스트를 한 결과 구기자 추출물이 곰팡이와 효모를 제외한 G(+) 및 (−)균에 모두 증식 억제력을 보였다.

2. **항암효과.** 이상래 박사의 연구 결과 구기자〈구기엽〈지골피 순으로 항암효과가 강함을 알 수 있었다. 즉 지골피 추출물이 암세포에 대한 저해농도 IC50값은 13μg/ml로 오미자(27μg/ml), 백작약(46μg/ml)보다 강하고 시호(10.2 μg/ml)보다는 약했다.

3. **면역 증진 효과.** 경희대 한의과는 구기자의 면역반응에 미치는 영향이라는 논문(경희한의대논문집 10,1987)에서 세포성 면역반응을 증강시킨다고 하였다. 이는 정기를 돋우는 보양약인 구기자가 면역반응을 증가시키는 것으로 미루어 正邪論의 이론적 妥當性을 뒷받침하고 있다.

4. **간 기능 개선,** 혈압강하 및 항당뇨 효과. 구기자의 추출물이 인위적으로 손상된 간의 회복을 촉진 시킴이 밝혀졌다. 또한 김수정(약학

논총 1994) 등의 보고에 의하면 streptozotocin 유발 고혈당 쥐에
대하여 구기엽, 구기자, 지골피의 항당뇨 효과를 측정한 결과 혈당
치를 유의성 있게 감소시켰다. 구기엽이 특별히 강하였으며 지골피
수침Ex 투여군에서도 현저한 효과가 있었다.

5. **항산화 효과.** 장수에 관한 언급은 항산화 개념으로 이해해야 한다.
노화방지효소인 SOD(superoxide dismutase), POD(peroxidase)
및 CAT(catalase)의 활성 등을 비교한 결과 free radical의 50%
를 소거시키는 농도, 즉 RC50값에서 구기자가 $1,140\mu g$, 구기엽은
$268\mu g$, 지골피는 $15\mu g$로 지골피가 가장 활성이 높았다. 한편 항산
화 효소의 활성은 SOD가 구기엽〉구기자〉지골피 순으로, POD는
지골피〉구기엽〉구기자 순으로 증가하였으며, CAT는 구기자에는
존재하지 않았다.

6. **콜레스테롤 저하 효과.** 토끼에 75일간 구기자 가루를 일반사료와
함께 급여한 다음 체중과 혈액을 분석한 결과, 대조군에 비해 구기
자 급여군의 체중 증가율이 20% 낮아 다이어트 효과가 입증되었으
며, 혈액 분석 결과 혈중 콜레스테롤이 57%가 감소되었고 중성지
방인 triglyceride도 52.7%가 감소하였다.

7. **구기자의 미용 효과.** 태양광 중 지표면에 도달하는 자외선은
UVB(280~320nm)와 UVA (320~400nm)광선이다. 구기자 추
출물의 최대흡수파장이 279nm로 인체에 해로운 자외선 영역인
UVB(280~320nm)를 효과적으로 흡수하여 피부의 노화 촉진 요인
들을 제거할 수 있음이 밝혀졌다. 화장품에 있어서 미백작용은 멜
라닌 색소침착(기미, 주근깨) 억제를 목적으로 한다. 구기자 추출물
은 0.0403g만으로도 tyrosinase 50%를 억제하여 미백작용을 나타
낸다. 수렴작용은 피부 단백질이 고분자 flavonoid인 polyphenol
과 결합하여 피부가 수축 됨을 나타낸다. 헤모글로빈 단백질에 대

한 수렴활성(HP50)도를 측정한 결과 구기자 추출물의 경우 0.07g 만으로도 HP50값이 나타났다. 즉 소량의 구기자 추출물만으로도 수렴작용을 나타내므로 마사지용 팩(facial pack)으로 사용할 수 있다.

상약으로 분류되는 구기자차는 많이 마셔도 부작용이 없다. 곁에 두고 장복하기를 권한다. 구기자 20g을 물 1 ℓ 에 30분 정도 은근히 끓여 꿀 이나 설탕을 타서 마시면 OK. 특별한 맛이 없으므로 생강, 계피, 대추 와 함께 끓이면 한결 맛이 좋아진다. 구기자 한 가지로도 좋지만 오자차 (五子茶)로 만들어 마시면 효능과 맛이 월등해진다.

*오자차: 구기자, 사상자, 오미자, 복분자, 토사자 다섯 가지와 대추를 같은 양으로 달인 차를 말하는데 대추를 빼고 써도 무방하다.

< 오자차 만드는 법 >

재료. 구기자 사상자 오미자 복분자 토사자 각 5~10g

1. 다섯 가지 약초를 각각 5~10g씩 헹구어 물기를 제거한다. (감초를 추가해도 무방)
2. 다섯 가지 약초와 생수 약 2리터를 넣고 센 불에 끓인다.
3. 물이 끓기 시작하면 약불로 조절한 후 약 30분 정도 은은하게 우려낸다.
4. 건더기는 건져내고 달여진 차는 냉장 보관 후 식수 대용으로 꾸준히 복용한다.

대봉감

제17호 지리적표시 임산물 – 영암 대봉감
제23호 지리적표시 임산물 – 악양 대봉감(등록철회)
제88호 지리적표시 농산물 – 진영 단감

열릴 테냐 안 열릴 테냐
열리지 않으면 베어버릴 테다.

열리겠나이다, 열리겠나이다.

　까치설날에 두 사람이 한 조가 되어 벌이는 주술행사의 한 대목이다. 먼저 한 사람이 협박조로 얼르고 난 뒤 낫이나 도끼로 나무껍질에 가벼운 상처를 내면 다른 사람이 얼른 대답을 하며 상처에 팥죽을 뿌려준다. 주렁주렁 감이 열리길 기원하는 행사인데 유럽에도 비슷한 주법(呪法)이 있다고 한다.

　세계에 분포되어 있는 감나무속 식물은 약 190여 종으로 대부분 열대에서 온대지방까지 널리 분포하는데 그 중 식용 가치가 있는 것은 감나무뿐이고 그 밖의 것은 대목용 또는 탄닌 채취용으로 이용되고 있다. 감은 동 북아시아 특유의 온대 낙엽과수로서 야생종은 한국·중국 및 일본에 분 포되어 있다. 원산지는 동아시아로 사천, 운남, 절강, 강소 및 호북의 각 성이 원산지이다. 중국에서는 이미 BC 126~118년에 감에 대한 식재 기 록이 있으며 5세기 초 감속식물인 유시, 군천자, 정향시, 경면시, 소협시 가 재배되었다고 『제민요술(齊民要術)』과 『본초(本草)』 문헌에 기록되어 있다. 일본에서는 지질시대의 제3기 중 신세(新世)에 감의 화석이 발견되 었고 중국의 원산지와 풍토가 유사하다는 기록이 있으며 단감과 떫은 감 의 구분은 염창 시대(1192~1333년)의 문헌으로 증명하고 있다.

우리나라에서는 고려 명종(1138년) 때에 흑조(黑棗:고욤)에 대한 기록 을 찾아볼 수 있으며, 고려 원종(1284~1351) 때에 『농상집요(農桑輯要)』 에 감에 대한 기록이 있는 것으로 보아 재배는 고려시대부터 시작된 것으 로 추정된다. 조선 성종 1474년 건시, 수정시 등의 기록이 있고, 『국조오 례의(國朝五禮義)』에서 강희맹은 중추제에 제물로 사용하였다고 하였으 며, 광해군 1614년 이수광은 『지봉유설(芝峯類設)』에 고염나무, 정향시, 홍시 등의 재배법을 기록하였다. 또 현종 1660년 『구황촬요(救荒撮要)』에 소시(고욤의 일종)의 조리법과 곶감 만드는 법이, 『고사십이집(古事十二 集)』에는 감식초 제조법과 홍시 만드는 방법에 대한 기록이 남아있다.

우리나라에서 감에 관한 조사는 1920년대에 최초로 실시되었는데 '지리 산 남부에 산재하고 있으나 품질이 불량하다'고 기록되어 있다. 당시 일 본의 재배 기술이 접목되어 기후가 온화하고 토질이 비옥한 재배 적지를 찾아 심어진 곳이 경남 하동 악양골로 대봉감의 시배지로 전해지고 있다. 한때 왜감, 하찌야(はちや)로 유명했으나 현재는 우리말 대봉감으로 국 내외에 명성을 쌓고 있다. 비옥한 토지와 풍부한 일조량을 자랑하는 전남

영암군과 경남 하동군이 대봉감을 지리적표시 임산물로 지정 등록했다.

감은 다른 과실에 비하여 무기성분이 풍부하고, 인체의 필수 영양소인 비타민류와 구연산이 많은 과실이다. 한방에서는 시상이라 하여 감꼭지를 말려 딸꾹질에 다려 먹고, 땡감의 즙액은 뱀, 벌, 모기 등에 물린 데 바르기도 하였다. 『본초비효(本草秘效)』에서는 감을 깎아 말린 곶감은 숙혈(=피가 머무르는 것)을 없애고 폐열, 혈토, 반위(=구역질), 장풍(=창자 꼬임)과 치질을 다스리는 데 이용된다고 하였다. 민간에서 감은 몸의 저항력을 높여주고 고혈압, 중풍, 이질, 설사, 하혈, 위장염, 대장염 등에 좋은 것으로 알려져 있다.

감의 주성분은 당질(포도당과 과당)이 15~16%이다. 비타민류가 풍부한데 이 중 비타민C는 1g당 30~50mg을 함유한다. 그 밖에 펙틴, 카로티노이드 성분을 지닌 알칼리성 식품이다. 떫은맛의 성분은 디오스프린이라는 수용성 탄닌(tannin)인데, 과실 내부의 호흡에 의하여 생성되는 아세트알데히드와 결합하여 불용성이 되면서 떫은맛이 사라진다.

감은 비타민C의 함량이 많아 감기 예방에 큰 도움이 된다. 비타민C의 섭취는 여러 가지 전염병 예방과 눈의 생리적 활동에 없어서는 안 되는 것으로 알려져 있다. 일상생활에 필요한 비타민 섭취는 식물성 식품에서 거의 90%를 얻게 되는데 비타민C의 경우 과실에서 20% 정도를 섭취한다. 비타민류의 1일 섭취량을 감에서 섭취한다면 비타민 A와 C는 감 1개로 충분하다. 한편 감은 다른 과실보다 단백질과 지방, 탄수화물, 회분, 인산과 철분 등이 많고 칼로리 함량이 높은 편이라서 감을 먹으면 체온을 일시 낮추기도 하고 다량의 구연산은 청뇨, 근육의 탄력 등을 나타내 문화병 환자들의 애호를 받는 과실이다.

감은 종류에 따라 단감, 먹씨감, 수수감, 대봉감 등 여러 종류가 있으나 맛과 향이 뛰어나고 색상이 아름다우며 크기가 커서 감의 왕으로 불리는 대봉감이 으뜸이다. 감은 과수 가운데 가장 오랜 역사를 가졌지만, 가공·이용 면에서는 뒤떨어진 과수의 하나이다. 최근 감에 대한 인식이 높아지면서 특히 떫은 감의 가공에 큰 관심을 보여 감식초, 감장아찌 등 다각적인 측면에서 이용 가치가 연구되고 있다.

일반적인 감의 용도를 잠시 살펴보자. 떫은 감을 으깨어 통에 넣고 10일 정도 두어서 발효시켜 걸러낸 것을 시삽(柿澁)이라 하여 칠기의 밑칠이나 어망의 염색에 사용한다. 감나무 목재의 검게 된 속재목을 흑시(黑柿)라 하여 고급가구재에 이용한다. 한방에서는 감꼭지를 딸꾹질·구토·야뇨증 등을 달여서 복용한다. 곶감은 해소·토혈·객혈·이질의 치료에 쓰이고, 곶감의 시설(柿雪;흰 가루)은 진해·거담에 효능이 있고 영양식품으로도 쓰인다. 감잎은 비타민C가 풍부한 차로 민간에서 애용되고 있다.

연시(홍시)를 만드는 전통 방식은 병아리 가두리에 담아 짚으로 덮어 보온하고 감나무에 매달아 이른 봄까지 두고두고 먹었다. 자연 연시를 간편하게 만들려면 광주리에 담아 아파트 베란다 등 햇볕이 들지 않는 서늘한 곳에 두면 되고, 80% 정도 익힌 연시를 랩에 싸서 냉장 냉동고에 얼려 두면 이듬해 여름까지 아이스홍시를 즐길 수 있다.

진영 단감이 제93호 지리적표시 농산물로 등록되었다. 지금껏 대봉감 2곳과 감의 가공품인 반시나 곶감 5곳이 모두 임산물로 등록된 점에 견주어 분류기준이 의문스럽고 혼란스럽다. 진영 단감을 농산물 편에 새롭게 실을까도 생각해 보았으나 그렇게 하는 것이 오히려 더욱 혼란을

부채질할 거라는 판단이 들어 이 코너에 간단히 단감의 특징만 언급하는 글을 덧붙이기로 했다

　일반적으로 감은 과육에 들어 있는 타닌이 응고 · 침전되어 단맛을 내는데, 단감은 타닌이 당으로 전환되는 것이 아니고 불용성이 되어 떫은 맛이 나타나지 않는 것이다. 우리나라에서 옛날부터 자라던 감 품종들은 대부분 떫은 감이며 요즘 널리 재배하고 있는 단감은 일본에서 들여온 품종들로, 특히 '부유(富有)'를 많이 재배하고 있다. 떫은 감에 비해 내한성이 약하기 때문에 9월 평균기온이 21~23℃, 10월 평균기온이 15℃ 이상이어야 좋은 품질의 것이 생산되며 남쪽의 따뜻한 지방에서만 자란다. 경상남도 진영 단감이 유명한 이유이다.

　집에서도 쉽게 만들어 먹을 수 있는 감식초 만드는 법을 소개한다.

< 감식초 만드는 법 >

재료. 9월~10월경 오염되지 않고 농약이 전혀 없는 감

1. 감을 깨끗이 준비하여 햇볕이 잘 드는 양지의 항아리에 넣어둔다.
2. 3~4개월 두면 막걸리 같은 하얀 뜬물이 생기는데 이 감액을 잘 걸러둔다.
3. 걸러진 감액을 항아리에 저장한 뒤 간간이 저어주어 산소를 공급해주면 약 6개월 후 붉은색을 띄기 시작한다.
4. 이것을 다시 한번 깨끗이 잘 걸러 이물질이 들어가지 않도록 봉한다.
5. 항아리 뚜껑을 닫고 햇볕이 잘 드는 곳에 2~3개월 두면 신맛이 톡 쏘고 향이 은은하게 나는 감식초가 된다.

Tip. 감식초는 오래될수록 깊은 향을 내지만 잡균이 생기지 않도록 잘 관리하여야 한다. 처음에는 원액으로 마시기가 힘드니 희석하여 마시도록 한다. 녹차, 주스, 꿀물 등과 함께 자신의 취향에 맞추어 마셔도 좋다.

대추

제9호 지리적표시 임산물 – 경산 대추
제27호 지리적표시 임산물 – 보은 대추
제56호 지리적표시 임산물 – 밀양 대추

저게 저절로 붉어질 리는 없다
저 안에 태풍 몇 개
저 안에 천둥 몇 개
저 안에 벼락 몇 개

장석주 시인의 '대추 한 알'이라는 시의 일부이다. 절로 영그는 열매가 없듯 온갖 풍상을 거친 뒤에야 붉고 단단한 대추가 열린다. 고진감래(苦盡甘來). 고생 뒤에 낙이 온다는 만고불변의 진리를 한 알의 대추에서도 배울 수 있다.

대추는 갈매나무과 대추나무(Zizyphus jujuba Mill)의 익은 열매를 말린 것이다. 핵과로 타원형이며 속에 종자가 들어있다. 개화기는 6~7월이고 열매는 초록색을 띠다가 결실기인 가을에 적갈색으로 변한다. 길이는 1.5~2.5cm에 달하며 단맛이 난다. 한편 대추나무는 떡매, 떡살, 달구지

(수레), 도장목 등으로 쓰일 만큼 재질이 굳고 단단하다. 오죽했으면 모질고 단단한 사람을 대추나무 방망이 같다고 할까. 대추나무는 우리나라 전역에서 볼 수 있는 흔한 식물이다. 농가마다 울타리나 마당 한 쪽에 심어놓고 가정생활에 다용도로 요긴하게 사용하였다. 예로부터 충북 보은이 대추 명산지로 유명하였고 경북 경산과 경남 밀양이 주 작물로 대추심기를 장려하여 세 곳이 차례차례 지리적 표시 임산물로 대추를 등록하였다.

대추는 관혼상제(冠婚喪祭)에 빠지지 않는 과일로서 제사상에 홍동백서(紅東白西) 동쪽 편에 위치한다. 혼인식 폐백(幣帛)상에서도 시집오는 며느리가 큰절을 올리면 시부모는 대추를 치마폭에 던져주어 아들 낳기를 기원하는 풍습이 있다. 이는 대추가 장수와 다복을 상징하는 중국 민속에서 유래하였다고 전해진다. 대추에 얽힌 중국 전설로, 태원왕(太原王) 중덕(仲德)이 젊었을 때 전란을 만나 이틀간이나 굶고 헤매다 쓰러졌는데 비몽사몽간에 어린 신선이 나타나 '누워있지만 말고 어서 일어나 대추를 먹어라'고 이르고는 사라졌다 한다. 정신을 차려보니 마른 대추 한 봉지가 눈앞에 있으므로 그것을 조금 먹었더니 기운이 펄펄 나더라는 것이다. 이 이야기가 널리 퍼져 신선이 준 과일로 알려지게 되었다고 한다.

성분상으로 대추는 단백질, 지방, 사포닌, 포도당, 과당, 다당, 유기산을 비롯하여 칼슘, 인, 마그네슘, 철, 칼륨 등 36종의 다양한 무기원소를 함유하고 있다. 생대추에는 비타민 C와 P가 매우 풍부하게 들어있어 대추를 '비타민 활성제'라 부르기도 한다.

대표적인 대추의 효능을 살펴보면,

1. **노화 방지와 항암효과.** 대추에 있는 비타민류나 식이섬유, 플라보노이드, 미네랄 등은 노화를 방지하는 동시에 항암효과도 가지고 있다. 몸에 담즙이 많아지게 되면 이것이 세균에 의해 발암물질로

변하게 되는데, 대추의 식이섬유는 이러한 발암물질을 흡착해서 배
출하는 역할을 한다. 또한 베타카로틴은 체내의 유해활성산소를 여
과하는 작용을 하여 노화를 방지한다. 최근의 연구에 의하면 대추
에는 강한 항암작용과 함께 알레르기성 자반증을 치료하는 효과가
있다고 한다. 우리 몸에는 'cAMP'라는 물질이 있어서 인체의 면역
력을 높이는 역할을 한다. 대추에는 이 cAMP를 활성화시키는 물질
이 대량 함유되어 있어서 암세포의 성장 억제 및 예방 효과가 탁월
하다는 것이다.

2. **여성 냉증과 산모 건강.** 대추는 성질이 따뜻하여 혈액순환을 좋게
   하고 피부를 윤택하게 하며 여성의 냉증에 이용되기도 한다. 오장
   육부와 12경맥을 골고루 보해 주기 때문에 임산부가 대추를 먹게
   되면 태아와 산모 모두에게 좋은 영향을 끼친다. 또한 경미한 이뇨
   작용과 함께 심장혈관의 기능을 강화시키는 효능이 있어서 체액의
   균형을 유지해 주고 몸속의 불필요한 수분을 배출시켜 주므로 자주
   붓는 증상이 있는 사람에게 도움이 된다.

3. **기를 보함(補氣).** 대추의 단맛은 비위를 튼튼하게 하여 내장 기능을
   골고루 회복시키는 작용이 있어서 식욕을 촉진시키고 소화 기능을 좋
   게 하며 신진대사를 원활하게 하여 기운을 돋우고 전신을 튼튼하게 해
   준다. 또한 단백질이나 당류, 유기산, 비타민, 인, 철, 칼슘 등의 여러
   가지 영양소를 골고루 갖고 있어 자양강장의 효과도 지니고 있다.

4. **신경안정, 불면증.** 대추에는 갈락토오스, 수크로오스, 맥아당 등의
   당이 많이 들어 있기 때문에 단맛이 나는데, 이 단맛은 긴장을 풀
   어주어 흥분을 가라앉히고 신경을 완화시키는 작용을 한다. 따라서
   직장인들의 수면 부족이나 갱년기 여성들의 히스테리, 수험생들의
   신경과민 증상들을 완화시켜 줄 수 있다. 특히 대추씨에는 신경을
   이완시키면서 잠을 잘 오게 하는 성분이 함유되어 있어 불면증으로

고생하는 경우에 효과를 볼 수 있다.

『동의보감(東醫寶鑑)』에서는 대추를 '독이 없고 맛이 달아 오랫동안 먹게 되더라도 몸의 균형을 깨뜨리지 않는다. 오래 먹으면 안색이 좋아지고 몸이 가벼워지면서 늙지 않게 된다.'고 하여 노화를 방지하는 좋은 약재로 상복(常服)해도 좋다고 하였다. 한의원에서 처방을 받다 보면 생강과 대추가 첨가되는 경우가 매우 많은데, 이는 대추가 오장을 고루 보하면서도 약물의 작용을 완화 시키며 독성과 자극성을 덜어주고 약을 먹기 좋게 하기 때문이다. 하지만 설익은 풋대추는 설사를 유발하고 고열을 일으킬 수 있으므로 주의해야 한다.

이와 같이 한약에서는 대추를 완화강장제로 쓴다. 모든 약재와 조화를 잘 이루어 오래도록 복용하면 몸이 가벼워지고 장수를 누리게 된다고 한다. 대추를 달여 먹으면 부부화합이 되는 묘약이라고 주장하는 사람도 있다. 가을에서 겨울에 이르면 공기가 건조해지고 목이 자주 말라서 감기에 걸리기 쉬운데 이때 목을 잘 적셔주고 천식, 빈혈, 입술 트는 것 등에 유효해서 부부 건강을 챙겨주기 때문이라는 것이다. 대추차 달이는 법을 소개한다.

< 대추차 달이는 법 >

재료. 마른 대추 30개, 물 1.8ℓ
  1. 마른 대추는 솔로 주름 부분까지 세심하게 씻는다.
  2. 주전자에 물 1ℓ와 대추를 넣고 센 불에서 팔팔 끓이다가 한소끔 끓으면 물의 양이 ⅓로 줄 때까지 약한 불에서 2시간 정도 더 끓인다.
  3. 대추가 푹 무르면 건져 체에 받치고, 가볍게 문질러 과육만 걸러낸다.
  4. 대추 과육과 2의 물을 섞고 물을 0.8ℓ 더 부어 2시간 정도 달인다.

더덕

제22호 지리적표시 임산물 – 횡성 더덕

시누이년 시샘에 귀가 먹어서
시앗 둔 서방님에 입이 막혀서
일찍 죽어 맺힌 한 풀지 못하고
예쁘장한 벙어리꽃 피었습니다.
더덕이라 더덕더덕 피어 옵니다.

홍해리 시인의 〈더덕꽃〉 일부이다. 엄한 시어머니에 가시 같은 시누이, 거기다 첩까지 둔 남편 탓에 일찍 요절한 여인의 한이 서려있다. 더덕꽃을 제대로 본 적은 없지만, 여인의 한이 맺혀 더덕더덕 핀 벙어리꽃이 눈에 아른거릴 정도다. 쌉싸름한 맛의 더덕이기에 더욱 감성 어린 사연이 담겨있을 것 같다.

더덕의 어원에 대해서는 정확히 알려진 바 없으나 1431년에 간행된 『향악채취월령(鄕藥採取月令)』이나 『향약집성방(鄕藥集成方)』에는 '가

덕(加德)'이라 표기되어 있다. 가는 '더할 가'이니 '더'라 읽고 덕은 '덕'이
라 읽어야 하니 더덕은 이두식 표기라 할 수 있다. 『명물기략(名物紀略)』
에서는 더덕을 사삼(私蔘)이라 하고, 양유(羊乳) · 문희(文希) · 식미(識
美) · 지취(志取) 등의 별명을 가지고 있다고 하였다.

　더덕은 초롱꽃과 도라지속의 다년생 덩굴식물이다. 인도, 동아시아 등
지의 숲속에서 자란다. 해발 2,000m 이상의 높은 산에서부터 들판 · 구
릉 · 강가 · 산기슭 · 고원지대 등 도처에 자생하고 있는 더덕의 뿌리는
도라지나 인삼과 비슷하며, 덩굴은 길이 2m 정도로 보통 털이 없고 자
르면 유액이 나온다. 8-10월이면 자주색의 넓적한 종 모양의 꽃이 핀
다. 『명의별록(名醫別錄)』에서는 '더덕잎은 구기(枸杞)잎과 비슷하다'고
하였으며, 『본초강목(本草綱目)』에서는 '1, 2월에 싹이 나는데, 처음 나
는 것은 아욱잎과 같다. 8, 9월에 줄기가 자라면 높이가 1, 2척이 된다.
잎은 뾰족하고 길어 구기잎과 같으나 작으며 톱니가 있다. 가을에 잎 사
이에서 작은 자주색 꽃이 피는데 모양은 방울 같고 피면 다섯 갈래로 찢
어진다. 모래땅에서 잘 자라고 황토에서는 잘 자라지 않는다.'라고 비교
적 정확한 설명을 하고 있다.

　더덕은 오래전부터 식용되었던 식물로 『고려도경(高麗圖經)』에서는
"관에서 매일 내놓는 나물에 더덕이 있는데, 그 모양이 크고 살이 부드
러우며 맛이 있다. 이것은 약으로 쓰는 것이 아닌 것 같다"라고 적고 있
다. 중국에서는 더덕을 약으로 쓰는데 우리나라에서는 식용 식품으로
쓰고 있음을 지적한 것이다. 또 『증보산림경제(增補山林經濟)』에 '2월
에 옮겨 심는다'는 말이 나오는 것으로 보아 자연산만으로는 모자라서
재배를 하기도 한 것으로 보인다. 더덕은 어린잎을 삶아서 나물로 만들
어 먹거나 쌈으로 먹기도 하며, 뿌리는 고추장장아찌 · 생채 · 자반 · 구

이 · 누름적 · 정과 · 술 등을 만들어 먹는다. 특히 햇더덕을 얇게 저며 칼 등으로 자근자근 두들겨서 찬물에 담가 우려낸 다음 꼭 짜서 참기름으로 무치고 양념장을 골고루 발라가면서 석쇠에 구워낸 더덕구이는 별미 중의 별미이다.

일반성분은 수분 82.2%, 단백질 2.3%, 당질 4.5%, 섬유질 6.4%, 회분 1.1%, 칼슘 90mg, 인 12mg, 철 2.1mg, 비타민 B1 0.12mg, 비타민 B2 0.22mg, 니코틴산 0.8mg으로 다른 나물과 별반 차이가 없고 칼슘이 많을 뿐이다. 그러나 인삼처럼 사포닌을 품고 있어 이것이 약효를 발휘하는 것으로 보인다. 『명의별록(名醫別錄)』에서도 "인삼(人蔘) · 현삼(玄蔘) · 단삼(丹蔘) · 고삼(苦蔘) · 사삼(沙蔘)을 오삼(五蔘)이라 하는데 모양이 비슷하고 약효도 비슷하다."라 하였다. 더덕의 약효는 위 · 허파 · 비장 · 신장을 튼튼하게 해주는 효과가 있다. 예로부터 민간에서는 물을 마시고 체했을 때, 음부가 가려울 때나 종기가 심할 때, 독충에 물렸을 때 가루를 내어 바르면 효과가 있다고 알려져 있다. 『한국민속약(韓國民俗藥)』에서는 거담 · 강장 · 고혈압 · 부인병 · 위냉병 · 해소 · 해열 · 풍열 · 혈변에 쓰이고, 인삼 · 구절초를 섞거나 꿀을 섞어 보약을 만들기도 한다고 설명하고 있다.

인삼, 도라지 뿌리에는 특유의 향을 내는 사포닌이 들어 있다. 더덕 뿌리에도 이러한 사포닌이 많이 들어 있어서 기침을 멎게 하고 가래를 삭이는 효과가 있다. 기관지염, 편도선염, 인후염 등 호흡기 질환에 좋은 식품으로 인정받는 이유가 여기에 있다. 감기로 인해 열이 나고 갈증이 심해 물을 자주 마시는 경우에도 도움이 된다. 위, 폐, 비장, 신장 등 내장 기관을 튼튼히 하고 피로를 없애는 강장효과뿐 아니라 여성의 월경 불순, 피부 미용에 탁월한 효과가 있으며 모유 분비를 촉진 시키는 효과가 있다. 더덕은 혈압을 낮춰주는 효능이 있어 고혈압 환자에 좋고 식욕부진, 변비에도 효과가 있다. 하지만 당뇨병 환자는 혈당을 높일 수 있으므로 피하는 것이 좋다.

　더덕은 뭐니뭐니 해도 향기가 독특하다. 더위가 기승을 부릴 때 가장 짙은 냄새를 풍기므로 냄새에 민감하지 않은 사람일지라도 한여름 숲속을 걷다 보면 특유의 향을 맡고 더덕이 있는 곳을 알아 낼 수 있다. 그러므로 더덕을 고를 때는 우선 향이 좋은 것을 찾아야 한다. 좋은 더덕은 뿌리가 희고 굵으며 전체적으로 몸체가 곧게 뻗어 있어야 약효와 맛이 모두 뛰어나다. 더덕뿌리 중에서 몸이 매끈하고 쭉 빠진 것을 수컷이라고 하고 통통하면서 수염이 많이 달린 것을 암컷이라고 하는데, 요리할 때는 수컷을 선호한다. 먹는 방법은 더덕의 성장기인 봄에 싱싱한 생 더덕을 양념에 무쳐 석쇠에 굽는 '더덕구이'를 비롯하여 더덕회, 더덕김치 등이 있으며 모두 사찰 음식에서 유래된 것이다.
　입맛을 돋우는 더덕장아찌 만드는 법을 소개한다.

< 더덕장아찌 만드는 법 >

재료. 더덕 12뿌리, 고추장 1/2컵, 다진마늘 1큰술, 다진파 2큰술, 설탕 1큰술, 물엿 2큰술, 간장 1큰술, 통깨 1/2작은술, 참기름 1/2작은술

1. 더덕은 껍질을 벗겨 반으로 갈라 깨지지 않게 살짝만 두들겨 놓는다.
2. 두들겨 놓은 더덕은 햇볕에 펼쳐 꾸덕꾸덕하게 말린다.
3. 말린 더덕은 고추장 항아리에 푹 박아 놓는다.
4. 석 달이 지나면 꺼내 고추장을 털어 낸다.
5. 분량의 양념(마늘, 파, 설탕, 물엿, 간장, 통깨, 참기름)에 무쳐둔다.
Tip. 더덕의 쓴맛을 없애려면 소금물에 10분 정도 담가둔다.

머루·머루와인

제20호 지리적표시 임산물 – 무주 머루
제37호 지리적표시 임산물 – 무주 머루와인

살어리 살어리랏다 청산에 살어리랏다
머루랑 다래랑 먹고 청산에 살어리랏다
청산별곡이야 청산에 살어리랏다
머루랑 다래랑 먹고 청산에 살어리랏다

　고려가요 『청산별곡(靑山別曲)』의 한 대목이다. 머루랑 다래랑 먹고 푸
른 산에 살고픈 마음이야 누군들 간절하지 않으랴. 그런데 왜 하필 머루
와 다래일까. 쉽게 따 먹을 수 있는 토종 야생 과일이었기 때문일 것이
다. 으름을 포함하여 머루, 다래는 추억의 열매 삼총사로 불릴 정도로
시골 출신들에겐 익숙한 이름이다. 늦여름과 초가을 사이 산을 오르다
보면 포도보다 작고 신맛이 강한 열매를 만나게 되는데 이것이 바로 머
루이다.

머루(Vitis coiqnetiae)는 갈매나무목 포도과 낙엽 덩굴식물과 그 열매로서 산포도를 총칭하는 말이다. 주로 산기슭과 산속에서 생장하는데, 한국의 경우 전국 산야의 해발 100~1,650m에서 자라난다. 양지는 물론 음지에서도 잘 자라며 토양에 습기가 함유된 곳을 선호하여 배수가 잘 되는 계곡 부근에서도 쉽게 발견할 수 있다. 줄기는 길고 굵으며 짙은 갈색을 띠고 덩굴손으로 다른 나무를 휘감는다. 잎은 이 덩굴손과 마주 보고 나며 5각형 모양으로 지름이 10~30㎝이다. 밑동은 깊은 심장 모양을 하고 있다. 아래에는 적갈색의 곱슬곱슬한 털이 빽빽하게 나 있다. 6월경에 큰 원추꽃차례가 잎과 마주 달리며 꽃차례 아래쪽에는 1개의 덩굴손이 나 있는 경우가 많다. 꽃은 작고 황록색이며 꽃받침은 바퀴 모양이다. 꽃잎은 끝이 맞붙어 있으며 아래쪽은 갈라진다. 꽃이 지면 꽃턱으로부터 이탈한다. 액과(液果)는 지름이 1㎝ 정도의 공 모양이고 짙은 자색으로 익는데 신맛이 강하다. 울릉도를 포함한 한반도 전역과 일본 각지에서 자생한다.

우리나라에 자생하는 머루에는 왕머루, 새머루, 까마귀머루, 개머루 등의 품종이 있는데, 왕머루가 가장 넓게 분포되어 있다. 그러니까 우리가 흔히 머루라고 부르는 것은 대부분 왕머루를 지칭한다. 한국의 주산지는 경기도 파주 · 강화, 강원도 평창 · 고성, 전북 무주, 경북 봉화 · 울진, 경남 함양 · 산청 등이다. 이중 전북 무주군이 지리적표시 임산물로 머루를 등록했다.

머루는 포도의 조상으로서 포도보다 효과가 우수한 것으로 인정받고 있다. 칼슘, 인, 철분, 회분 등의 성분이 포도보다 10배 이상 많으며 특히 항산화 작용을 하는 안토시아닌 성분이 다량 함유되어 있다. 머루의 효과는 저혈압, 혈액순환, 부인병에 좋고 성장기 어린이 두뇌 발달에 도

움을 주며 머루의 신맛은 식욕 촉진과 소화 촉진을 돕는다. 또한 불면
증, 변비, 피로 회복, 숙취, 피부 미용에 탁월한 효능을 나타낸다고 조
사되고 있다.

민간요법에는 머루를 강장제 및 보혈제로 먹으며 음위(陰痿)에도 쓰인
다고 한다. 열매를 말려 꿀에 잰 후 졸여서 머루정과를 만들어 복용하면
혈액순환을 좋게 하고 몸을 튼튼히 한다. 열매 이외에 잎과 줄기, 뿌리
를 약으로 쓰는데 몸이 퉁퉁 붓는 부종에는 줄기를 잘게 썬 차를 조금씩
마시면 잘 낫는다. 옴이 번져 생긴 종기에는 뿌리를 말려 찧어서 가루로
만들어 꿀에 붙여도 좋으며 노인성 좌골 신경통에는 줄기를 썰어 푹 삶
은 후 욕탕에 넣고 이 물로 매일 목욕하면 대단한 효과가 있다고 한다.

한방약재로는 열매로 종창, 화상, 동상, 식욕 촉진, 해독, 보혈, 폐 질
환, 무독증, 지갈, 이뇨, 두통, 요통, 두풍, 대하증, 양혈, 폐렴, 폐결핵,
허약증 등에 널리 사용해 왔다. 『동의보감(東醫寶鑑)』과 그 밖의 문헌을
종합해 보면 잎이나 줄기는 여름이 지난 다음 채취하여 햇볕에 말려 쓰
고 뿌리는 가을 이후에 채취하여 물로 깨끗이 씻은 후 건조하여 사용한
다고 한다.

머루는 약 80%가 수분이고, 조단백질이 0.87-1.00%, 조지방이
0.25-0.60%, 환원당이 11.95-19.00%다. 머루에는 항암 및 심혈관
질환에 효과가 있는 것으로 알려진 레스베라트롤(Resveratrol)을 비롯
한 폴리페놀, 카테킨 등이 다량 함유되어 있다. 품종이나 지역에 따라
다소 차이가 있겠지만 카테킨은 약 50mg/kg, 폴리페놀은 약 150μg/mℓ
(착즙액), 레스베라트롤은 약 60μg/g(과피. 일반포도보다 10배 이상 함
유)이 들어있다. 레스베라트롤은 머루뿐만 아니라 오디, 땅콩 등 최소

72종 이상의 식물체에 함유된 기능성 물질인데, 적포도주를 많이 마시는 프랑스 사람들의 심혈관계 사망률이 낮은 이유가 포도에 함유된 레스베라트롤 성분 때문이라는 'French Paradox'가 알려지면서 이에 관한 연구가 활발히 이루어졌다.

레스베라트롤은 강력한 항암 작용이 있다. 암화는 3단계를 거쳐 일어나는데, 레스베라트롤은 암화의 3단계 모두에 작용한다. 즉 암 개시를 촉진하는 단계 I 효소인 CYP450를 저해하여 암 개시를 억제하고, 해독화와 관련된 단계 II 효소인 쿠논환원효소를 유도하여 DNA 변이를 억제하며 활성산소 소거에 의해 DNA 손상을 억제한다. 암 촉진 단계에서는 사이크로옥시게나제-2, 유도형 산화질소 합성효소(iNOS) 및 단백질 인산화효소 등을 저해하며, 암 진행단계에서는 미분화된 암세포의 분화를 유도하고 암세포의 세포주기 저해 및 세포 사멸을 유도한다. 이와 같은 화학적, 기능적 특성 성분을 함유하고 있는 머루는 주로 포도와 같이 생과나 열매를 착즙한 주스 또는 이를 발효시킨 와인의 형태로 섭취하는데 신맛이 강한 주스 대신 와인으로 마시는 경향이 점차 늘어나고 있다.

최근 전북 무주군이 의뢰한 연구 결과에서도 머루와인이 에피카테킨 함량이 높아서 충치와 구취, 혈당, 혈압의 상승을 억제함은 물론 노화 방지와 동맥경화 예방, 항암효과가 월등한 것으로 조사됐다고 밝혔다. 특히 머루는 포도에 비해 항산화 성분인 폴리페놀이 1.8배, 플라보노이드가 1.8배, 안토시안이 3.3배나 높은 것으로 나타났으며 조 단백질과 조섬유 함량이 1.6배 높은 것을 비롯해 나트륨 함량은 3.1배가 낮고 칼륨과 칼슘 함량은 2배나 높은 것으로 밝혀졌다. 한국식품연구원 박용곤 박사는 "기능성 연구에서도 머루와인은 포도와인에 비해 항산화 활성을 나타내는 양이온 소거 활성이 1.4배, 음이온 소거 활성이 1.5배 높은 것으로 나타났다"고 말했다. 또한 "머루와인은 혈관 내피에 작용해 혈관 확장 작용물질인 산화질소를 분비하는데 이는 심장을 보호하는 것은 물론 콜레스테롤을 낮추며 당뇨병과 류머티스, 위궤양, 요실금, 알츠하이머병을 억제하는 효과가 있다"고 밝혔다. 머루와 머루와인의 효능이 과학적으로 증명되면서 포도와인이 주를 이루던 와인 시장에도 큰 변화가 일고 있다.

가정에서 손쉽게 담그는 머루주 만드는 법을 소개한다.

< 머루주 만드는 법 >

1. 머루주를 담그려면 우선 잘 익은 머루를 골라 깨끗이 씻어 물기를 뺀 뒤 항아리나 독에 넣고 소주를 붓는다.
2. 머루는 한 알 한 알 따서 넣는 게 좋지만, 송이째 그냥 넣어도 상관없으며, 소주는 머루 500g에 1.8ℓ가 적당하다.
3. 밀봉한 후 서늘한 곳에 보관하면 바로 발효를 시작하는데, 3~6개월 지나면 선홍빛으로 물든 향긋한 머루주를 맛볼 수 있다.

Tip. 항아리 개봉시 공기가 통하지 않도록 고무줄로 꽁꽁 밀봉해 놓은 비닐 봉지를 풀고 고여 있던 알코올 가스를 충분히 날려 보낸 다음 마셔야한다. 곧바로 마시면 혼수상태로 병원 신세를 질 수 있으니 유의해야한다.

명이

제46호 지리적표시 임산물 – 홍천 명이

<u>임자, 내가 뭐랬어?</u>
<u>그렇게 투자 좀 하자니까</u>
<u>내 말은 믿지도 않고...</u>
<u>후회되지?</u>

　농촌진흥청 블로그기자단 문형명 주부의 남편이 이 말을 내뱉기만 하면 그녀는 무한히 쪼그라든다. 7년 전 강원 인제에 귀농하여 처음 심은 것이 명이나물이었다. 귀농 몇 해 전 울릉도 관광을 다녀온 후로 남편이 입버릇처럼 "명이, 명이" 노랠 불렀지만 그럴 때마다 "종근(種根) 값이 너무 비싸다"며 타박을 늘어놓았기 때문이다. 지금은 매년 판매 공지를 하기만 하면 대개 3일 만에 완판되어 버리므로 이런 효자 작물이 또 있을까 싶다.

명이(茗荑)는 울릉도 사람들이 산마늘을 부르는 이름이다. 조선조 태종 이후 공도(空島) 정책을 펴 오다 1882년 고종 19년에 한 무리의 본토인을 울릉도로 이주시켰는데, 이때 양식이 떨어진 이주민들이 추운 날씨에도 흰 눈을 뚫고 돋아나는 산마늘 싹으로 겨울을 넘기면서 '생명을 이을 수 있었다'고 붙여준 이름이다. 유래야 어쨌건 요즈음 최고의 웰빙 식품으로 각광받고 있으니 이름의 덕을 톡톡히 보고 있는 건 부인할 수 없다.

명이는 백합과에 속하는 다년생 식물로 시베리아, 중국, 한국, 일본 등에 분포하며 일본에서는 수도승들이 즐겨 먹는 행자(行者) 마늘로, 중국에선 자양 강장에 좋고 맛이 뛰어난 산채로 사랑받아 왔다. 우리나라에서는 오대산, 지리산, 설악산 등의 고산지나 북부 지방에 주로 자생하는데 이 중 울릉도는 명칭의 유래에서 알 수 있듯 산마늘 명이의 주산지로 손꼽혀왔다. 그런데 최근 황금약초로 불릴 만큼 그 수요가 폭증하자, 가파른 비탈에서 목숨 걸고 야생 채취하려는 사람들로 해서 현지에선 오히려 명을 줄인다며 '명줄' 나물로 불러야 한다는 우스갯말도 나오고 있다.

공급 부족의 가장 큰 원인은 자연 분주(分株)에 의한 산마늘 번식은 연간 2~3배밖에 되지 않으며, 실생(實生)번식의 경우는 종자 파종에서 수확까지 4~5년이 소요되는 등 번식률이 매우 낮기 때문이다. 한정된 개체수로는 도저히 늘어나는 수요를 따라잡을 수 없던 차에, 강원 오대산 일대의 홍천군 내면 주민들이 20년 전부터 오대산 계통의 야생 명이를 이식 재배하는 데 성공하여 '홍천 명이'를 2013년 산림청 지리적표시 임산물 46호로 먼저 등록시켰다. 이곳은 예로부터 일교차가 크고 여름에도 해발 600m 이상의 산간 고지대 기후가 서늘하여 명이가 자라기엔 최적지다. 뒤늦게 울릉도도 지리적표시 단체표장 특산물로 특허청에 신청 중이라니 그 명성을 이어가기에 부족함이 없을 듯하다.

　생육환경은 토양의 부엽질이 풍부하고 약간 습기가 있는 반그늘에서 잘 자란다. 키는 25~40cm이고 잎은 2,3장이 줄기 밑에 붙어서 난다. 잎은 약간 흰 빛을 띤 녹색으로 길이는 20~30cm, 폭은 3~10cm가량 이다. 꽃은 5~7월 사이 줄기 꼭대기에서 흰색 또는 연한 자색으로 뭉쳐 피고 모양은 둥글다. 일반 마늘과 다른 점은 잎을 주식으로 한다는 점이고 전체에서 마늘 냄새가 난다. 뿌리가 한줄기로 되어 있어 일반 마늘과는 쉽게 구분된다. 『단군신화(檀君神話)』에 나오는 마늘은 바로 이 산마늘이었다. 요즘 우리가 먹고 있는 육쪽마늘은 훨씬 후에야 한반도에 전래되었다.

　명이는 인경(鱗莖; 땅속줄기의 하나. 줄기가 짧고 그 둘레에 두꺼운 잎이 둘러싸여 둥글게 덩어리 모양이 된 줄기를 말함), 잎, 꽃 등 식물 전체를 이용한다. 3~6월 사이 어린싹에서부터 잎이 굳어지기 직전까지 잎줄기 등을 이용하고, 뿌리와 인경은 1년 내내 이용할 수 있으며, 꽃과 봉오리는 6~7월에 이용한다. 비늘줄기는 생약명으로 각총(茖葱)이라 하여 구충, 이뇨, 해독 및 감기 증상 제거에 사용하고 중국에선 최고의 자양강장제로 애용되고 있다.

　일찍이 허준의 『동의보감(東醫寶鑑)』에는 '소산(小蒜)이라 하여 매운맛이 있고 비장과 신장을 돕고, 몸을 따뜻하게 하고 소화를 촉진시킨다. 토사곽란(吐瀉癨亂; 음식이 체하여 갑자기 토하고 설사하는 급성 위장병)을 멈추며 뱃속의 기생충을 없애고 뱀에 물린데 효과가 있다.'고 기술하였다. 실제 명이에는 섬유질이 많아 장운동을 활발히 하여 장내 독성을 배출시키고 콜레스테롤을 정상화시켜서 대장암 발병률을 낮출 뿐만 아니라 변비를 없애준다. 또한 비타민 A가 많아 피부를 매끈하게 하고 감기에 대한 저항력을 높이며 호흡기 및 시력을 강화시킨다. 잘 알려진 대로 마늘에는 독특한 냄새를 내는 알린(Alliin)이란 성분이 들어있는데, 이는 유황 성분이 많은 아미노산의 일종으로 비타민 B1을 활성화시키고 일부 병원균에 대해 항균작용을 나타낸다.

지금까지 밝혀진 명이나물의 주요 효능을 요약 정리해 보면,
1. **면역력 증진.** 풍부한 비타민과 무기질이 면역력을 향상시켜 주므로 감기나 각종 질병으로부터 몸을 보호해 준다.
2. **혈관질환 개선.** 혈관 내에 쌓이는 콜레스테롤과 노폐물 등 이물질들을 제거하여 혈관질환의 예방 및 치료 효과를 보인다.
3. **타박상, 염증 해소.** 타박상을 입거나 몸에 염증이 생겼을 때 명이나물을 섭취하거나 나물을 빻아서 몸에 발라주면 빨리 낫게 된다.
4. **소화 식욕 촉진.** 명이는 위를 튼튼하게 하여 소화 기능을 향상시켜 주며 입맛을 돋우어주는 효능이 있다.

그 외에 몸 안에 뭉쳐있는 어혈을 풀어주고 각종 성인병 예방, 항암효과, 신진대사 촉진, 자양강장 등에 두루 도움을 준다.

눈을 뚫고 올라오는 명이의 새싹을 '뽈명이'라 부른다. 웬만한 폭설과 서리에도 끄떡없이 솟구치는 뽈, 명이는 그렇게 세상을 견디는 힘을 지녔다. 여러분도 기운을 잃었을 때 특별식으로 명이 반찬을 찾아보기 바란다. 명이나물을 간장에 절인 것을 명이장아찌라 하는데, 새콤달콤한 맛 덕분에 수육 삼겹살 등 고기쌈으로 잘 어울린다. 입맛이 떨어지는 여름철 밑반찬으로도 안성맞춤이다. 명이장아찌 담그는 법을 소개한다.

< 명이장아찌 담그는 법 >

재료. 명이나물 200 g, 간장 1.5컵, 조선간장 0.5컵, 식초 1컵, 설탕 1컵, 소금물 5컵
멸치다시마 물 2컵

1. 명이를 깨끗이 씻은 다음 물기를 빼준다.
2. 물기를 쏙 뺀 명이를 약간 간간한 소금물에 담근 후 24시간 돌로 눌러준다.
3. 소금물에 절인 명이를 씻은 뒤 물기를 빼고 항아리나 스테인리스 그릇에
   차곡차곡 담는다.
4. 간장, 식초, 설탕, 멸치다시마 물을 혼합해 팔팔 끓여서 명이나물에 붓는다.
5. 부었던 간장물을 3일 후 또 끓여서 식힌 후 다시 한번 명이나물에 부어준다.
6. 1주일 지나 다시 간장물을 끓여서 명이나물에 부은 다음 냉장고에 한 달
   동안 보관했다가 먹는다.

밤

제4호 지리적표시 임산물 – 정안 밤
제38호 지리적표시 임산물 – 충주 밤
제48호 지리적표시 임산물 – 청양 밤

이 사람아
산 채로 껍질을 벗겨내고
속살을 한 번 더 벗겨내고
그리고 새하얀 알몸으로 자네에게 가네.

박라연의 시 〈생밤 까 주는 사람〉 일부이다. 어렵사리 생밤을 까는 장면에서 비장함마저 우러나온다. 딱딱한 겉껍질을 벗겨내고 얇은 속껍질을 벗겨내야만 토실토실 알밤을 맛볼 수 있기 때문이다.

밤은 밤나무의 열매이며 지름 2.5~4㎝ 크기에 짙은 갈색으로 익는다. 우리나라에서 재배하는 품종은 재래종 가운데 우량종과 일본 밤의 개량종으로서 주로 중·남부지방에서 8월 하순~10월 중순에 수확되고 있다.

밤의 역사는 낙랑시대로 거슬러 올라간다. 이 시대의 것으로 추정되는 무덤에서 밤이 발견된 점으로 봐서 적어도 2천 년 이상 된 것으로 보인다. 당나라 위징의 『수서(隋書)』와 이연수의 『북사(北史)』에 '백제에는 큰 밤이 생산되고 있다'는 기록이 남아있고, 『조선왕조실록(朝鮮王朝實錄)』 세종지리지에 공주 정안 밤에 대한 기록이 있는 점으로 보아 예로부터 지금의 충청 지역이 주산지였음을 엿볼 수 있다. 공주시 정안면은 온통 밤밭이라 해도 과언이 아닐 정도로 밤나무가 많다. 깨끗한 공기와 물, 토양, 일교차가 심한 산지 등 천혜의 조건을 갖추고 있다. 정안 밤은 당도가 높고 고소하며 알이 단단해 이곳을 대표하는 특산물로 지리적표시 등록을 마쳤다.

한방 서적을 보면 '밤은 맛이 달고 성질이 따뜻하며 독이 없다'고 기록되어 있으며 『동의보감(東醫寶鑑)』에도 '밤은 기운을 돋우고 위장을 강하게 하며 정력을 보하고 사람의 식량이 된다.'고 적혀 있다. '양위건비(養胃健脾)'라 하여 위장과 비장의 기능을 좋게 해 소화 기능을 촉진시킨다. 또한 속을 편하게 하고 설사나 출혈을 멎게 하며 하체를 튼튼하게 하는 효과도 있다. 풍부한 영양은 『동의보감』을 열거하지 않아도 될 만하다. 특히 비타민C의 함유량이 많아 생밤을 술안주로 이용할 경우 숙취 해소에 큰 도움이 된다. 이 외에도 과당은 위장을 튼튼하게 해 주고 군밤은 설사, 배탈에 효과가 있으며 단백질과 탄수화물은 근력 강화에, 비타민과 단백질은 정력 보강제로 이용되고 있다. 이뿐만이 아니라 밤은 쌀에 비해 비타민 B1이 4배 이상 함유되어 있어 피부를 윤기 있게 가꿔주고 노화를 예방해 준다. 머리카락이 검어지고 머릿결을 부드럽게 하는 작용도 한다. 요즈음은 율피를 이용한 마사지가 피부 미용에 상당한 효과가 있는 것으로 알려져 있다.

그러나 밤의 최고 효능은 게르마늄이 다량 함유되어 있다는 것이다. 게르마늄은 신이 내린 선물로 만병통치약으로도 불린다. 유기 게르마늄이 다량 함유된 재래식물로는 밤, 인삼, 구기자가 손꼽히는데, 2005년 일본 가공밤수입업자협의회 마사모토 회장은 일본식품안전청을 통해 일본이나 중국 밤에 없는 게르마늄이 한국산 밤 속에서는 kg당 0.1mg이 포함된 것을 확인해 주었다. 게르마늄의 가장 큰 효능은 산소의 공급이라 할 수 있다. 최근 여성의 유방암 환자가 급증하고 있는데 이는 모유의 기피 현상에 의한 유선의 막힘에서 비롯되었다고 한다. 게르마늄은 인체 내 산소공급이 원활하지 못하여 발생 되는 질병들에 대하여 치유 및 예방이 가능할 것으로 기대된다.

열량 160kcal의 밤 100g 중에는 탄수화물이 34.5g, 단백질이 3.5g, 기타지방, 칼슘, 비타민A, B, C 등도 듬뿍 들어 있어 인체 발육 및 성장에 도움을 준다. 특히 밤에는 비타민C가 많이 함유되어 있어 피부미용, 피로회복, 감기 예방 등에 효험이 있는데, 생밤을 술안주로 이용할 경우 비타민C가 알코올의 산화를 도와주는 것으로 밝혀졌다.

밤에 들어 있는 당분은 소화가 잘되는 양질의 당분으로서 위장기능을 강화하는 효소가 있으며 배탈이 나거나 설사가 심할 때 군밤을 잘 씹어 먹으면 낫는다고 한다. 특히 최근에는 성인병 예방, 기침 예방, 신장 보호 등에 약효가 있고 소화가 잘되는 특성으로 인해 가공식품 원료나 병후 회복식 또는 어린이 이유식 등으로도 널리 이용되고 있다. 이제는 밤이 쓰이지 않는 곳이 없을 정도다. 밤의 주요 효능을 살펴보면,

1. **위장기능 촉진.** 밤의 과당에는 위장을 튼튼하게 해주는 성분이 들어 있다. 장기간 복용하면 위장 기능이 활발해져 소화력이 왕성해진다.
2. **설사 · 배탈에 효과.** 밤을 불에 구우면 과육이 부드러워져 생밤보다

소화가 잘된다. 배탈이 나거나 설사가 심할 때 군밤을 씹어 먹으면 냉한 속이 따뜻해지면서 치료 효과를 볼 수 있다.

3. **근력 강화.** 밤에 함유되어 있는 양질의 단백질과 탄수화물은 근력을 키우고 근육을 생성하는 데 도움을 준다. 성장기 아이들의 신체 발육에 좋으며 운동선수 등 근육을 많이 쓰는 사람들의 근육통이나 사지무력감을 치료하는 데도 효과적이다.

4. **정력 보강.** 비타민과 단백질이 몸의 근력을 강하게 해줄 뿐만 아니라 갱년기 이후 약해진 정력을 보강해준다.

5. **하체 강화.** 걸음마가 느린 어린아이나 나이가 들어 하체에 힘이 빠진 노인들에게 껍질 벗긴 밤을 두충과 함께 달여 먹이면 다리에 힘이 생긴다. 혹은 그냥 밤을 꾸준히 먹게 해도 다리 힘이 길러진다.

6. **피부 미용 효과.** 밤은 쌀에 비해 비타민 B1이 4배 이상 함유되어 있어 피부를 윤기 있게 가꿔주고 노화를 예방해준다. 머리카락이 검어지고 머릿결을 부드럽게 하는 작용도 한다.

7. **숙취 해소.** 밤에 풍부하게 함유되어있는 비타민C는 알코올 분해를 돕는다. 술을 마실 때 안주로 생밤을 먹으면 다음 날 숙취가 없다.

8. **신장 강화.** 한의학에서는 밤을 '신장의 과실'이라고도 한다. 이뇨작용에 효과적이어서 신장병에 특히 좋기 때문이다.

다른 식물의 경우 나무를 길러낸 첫 씨앗은 땅속에서 썩어 없어져 버리지만, 밤은 땅속의 씨밤이 생밤인 채로 뿌리에 달려 있다가 나무가 자라서 씨앗을 맺어야만 씨밤이 썩는다. 그래서 밤은 자신과 조상과의 영원한 연결을 상징한다. 자손이 수십 수백 대를 내려가도 조상은 언제나 자신과 연결되어 함께 이어간다는 뜻이다. 신주를 밤나무로 깎는 이유도 바로 여기에 있다.

산수유

> 남자한테 참 좋은데
> 남자한테 정말 좋은데
> 어떻게 표현할 방법이 없네.
> 직접 말하기도 그렇고

한때 유명했던 모 식품회사의 산수유 제품 광고 카피이다. 효능 표기를 함부로 할 수 없는 산수유 가공식품을 우회적인 방법으로 재미나게 표현한 것인데, 뭇 남성들의 호기심을 자극하면서 근래 최고의 히트 강장식품으로 불티나게 팔리고 있다 한다. 그런데 산수유가 남자에게 그렇게 좋을까? 답은 '그렇다'에 가깝다. 『동의보감(東醫寶鑑)』에서는 산수유를 '몸을 살찌게 하고 원기를 돋우며 정액을 보충한다.'고 하여 대표적인 강정제로 소개하고 있고, 십전대보탕 못지않게 일반에 널리 알려진 육미지황탕(六味地黃湯)은 여섯 가지 약재가 들어간 보혈보음제인데 가장 중요한 역할을 하는 재료가 바로 산수유이기 때문이다.

산수유와 관련한 재미난 설화 한 토막. 신라 48대 임금인 경순왕은 귀가 당나귀 귀처럼 너무 커서 항상 복두(幞頭)를 쓴 채 생활했으므로 아무도 몰랐지만 복두장이만은 이 사실을 알고 있었다. 비밀을 가슴에 품고 살자니 죽을병이 든 복두장이는 도림사 뒤켠의 대밭에 들어가 "임금님 귀는 당나귀 귀"라고 외치다 죽었다고 한다. 그 뒤로 바람만 불면 대나무들이 "임금님 귀는 당나귀 귀"라고 아우성을 질렀고 이를 참다못한 경문왕은 대나무를 모조리 뽑아버린 뒤 그 자리에 산수유나무를 심게 하였다 한다. 자신의 치부를 가려주기에 산수유나무만 한 게 없다는 판단이었을까.

산수유는 층층나무과에 속하는 갈잎작은키나무이다. 층층나무속은 북반구 온대에 40여 종이 분포하고 우리나라에는 약 7종이 있다. 높이는 4~7미터 정도 자라고 개화기는 3, 4월경이며 결실기는 9~11월경이다. 이른 봄철에 노란 꽃을 화사하게 피웠다가 늦가을에 빨간 열매로 익는다. 열매가 닭발 같아서 '계족(雞足)'이라고도 하고 약으로 이만한 게 없다 하여 '약조'라고도 불린다. 10월 중순 상강 이후가 수확기인데, 씨앗을 분리시킨 육질은 술과 차, 한약의 재료로 사용된다.

타원형의 과육에는 코르닌(Cornin), 모로니사이드(Morroniside), 로가닌(Loganin), 탄닌(Tannin), 사포닌(Saponin) 등의 배당체와 포도주산, 사과산, 주석산 등의 유기산이 함유되어 있고 비타민 A와 다량의 당분도 포함되어 있는데, 이 중 코르닌은 부교감신경 흥분 작용이 있는 것으로 알려져 있다. 종자에는 팔미틴산, 올레인산, 리놀산 등이 함유되어 있다.

한의학에 등장하는 산수유의 대표적인 약리작용을 살펴보면,

1, **생리기능 강화와 정력증강 작용.** 산수유의 가장 큰 약리작용으로는 허약한 콩팥의 생리기능 강화와 정력증강 효과를 꼽는다. 산수유를 오랜 기간 먹을 경우 몸이 가벼워질 뿐만 아니라 과다한 정력 소모로 인한 요통 무기력증으로 조로현상, 이명현상, 원기부족 등에도 유익하다. 원기를 올려주고 신장 기능을 강화해 정기를 북돋워 주기 때문이다. 이런 효능은 남성의 조루 현상이나 발기부전, 또는 몽정이나 지나친 수음 행위 등으로 정신이 산만하거나 집중력이 떨어졌을 때도 적용된다.

2, **통증 완화, 시린 데에 효과.** 수렴성 강장약으로 신장의 수기를 보강하고 남성의 정수(精水)를 풍부히 하여 정력을 유지하는데 효능이 탁월하고 성인남녀의 허리와 무릎 등의 통증 및 시린 데에 효능이 있고 여성의 월경과다 조절 등에 좋다.

3, **요실금, 야뇨증에 효과.** 산수유의 신맛은 근육의 수축력을 높여주고 방광의 조절 능력을 향상시켜 어린아이들의 야뇨증을 다스리며 노인들에게서 많이 나타나는 요실금 증상에도 효능이 있다. 노인이나 어린아이가 이런 증상을 보일 때 인삼과 오미자, 진피, 익지인을 함께 쓰면 잘 낫는다.

그 외에 산수유는 간과 콩팥의 강음 강정을 보하여 과로하거나 신체가 노화되어 나타나는 빈뇨(頻尿)에 효과가 있다. 『동의보감(東醫寶鑑)』에서는 '정력을 보강시켜 주고 성 기능을 높이며 뼈를 보호해 준다고 하고 허리와 무릎을 덮어주며 오줌이 잦은 것을 낫게 한다'라고 기록하고 있다.

그런데 중국에서 펴낸 『중약대사전(中藥大事典)』에 의하면 산수유 열매 과육은 원기를 강하게 하고 정액을 거두어 간직하게 하는 효과가 있

지만, 씨는 반대로 정액을 빠져나가게 한다. 이처럼 과육과 속씨의 효능이 정반대가 되므로 사용할 때는 반드시 핵인 속씨를 제거해야 한다. 속씨에 들어있는 떫은맛의 수렴 성분이 소변을 불편하게 만들고 원기를 빠져나가게 하기 때문이다. 따라서 차를 달일 때나 술을 담을 때에는 익은 산수유 열매를 따서 불에 쬐거나 뜨거운 물에 담갔다가 굳은 씨를 빼낸 후 말려서 사용하면 된다.

한편 산수유는 설사할 때, 감기로 오한과 발열이 있거나 땀을 많이 흘리거나 소변이 잘 나오지 않거나 배뇨통이 있을 때, 정력이 너무 왕성할 때에는 쓰지 않고 도라지와는 상극이라 함께 사용하지 않는다.

산수유는 가정에서 차로 복용하면 좋다. 산수유 150g을 맑은 물 10리터(5되)에 넣고 높은 불에 1시간, 낮은 불에 2시간 정도 끓인다. 물의 양이 30% 정도로 졸여졌을 때 건더기를 건져내어 마시면 된다. 냉장고에 보관하여 차게 마셔도 좋다. 신맛이 강하므로 약간의 설탕이나 꿀을 가미하여 복용하거나 대추, 곶감, 계피, 감초, 오미자, 구기자, 인삼 등과 함께 달여 장복하면 보혈강장(補血强壯)의 효과를 볼 수 있다. 산수유차는 신장 요로 계통과 성인병, 부인병 등에 효능이 있으며, 특별히 성 기능 회복에 도움을 주고 땀을 멎게 하며 열을 내리고 음기를 보충해 준다. 소변을 자주 보는 빈뇨 증상에도 효과적이다.

매년 3월이면 우리나라 최대의 산수유 군락지인 지리산 기슭의 전남 구례 산동면과 산내면에서는 산수유꽃 축제가 열린다. 그런데 유독 남성보다 여성들의 유람행렬이 잦다. 노란 꽃이 정력의 화신인 산수유 열매로 붉게 잘 맺히기를 바라서일까.

산양삼

제55호 지리적표시 임산물 – 평창 산양삼
제58호 지리적표시 임산물 – 함양 산양삼

<u>심봤다~, 심봤다~, 심봤다~</u>

산약초를 캐는 심마니들이 산속에서 산삼을 발견했을 때 외치는 소리다. 여기서 '심'은 산삼을 가리키는 삼마니들만의 은어이다. 운 좋게 산삼을 발견했을 때 심마니들은 세 번 소리 내어 "심봤다!"를 외친다. 그이유는 산신령이 내린 산삼을 신성시 여겨 그 이름을 직접 부르는 대신심마니들끼리 알아듣도록 신호를 보내기 위함이다. 그런 다음 발견된자리에 표시를 한 후 "심메 보시오"를 다시 외쳐 그 자리 외에서는 산삼을 캐도 좋다는 뜻을 전달한다고 한다.

통상 산삼은 야생인삼(Wild ginseng)을, 그냥 인삼은 재배 인삼(Cultivated ginseng)을 지칭한다. 하지만 식물학상으로는 둘 다 두릅나

무과 인삼 속으로 동일하며 유전학상으로도 같은 종이다. 단지 자연성과
인위성이라는 관점에서 분류된 상대적 개념의 명칭이다. 즉 산삼은 인간
에 의해 재배되지 않은 순수 자연산 야생삼을 말하지만, 오늘날 이런 산
삼은 눈을 씻고 뒤져봐도 찾기 힘든 지경이라는 게 전문가들의 견해다.

　업계에선 산삼을 이렇게 분류한다. 첫째 천종(天種)산삼. 하늘이 내린
산삼이란 뜻으로 천연 산삼의 종자가 자연환경에서 그대로 발아하여 번
식 생육한 삼을 일컫는다. 둘째는 지종(地種)산삼. 야생동물이나 조류
등이 먹은 산삼 종자를 깊은 산에 배설한 것이 발아하여 자생하게 된 삼
을 가리킨다. 셋째는 인종(人種)산삼. 산삼의 종자나 묘근을 최적지에
인위적으로 심어 자연 그대로 키운 산삼으로서 바로 산양삼(山養蔘)이
이에 해당한다.

　앞서 말한 대로 산삼은 야생 상태의 삼을 가리키지만 인종산삼, 즉 산
양삼은 가운데 '기를 양(養)' 자가 암시하듯 사람의 손길이 닿은 삼이다.
다시 말해 인삼의 종자나 밭에서 1~3년 기른 묘삼을 인위적으로 산에
파종하여 자연 상태로 10년 이상 재배한 인삼으로서 인위성와 자연성
이 섞여 있으니 엄밀히 말해 자연산삼과는 구분된다. 하지만 자연산삼
이 워낙 귀하고 자연산삼 못지않은 약효를 나타내어 산림청의 추천작물
로 선정할 만큼 관심이 지대하다. 더욱이 '산지에서 차광막 등 인공시설
을 설치하지 아니하고 생산되어야 한다.'고 산지관리법 제2조 제1호에
명시하여 자연 상태로의 육종을 강조하고 있다.

　그러면 많은 사람들이 혼동하는 장뇌삼과는 어떤 차이가 있는가. 여기
서 장뇌(長腦)는 인삼 뿌리 상부의 뇌두(腦頭)가 길다는 뜻이다. 1990
년대 중반까지 큰 인기를 끌었던 장뇌삼은 생산방식이 산양삼과 동일한

동의어라고 보면 된다. 단지 일반 인삼과의 차별화 차원에서 '긴 뇌두를 가진 모양새'를 강조하였던 상업적 신조어였다. 그러나 90년대 중반까지 마치 만병통치 특효 작물로 잘못 소개되던 폐단을 막고자 2012년부터 산림청이 '산양삼'으로 용어를 통일하여 관리를 강화하고 있다. 굳이 차이를 댄다면 장뇌삼은 시장 주도적인 비공인 산삼이고, 산양삼은 산림청이 관리하는 공인 임산물이라는 점이다.

그럼에도 불구하고 정품 산양삼에 대한 의구심은 여전하다. 최근의 실태조사에서 전국 5천여 산양삼 재배 농가 중 7년근 이상의 정품 산양삼을 1천 뿌리 이상 보유하고 있는 농가 수가 겨우 10여 농가로 밝혀졌기 때문이다. 이를 산양삼 전체 유통시장과 대비해 보면 0.1%도 안 되는 물량인데, 시장엘 나가보면 산양삼이라는 이름으로 헐값에 팔리는 물량이 적지 않으니 개탄할 노릇이다. 다행히 최근 한국임업진흥원이 산양삼 재배지 18개소에 생육환경 미세기후 측정장치를 설치하여 지속적인 모니터링을 실시하고, 특별관리임산물로 지정하여 생산 및 유통 과정을 법령으로 엄격히 관리하기 시작했다.

우리나라의 대표적인 청정지역 강원 평창과 경남 함양, 두 곳이 지리적표시 산양삼으로 등록 지정됨에 따라 품질인증을 통해 해외수출의 길을 열게 되었다. 축하할 일이다. 그러나 지금까지의 사례로 볼 때 씨삼의 경우 7년 후 생존율이 1% 내외이고 10년 후 생존율은 0.1%에 불과하며, 묘삼의 경우 7년 후 생존율이 30~40%, 10년 후 생존율이 10~15%여서 이처럼 낮은 경제성이 산양삼 농사의 발목을 잡아 왔다. 산지와 학계의 산학협동이 절실한 대목이다.

산양삼은 주요 약리 성분으로 알려진 진세노사이드(Ginsenoside; 인삼

배당체) 함량이 일반 인삼에 비해 최대 3.4배 높아서 약리 활성도가 일반 인삼보다 우수하다. 완벽한 자연 산삼인 천종산삼에 견주어도 70% 이상 의 효능을 보인다고 한다. 또한 식물에 존재하는 대표적인 항산화물질인 페놀성 화합물이 인삼에 비해 다량 존재하여 항암효과는 물론 활성산소 종 억제 효과, 지질과산화 억제 효과가 높게 나타난다. 대표적인 효능효 과로는 항암, 면역력 강화, 혈당량 감소(당뇨 개선) 등을 꼽을 수 있다.

밝혀진 산양삼의 질환별 약리 효능을 살펴보면,

1. **당뇨.** 아드레날린과 인슐린 생성에 영향을 주어 혈당치를 저하시킨다.
2. **간질환.** 사포닌이 간 기능을 강화시키고 각종 간질환(간염, 간경화, 간암 등)을 회복시킨다.
3. **혈압.** 콜레스테롤 대사를 조절하고 심장 기능을 강화시켜 고혈압, 저혈압을 정상화시킨다.
4. **항암.** 산삼과 천화분(天花粉)을 함께 복용하면 암세포의 성장을 억 제시킨다.
5. **부인병.** 내증, 월경과다, 자궁출혈 및 산후 출산에 의한 신경쇠약에 효과적이며 피부미용 모발 건강에도 도움을 준다.
6. **노화 방지.** 노화 물질의 축적을 억제하고 피로를 회복시켜주며, 지질 과산화를 방지해 주는 말톨(Maltol) 성분이 노화 방지에 도움을 준다.
7. **류머티즘.** 말단 모세혈관을 확장시켜 혈행을 좋게 하고 신진대사를 촉진함으로써 전신에 산소와 영양분을 원활히 공급하므로 류머티 즘 치료에 도움을 준다.
8. **심장.** 심장 관상동맥의 혈류량을 증가시키고 심맥계에 대한 약리작 용을 강화시켜 준다.
9. **기타.** 소화 촉진, 만성 위장장애에 효능이 있으며, 체력을 증강시키 고 피로회복, 알코올 저항력 강화에도 도움을 준다.

이처럼 산삼의 효능에 버금가는 산양삼이라지만 재배 방법, 재배장소, 재배 연수에 따라 상품 가치에선 큰 차이를 보인다. 처음부터 씨삼으로 야생에서 자란 산양삼과 1~3년생 묘삼으로 길러 이식된 산양삼이 같을 수 없기 때문이다. 하지만 한 산삼 전문가는 생육 연수로 인삼을 구분하라 한다. 밭에서 1~3년 된 것은 묘삼, 밭에서 4~6년 된 것은 인삼, 야생에서 7~10년 된 것은 산양삼(장뇌삼), 야생에서 11~15년 된 것은 야생삼, 야생에서 16년 이상 된 것은 산삼이라는 것이다. 우선 밭에서 7년 이상을 키우기는 거의 불가능하다는 점이고, 뿌리가 매끈한 인삼과 달리 야생 상태에서만 뿌리 몸통에 훈장처럼 주름이 잡히기 때문이다. 이는 전문가들 사이에서 산삼(산양삼 포함)과 인삼을 구분 짓는 잣대이기도 하다.

국내에서 산양삼의 대가로 손꼽히는 김세현 씨는 "5월 초부터 9월까지는 잎과 줄기가 나와 산양삼을 음용하기에 적절한 시기이다. 달여서 먹거나 생으로 먹는 두 가지 방법이 있거니와, 장이 약하거나 몸이 허약한 이들은 달여서 먹는 것이 좋고, 기력을 높이거나 면역력을 높일 요량이면 껌 씹듯이 오래 생으로 씹어 먹는 것이 좋다. 특별히 중요한 점은 먹는 시간이다. 가장 효과적인 시간은 잠자기 전과 새벽 공복 때다. 주의할 점은 새벽 공복에 음용할 경우 3시간 정도를 공복 상태로 유지하는 것이 효과적인데, 이때 명현현상이 생길 수 있으므로 저녁식사를 일찍 한 후 공복 상태가 되었을 때 산양삼을 먹고 바로 잠자리에 들 것"을 권한다. 한 마디로 빈속에 먹어야 제격이라는 것이다.

자연에서 귀하게 자라서 그 값어치가 상당한 산양삼. 누구나 다 천지의 기운을 듬뿍 받아 천수를 누리고 싶은 마음은 굴뚝같겠지만 세상에 불로초가 없듯 맹신해선 안 된다. 빈속에서 효험을 발휘하는 산양삼처럼 '먹는 마음이 곧 부처니라(食心是佛)!'

산채나물 (삼나물/미역취/참고비/부지갱이)

제5호 지리적표시 임산물 – 울릉도 삼나물
제6호 지리적표시 임산물 – 울릉도 미역취
제7호 지리적표시 임산물 – 울릉도 참고비
제8호 지리적표시 임산물 – 울릉도 부지갱이

<u>울렁울렁 울렁대는 가슴 안고 연락선을 타고 가면 울릉도라</u>
<u>뱃머리도 신이 나서 트위스트, 아름다운 울릉도.</u>
<u>붉게 피어나는 동백꽃잎처럼 아가씨들 예쁘고</u>
<u>둘이 먹다가 하나 죽어도 모르는 호박엿,</u>
<u>울렁울렁 울렁대는 처녀 가슴 오징어가 풍년이면 시집가요,</u>
<u>육지 손님 어서 와요 트위스트, 나를 데려가세요.</u>

　대중가요의 가사처럼 동쪽 먼 심해선 밖의 한 점 섬 울릉도는 그 생경
함으로 우리를 가슴 설레게 한다. 70년대 말 대학 시절 어렵사리 둘러보
았던, 내게도 여전히 환상의 섬으로 남아있다. 울릉도에 사람이 살기 시
작한 것은 BC 500년경 청동기시대로 추정되며 AD 512년 신라 지증왕
때 이사부가 당시의 우산국을 정벌한 사실이 문헌에 남아있다.

울릉도는 중위도 권에 속하는 온대 해양성 기후 지역으로 고유의 생태
적 특성을 지닌 식물들이 많이 자생한다. 육지로부터 고립된 섬의 환경
은 독자적인 식물분포를 형성하였으며 그 중 대표적인 것이 산채류다.
산채는 우리나라 전역에 널리 분포하는데 예로부터 구황식품이나 미각
식품으로 많은 사랑을 받아왔다. 울릉도에 자생하는 산채류는 20종이
넘으며 이곳만의 고유한 산채만도 10여 종에 이른다. 이른 봄 눈 속에
서 싹을 틔우는 울릉도 산채는 맛과 질이 매우 뛰어나다. 성인봉 아래
원시림의 비옥한 토질과 수확기까지 이어지는 서늘한 기후조건은 산뜻
한 미각과 진한 향기를 머금은 무공해 식품을 탄생시키는 필요충분조건
이 되고 있다. 이곳의 여러 산채 중에서 삼나물, 미역취, 참고비, 부지
갱이 4가지가 지리적표시 임산물로 지정받았다.

이들을 간략히 소개하면,
1. **삼나물.** 장미과에 속하는 다년생 숙근초로서 울릉군 산야에서만 자
   생한다. 공식 명칭이 눈개승마인 삼나물은 어린순이 삼(蔘)잎 같다
   고 하여 붙여진 이름이다. 주로 어린순을 밑동의 질긴 부분을 제거
   한 후 초무침으로 먹거나 육개장에 넣어 이용하는데 울릉도에서는
   잔치 때나 명절날 쇠고기국을 끓이거나 제수용 나물로 쓰고 있다.
   쫄깃쫄깃한 것이 쇠고기 맛이 난다하여 이곳에서는 고기나물로도
   불리며 모 특급호텔 주방에서 비빔밥의 주된 재료로 쓸 만큼 고급
   산채로 알려져 있다. 전초(全草)를 말려 해독, 정력, 편도선염, 지
   혈 등 약용으로도 쓰인다.
2. **미역취.** 국화과에 속하는 취나물의 일종으로서 돼지나물이라고도
   한다. 볕이 잘 드는 풀밭에서부터 해발 1,000m의 고지대까지 널리
   분포한다. 줄기는 곧게 서고 윗부분에서 가지가 갈라지며 짙은 자
   주색이고 잔털이 있으며 높이가 30~85cm이다. 꽃이 필 때 뿌리

에서 나온 잎은 없어진다. 잎에서 미역 냄새가 난다 하여 붙여진 미역취는 고유의 식미와 향취가 최고조인 봄철에 경엽(莖葉; 줄기와 잎)을 산채로 이용한다. 약효 성분이 뛰어나 감기, 두통, 진통, 건위, 폐렴, 황달 및 항암치료 약재로 이용되고 있으며 최근에는 관상용으로서의 가치를 인정받아 화단(花壇) 및 꽃꽂이 장식으로도 개발되고 있다.

3. **참고비.** 울릉고사리라고도 불리는 참고비는 을릉도에서는 제사상에 빼놓지 않고 올리는 고비류 산나물로 어린잎이 동그랗게 말려있고 줄기에는 흑색 인편(鱗片)이 있어 고사리와는 확연히 구별된다. 고사리와 채취 시기가 비슷한데 4–5월 사이에 어린순의 연한 부분과 잎을 채취하여 식용한다. 다량의 섬유질과 양질의 단백질, 지방질, 칼슘, 인, 비타민 A,B2,C 등이 골고루 든 참고비의 생채는 떫고 쓴맛이 강해 반드시 삶아 말린 후 물에 불려 먹어야 한다. 먹을 때에는 물에 불려 번철(燔鐵)에 기름을 두르고 볶다가 양념을 해 먹는다. 이때 보리쌀가루나 밀가루를 물에 잘 풀어서 나물에 넣어 먹으면 좋다. 고사리와 같이 비타민 B1을 분해하는 아네우리나아제라는 효소가 들어 있으므로 고사리처럼 묵은 나물로 먹는 것이 안전하다. 뇌신경병, 간질, 임질, 성기능감퇴 등에 효험이 있으나 많이 먹으면 비타민 B1이 결핍되어 기력이 떨어질 수 있으므로 유의해야 한다.

4. **부지갱이.** 울릉도와 일본 등지에서 자라는 다년초로서 섬쑥부쟁이가 공식 명칭이다. 부지갱이는 울릉도 방언으로 이곳의 대표적인 특산품이다. 근경(根莖; 뿌리줄기)이 옆으로 뻗고 굵으며 잔털이 있으며 위쪽으로는 가지를 친다. 어린잎과 줄기를 나물로 이용하는데 섬쑥부쟁이의 지상부(地上部)는 산백국(山白菊)이라고 하여 소염과 천식을 가라앉히는 생약으로도 이용되고 있다. 부지갱이나물은 비타민 A,C가 풍부하고 단백질, 지방, 당질, 섬유질, 칼슘, 인

등이 다량 함유되어있는 산나물로서 전초에는 사포닌이 함유되어 있고 뿌리에는 프로사포게닌이 함유되어 있다. 튀김, 깨무침, 쑥부 쟁이밥, 된장국 등 다양하게 이용되고 정유를 함유하고 있어 쑥갓 같기도 한 독특한 향기가 입맛을 돋우어 준다.

지리적표시 상품으로 등록되진 않았지만 울릉도 산나물로 빼놓을 수 없는 것이 바로 명이 나물이다. 명이는 백합과의 산마늘을 일컫는데 울 릉도 개척 당시 봄철 먹을거리가 없을 때 뿌리가 마치 마늘처럼 생긴 산 마늘을 캐 먹으며 '명을 이어 나갔다'고 해서 붙여진 이름이다. 농촌진 흥청은 명이의 향이 강해 육고기 특유의 비린내를 줄여주므로 고기류와 함께 먹으면 좋다고 소개한다. 명이의 잎과 줄기는 고추와 마늘과 설탕 을 혼합한 듯한 묘한 맛을 내며 성분도 이와 비슷해 혈액순환 및 정력에 좋고 돼지고기(마늘의 알리신이 돼지고기에 풍부한 비타민 B1이 잘 흡 수되도록 도와주는 작용)와 궁합이 잘 맞는다. 생채 보관이 어려워 명이 절임이 인기를 끌고 있지만 울릉도 사람들은 잎을 피우기 전의 뿌리를 통째 삶아서 무쳐 먹거나 다 자란 명이 잎을 싸 먹고 줄기를 김치로 만 들어 먹기도 한다.

산채나물은 무침으로 해 먹는 것이 일반적인데 성장함에 따라 섬유질 의 함량이 많아지고 풍미가 떨어지므로 어리고 연한 산채를 골라야 한 다. 데칠 때는 끓는 물에 소금을 약간 넣은 후 살짝 데쳐야 색깔이 곱고 향미와 영양 상태가 잘 보존된다. 떫거나 쓴맛이 나는 것은 데친 후 여 러번 물에 헹궈 독한 맛을 뺀 다음 조리하도록 한다. 산채는 대개 알칼 리성 식품이기 때문에 간을 약간 짭짤하게 맞추고 조리할 때에는 기름 을 많이 사용하여 지용성 비타민의 흡수를 돕도록 하는 것이 좋다. 산채 나물로 비빔밥을 만들 때 산채 맛을 살려주는 소고기볶음고추장 만드는 법을 소개한다.

< 소고기볶음고추장 만드는 법 >

재료. 소고기다짐육 100g, 고추장 100ml, 물 50ml, 꿀 2~3큰술
양념. 설탕, 다진마늘, 간장, 참기름, 깨소금 각 1큰술

1. 소고기 다짐육의 핏물을 페이퍼타올에 올려 제거한다.
2. 손질된 소고기에 위의 양념재료를 투입하여 골고루 버무려준다.
3. 밑간한 소고기는 간이 배도록 10분 정도 숙성시킨다.
4. 기름을 두르지 않은 팬에 밑간 소고기를 올려 약불로 볶는다.
5. 볶은 소고기는 페이퍼타올을 깐 그릇에 담아 기름기를 빼준다.
6. 마른 팬에 고추장 6큰술(100ml), 물 50ml을 섞어 약불에서 고추장을 풀어준다.
7. 농도가 묽어지면 기름기 뺀 소고기를 넣어 섞어준다.
8. 천천히 저어서 걸쭉하게 볶아지면 꿀 2~3큰술을 둘러준다.
** 완성작은 밀폐용기에 담아 냉장 보관하고 단기간에 소비하도록 한다.

여담으로 울릉도 호박엿의 유래를 소개한다. 울릉도가 개척될 당시 이곳 사달령 고개에 사는 과년한 한 처녀가 육지에서 호박씨를 가져와 심었는데 채 열매도 맺기 전에 처녀는 멀리 떨어진 마을로 시집을 가게 된다. 남은 식구들이 주렁주렁 열린 호박으로 그해 겨우내 죽을 쑤어 먹었더니 그 맛이 엿처럼 기막히게 달아서 죽 이름을 아예 호박엿이라 이름 짓고 해마다 호박 농사를 시작하였다 한다. 처녀의 효심이 달디 단 호박엿을 탄생시킨 것인데, 언제부턴가 죽이 엿 이름으로 와전되더니 마침내 맛있는 엿의 대명사로 군림하게 된 것이다.

송이버섯

....

제1호 지리적표시 임산물 – 양양 송이
제10호 지리적표시 임산물 – 봉화 송이
제14호 지리적표시 임산물 – 영덕 송이
제21호 지리적표시 임산물 – 울진 송이

숭어와 소고기를 다쳐 컷을 부친 뒤
닭 육수에 넣고 끓였다.
마지막에 송이버섯을 넣어
오감을 깨우도록 했다.

한 미식 쇼에 출품된 어육전 전골을 맛보고 음식 스토리텔러 김용철은 이렇게 표현했다. 마지막으로 넣은 송이가 전골 국물의 오감을 깨우도록 했다? 송이버섯에 대한 최고의 예찬이자 송이버섯이기에 가능한 맛이다. 향기롭고 솔 냄새가 나는 송이는 그 어떤 양념보다 맛의 오감을 살리기 때문이다.

송이에 대한 가장 오래된 기록은 신라 성덕왕 3년(A.D 704년)에 왕에게 진상했다는 『삼국사기(三國史記)』로서 '송이의 맛은 무독하며 달고 솔향이 짙다'고 기록하고 있다. '세종 원년에 명나라에 송이를 보냈다'는 『조선왕조실록(朝鮮王朝實錄)』의 기록도 남아있다. 허준의 『동의보감(東醫寶鑑)』에서는 '솔 기운을 받으면서 돋는 송이는 버섯 가운데 제일'이라고 표현했고, 『증보산림경제(增補山林經濟)』에서는 '꿩고기와 함께 국을 끓이거나 꼬챙이에 꿰어서 유장을 발라 반숙에 이르도록 구워 먹으면 채중선품'이라고 그 맛을 칭송했다.

버섯의 계절은 가을철이다. 그중에서도 9월 말부터 10월에 걸쳐 만날 수 있는 송이버섯은 버섯의 황제라 불린다. 인공 재배가 되지 않아 희소 가치가 높고 자연 채취가 어려워 가격이 비싼 게 흠이지만 맛과 향이 뛰어나 황제의 자리를 굳건히 지키고 있다. 강원도 양양을 필두로 경북의 봉화, 영덕, 울진을 잇는 동해안 산맥 벨트가 최고의 산지로 꼽히는데 네 곳이 나란히 지리적표시 임산물로 등록되어 있다. 양양 시내와 설악산 사이 송이버섯마을을 찾으면 으뜸 메뉴는 단연 소고기가 들어간 송이전골이다. 유독 소고기가 들어가는 메뉴가 많은데 이 둘은 찰떡궁합으로 알려져 있다. 고기의 기름으로 인해 혈중 콜레스테롤이 높아지는 것을 송이의 풍부한 식이섬유소가 낮춰주기 때문이다.

이 외에도 송이로 할 수 있는 요리는 다양하다. 송이찜은 송이 줄기 부분을 4cm 간격으로 칼집을 넣고 그 사이에 다진 양념 쇠고기를 얄팍하게 끼운 다음 냄비에 무를 깔고 준비된 송이와 밤을 섞어 담고 잠길 정도의 물을 넣고 끓인 음식이고, 얇게 포를 뜬 양념 쇠고기와 납작하게 썰어 참기름에 무친 송이를 번갈아 꼬치에 꿰어 간장, 밀가루, 참기름, 후춧가루, 물을 섞은 가루즙을 바르면서 구운 송이산적(松耳散炙)도 일품이다. 강원도에서는 소금과 참기름으로 무쳐 세로로 썬 송이를 양념 쇠고기와 꼬치에 번갈아 꿰어 석쇠에 구워 잣가루를 뿌린다. 『시의전서(是議全書)』, 『조선요리제법』, 『조선무쌍신식요리제법』 등에 소개되어 있다.

송이버섯(Tricholoma matsutake)은 주름버섯목 송이과의 여러해살이 식용버섯 중 하나이다. 전 세계에 골고루 분포하며 살아있는 소나무 뿌리에 붙어 자란다 하여 '송이(松栮)'라 이름 붙여졌다. 우리나라에서 자라는 송이버섯은 맛과 향이 뛰어나 세계적으로 손꼽히는 명산물로 알려져 있다. 송이는 활물기생균으로서 산 소나무의 털뿌리에 붙어서 뿌리로 이동되는 탄수화물을 섭취하며 살아간다. 이렇게 영양을 섭취하여 균뿌리 양을 늘린 송이버섯 균실은 자실체로 발육하고 버섯균이 활발히 번식하는 권역, 즉 활성균권대를 형성한다. 활성균권대는 소나무 뿌리가 자라는 데 따라서 1년에 10~20cm 정도 확장하는데, 버섯이 한 번 돋은 자리에는 다시 돋지 않는다. 싹이 난 후 10~15일 지나면 버섯이 땅 위에 나타나고 20일 정도 되면 수확한다.

송이버섯이 돋은 자리에는 여러 개의 싹이 존재하는데 땅을 파헤쳐 따내면 소나무 뿌리가 끊어져 거기 붙어있던 싹들이 죽고 만다. 그러므로 송이를 딸 때는 끝이 납작한 나무칼로 밑부분을 조심스럽게 파낸 뒤 원래대로 흙을 묻고 가볍게 다져 주어야 한다. 따낸 송이는 통풍이 잘되는 바구니에 담고 솔잎을 갈피갈피 넣어서 손상을 막아준다. 주로 날것으로 이용되는 송이는 즉시 저장고에 운반하거나 사흘 이내 먹어 치우고, 벌레 먹은 불량품은 소금에 절여 보관한다.

한편 송이버섯균은 낮은 온도에 잘 견디는 반면 높은 온도에는 취약하다. 땅속 온도가 섭씨 20도 이상으로 3일간 지나면 싹이나 어린 버섯은 썩어버린다. 그러니 송이가 많이 돋으려면 8월 하순부터 월 300mm 이상 비가 내려 땅속 온도가 급격히 낮아지고 습도도 높아져야 한다. 송이는 주로 20~100년 수령의 송림에 돋는데 그중에서도 40~80년 된 송림에 가장 많이 돋으며 소나무 아래 진달래, 참나무, 싸리나무 등이 드물게 있으면 더 많이 돋는다. 토질로는 각암이나 화강암 등이 풍화작용으로 형성된 산성 토양에 잘 돋으며 석영반암, 석영조면암, 규암 등을 생성 모암으로 하는 땅에서도 잘 돋는다. 일반적으로 경사 10~30도의 산허리 윗부분에 많이 돋으며 남〉서〉동〉북 쪽의 순으로 발생량이 많은 특징을 보인다.

송이버섯에는 향기 성분을 이루는 계피산 메틸에스테르와 단맛을 내는 불포화지방산 알코올이 들어 있어 이를 추출한 고급 향미료가 이용되고 있고, 20여 가지의 미량원소가 들어 있어 여러 가지 질병을 예방하거나 치료하는데 효과를 보인다. 특별히 송이버섯은 살아있는 소나무에서 직접 영양을 섭취하기 때문에 자연산 장수식품으로 진가를 발휘한다.

송이버섯은 수분함량이 89.9%로 적은 편이다. 단백질 2%, 지방 3.5%, 당질 6.7%, 섬유질 0.8%, 회분 0.8%, 그밖에 비타민B2, 나이아신, 에르고스테롤 등이 많이 포함되어 있다. 송이는 버섯 가운데 항암효과가 가장 높은 것으로 밝혀졌다. 다당류 성분인 글루칸이 흰쥐 실험에서 100%의 항암 활성을 보인 반면 팽나무버섯은 86.5%, 표고버섯은 80.7%의 종양 억제 효과를 보였고 암에 특효가 있다고 알려진 상황버섯은 64.9%에 불과했다. 특히 인후암, 뇌암, 갑상선암, 식도암 등 몸의 상단부위 암에 효과가 높은 것으로 나타났다. 송이에는 면역체계를 강화하는 강력한 항균물질인 렌티난 성분도 있어 질병에 대한 치유력을 높인다.

이 밖에도 송이에는 셀라제, 헤밀라제, 벤트라제 등 섬유분해효소가 많아 소화를 촉진하고 송이의 식이섬유가 콜레스테롤과 담즙산에 달라 붙어 이를 배설시키므로 혈중 콜레스테롤 수치를 떨어뜨리고 혈액순환을 도와 각종 심혈관 질환을 예방한다. 햇빛에 말린 송이는 비타민D 덩어리라 할 만큼 영양분이 많아서 호르몬의 균형을 유지하고 면역력을 증진하는 데 도움을 준다.

좋은 송이를 고르는 법은 광택이 나고 색상이 자연스러우며 균체가 알맞게 자라 손상이 없을 것, 향미가 좋고 육질이 두터울 것, 은백색이며 토사가 없을 것을 따지면 된다. 구입한 송이는 물로 씻지 말고 젖은 행주로 닦고 열처리나 화학조미료는 가급적 피하여 신선한 상태로 빨리 먹어 치우는 게 좋다. 보관시에는 공기를 차단하고 습도를 유지해 주어야 한다. 장기보관을 하려면 랩으로 씌워 냉동 보관하거나 쪼개서 건조한 상태로 보관하며 냉동 보관시에는 통풍, 습도 상태를 자주 확인하여 부패를 막도록 유의한다.

다양한 요리법들이 있지만 약한 화롯불에 살짝 구워 먹는 송이버섯구이가 단연 최고가 아닐까. 기름을 두르지 않은 팬이나 석쇠에 잠시 노릇하게 구워 소금을 뿌린 참기름에 찍어 먹으면 OK, 약간 심심하다 싶으면 얇게 썬 소고기를 같은 방법으로 구워 내 함께 먹으면 찰떡궁합의 송이요리를 즐길 수 있다.

오미자

오미자 한 줌에 보해소주 30도...
매일 색깔 보며 더 익기를 기다린다.
내가 술 부자 하나가 되어
그냥 남을까 말까 주저하다가
부서지기로 마음먹는다.
가볍고 떫고 맑은 맛! ...

개인적으로 가장 좋아하는 황동규 시인의 〈오미자술〉의 몇 대목이다. 젊은 날 가슴 저미게 했던 시인의 감성은 나이를 먹을수록 무덤덤하게 변해 버렸지만 '욕을 해야 할 친구 만나려다... 내가 갑자기 환해진다.'는 결구에서 제대로 발효되어 말갛게 익은 오미자술 색깔을 헤아리게 된다.

오미자는 낙엽 넝쿨성의 다년생 목련과 식물로 6,7월경에 잎겨드랑이에서 긴 꽃자루가 나오고 6~8개의 꽃잎을 갖는 홍백색의 향기로운 꽃이 아래로 매달려 핀다. 과실은 원형의 장과로 8,9월에 붉게 익는다. 동북아 일대에서 자생하며 우리나라 북부와 중부의 산기슭이나 골짜기의 나무숲에서 자란다.

전국 45% 생산량을 차지하는 국내 최고의 오미자 산지인 문경은 백두대간의 중심지이자 소백산맥 준령에 둘러싸인 해발 500~700m 산간지역을 형성하여 기후, 일조량, 강수량 등에서 천혜의 자연조건을 갖추고 있다. 매년 9월 중순께 이곳에서는 오미자축제가 열리는데, 와인, 초콜릿 등 다양한 음식개발과 체험행사가 어우러져 대표적인 지역 축제로 자리 잡고 있다. 최근에는 비슷한 기후 조건을 지닌 전라남도 장수, 무주 및 강원도 인제에서도 오미자를 특화작물로 선정하여 나란히 지리적 표시 임산물로 등록시켰다.

이름에서 알 수 있듯 오미자(五味子)는 다섯 가지 맛이 난다. 시고(酸) 쓰고(苦) 맵고(辛) 짜고(鹹) 단(甘) 맛이 나는데 풍부한 유기산으로 인해 신맛이 가장 강하다. 이 중 신맛은 간장에, 쓴맛은 심장에, 단맛은 비장에, 매운맛은 폐에, 짠맛은 신장에 각각 도움이 되는 것으로 알려져 있다. 『동의보감(東醫寶鑑)』에 오미자는 '가쁜 숨을 바로 잡고 피를 맑게 하며 식은땀을 흘리는 것을 막아주고 갈증을 해소한다. 콩팥을 보호하고 오장을 튼튼하게 하며 여자의 냉을 없앤다'고 기술되어 이를 뒷받침하고 있다.

오미자의 일반성분은 수분이 80%, 지방 1%, 단백질 1.2%, 당 함량 14%로 구성되어 있으며 과즙내 당은 fructose, sucrose, glucose, maltose가, 유기산은 citric acid, tartartic acid, malic acid, oxalic acid, succinic acid, acetic acid, lactic acid가 함유되어 있다. 또 열매에는 6.8%의 수지, 5% 정도의 사포닌, 아스코르빈산 등이 함유되어 있다. 한편 중요한 약리작용을 하는 종실(從實)에는 20~30%의 기름이 수지(樹脂), 1.6~2%의 정유와 리그난 화합물로 분리되는데 기름 성분을 종류별로 분리해 보면 리놀레인 56~60%, 올레인 28~34%로 분리된다. 유효물질로 지목되는 리그난 화합물은 최근 많은 연구를 통해 시잔드린 (schizandrin) A,B,C, 시잔드롤 A,B, 고미신 B,C,D,F,G, 시잔드렐 A,B 등으로 밝혀졌다.

지금까지 밝혀진 오미자의 효능을 짚어보면,

1. **간 보호 및 해독 작용.** 시잔드린은 GPT 상승을 뚜렷이 저하시켜 간을 보호한다.
2. **간염 치료 작용.** 전염성 간염 환자에서 85.2%의 치료 효과를 보였다.
3. **스트레스성 궤양 예방,** 진통, 위액분비 억제 작용. 시잔드린, 고미신A에 의한 작용
4. **중추 증강 작용.** 호흡중추를 자극하고 중추신경계의 반응성을 높인다.
5. **항균 작용.** 각종 병원균에 대해 억제작용을 갖는다
6. **진해거담 작용.** 해소중추에 억제작용을 나타내 진해효과를 가진다.
7. **혈액순환장애 개선 작용.** 심장혈관계통의 생리적 기능을 조절하고 혈액순환을 돕니다.
8. **자궁수축 작용.** 분만기의 자궁에 작용하여 생리기능을 항진시킨다.

민간요법에서 오미자는 팔방미인이다. 몸이 나른하거나 피부가 거칠 때, 성인병으로 인한 어지럼증이 있거나 소아발육 부전 시, 불면이나 일사병, 출산 후 조리에 이르기까지 차와 술을 담그고 화채로도 만들어 먹

었다. 장기간 꾸준히 복용하는 게 무엇보다 중요한데 집에서 쉽게 해 먹을 수 있는 오미자차 끓이는 법과 오미자 원액 만드는 법을 간단히 소개한다. 요즘처럼 더운 여름, 새콤달콤 오미자화채 한 그릇으로 더위와 갈증을 시원하게 날려보자.

< 오미자차 끓이는 법 >

1. 오미자를 깨끗이 씻은 후 적당히 말려 물기를 뺀다.
2. 오미자 4작은술에 물 4컵 정도의 비율로 찻주전자에 넣고 중불로 은근히 끓이면 OK. 한 가지 주의사항은 오래 끓이면 신맛이 강해지므로 물이 끓으면 불에서 바로 내려야 한다. 신맛이 나는 오미자차에 꿀을 조금 넣어 마시거나 차를 끓일 때 배를 조금 넣어도 신맛이 가신다.

< 오미자 엑기스 만드는 법 >

1. 오미자를 깨끗이 씻은 후 적당히 말려 물기를 뺀다.
2. 물기가 빠질 수 있는 소쿠리에 담아 2~3시간 정도 말린다.
3. 물을 팔팔 끓인 후 80℃ 정도까지 식힌다.
4. 오미자를 물이 잠길 정도로 넣은 후 랩을 씌워 따뜻한 곳(보온밥솥의 보온 온도 정도)에 24시간 정도 보관한다.
5. 하루가 지난 후 오미자를 채로 거른 후 오미자를 꼭 짜서 엑기스를 담아낸다.
6. 냉장고에 보관한 후 물과 오미자 엑기스를 3~4 : 1 정도로 희석한 후 식성에 따라 꿀이나 설탕을 타서 하루 2~3회 복용한다.

옻

제44호 지리적표시 임산물 – 원주 옻

옻칠이야말로 가장 현대적인 소재이며
진정한 전통은 전통을 바탕으로
시대의 변화를 충실히 담아냈을 때만이 가능하다

　옻칠예가인 전용복 씨가 한 말이다. 일본의 유서 깊은 연회장인 메구
로가조엔의 옻칠작품을 3년 만에 완벽히 복원해 냄으로써 세계적인 명
장 대열에 오른 그는 스스로 조선의 옻칠쟁이임을 자랑스러워한다. 연
결을 미덕으로 삼는 전통 의식이 그의 장인 정신에 의해 재현되는 모
습이 무척 아름답다. 그런 그가 원주시가 마련한 사단법인 원주옻산
업명품화사업단의 이사로 동참하여 2012년 9월 '원주 옻'을 지리적표
시 임산물 제44호로 등록시키는 데 일조했다. 원주는 현재 750여 농가
300ha에서 80만 그루의 옻나무를 재배하고 있고 옻칠기공예관, 옻산업

보육센터, 옻문화센터 등의 지원시설을 통해 향토특산품으로 품질과 명성을 쌓고 있다.

옻(학명 Rhus verniciflua)은 무환자나무목 옻나무과(Anacardiaceae)에 속하는 식물에서 나오는 진액을 일컫는다. 옻나무는 중국이 원산이며 야생상태로 번져나가 우리나라에는 키가 작은 개옻나무와 키가 큰 참옻나무 두 종류가 자란다. 잎은 어긋나고 9~11개의 작은 잎으로 된 깃꼴겹잎 형태를 띤다. 꽃은 단성화로 녹황색이며 5월에 원추꽃차례를 이룬다. 수꽃은 5개씩의 꽃받침조각, 꽃잎 및 수술이 있고 암꽃에는 5개의 작은 수술과 1개의 암술이 있다. 10월에 익는 열매는 핵과(核果)로 편원형이며 연한 노란색에 털이 없다. 나무껍질에 상처를 내어 나오는 진액을 옻이라 하는데 나무를 심은 후 4년째부터 10년째까지 수액을 채취한다. 7-10월 사이 옻나무에 V자 모양의 상처를 낸 후 수취 용기에 받아내는데 보통 10년생 나무에서 나오는 옻의 양은 250g 정도이다. 바로 채취한 것은 생옻(생칠;生漆), 건조시켜 굳힌 것은 마른 옻(건칠;乾漆)이라 하여 약재, 식재, 도료 등 쓰임새가 다양하다.

옻의 주성분은 우루시올(Urushiol)로서 처음에는 무색투명하나 공기와 접촉하면 산화효소의 작용으로 검게 변한다. 경도(硬度)가 높고 아름다운 광택을 낸다. 또한 오래 저장해도 색깔이 변하지 않으며 산, 알칼리 및 70도 이상의 열에도 변하지 않는 특성을 나타내어 다른 색소와 섞어 여러 가지 기구나 기계의 도료, 목제품의 접착제로도 사용한다. 우리나라를 대표하는 공예품 나전칠기에 옻칠을 하는 것은 너무도 유명하다. 종자에는 왁스가 많이 들어 있어서 목랍(木蠟)을 만들 때 쓰이고, 목재는 가볍고 무늬가 고와서 가구재나 부목을 만들 때 쓰인다.

한방에서는 일찍부터 통경(通經), 구충(驅蟲), 복통(腹痛), 변비(便秘), 진해제(鎭咳劑) 등에 사용해왔다. 중국의 『본초강목(本草綱目)』과 우리나라의 『동의보감(東醫寶鑑)』에 '성질은 따뜻하고 맛은 매우며 독이 있다. 어혈(나쁜 피)을 삭히므로 오래 먹으면 몸이 가볍고 늙지 않는다'고 하였고, 인산죽염의 창시자인 김일훈도 그의 저서 『구세심방(救世神方)』에서 '옻은 산삼과 비견할 정도로 중요하고 효과가 높다. 위장에서는 소화제가 되고 간에서는 어혈약이 되어 염증을 다스리고 심장에서는 청혈제가 되어 결핵균을 멸하고 콩팥에서는 이수약이 되어 오장육부를 다스린다.'고 극찬한 바 있다. 곰의 쓸개 등에서 추출되는 우루시올은 노화를 유발하고 각종 질병을 일으키는 원인물질인 유해활성산소를 제거하는 능력이 토코페롤보다 2배나 높다.   산림청 임목육종연구소의 나천수 박사팀이 우루시올을 분석해 항암 효과가 뛰어난 MU2 성분을 추출하는 데 성공했는데, 열처리 과정을 통해 화칠(火漆)에서 추출된 MU2는 항암, 항산화, 숙취 해소 효과 등이 뛰어난 반면 옻의 알레르기 현상과는 무관한 특징을 갖는 것이 밝혀졌다. 옻 잘 오르는 사람들도 옻의 신비를 체험할 수 있게 된 것이다.

이처럼 옻은 예로부터 신비의 약재로 알려져 왔지만, 피부 알레르기를 일으키는 옻독으로 인해 꺼리는 사람들이 적지 않았다. 즉 페놀 계통의 항원, 그중에서도 옻 성분 중의 펜타데실카테콜(Pentadecylcatechol)이 중요한 항원으로 작용해 열에 한사람 꼴로 알레르기성 접촉성 피부염이 유발된다. 옻이 피부에 닿거나 옻이 들어간 음식을 먹은 후 수일 내에 피부가 가렵거나 따갑고 붉은 구진(丘疹; 1cm 미만 크기로 피부가 솟아오름)이나 반점 등이 생기고 진물이 날 수 있다. 음식물이 원인인 경우 항원이 몸 전체로 퍼져나가게 되므로 시간이 지날수록 더 악화될 수 있다. 그러니 옻에 예민한 사람은 옻과의 접촉을 무조건 피해야 한다. 옻을 만질 때는 손과 얼굴에 기름(식물유 또는 광물유)을 바르고 해야 하며 작업이 끝난 다음에는 따뜻한 비눗물로 씻거나 염화철 5g, 글리세린 50mℓ, 물 50mℓ를 섞은 물을 바른다. 옻이 이미 올랐을 때는 따뜻한 비눗물로 씻은 다음 생리식염수 등을 거즈에 적셔 습포 치료를 시행하면 진물 해소에 도움이 된다. 반점이나 구진 등에는 부분적으로 스테로이드(부신피질호르몬) 연고 등 약제를 바르면 되고 가려움증을 호전시키기 위해서는 항히스타민제를 복용하거나 심할 경우 스테로이드제를 단기간 복용하면 도움이 된다.

잃는 것이 하나이고 얻는 것이 열이라면 열의 효능을 잘 살려 요긴하게 써야 한다. 옻은 알게 모르게 우리 실생활에 많은 혜택을 제공하고 있다.

다양한 옻의 용도를 살펴보면

1. **약용.** 여러 옻나무 중에 참옻은 독성과 함께 약효가 뛰어나서 진액, 나무껍질, 목질부 등을 각기 용도에 맞게 가공해 사용하고 있다. - 약효: 혈액 촉진, 구충제, 위산과다, 생리불순, 기침, 상처치료, 내장기능 보호, 노화 방지

2. **식용.** 옻나무의 껍질, 열매, 옻순, 꽃잎을 이용한 식품으로 옻닭, 차, 나물, 술 등에 이용되고 있다.

3. **접착제.** 옻의 내구성, 내수성, 내약품성이 뛰어나 접착력이 강하여 변색되지 않고 금속박 혹은 금속분 접착에 사용되며 칠기나 도자기의 수리 및 제작과정에서도 접착제로 사용되고 있다.

4. **내약품성.** 옻의 강한 내약품성은 황산, 초산, 염산 등에도 이상이 없을 정도로 강하다. 이와 같은 내약품성, 내구성을 이용하여 비행기, 자동차, 선박의 도료와 특수 전자제품 및 해저 광케이블 등에 사용되고 있다.

또한 연구와 실험이 거듭되면서 옻의 효능이 속속 밝혀지고 가운데 지금까지 밝혀진 옻의 효능을 정리해 보면,

1) 위암을 포함한 복강 내의 종양성 질환(위암, 난소나 자궁의 종양 등), 2) 냉증이 심하거나 월경불순일 때, 3) 술로부터 간을 보호하고 간의 해독, 4) 남성들의 강장 효과, 5) 우루시올 성분의 뛰어난 항암 작용, 6) 뼈에 영양분을 보급해 골수염, 관절염 예방, 7) 심장병, 결핵, 신경통, 간병, 늑막염, 간경화 예방, 8) 소화불량, 위염, 위궤양 예방, 9) 담낭 결석이나 신장, 방광 결석 방지 등 '위를 보호하고 어혈을 풀어주는' 대표적인 약용 식물이다. 항산화 수치만을 비교해 보았을 때 원주옻(5.18)〉가시오가피(1.43)〉구기자근피(1.30)〉천마(1.11)〉황기(0.97) 순으로 나타나 쟁쟁한 타 약용 식물에 비해 무려 3~4배 이상의 항산화 효과를 보이는 것을 알 수 있다.

여름철 보양식으로 유명한 옻닭 만드는 법을 소개한다.

< 옻닭 만드는 법 >

재료. 토종닭 1마리, 참옻 진액 1.5L, 밤 5톨, 대추 4개, 은행 4개, 찹쌀 1컵, 율무 조금, 감자 2개, 소금 1큰술

1. 닭은 장을 제거하고 깨끗이 씻어 옻물에 20분간 재운다.
2. 깨끗한 면 보자기에 불린 찹쌀과 율무, 밤, 대추, 은행을 담아 묶는다.
3. 압력솥에 옻물에 재운 닭과 감자를 넣고 소금으로 간한다.
4. 준비한 ②를 넣어 압력솥 뚜껑을 닫은 뒤 센 불에서 끓인다.
5. 다 끓으면(휘슬이 울릴 때) 불을 줄이고 25분 정도 더 끓인다.
6. 뜸을 들인 후 닭과 육수, 감자를 오목한 그릇에 담아낸다.
7. 남은 육수에 면 보자기 속 찹쌀밥을 풀어 끓인 후 개인 그릇에 담아낸다.

작약·목단

제42호 지리적표시 임산물 – 화순 작약
제43호 지리적표시 임산물 – 화순 목단

花强妾貌强 꽃이 예쁘나요, 제가 예쁘나요
强道花枝好 그야 물론 꽃이 더 예쁘고 말고..
花若勝於妾 진정코 꽃이 더 좋으시다면
今宵花與宿 오늘밤은 꽃을 안고 주무시구려.

落芷隨風擧 떨어지는 꽃잎, 바람 따라 날아가고
殘紅倚日明 스러지는 붉은 빛깔 햇빛 받아 타오르네.
客中無意緖 나그네 생활, 시 지을 뜻 별로 없었는데
照眼句還成 그대 모습에 저절로 한 편을 이루었네.

고려 때 이규보(1168-1241)가 지은 목단화와 조선 중기 장유(1587-1638)가 지은 작약꽃을 노래한 두 편의 한시 일부이다. 한쪽은 목단화를

시샘하는 새색시의 속마음을 담았고 한쪽은 길 가던 나그네의 마음을 사
로잡은 작약꽃을 노래한 것이니 두 꽃 모두 사람들의 환심을 사기에 부
족함이 없다는 뜻이다.

꽃의 왕(花王)으로 불리는 '모란'은 중국식 표기인 목단(牧丹)의 한국식
이름이다. 굵은 뿌리 위에서 새싹이 돋아나므로 수컷의 형상인 모(牡) 자
를 붙였고 붉은 꽃을 피우므로 란(丹) 자를 붙였다. 지름 15cm 이상의
탐스럽고 화려한 꽃을 피워 5월을 계절의 여왕으로 만드는 일등 공신이
기도 하다. 모란이 뚝뚝 떨어져 버리면 작약이 연이어 핀다. 모란보다 조
금 작은 지름 10cm 정도의 희고 붉은 작약꽃이 6월까지 피어 봄을 여읜
설움을 달래준다고나 할까. 그러니 김영랑의 시처럼 모란이 지고 말면
그뿐이 아니다. 사촌지간인 작약꽃이 바통을 이어받기 때문이다.

목단과 작약은 미나리아재비과에 속하는 낙엽관목과 다년생 초본식물
로 분류된다. 학명이 Paeonia로 시작되는 만큼 서로 닮은 점이 많지만,
모란은 엄연히 나무이고 작약은 풀이라는 점이 다르다. 모란은 다른 나
무와 마찬가지로 줄기가 땅 위에서 자라서 겨울에도 죽지 않고 남아 있
지만, 작약은 겨울이 되면 땅 위의 줄기는 말라 죽고 뿌리만 살아 이듬
해 봄에 새싹을 돋는다.

둘 다 중국이 원산지이고 신라 진평왕 때 목단이 처음 들어왔다고 알
려져 있다. 모란의 꽃말은 '부귀'이다. 설총의 『화왕계(花王戒)』에서는
모란을 꽃들의 왕으로 지칭했고, 강희안의 『양화소록(養花小錄)』에서는
9품으로 나눈 꽃 중에 모란을 최고 등급인 2품으로 꼽았다. 그러다 보
니 왕비나 공주와 같은 귀한 신분의 의복 외에도 사대부 가정의 수병풍
이나 결혼 생일 등의 잔치 예복, 심지어 원앙금침 베갯머리에도 빠지지

않았다. 국보인 고려청자에도 모란꽃 문양이 장식되어 있을 정도로 부귀와 영화를 염원하는 상징물로 많은 사랑을 받아왔다.

이에 반해 작약의 꽃말은 '부끄러움'이다. 영국의 전설에 의하면 잘못을 범한 요정이 볼 면목이 없어 작약 그늘에 숨었고 이때 꽃이 빨갛게 물들었다는 데서 유래한다. 작약의 영어명 Peony는 그리스 신화의 의술신 파이온(Paion)에서 따 온 것이다. 파이온이 작약의 뿌리를 이용해서 하데스(플루톤) 등 많은 신들의 상처를 낫게 했다는 전설이 전해온다. 이처럼 고대 그리스 때부터 중세에 이르기까지 작약은 최고의 효능을 가진 약초로 이용되었다.

작약과 목단의 뿌리는 동서양 모두에서 약재로 이용되었다. 주요 성분은 배당체로서 파이오니플로린(paeoniflorin)과 알칼로이드인 파에오닌(paeonine)이며 탄닌, 수지, 안식향산도 함유하고 있다.
밝혀진 약리작용을 살펴보면
1. 여러 종류의 당, 점액질, 유기산과 미량 미네랄을 함유하여 영양부족으로 인한 도한(盜汗; 수면 중에 나오는 식은땀)을 완화하는 수렴작용이 있다.
2. Paeoniflorin의 혈관 운동능 강화 작용이 Cinnamic aldehyde의 혈관작용에 힘입어 혈액순환을 원활히 하고 소화관 운동능을 항진시켜 소화 흡수를 돕는다.
3. Paeoniflorin이 중추신경 흥분을 억제시켜 진통 진경 진정 작용이 있으며 위산 분비 억제 작용도 있다.
4. 방광을 튼튼히 하여 빈뇨를 개선하고 자궁, 신장 근육의 운동능을 강화하여 자궁 신장 하수로 인한 요통을 완화한다.
5. Paeoniflorin이 정맥 근육의 운동능을 강화하고 d-catechin이 정

맥모세혈관의 혈소판 응고를 막아 혈류정체를 개선하므로 혈관울
혈로 인한 자반병을 치료한다.
6. 관상동맥을 확장하여 혈류를 원활히 하여 심장질환에 도움을 준다.
7. 이질 간균, 황색포도상구균, 녹농균, 대장 간균 등에 대한 항균 작
용이 강하고 소염 해열작용을 한다.

황도연의 『방약합편(方藥合編)』을 비롯한 여러 한방에서는 백작약과
적작약을 다음과 같이 처방하고 있다. 즉 적작약은 과민성대장증후군,
사지경련, 복통, 진경 진통 완화, 부인병, 항알러지, 소염 치료에, 백작
약은 부인병, 복통, 진경 진통, 두통, 해열, 지혈, 대하, 객혈, 이뇨 등에
쓴다는 것이다. 작약감초탕, 사물탕, 당귀작약산, 작약감초부자탕 등 다
양한 탕제에 사용하는데, 냉성 체질이나 소화기 계통 또는 부인병 치료
시 작약을 쓸 때는 술에 적신 다음 살짝 볶아 사용해야 한다. 약성의 찬
기운을 제거하기 위함이다.

최근 전남 화순군의 작약과 목단이 지리적표시 임산물 42호와 43호로
지정되었다. 화순군은 풍부한 일조량과 유기질 토양, 물 빠짐 등 지리적
특성으로 인해 국내 최대 한약재 생산지로 이름을 날리고 있다. 역사적
으로 『세종실록지리지(世宗實錄地理志)』와 『만기요람(萬機要覽)』, 『조선
환여승람(朝鮮寰輿勝覽)』 고서에는 '화순에서 작약과 목단이 자생한 지
오래'라고 기록하고 있으며, 진통 진정 해열 등의 효능을 인정받아 조선
시대 혜민서에 공물로 진상되기도 했다.

한미 FTA가 발효되면서 우리 농산물에 대한 걱정이 이만저만 아니다.
모든 것이 개방되는 시대에 우리 특산물에 관한 관심이 절실하다. 경쟁력
을 갖는 특수작목이 FTA의 파고를 뛰어넘을 수 있는 해답이 될 수 있기

때문이다. 내가 지리적표시 작물에 관심을 갖는 이유도 바로 여기에 있다. 김영랑 시인의 항일 정신에서 우리 농업의 미래를 읽어 본다.

'모란이 피기까지는
나는 아직 기다리고 있을 테요.
찬란한 슬픔의 봄을!'

잣

<u>잣나무처럼 그냥 존재하라</u>
<u>잣나무는 어떠한 분별이나 망상도 없다.</u>

뜰 앞의 잣나무를 보고 조주 스님은 있는 그대로를 보고 배우라고 일렀다. 불립문자(不立文字), 문자를 세우지 말아야, 즉 '개념적 분석'을 내려놓아야 '참나'를 찾을 수 있다는 선사의 가르침을 새삼 깨닫게 된다.

잣(Pine nuts)은 소나무속에 속하는 상록교목인 잣나무의 씨앗이다. 잎은 솔잎과 비슷하나 좀 더 푸르고 굵다. 두 잎이 나오는 소나무와는 달리 한 군데서 다섯 잎이 나오기 때문에 오엽송이라고도 한다. 잣나무는 한반도 전역, 중국, 시베리아, 일본 관동 고산지대 등에서 자생한다. 우리나라 잣나무는 지름 1~1.5m, 높이 30~40m에 달하고 수령도

500년에 이르는 것이 많다. 15년 정도 자라면 열매가 열리는데 5월경에 노란색, 분홍색의 꽃을 피우고 9월 이후에 수확한다. 잣은 소나무와 마찬가지로 지름 6~10cm, 길이 9~15cm의 솔방울 속에서 형성되며 100알 정도가 결실을 맺는다.

잣이 기록된 최초의 고문헌은 일연이 지은 『삼국유사(三國遺事)』에서 찾을 수 있다. 34대 효성왕 때 신충이라는 신하가 왕과 바둑을 두는 일화에서, 그리고 35대 경덕왕 때 승려 충담사가 화랑이던 기파랑을 잣나무에 비유하여 그의 이상과 절조를 찬미한 대목에서, 잣나무를 상록의 상징이자 절개의 표상으로 여겼음을 알게 된다. 당나라 이시진은 『본초강목(本草綱目)』에서 신라송자(新羅松子), 즉 우리나라 잣의 약효가 당나라까지 널리 알려져 그곳에 간 유학생들이 잣을 팔아 학비와 생활비로 썼다고 전하고 있다. 고려시대에는 인삼과 함께 서역에까지 수출되는 최고의 특산품으로 인정받기도 하였다.

경기도 가평과 강원도 홍천이 연이어 잣을 지리적표시 임산물로 등록했다. 잣은 하천과 계곡을 끼고 있으면서 안개가 잦고 사양 토질의 온대 산악지역에서 최상품이 나오는데 이곳의 지형이 최적지로 꼽힌다. 이 중 가평잣은 국내 잣 생산량의 35%를 차지할 만큼 명성이 자자하다. 『조선왕조실록(朝鮮王朝實錄)』, 『신증동국여지승람(新增東國輿地勝覽)』, 『대동지지(大東地志)』 등 여러 문헌에 가평현 지역이 해송자, 즉 잣의 특산지로 유명하다고 기록하고 있다.

불로장생 신선식품으로 알려진 잣은 100g에서 약 670kcal의 열량이 나오는 고칼로리 식품으로, 기운이 없을 때나 입맛을 잃었을 때 유용한 것으로 알려져 있다. 비타민 B가 풍부하며 호두나 땅콩에 비해 철분이 많이 함유되어 있어 빈혈의 치료와 예방에도 좋다. 인이 많고 칼슘이 적은 산성식품으로 해초, 우유 등 칼슘이 풍부한 식품과 함께 먹는 것이 좋다.

잣이 지니고 있는 성분 중 가장 중요한 것은 자양강장제의 역할을 하는 우수한 지방 성분이다. 잣에 함유된 지방은 올레인산과 리놀산, 리놀레인산 등 불포화 지방산으로 이루어져 있는데 이들 불포화 지방산은 피부를 아름답게 하고 혈압을 내리게 할 뿐만 아니라 스태미너를 강화시키는 것으로도 알려져 있다. 특히 동물성 지방과는 달리 혈액 속 콜레스테롤 양을 줄이므로 동맥경화는 물론 각종 성인병을 예방하는 효과도 거둘 수 있다. 또한 잣은 혈색을 좋게 만들고 피부를 매끄럽게 해 동안 외모를 가꾸는 데 큰 효과를 발휘한다. 이 외에도 마음을 안정시켜 주며 불면증, 피부의 가려움증, 빈혈 등에 도움을 준다. 입 안이 헐거나 혓바늘 돋는 증상을 치료하는데도 잣이 효과적이다.

폐질환, 당뇨병, 심장병, 중풍 등의 예방 및 치료에도 도움을 주는 잣은 두뇌 발달을 도와 기억력 향상 및 체력 강화를 위해 권장되는 건강식품이다. 단 고열량식품이다 보니 과다 섭취시 비만을 유발할 수 있으므로 주의하는 것이 좋다.

한방에서는 심장과 간장, 신장의 경락에 작용해 진액을 생기게 하고 풍을 가라앉히며 폐를 튼튼하게 하고 양기를 돋우어 오장을 이롭게 해 준다, 기운을 생기게 하며 비위를 따뜻하게 해 소화 기능을 돕고 장을 부드럽게 해 준다, 눈과 귀를 밝게 하고 피부를 윤택하게 하는 효과가 있다, 마른기침, 천식, 토혈, 코피, 변비, 식욕부진, 저린 증상, 가슴이 두근거리는 증상, 전신의 통증, 관절통, 허리 아픈 증상, 소변을 자주 보는 증상, 식은땀이 나는 증상을 치료한다, 중풍 예방 및 허약체질 개선과 환자의 회복을 돕고 수명을 연장시킨다는 등 불로장수의 묘약으로 널리 쓰여졌다.

민간에서는 출산 후 부인병의 치료와 회복을 위해 잣죽을 쑤어 먹기도
하고, 기침 치료를 위해 호두, 찹쌀 등과 함께 끓여 먹기도 하였다. 수
정과에 잣을 몇 알 띄우는 것은 철분이 많은 잣이 빈혈을 막고 고소하
게 씹히는 맛이 단맛과 잘 어울린다는 선조들의 지혜에서 비롯되었다.
잣을 고를 때는 하얀색보다 누런색을 골라야 하는데 갓 수확한 잣보다
1~2년 된 잣이 맛있고 영양도 풍부하기 때문이다.

영양죽의 대명사인 잣죽 끓이는 법을 소개한다.

< 잣죽 끓이는 법 >

재료. 잣 반 컵, 쌀 2컵, 소금 약간

1. 잣은 고깔을 떼어내고 젖은 행주로 깨끗이 닦은 후, 믹서에 물을 1/2컵 정도
넣고 간다.
2. 쌀을 씻어 물에 2시간 정도 불린 후, 물을 1컵 반~2컵 정도 넣고 곱게 간다.
3. 두터운 오지솥에 쌀물과 물을 3컵 정도 붓고 어느 정도 데우다가 나무주걱
으로 서서히 저으면서 끓인다.
4. 쌀죽이 끓어 엉기기 시작하면 잣물을 조금씩 부어 가면서 주걱으로 재빨리
저어 멍울이 지지 않게 골고루 풀어 준다. 저을 때는 한쪽 방향으로만 젓는다.
5. 뭉근한 불에서 잠시 끓게 두었다가 뜸이 들어 걸쭉해지면 불을 끄고 소금으로
간한다.

Tip. 쌀을 불릴 때 쌀과 물의 비율은 1 : 6이 적당하다. 도중에 물을 더 부으면 맛이
덜하므로 처음부터 정확히 계량하는 게 좋다. 잣과 쌀을 한데 섞어서 갈면
죽이 쉽게 삭으므로 따로 갈아야 하고 소금 간을 미리 해도 삭으므로 먹을 때
하도록한다.

20여 년 전 러시아 연해주 한인들을 도와준 적이 있다. 현지 의사를 고
용해 고려인 마을로 왕진을 다니게 하던 중 어느 날 의사가 증발해 버린
사건이 벌어졌다. 알고 보니 의사 일을 잠시 접고 수입이 짭짤한 잣을 따
러 나선 탓이었다. 잣을 떠올리면 그때의 러시아 의사가 생각난다.

죽순

제30호 지리적표시 임산물 - 거제 맹종죽순
제36호 지리적표시 임산물 - 담양 죽순

우후죽순(雨後竹筍)

죽순은 대나무의 땅속줄기로부터 가지가 갈라져 나온 어리고 연한 싹인데, 말 그대로 비 온 뒤 여기저기 삐죽이 돋아나 '어떤 일이 한 때에 많이 일어남'을 비유하는 말이다. 비 온 뒤에 쑥쑥 자라는 특성 때문에 죽순 채취는 5월이 가장 활발하다. 대는 편의상 나무로 부르지만 땅위에 난 부분이 해마다 말라죽는 풀의 특성을 지녀 나무도 풀도 아닌 것(非木非草)이라 했고 거꾸로 된 풀이란 뜻으로 '풀 초(草)'를 거꾸로 하여 '대 죽(竹)'자를 쓴다는 말도 있다.

대는 아열대성 식물로 동남아시아를 중심으로 아프리카, 북남미 대륙에서 자라지만 유럽과 남극 대륙에는 없다. 원산지는 수마트라와 하와

이, 폴리네시아의 여러 섬으로 추정되고 온대지역에는 사람들이 옮겨 심은 것이 추운 기후에 적응한 것으로 본다. 전 세계에 50속 1,200여 종이 자라는데, 우리나라에는 19종 정도가 주를 이루고 임업시험장에서 시험 재배 중인 것을 포함하면 70여 종에 이른다. 주요 종을 살펴보면 맹종죽, 왕죽, 솜죽, 시누대, 조릿대, 오죽 등을 들 수 있다.

맹종죽에는 재미난 일화가 전해온다. 옛날 중국에 맹종이라는 효자가 있었는데 늙으신 어머니가 한겨울에 죽순요리를 찾자 눈 쌓인 대밭에 꿇어앉아 눈물로 천지신명께 빌었더니 그 눈물이 땅에 떨어진 자리에 죽순이 돋아나 이때부터 맹종죽으로 불리게 되었다는 것이다. 대나무 중 가장 굵게 자라 지름이 20cm에 이르고 마디가 짧고 잎이 작아서 섬세하고 아름답다. 마디에 테가 하나만 생기며 죽피는 녹색을 띠고 흑갈색 반점이 생긴다. 맛이 뛰어나 식용죽으로도 불린다. 중국 원산으로 1898년 일본에서 들여와 남해안 일대에 심었으며 거제 하청면이 유명산지다.

대의 왕으로 불리는 왕죽은 우리나라에서 가장 흔한 종이다. 키가 30m까지 자라고 마디 사이가 길고 마디에 테가 두 개씩 생긴다. 껍질 색깔은 엷은 갈색이고 죽순 맛이 쓰므로 고죽(苦竹)이라 불린다. 가공이 쉽고 탄력성이 뛰어나 여러 용도로 쓰인다.

솜죽는 담죽 또는 분죽으로도 불리는데 껍질에 반점이 없고 마디 사이가 짧은 편이며 왕죽보다 줄기가 가늘다. 추위에 강해 중부지방에서도 잘 자라며 광주리, 바구니, 우산대, 부채살 감으로 쓰기 좋다.

화살을 만드는 시누대(矢竹)는 오구대 또는 이대라고도 하며 제주와 남부지방에서 나고 엷은 갈색껍질이 줄기를 싸고 있다. 키 5m, 지름 5-15mm 정도 자라고 붓대나 화살, 담뱃대 등으로 쓴다.

　가장 넓게 분포하는 조릿대는 중 남부의 산 수림 아래에서 나며 키 1-2m, 지름 3-6mm로 가장 작은 대나무이다. 조리나 소쿠리 등을 만들며 한라산, 지리산 고운동이 명산지로서 차를 끓이면 단맛이 난다.
　오죽(烏竹)은 이름대로 줄기가 검다. 흑죽 또는 자죽으로도 불리며 죽순이 난 첫해에는 줄기가 푸르다가 갈수록 검게 변한다. 추위를 잘 견디며 키가 20m까지 꽤 높이 자란다.

　대는 가장 빨리 자라는 식물로 유명하다. 하루에 1m가 넘게 자란 맹종죽이 관측될 정도로 일반 나무보다 무려 200배 성장 속도가 빠르다. 죽순은 땅속줄기에서 올라온 지 10일만 지나면 대나무로 변해 먹지 못한다고 한다. 한 달을 셋으로 나누어 초순, 중순, 하순이라고 하는데 이때 순(旬)도 죽순에서 유래한 말이다. 대의 놀라운 신장력은 오랜 기간 뿌리에 저장된 영양분을 한꺼번에 밀어 올리기 때문이다. 5월 중순 무렵부터 죽순이 올라오기 시작해 30~50일만에 성장을 끝내는데 이후로 더 커지거나 굵어지는 대신 해가 갈수록 줄기가 단단해지고 색깔이 누렇게 변한다.

　짧은 기간에 성장을 끝내고 나면 햇빛에 의해 탄소동화작용을 하여 영양분을 다시 땅속줄기로 보내 저장한다. 잎이 생산하는 양분을 통해 줄기가 굵어지고 키가 커지는 일반 식물과는 달리 대는 후세를 위해 땅속줄기에 몰빵하는 것이다. 죽순은 땅속줄기 마디에서 난다. 마디에는 눈(芽)이 하나씩 있어서 죽순으로 올라오기도 하고 땅속줄기로 뻗어나가기도 한다. 3~5년간 비축된 영양분을 흠뻑 머금고 올라 온 죽순은 그야말로 영양 덩어리인 셈이다.

죽순을 식재료로 사용한 역사는 꽤 오래되어 중국 한나라 때 발간된 『주례(周禮)』에 기록이 남아 있고 우리나라의 경우 고려시대 때 제사음식으로 죽순이 사용된 기록이 있다. 또한 조선시대 발간된 『증보산림경제(增補山林經濟)』, 『임원경제지(林園經濟志)』에도 죽순을 사용한 밥, 정과, 나물 등 다양한 죽순 음식이 등장하고, 조선 후기 문헌인 『시의전서(是議全書)』에도 죽순 다루는 법이 수록되어 있어 즐겨 사용해 온 식재료임을 알 수 있다.

『동의보감(東醫寶鑑)』에는 죽순이 '성질이 차고 맛이 달며 빈혈과 갈증을 없애 주고 체액 순환을 원활하게 하고 기운을 돋운다. 죽순은 주로 찌거나 삶아 먹으며, 시원하고 맛이 좋아 사람들이 좋아한다.'고 기록하고 있다. 중국의 『본초강목(本草綱目)』에도 '담을 없애고 변비, 종기, 두드러기를 고치며 소화를 돕고 신진대사를 활성화시키는 등의 작용을 한다.'고 언급하고 있다.

죽순의 성분은 수분 93%, 단백질 3.3%, 지방 0.3%, 당질 2.3%, 섬유소 1.6% 등으로 탄수화물이 풍부하고 단백질, 비타민B1, B2, C를 함유하고 있다. 단백질의 약 70%는 티로신, 아스파라긴산, 발린, 글루타민산 등의 아미노산과 약간의 베타인, 콜린 등으로 구성되어 있으며 이것들이 당류나 유기산 등과 어울려 죽순의 독특한 감칠맛을 낸다. 죽순에 함유된 칼륨은 체내에 있는 여분의 나트륨을 배출시키기 때문에 고혈압에 효과가 있다. 죽순의 아삭아삭 씹히는 맛은 풍부한 섬유질 성분에 의한 것으로 혈당과 콜레스테롤을 저하시키고 중성지방의 흡수를 방해하며 장내 유익균 조성에 영향을 준다. 게다가 칼로리가 적어 다이어트 식품으로 적당하다. 단백질 함량은 같은 경엽채류에 속하는 양파의 4배, 양배추의 2배 정도로 풍부하여 노약자나 회복기 환자의 건강식으로 많이 이용된다. 단 결석이 있는 사람에게는 좋지 않으므로 너무 많이 섭취하지 않도록 한다.

죽순에서는 특유의 아린 맛이 난다. 주범인 호모젠티신산(homogentisic acid)과 옥살산은 죽순을 파낸 순간부터 티로신이 산화되어 증가하므로 아침에 파내어 그날 안에 먹는 게 좋다고 한다. 시간이 지날수록 떫은맛과 쓴맛이 강해지며 수분도 줄어들고 풍미가 저하된다. 파낸 즉시 생으로도 먹을 수 있지만 대부분 데쳐서 먹는다. 바로 먹지 않을 때는 삶아서 밀폐용기에 넣어 냉장 보관한다. 죽순이 잠길 정도로 삶은 물을 함께 부은 후 냉장고에 넣어두면 1주일 정도는 보존할 수 있다. 이삭 끝이 황색이고 외피가 광택이 있으며 절단면이 싱싱한 것이 신선한 것이다.

죽순을 맛있게 먹는 간단한 비결 하나. 앞서 언급한 대로 약간의 아린 맛을 느낄 수 있는데 이런 아린 맛을 없애는 데는 바로 쌀뜨물이 최고. 쌀뜨물에 씻게 되면 아린 맛 등 잡맛 성분이 줄어들고 죽순의 조직감이 부드럽게 된다. 또한 쌀뜨물에 담가 놓으면 죽순의 유해 성분인 수산 성분이 빠져나오게 된다. 죽순을 씻을 때 꼭 이용해 보시라.

죽순은 제철에 수확한 싱싱한 것을 밑간을 연하게 조리하여 그 자체의 식감을 살려 먹는 것이 최고다. 그러나 제철이 아닌 때에도 두고두고 먹기에는 장아찌만 한 게 없다. 죽순 장아찌 만드는 법을 소개한다.

< 죽순 장아찌 만드는 법 >

재료. 죽순 10개, 진간장 5컵, 생강 3쪽

1. 죽순은 껍질째 쌀뜨물에 푹 삶아 껍질을 벗긴 후 차게 식혀 물기를 뺀 다음 항아리나 유리병에 차곡차곡 담고 돌로 꼭 눌러 둔다.
2. 진간장은 미리 한번 끓여 차게 식힌 후 죽순이 잠길 정도로 붓는다. 이때 생강도 편으로 썰어서 함께 넣는다.
3. 4~5일쯤 지나면 간장을 따라내고 다시 끓여서 식힌 후에 붓는다. 이런 식으로 2~3회 반복하고 1개월쯤 삭힌 후 먹는다.

참숯

제35호 지리적표시 임산물 − 횡성 참숯(등록철회)

불길이 한참 이글거릴 때
바람구멍을 꽉 막아야 참숯이 된다고
참숯은 냄새도 연기도 없다고
숯 가게 할아버지 설명이 길다
참숯은 냄새까지 연기까지
감쪽같이 태우나 보다

　정양 시인의 〈참숯〉 일부이다. 아내 심부름으로 간장독에 띄울 숯을 사러 갔다가 듣게 된 이야기를 시로 형상화했다. 냄새도 연기도 없이 완전 연소하는 참숯의 속성을 통해 시인 자신도 열정적으로 삶을 살겠노라 다짐한다.

　목탄(木炭)이라고도 불리는 숯은 재질이 단단한 나무를 태운 것이다. 우리나라에서는 기원전 600년경부터 숯을 이용해 왔던 것으로 추정되는데 숯불로 밥을 지어 먹고 차를 끓여 먹었던 신라시대의 기록이 남아 있다. 또 장을 담글 때 독 안에 숯덩이를 띄우고 배탈이 났을 때는 숯가루를 탄 물을 마셨으며 숯다리미로 옷을 다려입었다. 아기를 낳은 집에서는 문간에 숯덩이를 단 금줄을 걸었으며 아기를 처음 외가에 데리고 갈 때에도 이마에 숯검정을 칠했다. 잡귀로부터 아기를 지켜줄 것이라 믿었기 때문이다. 서양에서는 히포크라테스 시대에 간질, 현기증, 빈혈, 탄저병 등의 치료에 이용했다는 기록이 있다. 프랑스 화학자 베르낭은 몸소 치사량의 150배에 해당하는 비소 5g을 숯과 함께 먹어 보임으로써 숯이 뛰어난 해독제임을 입증하기도 했다.

동양의 한방에서는 숯으로 중풍(뇌졸증), 소갈증(당뇨) 등 열성 질환을 치료하였고, 민간에서는 어린이 경기(驚氣) 등에 사용하였다. 한방에서 먹는 숯은 주로 차콜(Charcoal)이라 불리는 소나무(赤松) 숯가루를 이용하는데 현미경으로 볼 수 있는 미세입자의 가는 구멍들이 마치 블랙홀처럼 불순성분을 흡착한다. 즉 소화가 잘되지 않고 장내에서 부패하는 단백질 찌꺼기와 지방 알갱이, 야채나 과일에 잔류할 수 있는 농약 성분이나 중금속, 색소나 식품첨가제, 인공조미료 등을 흡착하는 역할을 하여 내장과 혈액이 깨끗하게 되므로 병에 대한 저항력이 강해지는 것이다.

숯은 굽는 온도에 따라 모양과 성분이 달라지지만 보통 탄소 90%, 수분 9%, 회분 3% 정도로 이루어져 있고 가로 세로 어디로나 통하는 가느다란 파이프를 한데 묶은 것과 같은 모양의 수많은 구멍으로 형성된다. 이 구멍의 내부면적을 측정해 보면 숯 1g당 약 100평(약 330제곱미터)이나 된다. 구멍의 크기는 수 미크론에서 수백 미크론으로 박테리아, 방사균 등 미생물이 서식하기에 적당하고 흡착력이 강해 물이나 공기의 정화에 알맞으며 습도조절 기능도 탁월하다. 숯의 pH는 8~9의 약알칼

리성인데 숯을 구울 때의 온도와 숯 속에 포함된 회분의 양에 따라 달라
진다. 일반적으로 저온에서 구운 숯(검탄, 흑탄)은 약산성이지만 높은
온도에서 구운 숯(백탄)은 알칼리성이다.

　숯은 제조 방법에 따라 크게 검탄(黔炭)과 백탄(白炭), 활성탄(活性炭)
으로 나뉜다. 숯가마에 나무를 넣은 후 400~700℃ 온도에서 구멍을 막
아 자연 연소시킨 것이 검탄이다. 탄질이 부드럽고 짧은 시간에 많은 열
을 내므로 제련이나 대장간 등에서 많이 사용한다. 백탄은 1000℃ 이상
의 고온을 가한 다음 재빨리 꺼내 축축한 재와 흙을 덮어 인위적으로 불
을 꺼 만들어 겉에 묵은 재가 하얗게 보여 붙여진 이름이다. 두들기면
금속음이 나고 화력이 강하고 오래가서 요리에 주로 이용된다. 활성탄
은 숯의 흡착력을 높이기 위해 600~900℃ 온도에서 수증기를 가해 재
가공한 것이다.

　우리나라에서는 참나무류(갈참나무 · 굴참나무 · 물참나무 · 줄참나무
등)가 주로 사용되는데. 이처럼 참나무류로 만든 숯을 특별히 참숯이라
고 한다. 강원도 횡성은 목질이 좋은 참나무류 재배환경과 일제강점기
때부터 형성된 숯 가마터로 전국 생산량의 1/4을 차지하는 참숯의 1번
지이다. 명성만큼이나 횡성 참숯은 타 지역의 것보다 회분함량이 높고
고정탄소량이 월등히 높아 불순물이 적고 단단한 특징을 보인다.

　참숯의 효능은 보기보다 꽤 다양하다.
1. **음이온 효과.** 탄소 덩어리인 참숯은 음이온을 증가시키는 작용이
　　있다. 음이온은 부교감 신경에 영향을 주어 기분을 좋게 하고 몸의
　　긴장을 풀어주는 효과가 있다. 숲이나 바닷가에 가면 기분이 평온
　　해지는 이유는 음이온이 많이 발생되기 때문이다. 숯 속의 탄소가

음이온을 완전방전하는 데는 4,500만 년이나 걸린다고 한다.

2. **원적외선 방사 효과.** 원적외선은 물질을 따뜻하게 하는 힘을 강하게 방사하는 유익한 광선이다. 긴 파장(3.6~16미크론)의 열에너지는 피하 40mm까지 침투하여 온열 작용을 통해 인체의 모세혈관을 확장시킨다. 황토, 돌, 세라믹 등도 방사율이 높지만, 참숯이 방사하는 원적외선은 40℃에서 방사율 93% 정도로 엄청나 혈액순환, 신진대사를 촉진시키고 세포 기능 및 생육 촉진, 물 분자를 활성화하는 효과가 탁월하다.

3. **유해 전자파 차단 효과.** 참숯은 우수한 흡착성과 통전성 및 축전성(전기가 통하고 담는 성질)으로 인해 유해 전자파를 차단하거나 흡수해 준다. 따라서 VDT증후군(유해 전자파가 유발시키는 두통 및 시각장애 등의 증세)에 큰 효과를 보인다.

4. **공기정화, 탈취, 여과, 정수 효과.** 참숯은 미세 다공질로써 미생물의 서식처가 된다. 특히 유기물 분해력이 뛰어난 방선균이 공기 중에 오염된 성분이나 유해한 불순물을 흡착 분해하여 공기를 정화시키고 부패균의 발생을 억제하여 냄새를 탈취 제거시켜 준다.

5. **제습 및 습도조절,** 방부 효과. 참숯은 미세한 구멍이 고밀도로 분포되어 있어서 훌륭한 제습 및 습도조절 효과를 갖는다. 고온에서 구워진 참숯은 수분을 거의 함유하고 있지 않아 주위의 습도를 줄여주지만, 너무 건조하면 수분을 방출하여 자연스럽게 습도를 조절해 준다. 씽크대 밑에 놓아두면 수분을 차단하여 바퀴벌레 등 곤충의 서식을 막을 수가 있고 옷장 안에 넣어두면 습기를 제거하고 곰팡이 등의 서식을 막아 준다.

6. **미네랄의 보고(寶庫).** 나무속에는 0.3~0.6% 정도의 미네랄류가 함유되어 있다. 이 미네랄 성분은 숯으로 구워질 때 약 4~5배로 농축되어 회분으로 남게 된다. 숯의 미네랄은 칼슘, 나트륨, 철, 마그

네슘, 칼륨, 인 등인데, 장을 담글 때 숯을 넣으면 물을 정화해 세균의 번식을 막고 미생물을 활발히 번식시킬 뿐만 아니라 탄소와 미네랄 공급원 역할도 한다.

7. **항균, 해독 및 질병의 치료 효과.** 숯은 뛰어난 흡착성 때문에 숯가루를 물에 타서 마시거나 상처 부위에 뿌려주면 체내로 흡수되어 유해 바이러스 등에 항균 작용을 하거나 체외로 배출시키는 작용을 한다. 참숯은 의학적으로 진통, 해열, 해독, 공해물질 및 농약 성분의 제거 효과 등이 있는 것으로 밝혀졌다. 또한 새집증후군과 집먼지, 진드기, 곰팡이균 등에 의한 피부염, 알레르기성 비염, 천식, 기침, 가려움 등의 예방과 치료에도 큰 효과를 보인다.

8. **산화 방지 및 환원 작용.** 병이 나거나 아픈 것은 전자의 이탈 현상이라고 말할 수 있는데, 전자 밀도가 낮은 사람에게 무한정의 전자를 공급하는 환원 작용으로 몸을 상쾌하고 개운하게 해준다. 참숯으로 만든 침대, 매트, 베개를 사용하면 음이온이 환원되어 잠을 조금만 자도 개운함을 느낄 수 있다. 또한 숯은 산성을 알칼리화하는 효능이 있어 아토피성 피부염, 노인성 건조피부염, 만성 습진, 옴, 무좀 등 각종 피부질환의 치료에 큰 도움을 준다.

　세계 문화유산으로 지정된 팔만대장경은 8백 년이 다 되었지만, 목판의 보관 상태는 원형 그대로 잘 유지되어 있다. 제작 과정에서 나무를 바닷물에 담갔다가 건조하기를 여러 번 반복하고 보관시설인 장경각 설계의 과학성에 그 비밀이 있다고 하지만 비결은 그뿐만이 아니다. 장경각 주변에 묻혀 있었던 대규모의 '숯'. 신비한 숯의 마술이 빚어낸 위대한 문화유산이 바로 팔만대장경인 것이다.

천마

제45호 지리적표시 임산물 – 무주 천마

옛날 예쁘고 총명한 한 효녀의 홀어머
가 갑자기 반신마비가 되었다.
그때 산신령이 나타나 "산꼭대기에 가면 하늘에서 떨어진
약초가 있으니 그것으로 치료하면 되느니라.
산이 매우 험하니 건장한 젊은이에게 부탁을 하라"고 일러주었다.
마침내 한 젊은이가 구해준 그 약초로 어머니가 낫게
되었고 효녀는 그 젊은이와 결혼까지 하게 되었다.

이처럼 '하늘에서 떨어져 마목(麻木:마비가 되는 증상)을 치료하였다'
는 뜻으로 지어진 이름이 천마(天麻)다. 또 다른 유래로 고대 중국 신농
가(神農架; 중국 호북지역의 원시림) 산기슭의 부잣집 외동딸이 두통에
시달리고 있었는데, 산속의 신마(神馬)만이 고칠 수 있다는 소문을 듣고

젊은 사냥꾼이 나섰다. 아깝게 신마를 놓치고 말았지만, 신마가 사라진 땅속에서 나온 이상한 뿌리를 달여 먹였더니 병이 씻은 듯이 나았다는 이야기다. 마목과 두통의 차이는 있지만 예로부터 매우 효험이 뛰어난 약재로 쓰였음을 알게 된다.

천마는 난초과의 여러해살이 기생식물로서 참나무 종류의 썩은 그루터기에 나는 버섯의 균사에 붙어산다. 굵고 긴 덩이줄기를 가지고 있으며 덩이줄기로부터 높이 60cm~1m쯤 되는 줄기가 자라난다. 덩이줄기는 긴 타원형이며 길이 10~18cm, 지름 3.5cm 정도로 뚜렷하지 않은 테가 있다. 줄기의 빛깔은 주황 또는 붉은 밤색이고 조그만 잎이 듬성하게 난다. 6~7월에 피는 꽃은 줄기 끝에 곧게 선 이삭 꼴로 모여 핀다. 3장의 꽃잎이 서로 달라붙어 불룩한 단지 모양을 이루는데 주둥이 부분은 세 개로 갈라져 있다. 꽃의 길이는 2cm 안팎이고 빛깔은 노랗다.

한국 일본 중국 타이완 등지에 분포하며, 다른 명칭으로 수자해좆, 적전(赤箭)이라고도 한다. 전자는 한자로 수자(豎子), 즉 '더벅머리 수'에 '아들 자'를 사용하여 마치 우둔한 더벅머리 총각의 거시기를 닮았다 하여 붙여진 별칭이고, 후자는 붉은색의 줄기로 해서 붙여진 이름이다. 늦가을에 파내어 줄기를 따버리고 물로 씻은 뒤 속이 흐무러질 정도로 쪄서 햇볕이나 불에 말린다. 보통 잘게 썰어 쓰는데 때로는 잘게 썬 것을 볶거나 뜨거운 재 속에 묻어 구워 쓰기도 한다.

천마는 제주도를 포함한 전국에 분포하며 깊은 산 숲속에서 잘 자라는 편이다. 이 중 전라북도의 천마 재배면적은 75ha로 전국 110ha의 68%를 차지하고 있다. 특히 덕유산 일대의 무주군 안성면 지역은 1992년 40여 명의 작목반이 자연산 천마를 재배하기 시작한 이래 전국 생산량의 50% 이상을 차지하며 국내 최대 산지로 군림하고 있다. 이곳은 해발 400~600m 내외의 산악 지형과 고랭지, 마사토(화강암이 풍화되어 생성된 흙으로 화강토라고도 함) 등의 재배 여건이 좋아 천마 자생지로 완벽하다는 평가를 받고 있다.

일반적으로 천마는 고혈압, 뇌졸중, 불면증, 경기, 두통, 현기증, 중풍, 신경성 질환의 예방과 치료제로 이용하며 당뇨병 등의 성인병과 간기능 회복, 피로, 스트레스 해소 등에도 효험이 있는 것으로 알려져 있다. 또한 학습 능력과 기억력 증가에도 효과가 있어서 총명탕의 주재료로 사용되기도 한다. 천마의 이러한 효능은 대부분이 천마가 함유하는 항산화물질과 관련이 깊다. 성분을 분석해보니 단백질 함량이 5.4%, 회분 2.6%, 지방 3.6%, 섬유질 3.3%, 수분 8.1%이었으며 전분이 77%로 가장 높았다.

『동의보감(東醫寶鑑)』에 의하면 "천마는 맛이 맵고 독이 없어 오래 먹으면 기운이 나고 몸이 거뜬해져서 오래 살 수 있다"고 하고, 『신농본초경(神農本草經)』에는 "천마를 먹으면 무병회춘 한다"고 기록하고 있어 예로부터 중풍을 비롯한 심혈관 질환 계통의 명약이자 두통, 불면증, 고혈압, 우울증 같은 질환에도 좋은 효능을 발휘하였다. 더욱이 자연산 천마를 먹으면 고혈압, 당뇨, 고지혈증 같은 질환을 예방하는 효능도 있다고 알려져 있다. 자연산 천마의 경우 신경계 질환에 효능을 지닌 것으로 보고되어 풍을 멈추게 하고 놀란 것을 진정시킴은 물론 현기증, 두통, 신경통, 지체 마비, 반신불수, 언어장애, 불면, 소아의 간질 등에 특효를 지닌 것으로 알려져 있다. 다시 말해 뇌의 혈액순환을 돕고 신경 증상을 완화 시켜주는 약물 효능이 있다는 것이다.

천마의 효능을 순위별로 매겨보면

첫 번째, 뇌 질환 계통의 질환에 신기하리만큼 효과가 있다(예: 중풍이나 두통, 손발 저림, 우울증 등).

두 번째, 무릎이나 허리에 좋다(관절염, 요통 등).

세 번째, 간과 쓸개에 좋다(간질환. 지방간. 간경화 등).

네 번째, 혈액순환 계통에 좋다.

지난 2006년 11월에 방영된 KBS TV 프로그램에서 혈압상승 효소의 작용을 억제하고 콜레스테롤 수치를 감소시키는 효과가 있다고 보도된 적이 있다.

흔히 천마를 산삼에 견준다면 일반 마는 도라지에 비유될 정도로 그 생김새와 부르는 이름은 비슷할지 몰라도 효능에는 차이가 많다. 천마는 타 작물에 비하여 단백질 함량이 높고 불포화지방산으로 구성되어 있으며 칼슘, 마그네슘, 칼륨 등의 함량이 높은 것으로 알려져 있다. 최근 여성의 골다공증 치료, 체액의 산성화 방지, 학습능력의 증진 및 혈중 콜레스테롤 함량의 감소에 대한 효과가 인정되는 등 건강기능식품으로 자리를 잡아가고 있는 매우 유용한 식품입니다.

이렇게 좋은 천마를 먹는 방법에는 어떤 것들이 있을까? 첫째 방법으로는 자연산 천마에 산조인(酸棗仁; 멧대추의 씨 속에 있는 알맹이), 백복신(白茯神; 소나무의 뿌리를 싸고 뭉쳐서 덩이진 담자균류 구멍장이버섯과에 속한 버섯) 같은 약재들을 함께 섞어 복용하면 특별히 뇌 건강에 좋다. 다음 방법으로는 천마를 35도 소주에 담가 40℃ 이상 온도로 1년간 숙성시키는 천마주를 만들어 먹거나 얇게 썬 천마에 꿀을 재워 1년 이상 발효시켜 영양제처럼 먹는 꿀절임 방법이 있다. 보다 간편하게는 엑기스나 즙으로 만들어 먹어도 소화가 용이하고 몸에 흡수가 잘되게 해준다. 현재 무주군은 천마를 가공해 냉면 · 국수 · 초콜릿 등 다양한 천마 상품을 개발하는데 열을 올리고 있다.

매년 6월 무주 읍내에서 개최되는 반딧불이축제 때 '화이트 푸드 페스티벌'이 함께 열린다. 먹거리 부스에는 천마, 호두, 더덕, 도라지, 마늘과 양파, 감자, 무, 양배추, 인삼, 반딧불 쌀 등 흰색을 띠는 재료로 요리한 음식들이 다양하게 선보인다. 이곳의 대표 특산품인 천마와 호두 요리가 빠지지 않음도 당연하다. 호두정과와 천마즙을 맛볼 좋은 기회, 부디 놓치지 마시라.

< 천마전 만드는 법 >

재료. 천마 4개, 소금 1작은술, 작은 깻잎 6장
(초간장) 간장 2큰술, 식초 2큰술, 설탕 1/2큰술, 생수 1큰술

1. 천마는 껍질을 벗겨 3~4분간 물에 담가 놓는다. 이때 물에 식초를 몇 방울 떨어뜨리면 천마의 색이 변하는 것을 막을 수 있다.
2. 천마를 믹서로 갈아서 소금으로 간하고 부침가루와 1:1의 비율로 반죽한다.
3. 팬에 식용유를 두르고, 준비된 반죽을 먹기 좋은 크기로 떠서 부친 다음, 고명으로 깻잎을 장식한다.
4. 소스로 초간장을 만들어 찍어 먹는다.

표고버섯

제2호 지리적표시 임산물 – 장흥 표고버섯
제47호 지리적표시 임산물 – 청양 표고버섯

蕈松篘竹摠無聊   송이버섯, 죽순인들 모두 다 별맛 없으이.

不可一餐無此燒   밥 한 끼로 모자라 불 지필 수도 없네.

乞與人家小木林   남의 집에서 빌려 온 작은 잡목 더미

三朝風霧養新苗   그 해 아침 안개 바람 새싹 돋아 자란다네.

조선시대 영남지방에 유배 중이던 이학규의 『낙하생집(洛下生集)』에
나오는 〈기성마고사(歧城蘑菰詞)〉 일부이다. 거제의 표고버섯을 예찬
한 한시 구절로서, 마고(蘑菰), 즉 표고버섯 앞에선 천하의 송이버섯도
안중에 없다. 참고로 땅에서 돋는 버섯은 균(菌)이라 하고, 나무에서 돋
는 버섯은 심(蕈)이라 하는데 송이버섯(松蕈)과 표고버섯(香蕈)이 대표
적이다.

민주름버섯목 송이과에 속하는 표고버섯의 학명은 Lentinus edodes 이다. 고대 그리스에서는 신이 내린 식품이라고 했고 중국에서는 불로 장수 식품으로 불렀을 만큼 영양학적 가치가 높다. 『삼국사기(三國史記)』에 웅천주(지금의 공주), 사벌주(지금의 상주) 등지에서 진상되었다는 기록과 성덕왕 시대에 이미 목균과 지상균을 이용한 사적이 남아있어 우리나라에서의 재배역사도 오랠 것으로 추정된다. 인공 재배는 10세기경 중국에서 시작되어 현재는 한국, 일본을 포함한 동아시아 지역에서 주로 재배되고 있다.

우리나라에선 1957년 이후부터 농촌 부업의 하나로 장려되어 왔으며 한라산, 지리산, 오대산 등 전국 유명산 일대에서 활발히 인공 재배되고 있다. 이 중 국내 총생산량의 40% 이상을 차지하는 전남 장흥이 표고 버섯을 지리적표시 특산물로 이름을 올렸다. 이곳의 토양은 고생대부터 한 번도 침식작용을 받지 않은 순상 지대로서 유황 화합물 등 몸에 이로운 물질이 많이 함유돼 있어서 이곳의 대표 특산품으로 자리 잡게 되었으며 2009년부터 2년 연속 청와대 명절 선물로 선정되기도 했다.

송이가 소나무에서 자라듯 표고는 활엽수에 기생하여 자란다. 칠음삼광, 즉 70% 정도의 차광 조건과 우기에 나무가 썩지 않도록 비가림이 가능한 곳을 우선 골라야 한다. 낙엽 진 10월말 이후 겨울 동안에 벌채한 참나무 원목을 길이 1.2m, 직경 15cm 크기로 잘라 22~25mm 깊이로 드릴을 뚫는다. 뚫린 구멍 속에 벚꽃 필 무렵에 맞추어 접종(종균심기)하는데 종균심기를 끝낸 구멍에는 잡균이 들어가지 않도록 스티로폼으로 막아 마감한다. 여름 장마 전에 뒤집기를 한 두 차례 한 다음 6개월 이상 배양시킨다. 균이 나무의 영양을 섭취하게 되는 배양 시기는 매우 중요한데 온도는 22도 내외, 습도는 70% 내외가 적당하다. 배양 도중 나무를 뒤집어주면 균이 먹는 속도가 빨라지므로 이렇게 잘 배양된 표고는 그해 가을에 수확할 수 있다. 보통 나무 한 그루에 2kg 정도의 표고가 열린다. 품종이 고온성인가 저온성인가에 따라 재배시기가 달라지는데, 저온성은 한겨울에도 조금씩 나오지만, 고온성은 봄이 되어야 나온다. 저온성이 더 질기고 중량이 많이 나가는 반면 고온성은 연하고 가벼운 특징을 보인다.

『동의보감(東醫寶鑑)』에 '표고는 입맛을 좋게 하고 구토와 설사를 멎게 한다.'고 표현하고 있다. 표고는 미국 식품의약품안전청(FDA)이 10대 항암식품으로 꼽을 만큼 영양학적 가치가 높다. 단백질과 지방질, 당질이 많고 비타민 B1, B2도 일반 야채의 2배나 되며 나이아신도 다량 함유하고 있다. 칼슘, 칼륨, 인, 셀레늄, 철분 등 미네랄이 많고 혈액의 대사를 돕는 엘리타데닌 성분도 풍부하다. 독특한 감칠맛을 내는 구아닐산에 들어있는 엘리타데닌은 콜레스테롤 수치를 떨어뜨려 고혈압, 동맥경화, 심장병을 예방하고 치료하는 효과가 있다. 항암물질로 밝혀진 렌티난은 베타글루칸 성분의 일종으로서 천연의 방어물질인 인터페론을 생성함으로써 암세포의 증식을 직접적으로 억제하지는 않지만 림프구의 기능을 자극해 우리 몸이 스스로 암세포와 싸워 이길 수 있도록 면역력을 높여준다. 한편 건표고는 생표고에 비해 햇빛을 쬐는 과정에서 에르고스테롤이 비타민 D로 전환되어 칼슘의 흡수 이용을 촉진하므로 구루병 및 빈혈, 골다공증 예방에 큰 도움을 준다. 섬유소 역시 100g당 생표고 0.7g이던 것이 건표고 상태에서는 6.7g으로 대폭 늘어나 대장암은 물론 변비와 숙변을 예방하는 효과가 매우 커진다. 이처럼 표고를 말리면 영양소 함량이 8-9배 정도 높아지고 보관도 용이해지다 보니 생표고 보다 건표고를 더 쳐주는 것이다.

표고는 갓의 형태에 따라 몇 가지 등급으로 나뉜다.

1등급 화고. 연중 봄에만 수확되는 귀한 버섯인 백화고가 성장 기간이 길고 영양과 맛이 뛰어나 최고로 꼽힌다. 갓이 피지 않은 상태로 고유의 모양을 갖추고 연갈색 바탕에 거북등처럼 흰줄 무늬가 많으며 검은 부분은 극히 적다. 봄, 가을에 채취되는 흑화고 역시 버섯 등이 약간 갈라지고 갓이 예쁘게 안으로 감아져 소비자의 선호도가 매우 높다.

2등급 동고. 봄, 가을 수확하며 종균을 접종해서 정상적으로 자라난 가장 흔한 표고이다. 갓 표면에 흰 균열이 많이 있는 천백동고와 천백동고가 비를 맞아 흰 부분이 갈색으로 변한 다화동고가 있으며 생표고로도 많이 이용된다.

3등급 향고. 기온이 높고 습한 계절에 생겨나 채취 시기를 약간 넘긴 것으로 갓이 엷고 벌려져 있다. 약한 노란빛을 띠고, 고유의 형태를 갖추지 못해 동고보다는 조금 크다.

4등급 향신. 향고가 크게 자라서 채취 시기를 넘긴 것으로 여름철 우기에 생산된다. 갓이 90% 이상 핀 상태로 모양이 넓고 크며 두께가 얇다. 색깔은 누런빛을 띤다.

5등급 등의. 일정한 형태 없이 갓이 만개하여 옆으로 퍼지고 두께가 가장 얇다.

요즈음 건강을 생각하는 주부들이 늘면서 화학조미료 대신 천연 조미료를 많이 찾는다. 표고버섯 분말은 특유의 향미와 높은 영양가로 추천 0순위다. 건표고를 곱게 갈아 가루를 내면 그 자체로 훌륭한 천연조미료가 된다. 가정에서 쉽게 만들어 먹을 수 있는 또 다른 메뉴로 표고버섯차를 추천한다. 건표고 적당량을 주전자에 넣고 약한 불에 달인 후 버섯을 빼낸 물을 냉장고에 보관하여 하루 3~5번 정도 마시면 건강에 최고. 단 표고버섯 달인 물은 쉽게 상할 수 있으므로 한 번에 3일 이내 분량을 만들지는 말아야 한다.

표고는 잡채, 볶음 등 여러 요리에 다양하게 쓰여지는데, 여기서는 제주도의 향토 음식인 '표고버섯국수'를 소개한다. 된장을 푼 멸치장국에 국수를 말고 볶은 표고버섯을 얹는 국수 요리이다.

< 죽순 장아찌 만드는 법 >

재료. 마른 표고버섯, 국수, 쇠고기, 당근, 된장, 멸치, 물, 식용류 등

1. 표고버섯은 충분히 불려 얇게 채 썰고, 쇠고기는 곱게 다져 완자를 만들어 놓고, 당근은 곱게 채 썬다. (표고버섯 기둥은 국물을 내는 데 활용하면 좋다.)
2. 팬에 식용유를 두르고 표고버섯, 고기완자, 당근에 소금 간을 하며 각각 볶는다.
3. 국수는 끓는 물에 삶아 건져 찬물에 헹구고 손으로 말아 사리를 만든 후 채반에서 물을 뺀다.
4. 물에 된장을 풀고 멸치를 넣고 끓여 멸치장국을 만든다.
5. 그릇에 국수를 담고 볶은 재료들을 보기 좋게 얹고 가운데 표고버섯을 올린 후 멸치장국을 붓는다.

호두

....

제18호 지리적표시 임산물 – 천안 호두
제49호 지리적표시 임산물 – 무주 호두
제59호 지리적표시 임산물 – 김천 호두

동글동글 호두과자,
금방 구워서 겉은 바삭하고 속은 뜨끈하고
팥앙금과 호두가 오독오독 씹혀
먹고 또 먹어도 질리지 않아요.

  고속도로 휴게소에서 맛보는 호두과자에 대한 일반인의 평이다. 한때
무늬만 호두과자인 팥과자가 기승을 부린 적이 있다. 요즘은 전국 어딜
가나 호두알이 박혀있긴 해도 국내산이 비싸서인지 수입산 호두가 적지
않다. 그러나 천안휴게소에 가면 100% 국내산 호두과자를 맛 볼 수 있
다. 이곳이 국산 호두의 본고장이기 때문이다.

  호두(胡桃)나무는 가래나무과에 속하는 갈잎큰키나무이다. 학명은

Juglans regia이다. 발칸 반도에서 페르시아, 히말라야, 동쪽으로는 중국에 이르는 유라시아 대륙 일대가 원산지이다. 우리나라에는 고려 충렬왕 16년(1290년) 때 영밀공 유청신이 중국 원나라를 통해 처음 묘목을 들여와 충남 천안 광덕사 경내에 심은 것이 시초. 지금도 이곳에 가면 천연기념물 제398호로 지정된 400년 된 호두나무와 함께 안내문을 통해 호두나무의 시배지임을 확인할 수 있다. 이후 그의 후손과 지역민들이 25만 그루 이상의 호두나무 군락지를 조성하여 천안 호두의 명성을 지켜나가고 있다. 지금은 전북 무주, 경북 김천도 호두 주산지로 명성을 쌓고 있으며, 김천은 전국에서 호두를 가장 많이 생산하는 지역으로 연간 생산량은 약 323t에 달한다. 이는 전국 생산량의 32%에 해당하며 생산액 또한 41억 원으로 전국에서 1위를 차지하고 있다.

우리나라 경기 이남에서 흔히 볼 수 있는 호두나무는 높이 18~20m까지 자라며 꽃은 4~5월에 피고 열매는 9월 말께 익는다. 열매는 식용이나 약용으로 두루 이용되지만 단단한 껍질이나 기름 외에 나무의 껍질도 향유, 화장품, 그림물감용으로 널리 활용된다. 예로부터 음력 정월 대보름날 부럼으로 깨 먹는 호두는 두뇌를 명석하게 해주고 자양 강장에 효험이 뛰어난 건강식품으로 정평이 나 있다. 『동의보감(東醫寶鑑)』에서는 '호두는 살이 찌게 하고 몸을 튼튼하게 한다. 피부를 윤택하게 하고 머리털을 검게 하며 기혈을 보호하여 하초명문(下焦命門)을 보한다.'고 기록하고 있다. 여기서 명문(命門)이란 호두가 고지방 고단백, 마그네슘, 망간, 철, 칼슘, 비타민 등을 함유하여 엄청난 열에너지를 간직하는 생명의 문이라는 의미이다.

호두는 알칼리성 식품으로 100g당 690kcal의 높은 열량을 가지고 있다. 영양분 가운데 지방이 약 60% 정도로 가장 많이 함유되어 있으며 단백질(15~18%), 탄수화물(15%), 수분, 회분, 칼슘, 인, 철 등 무기질이 골고루 들어있다. 체중증가에 필요한 단백 아미노산인 트립토판과 디아미노산이 듬뿍 들어있는데 식물성 식품으로는 보기 드물게 단백질이 육류보다 많은 편이다. 지방도 돼지고기보다 2배가량 많다. 일반적으로 육류 속에 들어있는 지방은 포화지방산이라서 심장병, 고혈압, 동맥경화증, 비만 등을 유발하지만 호두의 지방은 불포화지방산이 대부분인데다가 혈중 콜레스테롤의 양을 감소시키는 필수지방산이 많기 때문에 콜레스테롤의 혈관벽 부착을 억제하여 각종 성인병을 예방해 준다.

특히 호두의 불포화지방산 가운데 리놀산과 리놀레인산은 필수지방산으로서 '비타민 F'로도 불린다. 리놀산은 혈압을 떨어뜨리는 효능이 뛰어나 고혈압 예방에 좋다. 겨울철 동상 예방과 추위를 이겨내는 데 큰 도움이 되며 각종 피부병과 탈모증 치료에도 널리 이용되고 있다. 한편 호두에는 비타민 B1과 칼슘, 인, 철분이 골고루 들어있어 자주 먹으면 피부가 윤기 나고 고와지며 노화 방지와 강장에도 두드러진 효과를 나타낸다. 더욱이 호두는 중년층에게 장수의 비결이 된다. 성인이 매일 호두 3개씩 먹으면 1일 필요한 지방량을 충분히 공급받을 수 있고, 중병을 앓고 난 환자가 계속적으로 호두를 먹으면 기력 회복이 빠르고 불면증이나 신경쇠약이 치료되며 조혈작용이 왕성해질 뿐 아니라 감기나 천식 등으로 오는 기침이 씻은 듯 가라앉기 때문. 이밖에도 호두는 콩팥의 기능을 강화시켜 이뇨 작용이 촉진되고 요통, 관절통, 변비 등의 치료에 두드러진 효과를 보인다. 또한 수험생들에게는 두뇌를 건강하게 하고 정신을 맑게 해주는 등 남녀노소 누구에게나 널리 활용할 수 있다.

임상적으로 밝혀진 호두의 효능을 열거해 보면,

1. 채식 위주 식단의 최고 영양소. 채식 위주로 식사를 하면 자칫 철,

칼슘, 아연 및 리놀레인산 등의 영양소가 부족할 수도 있다. 놀라운 것은 이 모든 영양소가 호두에 들어있다는 사실. 아미노산의 경우 육류 28g에 포함된 양이 45g의 호두에 들어있다. (미 농무성 표준 참고용 영양소 분석 자료 13집 – 1999)

2. **당뇨환자의 혈중 콜레스테롤 수치 개선.** 하루에 호두 한 움큼씩 섭취할 경우 2형(성인형) 당뇨환자의 혈중 콜레스테롤 수치가 개선된다. (미국당뇨협회 정기 간행물, 2004년 12월호)

3. **심장질환 예방.** 미국식품의약품안전청(FDA)에서는 단일식품으로는 처음으로 '콜레스테롤 수치를 낮추는 불포화지방이 함유된 호두를 매일 42.53g 섭취하면 심장질환을 예방하는 데 도움이 된다'는 문구를 호두를 함유하는 제품 겉면에 표기할 수 있도록 허가했다.

4. **다량의 산화방지제 함유.** 미네소타대학과 오슬로대학에서 실시한 연구 결과, 호두가 들장미 열매 다음으로 많은 산화방지제를 함유하고 있는 단일식품임을 밝혀냈다.

5. **건강한 동맥 지킴이.** 건강한 동맥은 고무관처럼 탄력성이 있어 그 안을 통과하는 혈액의 양에 맞춰 원활한 팽창/수축 활동을 한다. 하지만 혈중 콜레스테롤이 높거나 나쁜 콜레스테롤 수치가 높을 경우 팽창 활동을 원활하게 수행하지 못한다. 호두에는 동맥의 탄력성을 개선하는 성분이 함유되어 있다. (스페인 바르셀로나병원 에밀리오 로스 박사)

6. **심장 발작과 뇌졸중,** 돌연사, 협심증 예방 및 개선. 오메가–3 지방산(DHA/EPA)은 심장 보호물질로 전환되는 과정에서 부정맥을 예방하고 혈소판의 응집을 줄여 동맥경화증에 걸리는 것을 지연시킨다. 호두에 특히 많은 알파–리놀레인산은 DHA와 EPA 생성에 결정적인 도움을 주어 심장 발작과 뇌졸중, 돌연사, 협심증, 심혈관질환의 예방 및 개선에 도움을 준다. (펜실베이니아주립대 데니 크리

스 에서턴 박사)

7. **암 발생 억제.** 오메가-3 지방산, 항산화 성분, 피토스테롤 (phytosterols) 등을 함유한 호두는 암이 자라는 것을 지연시키는 효과가 있다. (미국 마샬대학 연구팀)

8. **파킨슨병과 알츠하이머 예방.** 호두의 멜라토닌은 유해 활성산소를 없애는 항산화물질로 작용하며 파킨슨병과 알츠하이머를 예방하는 데 큰 효능이 있다. (텍사스대학 건강과학센터 러셀 J. 라이터 박사)

9. **대표적인 브레인 푸드.** 뇌와 비슷하게 생긴 호두에 함유되어 있는 식물성 오메가-3 성분은 두뇌에 영양분을 공급해주어 기억력과 집중력 강화에 도움을 준다. 호두에 포함된 불포화지방산에는 혈액을 깨끗이 하고 피부를 맑게 하는 효능까지 있다.

질 좋은 호두는 껍질이 연한 황색이며 깨물어 보면 속이 꽉 차 있고 껍질이 얇은 것이다. 표면에 울룩불룩한 곳이 많은 것일수록 대개 맛이 좋다. 껍질이 있는 채로 냉장고에 넣어두면 2~3개월 장기 보관할 수 있으나 껍질을 벗긴 것은 지방 성분이 변질되기 쉬우므로 껍질은 깐 호두는 단시간에 먹어 치우는 것이 좋다. 호두는 열량과 지방이 강한 성질을 지니고 있으므로 몸에 열이 많은 사람이나 설사, 대변이 묽은 사람에겐 권하지 않도록 유의한다.

5

수산물

가리맛조개

....

제25호 지리적표시 수산물 – 순천만 가리맛조개

<u>뻘이 참 조응게</u>
<u>우리 마을 맛이 제일 좋은 맛이여!</u>

전남 순천만 거차 해역에서 가리맛조개를 채취하는 한 어민의 말이다.
이곳 사람들은 앞뒤 말이 헷갈리게 가리맛을 그냥 '맛'이라 부른다. 뻘배
를 타고 나가 갯벌 속으로 일일이 손을 집어넣어 캐내는 작업은 무척 힘
든 일이지만 수북이 쌓이는 맛을 쳐다보면 고단함이 싹 가신다고 한다.
이곳에서 생산되는 가리맛조개는 알이 굵고 육질이 쫄깃하며 단백질이
풍부해 특유의 감칠맛이 뛰어나다. 순천만 청정갯벌에서 〈순천만연합
어촌계영어조합법인〉이 생산하는 '순천만 가리맛조개'가 2018년 1월 지
리적표시 수산물 제25호로 이름을 올렸다. 알다시피 순천만은 2006년
람사르협약에 등록된 연안 습지로서 청정갯벌과 갈대숲으로 유명한 곳

이다. 이러한 지리적 특성과 특유의 풍미로 품질의 우수성을 인정받아 연간 150여 톤 생산량 중 80%가 일본으로 수출되고 있다.

영어로 Razor clam, 일본어로 아가마키(あがまき), 중국어로는 청쯔(蟶子)라 불리는 가리맛조개의 학명은 Sinnovacula constricta(Lamarck)이고 생물학적 분류는 연체동물문 이매패강 작두콩가리맛조개과에 속하며 우리나라 남·서해 연안과 중국, 일본이 서식지이다. 외형은 대나무를 쪼개놓은 것처럼 길쭉한 막대 모양에 가깝고 큰 것은 길이 10cm, 높이 3cm, 나비 2.3cm에 이른다. 조개류 패각 상부의 볼록한 부위를 이르는 각정(殼頂)은 앞쪽에 치우쳐 있고 비교적 얇은 패각(貝殼)의 외부는 지저분한 황갈색의 외피로 덮여 있으며 내부는 순백색을 띠고 있다. 고운 모래가 다소 섞인 서해와 남해안의 진흙 갯벌 조간대의 표층으로부터 깊이 30~60cm까지 수직 구멍을 만들어 사는 부유물 여과 섭식성 중형 조개류로서 비교적 강한 밀집분포 현상을 보인다. 흙 표면을 보면 이매패류들이 등 쪽으로 물을 내뿜는 출수관(出水管)이 입수관(入水管)과 연결되어있는 두 구멍이 보인다.

흔히 '맛조개'로 불리는 막대 모양의 조개로는 가리맛조개과(Novaculinidae)의 가리맛조개 외에 죽합과(Solenidae)에 속하는 비단가리맛, 붉은맛, 대맛조개, 맛조개 등이 있으며, 이 중 우리나라 남·서해에서는 가리맛조개가 가장 흔하다. 그래서 그런지 지역에 따라 불리는 이름도 참맛, 맛, 맛살조개, 토화(土花), 가리치 등 다양하다. 모든 종류의 맛조개는 예로부터 맛이 좋아 "쇠고기하고도 안 바꿔 먹는다"고 할 정도인데, 짭조름한 조개 향이 풍부하고 씹히는 맛이 인상적이라 식도락가의 사랑을 듬뿍 받고 있다. 산란기가 되기 전인 4월에서 8월 말까지가 조갯살이 통통하게 올라 가장 맛있다. 따라서 순천만 가리맛조개는 그사이에 채취하고 크기도 7cm 이상의 우량 가리맛조개만 선별한다.

　잡는 방법으로는 1. 맛써개 혹은 맛새라고 부르는 철사꼬챙이를 구멍에 넣어 놀란 맛조개가 끝을 꽉 물 때 끌어올리거나 2. 구멍에 소금을 집어넣으면 밀물이 들어온 것으로 착각하여 위로 올라오는데 이때 잡거나 3. 호미나 삽으로 구멍을 잽싸게 파헤치거나 4. 물 빠진 갯벌에서 미처 숨지 못한 맛조개를 줍는 방법 등이 있다. 맛조개를 잡다 보면 앞부분의 촉수가 잘라지는 경우가 있다. 이는 도마뱀이 꼬리를 자르고 도망가듯이 위협이 느껴지면 촉수를 자르고 도망을 가기 때문이다. 이렇게 잘 떨어지는 촉수를 가짜 촉수라고 하는데, 진짜 촉수는 층층이 있는 촉수가 끝나는, 두 갈래의 촉수가 합쳐지는 곳에 있다.

　가리맛조개의 어원은 길쭉한 생김새를 보아 갈빗대를 일컫는 '가리'에다 맛있는 조개를 축약한 '맛조개'를 합성한 이름이라는 설이 있고, 고구마에 설탕물을 바른 것을 맛탕이라 부르듯이 길쭉한 고구마 모양새와도 닮았다 해서 '가리'에 고구마를 뜻하는 '맛'자를 붙여 지은 이름이라는 설도 있고, 맛소금을 써서 잡기 때문에 '맛'자를 붙였다는 설도 있다. 어느 쪽이 옳건 그르건 다양한 영양분이 함유되어 있어서 아무 양념을 넣지 않아도 간간하며 깊고 진한 맛을 낸다. 가리맛조개는 칼슘, 아연, 철분 등 미네랄이 풍부하고, 혈중 콜레스테롤 수치를 억제하고 간의 해독 기능도 탁월하다. 또 타우린과 아미노산이 풍부해 피로회복과 고혈압 개선에 효과가 있는 것으로 알려져 있다.

　맛조개의 연체는 흔히 '맛'이라 하는데 지역에 따라 긴맛, 개맛, 참맛, 끼맛, 개솟맛 등으로 다양하게 불린다. 식감이 좋아 다양한 요리로 조리할 수 있다. 생선 매운탕이나 된장찌개, 샤브샤브, 칼국수 등 국물 요리에 넣어 먹거나, 껍질을 까서 생 회로 초장에 찍어 먹거나, 끓는 물에 살짝 데쳐 먹거나, 말리거나 소금에 절여 먹기도 한다. 생회로 먹을 때는 알이 실리지 않은 봄철에 먹는 게 제일 좋다. 『동의보감』, 『자산어보』 등 우리 문헌에도 많이 등장하는데, 세종 15년(1433년)에 간행된 『향약집성방(鄕藥集成方)』에는 정(蟶) 항목에 속명을 '마치(麻致; 맛)'라고 적고 '맛이 달고 성질은 온(溫)하고 독이 없으며, 몸이 허약함을 보(補)하고, 냉리(冷痢; 장이 허해 생기는 이질), 부인의 산후 허약, 가슴속 사열(邪熱), 번민의 기(氣)를 다스리고 갈증을 멈추게 한다. 바다 진흙 속에 살며 길이가 2,3치(=약6~9cm)이고 크기가 손가락만 하고 양 머리가 열려 있다'고 기술하고 있다. 1850년경에 이규경에 의해 집필된 『오주연문장전산고(五洲衍文長箋散稿)』의 '자해파리변증설(鮓海玻璃辨證設)' 편에 정자(蟶鮓; 가리맛조개젓)에 대한 기록도 전해온다.

음식은 입으로 먹지만 느끼기는 눈과 마음으로 느끼는 법이다. 순천 낙안읍성 한 식당의 주인아주머니는 조개 중에 가장 맛있는 건 맛조개라고 말한다. 맛깔난 맛조개 요리를 한 상 그득 내놓으며 이렇게 설명한다. "맛조개 회무침은 초장이 좌우해서 홍매실 원액을 잔뜩 넣어요. 애호박과 양배추 양파 부추 깻잎에 삶은 맛조개를 넣어 무치면 맛이 환상이죠. 맛조개 된장찌개는 무 대파 파뿌리 멸치 다시다로 육수를 내고 표고버섯 가루도 넣은 다음 꽃게와 참맛에 된장 풀어 정성으로 끓여내지요. 감칠맛의 맛조개구이도 워낙 좋은께, 술 한 잔 하세요." 성화에 못 이겨 소주 한잔 들이키면 용왕이 따로 없다.

일본 수출로만 약 15억 원의 수출고를 올리고 있는 순천만 가리맛조개의 물량 확대를 위해 순천시와 전라남도는 중간 육성장과 저온저장고 시설을 지속적으로 확충하고 품질관리를 통해 신선하고 질 좋은 맛조개를 공급할 수 있도록 다양한 노력을 기울이고 있다. 전남 해양수산 과학원도 순천만 일원에 가리맛조개 양식장 적지를 확보하고 인공 종 묘 대량생산 기술을 개발해 2017년 10월에 100만 마리의 종묘를 살포 한 바 있다. 가리맛에 이처럼 심혈을 기울이는 이유는, 성패(成貝)가 되 는 데 4~5년이 걸리는 꼬막과 견주어 가리맛은 2~3년 만에 성패가 되 고, 산지 가격도 성패 1마리당 꼬막이 150~180원인 데 반해 가리맛은 200~250원으로 호가 되기 때문이다.

이에 발맞추어 순천시는 시 산하에 음식관광팀을 꾸려 권역별 음식특 화거리 조성, 순천맛집 요리대첩, 대표음식 브랜드화에 총력을 기울이 고 있다. 앞으로 순천만 가리맛조개가 지역특화품목으로 자리매김하게 되면 순천만 습지와 정원박람회와 연계되는 생태체험 관광 사업도 추진 할 계획이라고 한다. 갈대밭, S자 물길 등 숨 막히는 풍경을 선사하는 순천만과 천연의 건강한 맛을 지닌 에코푸드(Eco-food)를 함께 즐기고 맛볼 순천 맛 기행을 제안한다. 특별히 가리맛이 제철인 7월 초~8월 말 사이를 놓치지 마시라.

가리비

....

신청 준비 지리적표시 수산물 – 고성 자란만 가리비

　위 그림은 초기 르네상스 시대의 대표작이랄 수 있는 보티첼리의 〈비너스의 탄생〉으로서 미의 여신 비너스가 가리비를 타고 육지에 도착하는 장면을 묘사하고 있다. 우리나라에서도 딸을 시집보낼 때 새 생명의 탄생을 기원하는 뜻에서 가리비 껍데기를 싸 보내는 풍습이 있었다. 가리비는 한 번에 1억 개가 넘는 알을 낳아 조개류 중 최고다. 그래서인지 동서양을 막론하고 탄생의 상징적인 의미를 지니고 있다.

　중국에서는 가리비를 두고 중국 월나라 미인 '서시의 혀'에 비유하여 '서시설(西施舌)'이라고 불렀다. 중국인들은 서시를 포함하여 양귀비, 초선, 소군을 역사상 4대 미인이라 칭송하고 별미 요리에 이들의 이름을 붙이곤 했다. 가리비가 서시의 혓바닥이라고 불리게 된 이유는 다음과 같다. 중국 춘추전국시대 오왕 부차와 패권을 다투던 월왕 구천은 오와의 싸움에서 대패하자 미인계를 써서 서시를 부차에게 보낸다. 이후 부차는 서시의 미모에 빠져 국정을 소홀히 하게 되고 결국 월에게 멸망 당하고 만다. 서시는 오를 멸망시킨 1등 공신이었지만 막상 부차가 죽고 나자 난처한 운명에 빠진다. 그녀의 미모 때문에 구천 역시 나라를 망칠까 구설에 올랐기 때문이다. 결국 월 왕후의 명에 의해 서시는 몸에 돌이 매달린 채 바닷속으로 던져져 비참한 최후를 맞았다. 이후 바다에서 속살이 사람 혀 모양을 닮은 조개가 잡히기 시작했는데 맛도 유달리 부드럽고 좋아서 이 조개에 안타깝게 죽은 그녀의 이름을 붙였던 것이다. 또 다른 진미로 '서시유(西施乳)'도 있다. 복어 껍질과 점막 사이의 살 부분을 일컫는데, 이 부분이 서시의 젖가슴처럼 뽀얗고 부드럽다 해서 붙여진 이름이다.

　연체동물 이매패(부족류)에 속하는 가리비는 '헤엄치는 조개'로 유명하다. 조개가 헤엄친다면 의아해하겠지만, 위협을 받아 빠르게 이동해야 할 때는 두 개의 패각(貝殼)을 강하게 여닫으면서 분출되는 물의 반작용을 이용해 수중으로 몸을 띄워 움직인다. 이때 조가비를 여닫는 동작을 빠르게 되풀이하므로 마치 토끼가 깡충깡충 뛰어가는 모양새를 보인다. 패각을 여닫는 기능을 하는 근육을 패주(貝柱, 조개관자)라고 하는데, 가리비의 패주는 다른 이매패류에 비해 크고 근육이 발달되어 있다.
　가리비는 가리비과에 속하는 조개류로 전 세계적으로는 약 50속, 400종 이상이 있다. 이들은 연안의 얕은 수심에서부터 매우 깊은 수심에 이

르기까지 넓게 분포한다. 우리나라에서는 전 연안에 걸쳐 살아가는 비
단가리비(홍가리비), 동해안이 주 무대인 큰가리비(참가리비)와 주문진
가리비, 제주도 연안에서 주로 발견되는 해가리비, 동해안과 경남 연안
에 걸쳐 서식하는 국자가리비 등 12종이 발견되고 있다. 최근 들어서는
미국에서 중국을 거쳐 이식된 해만가리비의 양식이 성행하고 있다. 이
들의 구별은 패각의 크기와 생김새, 패각에 있는 방사선 모양의 무늬 또
는 돌기(방사륵)의 줄 수 등에 따른다.

　큰가리비는 형태가 원형에 가까운 부채꼴로, 각장(殼長) 200㎜, 각고
(殼高) 195㎜, 각폭(殼幅) 50㎜의 대형조개이다. 한류계 종으로서 우리
나라에서는 동해안에서만 나고, 밑바닥의 지질이 사력질(砂礫質, 모래
와 자갈)이고 수심은 10~70m 되는 곳에 산다. 큰가리비는 산란기인
이른 봄에 산란한 알은 해수 중에서 수정 후 2,3주간 부유하다가 곧 족
사(足絲, 실 모양의 부착물)로써 2개월가량의 부착생활로 들어간다. 이
기간이 지나면 밑바닥에서 생활하나 이동이 심하다.

　비단가리비는 형태가 부채꼴로 크기는 각장 75㎜, 각고 85㎜, 각폭
25㎜이다. 난류계 종으로서 우리나라에서는 주로 남해안에 분포한다.
서식장은 조간대(潮間帶)의 저조선(低潮線, 썰물 때의 바다와 육지의 경
계선) 부근에서부터 수심이 10여 미터 되는 데까지이고 밑바닥 지질은
암초 지대이다. 산란기는 늦은 봄이며 생활사는 큰가리비와 거의 같다.

　국자가리비는 형태가 부채꼴로서 왼쪽 조가비보다는 오른쪽 조가비가
크게 튀어나온 편이다. 크기는 각장 120㎜, 각고 105㎜, 각폭 35㎜이
다. 난류계 종으로서 우리나라의 남해안에 분포한다. 서식장은 밑바닥
지질이 사력질인 수심 10~30m 되는 곳이다. 산란기는 늦겨울이며 생
활사나 습성은 큰가리비와 거의 같다.

　흥미로운 것은 같은 가리비과에 속해도 종에 따라 생식 방법이 다르다

는 점이다. 참가리비, 고랑가리비, 비단가리비가 암컷 수컷이 따로 있는 자웅이체라면, 해만가리비는 암 · 수의 생식소가 같이 있는 자웅동체다. 가리비는 패각이 원형에 가까운 부채모양이라서 한자로는 海扇(해선) 또는 扇貝(선패)라 쓴다. 우리나라 방언으로도 부채를 닮았다 해서 부채 조개, 밥주걱을 닮았다 해서 주걱조개 또는 밥조개라 불린다. 패각의 색 깔은 붉은색, 자색, 오렌지색, 노란색, 흰색 등으로 다양하다. 대개 아래쪽 패각이 상판보다 밝은색이며 무늬가 더 적다. 패각은 주로 굴 양식 장에서 굴의 종묘를 붙이기 위해 재활용되며 공예품 재료 또는 장신구로 사용되기도 한다. 가리비란 이름의 유래에 관해 일설에는 조개를 뜻하는 일본어 가이(ガイ)에 '헤엄치는 조개'라는 뜻으로 날 비(飛) 자를 붙여 가이비〉가리비가 된 것이라 설명하기도 한다.

시장에 유통되는 가리비는 대부분이 양식이라 보면 된다. 해산물에 대해 자연산을 고집하는 사람도 있으나 양식 가리비라 해도 자연산과 매한가지로 플랑크톤만 먹고 자라기에 맛에서는 별 차이가 없다. 양식 방법은 어린 가리비를 바구니에 넣어 바다에 매달아 두는데 4~5개월 정도 된 것이 가장 맛이 좋다. 가리비는 구이, 찜, 탕, 죽, 국물 요리, 젓갈 등의 식재료로 애용되며 신선한 가리비는 회로도 먹을 수 있다. 특히 큰가리비의 패주 부분은 예로부터 고급 식재료로 이용되고 있으며 최근에는 통조림, 냉동품, 훈제품 등으로도 유통되고 있다. 살아있는 패주는 100g당 총열량이 100kcal이고, 조성은 수분이 74.2g, 단백질이 20.8g, 지방이 0.8g, 탄수화물이 2.4g 및 회분이 1.8g이며, 비타민 B1 · B2 · C 및 니코틴산 등을 함유하고 있다. 가리비에는 리신, 로이신, 메치오닌, 알기닌, 글리신 등의 필수아미노산이 풍부해서 성장기 어린이에게 좋다고 알려져 있다. 또한 칼로리와 콜레스테롤이 낮고 단백질과 미네랄이 풍부해 웰빙 식품으로도 각광받고 있다.

구입 요령을 살펴보면 조개껍질에 광택이 있어야 하고 파르스름한 빛을 내는 것이 좋다. 껍질을 닫지 않고 열려 있는 것은 죽어서 상한 것이므로 껍질을 칼등으로 두들겨서 속살이 움츠러들어야 하고, 끓일 때 그대로 껍질을 꼭 닫고 있는 것은 상했거나 처음부터 죽어 있는 것이므로 쓰지 않는 것이 좋다. 신선도를 유지하는 것이 가장 중요하므로 보관일은 하루를 넘기지 말아야 하며 냉장 보관(1~5℃)하였다가 되도록이면 빨리 먹도록 한다. 먹기 전 가리비는 소금물에 1시간 이상 담가서 해감한 뒤 깨끗이 씻어서 끓는 물에 살짝 데친다. 가리비가 입을 벌리면 건져서 살만 발라내어 잘게 썰고, 그릇으로 쓸 가리비껍질은 깨끗이 씻어 놓는다.

가리비는 회로 먹어도 부담 없이 맛있게 먹을 수 있지만 국물 요리에서 더욱 진가를 발휘한다. 담백하고 시원한 국물이 자칫 과식으로 부담스러울 수 있는 위장을 달래 주기 때문이다. 궁합 음식은 채소류인데, 단백질이 풍부한 가리비를 여러 가지 채소와 같이 먹으면 서로 부족한 영양을 채워줄 수 있어서다. 가리비는 칼로리와 콜레스테롤이 낮고 단백질과 미네랄이 풍부한 식품이며 저지방, 저칼로리 음식이므로 칼로리를 조절해야 하는 식단에도 안성맞춤이다.

경남 고성군이 2022년 7월 지역 명산물인 '자란만 가리비'를 지리적표시 수산물로 등록 신청했다. 경상남도는 전국 가리비의 95%를 생산하고 있으며 그중에서도 고성군은 경남 가라비의 70%를 생산하고 있다. 이곳 가리비는 2000년 초반부터 자란만을 중심으로 양식되기 시작했다. 고성 자란만은 미국 FDA가 인정한 청정해역으로 조류가 빠르지 않고 가리비 생육에 적합한 수온과 영양분이 풍부해 가리비 성장에 최적의 조건을 갖췄다. 이런 이유로 짧은 시기에 상품 가치가 높은 가리비를 생산할 수 있는 장점이 있다. 이곳의 양식 가리비는 해만가리비와 홍가리비 두 종류다. 최근에는 홍가리비보다 크고 높은 수온에도 잘 버티는 해만가리비 양식이 많이 늘었다. 고성군은 자란만 가리비의 지리적표시 등록을 통해 지식재산권을 보호받고 상표를 통한 고성 자란만 가리비의 차별화, 인지도 및 홍보 효과 상승으로 지역 수산물의 부가가치 향상과 판매 촉진을 크게 기대하고 있다. 고성군은 가리비 출하기에 맞춰 '고성 가리비 수산물축제'를 연다. 지난 2년간 코로나로 인해 취소되었던 축제가 올해에는 꼭 열려 고성 가리비의 진가가 널리 알려지기를 기원한다.

굴

제12호 지리적표시 수산물 – 여수 굴
제22호 지리적표시 수산물 – 고흥 굴

빚쟁이로 전락했다 다시 일어나
70개가 넘는 프랜차이즈 본사를 운영하게 된 건
순전히 굴 덕분이었죠.

　굴국밥 전문점 〈굴마을낙지촌〉 장기조 회장의 말이다. 거듭된 식당사
업 실패로 거액의 빚을 진 그에게 굴은 생명의 은인이다. 보글보글 끓인
시원한 국물 맛의 굴국밥 한 그릇은 당시 막막했던 그에게 재기의 돌파
구를 마련해 주었고, 이를 찾는 손님들에게는 따뜻한 온기를 불어넣어
주었기 때문이다.

　굴은 겨울이 제철이다. 12월과 2월 사이 지질이나 글리코겐 함량이 증
가할 때 채취한 것이 가장 맛있고 영양도 뛰어나다. 반면에 산란기인 5

월과 8월 사이에는 아린 맛이 나고 영양 상태도 떨어지며 쉽게 상해 배탈이 날 수 있으므로 먹지 않는 것이 좋다. 벚꽃이 피기 시작하면 굴을 삼가라는 일본 속담이 있고, R자가 들어가지 않는 달(5~8월)에는 굴을 먹지 말라는 서양 속담도 있다. 1599년 W. Butler가 펴낸 〈Diet's Dry Dinner〉의 'It's unreasonable and unwholesome in all the months that don't have a R in their name to eat oysters(이름에 R자가 들어있지 않은 달에 굴을 먹는 건 어긋나고 유해하다)'는 대목에서 유래했다는데 애석하게도 그 이유는 명확히 밝혀져 있지 않다고 한다.

성숙한 굴은 내만의 수온이 2~5도가 되는 5~8월이 산란기이다. 바닷속을 부유하는 유생이 0.4mm 정도 자라면 바위에 부착하기 시작하는데 이 시기에 굴 껍데기나 큰가리비의 조가비를 연결한 부착기를 바닷속에 넣어 치패(稚貝)를 부착시켜 채묘(採苗)한다. 부착된 치패는 4, 5일 정도 지나면 깨알 정도로 커지는데 이것을 종(種)굴이라고 한다. 수하식 양식은 종굴이 언제나 바닷속에 잠겨 있으므로 간조에 노출되는 바위굴보다 성장이 빠르다.

국립수산과학원에 따르면 자연산과 양식산 간에 영양학적인 차이는 별로 없다 한다. 자라는 환경에 따라 밀물과 썰물에 적응하다 보니 자연산은 껍데기가 길쭉하고 물결무늬가 있는 반면 양식산은 동그랗고 물결무늬가 없다. 크기 면에서는 1년에 5cm쯤 자랄까말까 하는 자연산에 비해 양식산은 10cm 이상 자라고, 속을 까 보면 자연산은 테두리가 누르스름한 옅은 색을 띠는 데 반해 양식산은 거무스름한 짙은 색을 띤다.

굴은 서양인들이 거의 유일하게 생식하는 식품일 정도로 그 역사도 오래되었다. 기원전 1세기경 이탈리아 나폴리에서 양식한 기록이 남아있으며, 고대 중국에서도 굴 양식이 이루어졌으며 한국에서는 선사시대 패총에서 가장 많이 출토되는 조개가 굴이고 『동국여지승람(東國輿地勝覽)』에는 굴이 강원도를 제외한 전국 70 고을의 토산품이었다고 기록하고 있는 점을 보아 동서고금을 막론한 인기 식품이었음을 알 수 있다. 그리스 · 로마 신화에서 아프로디테(비너스)가 굴 껍질에서 탄생하였다는 점을 들어 스태미너식으로 알려지게 되었는데 실제 이탈리아의 바람둥이 카사노바는 매일 한 번에 12개씩 하루 4번 50여 개의 굴을 먹어치웠고 스페인의 돈 주앙도 굴을 즐겼다고 한다. 이외에도 나폴레옹 황제, 철혈재상 비스마르크, 대문호 발자크도 굴의 광팬이었다.

 굴의 한약명은 모려육(牡蠣肉)으로 판새목 굴과에 속하는 이매패(二枚貝)의 총칭이다. 세계적으로 30여 종이 있는데 우리나라에는 참굴, 바위굴, 벗굴이 서식한다. 이 중 양식한 참굴을 흔히 먹는다. 구한말부터 시작해 지금은 한산도를 중심으로 통영과 거제, 여수 등 남해에서 양식이 성행하고 있다. 자연산 굴은 서해에서 주로 나오는데 충남 보령 천북굴이 유명하다. 여수시 가막만 7군데 굴양식조합이 전국 최초로 친환경 품질인증을 획득하며 지리적표시 수산물로 등록하였다. 용존산소, 대장균, 중금속, 유해물질 등 미국 식품의약품안전청(FDA)의 까다로운 패류 양식장 수질검사 기준을 통과하여 해외 수출 전망을 밝게 하고 있다.

 굴의 100g당 열량은 85kcal, 수분 81.56%, 단백질 11.6%, 지질 3.2g, 당질 1.5g, 회분 2.2g, 칼슘 109mg, 인 204mg, 철분 3.7mg, 비타민A 27R.E, 레티놀 11ug, 베타카로틴 11ug, 비타민B1 0.22mg, 비타민B2 0.03mg, 니아신 4.2mg, 비타민C 4mg 등이다. 단백질은 히스티딘, 라이신, 글리신, 글루탐산 같은 아미노산이 풍부하고 살이 부드러워 소화되기 쉽다. 아미노산은 우리 혀가 느끼는 감칠맛 성분이다. 영양도 탁월하지만 워낙 맛이 좋아 굴을 즐겨 찾는 이유가 여기에 있다. 굴의 아미노산은 날씨가 추워지면서 함량이 크게 늘어난다. 맛을 더하는 글리코겐 역시 겨울에는 4~6%까지 상승하지만 산란기인 5월에는 1% 이하로 떨어진다. 겨울이 제철인 건 그런 까닭이다.

굴은 완전식품으로 바다에서 나는 우유로 불린다. 3대 영양소 외에도 비타민과 무기질의 보고라 할 정도로 철분, 아연, 인, 칼슘 등이 고루 들어있다. 빈혈 치료에는 철분과 촉매 역할을 하는 구리가 필요한데 굴에는 흡수가 잘되는 유기동이 들어있어 빈혈 치료에 도움을 준다. 굴은 자연에서 아연을 가장 많이 함유한 식품으로 유명하다. 굴 하나에는 아연의 1일 권장섭취량에 버금가는 양이 우유의 200배 이상 들어있어 남성 호르몬인 테스토스테론 분비를 촉진, 성 기능 개선에 큰 도움을 준다. 천하의 바람둥이들이 굴을 즐긴 이유와 무관치 않다. 굴은 땀을 많이 흘리거나 두통, 불면증에 효과가 있을 뿐만 아니라 가슴이 답답하고 마음의 안정을 찾지 못하는 경우에도 좋다. 술 마신 뒤 갈증이 날 때 굴을 먹으면 증상이 완화되고 피부색도 고와진다.

반면 굴에는 콜레스테롤 함량이 100g당 50~100mg 정도로 꽤 높은 편이다. 하지만 식품이 혈중 콜레스테롤에 영향을 주는 정도를 나타내는 지표인 CSI(Cholesterol Saturated fat Index)가 굴은 3인 반면 콜레스테롤이 거의 없는 아이스크림은 19나 된다. 혈중 콜레스테롤은 섭취하는 포화지방산의 함량에 영향을 많이 받는다는 뜻이다. 따라서 굴을 매일 주식처럼 먹지 않는 한 염려할 필요가 없다.

최근 미국 공익과학센터(CSPI)는 질병을 야기하는 위험한 음식 10가지 중에 4위로 굴을 선정한 바 있다. 이는 변패 되어 노로바이러스나 비브리오에 쉽게 감염되기 때문이다. 굴은 죽으면 자기소화가 일어나 단시간 내에 맛, 냄새, 조직감 등에 변화가 생기므로 가급적 싱싱한 굴을 골라 빨리 먹도록 해야 한다. 부득불 굴을 저장해야 할 경우, 냉장고보다는 냉동고에 얼렸다가 소금물에 담가 해동해야 삼투압에 의한 터짐을 방지하고 향미 성분을 보존할 수 있다.

한편 굴과 함께 먹을 때 피해야 하는 음식으로 감을 꼽을 수 있다. 감의 탄닌 성분은 철과 반응하여 탄닌산철이라는 물질로 결합되어 철분의 흡수를 방해하기 때문이다. 반면에 굴에는 섬유소가 없으므로 채소와 함께 먹는 게 좋다. 김장을 담을 때 굴이 들어간 김치속은 그래서 찰떡궁합이다. 또 레몬이나 식초와 같은 산성 성분(구연산)은 철분 흡수를 촉진하므로 생굴은 초장에 찍어 먹는 것이 좋다. 추워지는 날씨에 개운하게 입맛을 돋울 수 있는 초간편 굴국밥 만드는 법을 소개한다.

< 굴국밥 만드는 법 >

1. 굴을 소금물에 씻는다. (껍질을 잘 걸러내고 맹물에 씻지 말 것)
2. 미역은 물에 10~30분 정도 불린 후 아주 잘게 썬다.
3. 달군 냄비에 참기름을 두르고 미역을 볶는다.
4. ③에 물을 넣고 10분 정도 끓인 후 국물이 허여멀겋게 나오면 국간장으로 간을 맞추고 굴을 넣는다.
5. 국밥 그릇에 밥을 한 공기 떠 넣고 국을 부어 담은 후 부추 송송 썬 것을 뿌리면 끝.

굴비

신청 준비 지리적표시 수산물 – 영광 굴비

누가 굴비를 낚겠는가.
생선이면서 생선도 아닌 것을 어디 가서 낚겠는가.
그저 낚싯대 하나 드리우고 낚이지도 않을 굴비를 상상하며
나름의 생각에 빠져 허우적대는 것,
그게 내가 상정한 내 글쓰기의 모습이다.

　영화 이야기를 담은 수필집 〈굴비낚시(2000년 출간)〉에서 작가 김영
하가 밝힌 소감이다. 조기에서 둔갑한 굴비는 생선이면서 생선이 아닌
것이라서 낚시는 하나의 구실에 불과하다. 단지 손질하고 말리는 가공
방식에 따라 값이 천차만별로 달라지는 굴비처럼 본질적 핵심에 집착할
따름이다.

굴비는 조기를 소금에 절여 말린 것이다. 전 세계에 130여 종이 있고 우리나라 연해에는 13종이 있다. 농어목 민어과에 속하는 바닷물고기의 총칭으로 참조기 · 보구치 · 수조기 · 부세 · 흑조기 등이 이에 속하며 머리가 단단해 석수어(石首魚)로도 불린다. 이 중 굴비는 대개 참조기로 만들어지는데 몸이 길고 옆으로 납작하며 꼬리자루가 가늘고 길다. 몸빛은 회색을 띤 황금색이며 몸길이는 30㎝ 내외이다. 겨울에 제주도 서남방, 상해 동쪽의 난해(暖海)에서 월동한 뒤 북상하여 3월 하순에서 4월 중순경에 위도 칠산탄 부근에 이르고 4월 하순부터 5월 중순 사이에는 연평도 근해에 이른다. 6월 상순경에는 압록강 대화도 부근에 이르고 하순에는 발해만에 도달하여 천해 간석지에서 산란하는 것으로 추정하고 있다. 회유할 때 개구리가 떼를 지어 우는 것 같은 소리를 내면서 물 위로 튀어 오르는 습성을 지니고 있다.

조기라는 이름에 대하여 『화음방언자의해(華音方言字義解)』에서는 우리말 석수어는 곧 중국어의 종어인데, 종어라는 음이 급하게 발음되어 '조기'로 변하였다고 하고, 『고금석림(古今釋林)』에는 석수어의 속명이 '조기(助氣)'인데 이는 사람의 기(氣)를 돋우는 것이라고 하였다. 『자산어보(玆山魚譜)』에는 석수어에 속하는 어류로서 대면(속명 애우질;艾羽叱), 면어(속명 민어;民魚), 추수어(속명 조기;曹機)를 들고 추수어 중 조금 큰 것을 보구치(甫九峙), 조금 작은 것을 반애(盤厓), 가장 작은 것을 황석어(黃石魚)라고 하였다.

우리나라 조기 어업의 역사는 매우 깊어 〈세종실록지리지(世宗實錄地理志)』에 의하면 '석수어는 영광군 서쪽의 파시평에서 난다. 봄과 여름이 교차하는 때에 여러 곳의 어선이 모두 여기에 모여 그물로 잡는다. 관에서는 세금을 거두어 국용(國用)에 쓴다.'고 하였다. 조기 어업은 조선 시대 전반을 통하여 성하였으며 전라도 지방에서는 함경도의 명태처럼 많이 잡힌다고 하여 '전라도 명태'라는 별명을 얻기도 하였다.

조기는 여러 가지로 가공되어 소비되었지만, 그중에서도 말린 조기, 곧 굴비가 가장 유명하였다. 『증보산림경제(增補山林經濟)』에 의하면 소금에 절여 통째로 말린 것이 배를 갈라 말린 것보다 맛이 낫다고 하였는데 그것이 바로 굴비이다. 굴비(屈非)라는 이름에 얽힌 재미난 일화를 소개하면, 고려 시대의 척신 이자겸이 왕을 모해 하려다가 탄로 나 1126년(인종 4년) 전라도 정주(靜州 : 지금의 영광)로 유배되었는데 그곳에서 말린 조기를 먹어 보고는 탄복하여 임금에게 진상하게 된다. 그는 말린 조기를 보내며 자신의 뜻을 '굽히지(屈) 않겠다(非)'는 의미의 '굴비'라는 이름을 붙였다. 이때부터 말린 조기는 굴비가 되었고 영광굴비는 수라상에 올라가기 시작했다는 것이다.

곡우 때 잡힌 산란 직전의 조기는 '곡우살 조기' 또는 '오사리 조기'라 하여 일품(逸品)으로 치고 있으며 이것으로 만든 굴비는 '곡우살 굴비' 또는 '오가재비 굴비'라 하여 특품으로 취급된다. 조선시대 문헌에 굴비 · 구비석수어(仇非石首魚) · 구을비석수(仇乙非石首) 등으로 기재되어 있는 것이 모두 굴비이다. 이는 공상품(供上品)의 하나이기도 하였다.

조기를 소금에 절여 말린 굴비는 전남 영광굴비가 가장 좋은 것으로 알려져 있다. 영광굴비는 위도 칠산 앞바다에서 잡히는 특대형의 조기로 만드는데 알이 찬 기름진 조기를 잡아 3월경 굴비건조에 적합한 시기에 독특한 건조법으로 제조하기 때문이다. 조기의 아가미를 헤치고 조름을 떼어낸 후 깨끗이 씻어 물기를 뺀 다음 아가미 속에 가득히 소금을 넣고 생선 몸 전체에 소금을 뿌려 항아리에 담아 이틀쯤 절인다. 절인 조기를 꺼내어 보에 싸서 하루쯤 눌러 놓았다가 채반에 널어 **빳빳해질 때**까지 말린다. 타 지역에서 소금물에 조기를 담갔다 말리는 방법을 사용하는 것에 비해 영광굴비는 섶간이라 하여 1년 넘게 보관해서 간수가 완전히 빠진 천일염으로 조기를 켜켜이 재는 것이 특징이다.

예전에는 "돈 실로 가세. 돈 실로 가세. 영광 법성으로 돈 실로 가세." 라는 뱃노래가 있을 만큼 참조기 어업이 성행했었으나 이제는 참조기나 굴비 값이 올라 모양이 비슷한 수조기를 참조기로 속여 파는 일도 더러 있다. 좋은 굴비는 머리가 둥글고 두툼하며, 비늘이 몸통에 잘 붙어 있고 배나 아가미에 상처가 없다. 또 특유의 윤기 있는 노란빛을 띠고 있다. 보관 시 공기가 잘 통하는 그늘진 곳에 두고, 오래 두면 배에서부터 누런 기름기가 배어 나와 맛이 변하므로 적당한 시기에 냉장보관 한다.

찌개, 조림, 찜, 구이 등 다양한 조리가 가능하며 그냥 쭉쭉 찢어서 먹거나, 고추장에 재어두었다가 밑반찬으로 사용하기도 한다. 18%나 되는 양질의 단백질과 비타민 A와 D가 풍부하여 몸이 쇠약할 때나 야맹증, 피로 해소에 도움이 된다. 지방질이 적어 소화가 잘되므로 발육기의 어린이나 소화기관이 약한 노인에게도 좋다. 몸에 이로운 생선이라는 이름처럼 조기는 죽을 쑤거나 굽거나 맛이 매우 좋은 물고기이다. 소화를 돕는 식품으로도 알려져 한방에서는 배탈이나 설사하는데, 배가 부글부글 끓어오르는 소화불량에 순채와 함께 끓여 먹었다. 또 대가리 속의 돌 같은 뼈는 갈아서 결석증을 치료하는 데 이용되었다.

굴비의 5대 효능을 정리해 보면,
1. **성장발육.** 단백질, 칼슘, 철분이 풍부하여 성장기 어린이의 성장발육을 돕는다.

2. **원기회복.** 단백질, 무기질, 비타민 등이 병후 원기회복을 돕는다.

3. **야맹증예방.** 풍부한 단백질과 비타민 A, D가 야맹증을 예방한다.

4. **요로결석치료.** 전립선을 강화하고 소변을 원활하게 하여 요로결석을 배출시킨다.

5. **식체/기체.** 기가 허해 발생하는 신경성 위장병에 도움을 준다.

굴비와 잘 어울리는 궁합 음식으로는 고사리를 들 수 있다. 굴비찌개에 고사리를 넣으면 굴비에 부족한 섬유소를 보충해 준다. 굴비는 9월에서 이듬해 2월 사이가 제철이다. 흔히 먹는 구이 대신 굴비찜 요리를 소개한다.

< 굴비찜 만드는 법 >

재료. 굴비 1마리, 설탕 2작은술, 레몬 1개, 다진 마늘 1작은술, 참기름 1/2작은술, 깨소금 1/2작은술

1. 비늘을 벗기고 주둥이와 지느러미를 잘라낸다.

2. 두 군데 칼집을 내고 두 토막을 낸다. (다시마를 냄비 바닥에 깔면 굴비가 들러붙지 않음)

3. 물을 다시마가 잠길 정도만 붓고 생강술을 살살 끼얹는다.

4. 고춧가루, 참기름, 깨소금 순으로 위에서 아래로 살살 뿌린다.

5. 마늘채, 청·홍 고추채, 풋마늘채를 약간씩 흩뿌린 후 뚜껑을 닫고 센 불에서 시작해 끓으면 불을 줄여 15분 정도 더 끓인다.

김

잘 말아줘, 잘 눌러줘
밥알이 김에 달라붙는 것처럼
너에게 붙어있을래
날 안아줘, 날 안아줘
옆구리 터쳐버린 저 김밥처럼
내 가슴 터질 때까지

　한때 유행했던 자두의 노래 가사 일부이다. 남녀의 애정행각을 김밥에 비유한 점이 무척이나 재미있다. 가사 내용처럼 김은 종잇장처럼 얇아서 김밥을 잘못 말면 옆구리 터지기가 일쑤다. 김은 해조류를 일정한 크기의 얇은 낱장 형태로 말려서 그냥 먹거나 소금을 치거나 참기름을 발라 구워 먹는 음식이다. 해태(海苔), 해의(海衣)로도 불리는 김은 한국,

일본에서 매우 인기 있는 음식 재료이다. 삼국시대 때부터 먹었으며 조선 시대에는 왕실 진상품과 무역품으로 귀하게 여겨졌다.

17세기 중엽부터 양식되기 시작했는데 전남 광양의 김여익(1606-1660)이 처음으로 양식법을 창안하였다. 전남 영암 출신의 그는 병자호란 때 의병을 일으켰으나 조정이 항복하자 이곳 태인도에 숨어 살다가 소나무와 밤나무 가지를 이용한 김 양식에 성공을 거두었고 왕실에도 특산품으로 바쳤다. 어느 날 광양 김을 반찬 삼아 수라를 맛있게 드신 인조 임금이 음식 이름을 물었으나 아는 사람은 없고 김 아무개가 만든 음식이라 신하가 답하자 그럼 앞으로 이 바다풀을 그 사람의 성을 따서 '김'이라 부르도록 하라는 데서 유래하였다고 한다. 우스갯말 같지만, 전남 광양 태인동에 그를 기리는 유지가 도 기념물로 지정되어있는 만큼 정설에 가깝다.

『삼국유사(三國遺事)』에 처음 등장하는 김은 '신라 시대 왕의 폐백 품목'이라고 기록되어 있고, 『경상지리지(慶尙地理志)』, 『동국여지승람(東國輿地勝覽)』 등에도 토산품으로 소개되어 있다. 1429년 『세종실록(世宗實錄)』에는 명나라에 보낼 물건 중에 해의, 즉 김이 포함되어 있을 만큼 귀한 음식이었는데 1650년대 김 한 첩의 값이 목면 20필에 달했다. 『동의보감(東醫寶鑑)』에서는 김을 감태라 부르고 '성질은 차고 맛이 짜면서 토하고 설사에 탁월한 효능이 있고 답답한 속을 풀어 준다'고 기록하고 있다. 전해오는 풍습으로 정월 대보름 풍습 중에 '복쌈'이라는 것이 있다. 예부터 우리 선조들은 취나물, 배춧잎과 함께 김에 밥을 싸서 먹으면 눈이 밝아지고 복이 들어온다고 여겼다.

김은 홍조식물 보라털목 보라털과 김속에 속하는 해조의 총칭으로 한국, 일본, 중국의 바다에서 암초 위에 자란다. 이끼처럼 자라나며 길이는 14~25cm, 넓이는 5~12cm 정도이고, 긴 타원 모양에 가장자리에 주름이 있고 윗부분은 갈색, 아랫부분은 푸른 녹색을 띤다. 10월 무렵부터 생성되어 겨울에서 봄 사이 자라고 기온이 따뜻해지면 보이지 않는다.

우리나라 남해안과 서해안 전역에서 양식되는 김을 전남 완도와 장흥 무산이 지리적표시 수산품으로 등록한 이후 신안, 해남도 차례로 등록하였다. 이곳에 오면 해안마을에서 허가한 구역 안에 대나무로 짠 김발을 설치한 김 양식장을 볼 수 있다. 대개 추석 전후로 설치하고 종자용 포자를 부착한 김발과 보통 김발 여러 개를 한꺼번에 바다에 넣고 포자가 붙도록 1주일쯤 놔둔 다음 말뚝을 박아 정식으로 설치한다. 한 달이 지나고부터 채취가 가능하고 이듬해 4월까지 7,8회 정도 따낸다. 채취한 김은 민물로 세척 한 후 잘게 자르고 물통에 넣고 푼 다음 일정 크기의 김틀을 김발장 위에 올리고 뿌린다. 너무 두껍거나 얇지 않도록 푸는 과정이 끝나면 양지바른 건조장에서 말리면 작업 끝. 건조된 김은 40장을 한 톳으로 묶으며 20톳을 1통, 20통을 1척이라고 한다. 한편 자연산 돌김은 썰물 때 바위에서 긁어모아 말린 것이다. 세계적으로 80여 종이 있으며 우리나라에는 20여 종이 있다. 대표적인 김 종류로는 충남 서천, 전남 부안 등이 주산지인 재래김, 전남 완도, 해남이 주산지인 돌김, 전남 신안, 완도가 주산지인 파래김 등이 있다.

일반적으로 김은 눈의 각막을 재생시키는 비타민A가 풍부하여 눈에 좋은 식품으로 알려져 있다. 김을 상식(常食)하는 완도 청학리 65세 이상 노인들의 시력과 시신경을 살펴본 결과 노안이 오지 않음이 확인되었을 정도로 김 1장에는 달걀 2개와 맞먹는 다량의 비타민A가 들어 있다. 단백질도 김 5장의 양이 달걀 1개와 비슷할 정도로 많은데, 동물성에 비해 소화흡수와 칼로리가 뛰어난 특징을 지닌다. 채취 시기에 따라 품질이 나뉘는데 한겨울 것을 최상품으로 치며 순수 단백질 함량이 30~35%에 달한다. 10종의 아미노산 중 메티오닌 등 필수아미노산이 골고루 풍부하게 들어있고 인, 마그네슘, 나트륨, 칼슘, 규소, 철, 망간 등 미네랄도 다양하게 들어있어 겨울철 최고의 영양식품으로 자리 잡고 있다. 유일하게 김에서만 추출되는 포피란 성분은 지방을 분해하고 면역력을 높여 콜레스테롤 수치를 낮추는 효능이 있다.

김의 효능을 간단히 정리해 보면,
1. **다이어트.** 각종 영양소가 풍부한 반면, 칼로리가 거의 없어 다이어트 식품으로 안성맞춤.
2. **변비 치료.** 알긴산이라는 식물성 섬유가 함유되어 있어 대변을 부드럽게 해줌.
3. **면역력 향상.** 유산 다당이라는 식물섬유가 우리 몸의 면역력을 높여줌.
4. **간 기능 강화.** 타우린 성분이 간 기능을 강화하고 활성화하는 효능이 있어 음주 전후에 먹으면 알코올이 원활하게 분해되어 숙취 해소에 도움이 됨.
5. **야맹증 예방.** 비타민A가 옵신이라는 단백질과 결합하여 생성되는 로돕신 성분은 눈의 빛을 감지하는 역할로 야맹증 예방에 도움이 됨.
6. **골다공증 예방.** 뼈와 이의 형성에 필수적인 칼슘 성분이 풍부하여 갱년기 여성의 골다공증 예방에 좋음.
7. **고혈압 예방.** 칼륨이 많고 나트륨이 적어 혈압을 내리는 효능이 있음.
8. **갑상선 부종 예방.** 갑상선 호르몬의 구성 성분인 요오드가 풍부하게 함유되어 있어 갑상선을 보호해주므로 갑상선 부종을 예방해주고 머리카락을 아름답게 가꾸어 줌.

김 하면 김밥을 떠올릴 정도는 둘은 불가분의 관계다. 김밥은 일본 음식 김초밥에서 유래한다. 생선초밥의 원조가 일본 관서 지방인 것과는 달라 노리마끼(のりまき), 즉 김초밥은 관동지방이 원조로 알려져 있다. 에도시대 때 도박장에서 놀던 사람들이 색다른 간편식으로 생선초밥 대신 김에 싸서 먹은 것이 시초. 우리나라에는 근대 이후에 많이 먹기 시작했는데 크게 초밥을 만들어 싸는 김밥과 맨밥으로 싸는 김밥으로 나뉜다. 맨밥 김밥의 대표 격인 충무김밥은 1960년대 통영(당시 지명 충무)에서 노점상 할머니들이 뱃사람들을 상대로 갑오징어를 양념에 절여 만든 김밥을 판 데서 유래한다. 햇볕이 따가운 탓에 김밥이 쉬이 쉬어버리는 것을 방지할 요량으로 잘게 만 김밥에다 별도로 갑오징어무침과 넓적하게 썬 멸치젓 무김치를 내놓았는데 이게 대박을 친 것이다.

해외의 대표적인 김밥으로는 프랑스김밥과 캘리포니아김밥을 들 수 있다. 비린 김 맛을 감추려고 야채 속에 집어넣어 거꾸로 말다 보니 프랑스김밥은 누드 김밥의 시초가 되었고, 일본인 이주자들이 많았던 캘리포니아에서는 이 지역의 아보카도 열매와 날치알, 연어알 등을 주재료로 퓨전 김밥을 탄생시켰는데 이것이 그 유명한 캘리포니아 롤(California Roll)이다.

좋은 김 고르는 법을 소개하면, 우선 잡티가 적어야 한다. 둘째 빛깔은 검고 광택이 많아야 한다. 셋째 연녹색 빛깔을 내는 파래가 적어야 한다. 끝으로 표면에 여백이 없고 균질하며 구울 때 청록색이 나는 것이 상품이다. 이런 기준으로 구입한 김은 밀폐 용기에 넣어 서늘한 곳에 보관하도록 한다. 냉동고에 보관하는 분들이 적지 않은데 실온에 내놓으면 더 빨리 눅눅해지므로 금물. 눅눅해진 김은 종이봉지에 5장씩 나눠 전자레인지에 30, 40초간 돌려주면 본래의 바삭함을 되찾을 수 있다.

꼬막

제1호 지리적표시 수산물 – 보성 벌교 꼬막
제20호 지리적표시 수산물 – 여수 여자만 새꼬막

흐흐흐, 내 눈이 보배는 보배여
보기 존 떡이 묵기도 좋더라고
외서댁을 딱 보자말자 가심이 삐르르 허드란 말이여
고 생각이 영축없이 들어맞어 부렀는디
쫄깃쫄깃헌 것이 꼭 겨울 꼬막 맛이시.

　조정래의 대하소설 『태백산맥』에서 청년단 감찰부장 염상구가 외서댁을 겁간하며 내뱉은 말이다. 전남 보성 벌교는 이 소설의 실제 무대이고 주먹질과 부녀겁탈을 일삼던 염상구는 악한의 표상이다. 그런 그가 여자 맛을 겨울 꼬막 맛에 빗댈 정도이니 이곳에선 꼬막 맛이 힘의 상징임에 틀림 없다. '벌교에선 주먹 자랑하지 말라'는 옛말이 빈말이 아닌 것이다.

이를 반증하듯 보성 벌교 꼬막이 지리적표시 수산물 제1호로 지정되었다. 이로써 보성군은 농산물 제1호인 보성 녹차와 함께 농수산물 두 분야에서 국내 최초의 지리적표시 특산품을 보유하게 되었다. 꼬막 중에서도 벌교산이 최고로 대접받는 것은, 고흥반도와 여수반도가 감싸는 벌교 앞바다 여자만(汝自灣)의 갯벌이 모래가 섞이지 않은 데다 오염되지 않아 꼬막 서식에는 최적의 조건을 갖추고 있기 때문이다. 국토해양부는 2005년 이곳 갯벌을 우리나라에서 상태가 가장 좋은 갯벌로 발표한 바 있다.

한국, 일본, 인도양, 서태평양 연안에 분포하는 꼬막은 사새목 꼬막조개과에 속하며 조간대에서 수심 10m까지의 진흙 바닥에 서식한다. 자웅이체이며 산란기는 지방에 따라 다르나 8-10월 사이이다. 다 자란 껍데기의 길이는 약 5cm, 높이는 약 4cm, 나비는 약 3.5cm로 피조개나 새꼬막보다 크기가 작다. 모양은 사각에 가깝고 매우 두꺼우며 각피에 벨벳 모양의 털이 없다. 껍데기는 흰색이고 각피는 회백색이며 살은 붉은 편이다.

꼬막은 크게 참꼬막과 새꼬막, 피조개로 나뉜다. 진짜 꼬막이란 의미로 '참'자가 붙은 참꼬막은 표면에 털이 없고 쫄깃쫄깃한 맛이 뛰어난 고급품종으로서 제사상에 올린다 하여 '제사꼬막'으로도 불린다. 이에 반해 껍데기 골의 폭이 좁고 털이 나 있는 새꼬막은 조갯살이 미끈한데다 다소 맛이 떨어지는 하급품으로 취급받아 '똥꼬막'으로 불린다. 성장기간도 참꼬막은 4년이 걸리지만 새꼬막은 2년이면 충분하고, 잡는 방법도 배를 이용하여 대량 채취하는 새꼬막과 달리 참꼬막은 갯벌에 사람이 직접 들어가 채취한다.

일반적으로 조개는 봄이 제철이다. 바지락을 비롯한 대부분의 조개가 5월 무렵 살이 통통하게 오르기 때문이다. 하지만 홍합과 함께 꼬막은 겨울이 제철이다. 산란기를 넘긴 11월부터 맛이 들기 시작해 설을 전후하여 속이 꽉 찬다. 이듬해 초봄까지가 제철인데, 겨울철 이곳을 찾으면 길이 2m에 폭 50cm 정도 되는 널배에 꼬막 채를 걸고 종횡무진 갯벌을 누비는 아낙들을 보게 된다. 허리까지 푹푹 빠져드는 갯벌에서 칼바람을 맞으며 이루어지는 고된 작업 끝에 걷어 올리는 참꼬막은 쫄깃 짭짤한 감칠맛으로 새꼬막보다 서너 배 비싸게 유통된다.

우리나라 최초의 어보인 김려 선생의 『우해이어보(牛海異魚譜)』에는 껍데기 표면의 17, 18가닥 골 모양이 기왓골을 닮았다 하여 와농자(瓦壟子)라 하였고, 정약전의 『자산어보(玆山魚譜)』에는 살이 노랗고 달다고 했으며, 『신증동국여지승람(新增東國輿地勝覽)』에는 전라도의 토산물로 기록되어 있는데, 서민들은 물론 궁궐에도 8진미 중 1품으로 진상될 만큼 사랑을 받아왔다.

일반적으로 꼬막은 23%의 단백질과 필수 아미노산이 함유되어 있고 조혈 성분인 철분과 각종 무기질이 다량 함유되어 있어 조혈 강장제로 안성맞춤이며 풍부한 필수 아미노산으로 인해 어린이 발육에도 도움을 준다. 특별히 헤모글로빈과 철분, 비타민B군이 많아 빈혈이나 현기증에 효과 만점이다.

주요 성분의 효능을 정리해 보면,
1. 다른 조개류에 비해 단백질이 많다. 필수 아미노산이 풍부하고 고단백 저지방 저칼로리의 알칼리성 식품으로 소화가 잘 되므로 병후 회복식으로 적당하다.

2. 비타민B12와 철분이 많아 빈혈 예방에 효과적. 자주 섭취하면 혈색
   이 좋아지고 특히 칼슘이 많아 어린이의 성장발육에 도움을 준다.
3. 타우린과 베타인이 음주로 인한 간 해독 및 숙취 해소에 도움을 주
   므로 겨울철 남성들의 술안주로 좋고 철분, 코발트 등이 겨울철 여
   성이나 노약자에게 보양식 역할을 한다.
4. 철분과 아연은 미각 장애 개선에 효과가 있고, 풍부한 타우린이 담
   석을 용해하거나 심장기능 향상, 체내 콜레스테롤 저하작용을 나타
   내어 당뇨병, 동맥경화 예방에도 도움을 준다.

꼬막은 씻고 삶는 것이 일의 전부이다. 온통 뻘 투성이인 꼬막은 물에
넣고 여러 번 씻어야 한다. 씻으면서 흙만 찬 빈 꼬막도 골라내야 한다.
삶는 것은 더 중요한데, 물을 팔팔 끓여 꼬막을 넣자마자 휘휘 몇 번을
저어 꺼낸다. 이때 조개가 입을 벌리면 벌써 늦은 것이다. 껍데기를 깐
후에도 속살이 그리 많이 줄지 않은 채 촉촉하고 번드르르해야 하는데
입을 벌리지 않은 이 상태가 가장 맛있게 삶아진 것이다.

꼬막 까는 법은, 손가락을 누룽지 긁을 때처럼 잡고 꼬막 뒤편 양쪽 껍
데기가 볼록 튀어나와 있는 사이에 숟가락을 넣어 돌린다. 그러면 딸깍
하고 껍데기 한쪽이 떨어져 나간다. 속살이 남은 쪽에 고춧가루, 파, 마
늘, 깨소금을 섞어 만드는 양념간장으로 조리하면 끝. 이때 간을 짜지
않게 하는 게 팁이다. 그래야만 짭조름하고 쫀득하고 싱싱하기까지 한,
갯 냄새를 풍기는 꼬막 맛을 제대로 맛볼 수 있기 때문이다.

작가 조정래는 『태백산맥』에서 '간간하면서 쫄깃쫄깃하고 알큰하기도
하고 배릿하기 한 꼬막을 소복하게 밥상에 올리고 싶다'고 했다. 겨울이
다 가기 전에 여러분의 밥상에도 꼬막정식을 차려보시라.

낙지

신청 준비 지리적표시 수산물 – 무안 낙지

봄 주꾸미,
가을 낙지

주꾸미와 낙지는 8개의 발을 가진 두족류 연체동물로 사촌지간인 셈이다. 3월 산란기가 시작되기 직전의 이른 봄 주꾸미 맛과 5~6월 산란기를 끝낸 가을 낙지 맛이 최고여서 붙여진 말이다. 이 둘을 식별하는 법을 간단히 소개하면 낙지는 몸길이가 70cm까지 자라고 발마다 1~2줄의 빨판이 있으며 발이 매우 가늘고 긴 반면, 주꾸미는 몸길이가 24cm에 불과하고 발마다 2~4줄의 빨판이 있으며 발 길이가 몸통의 2배 정도로 짧다.

우리나라, 일본, 중국 등지에 분포하는 낙지의 몸은 가늘고 길며 외투

막 길이에 비해 발이 긴데, 특히 첫 번째 발이 길고 굵으며 수컷의 세 번째 발은 혀 모양으로 교접완이다. 몸은 몸통·머리·발로 나뉘는데 머리처럼 보이는 몸통은 달걀 모양으로 심장·간·위·장·아가미·생식기가 들어있다. 연안의 조간대에서 심해까지 분포하지만 얕은 바다의 돌 틈이나 갯벌 속에 굴을 파고 산다. 바위틈이나 갯벌에 판 굴속에 있다가 발을 밖으로 내어 먹이를 잡아먹는다. 간의 뒤쪽에는 먹물 주머니가 있어 쫓기거나 위급할 때 먹물을 뿜어 자신을 적으로부터 보호한다. 산란기는 5~6월이며 발 안쪽에 알을 낳는다.

한자어로는 보통 석거(石距)라 하고, 소팔초어(小八梢魚)·장어(章魚)·장거어(章擧魚)·낙제(絡蹄)·낙체(絡締)라고도 하였다. 방언에서는 낙자·낙짜·낙쭈·낙찌·낙치라고 한다. 중국의 의서『천주본초(泉州本草)』에서 낙지는 '익기양혈(益氣養血), 즉 기를 더해주고 피를 함양해주기 때문에 온몸에 힘이 없고 숨이 찰 때 효능이 있다'고 했다. 『동의보감(東醫寶鑑)』에서도 '성(性)이 평(平)하고 맛이 달며 독이 없다'며 낙지의 효능을 입증하고 있다.

조선 후기 실학자 형제인 정약전과 정약용은 낙지 사랑이 대단했다. 동생인 다산 정약용은『탐진어가(耽津漁歌)』라는 시에서 '어촌에서는 모두 낙지로 국을 끓여 먹을 뿐, 붉은 새우와 맛조개는 맛있다고 여기지도 않는다.'고 읊었다. 정약전은 한술 더 떠『자산어보(兹山魚譜)』에서 '영양부족으로 일어나지 못하는 소에게 낙지를 서너 마리만 먹이면 거뜬히 일어난다.'라고 소개하고 있다. 지금도 남도 지방에는 출산이나 병치레하는 소에게 낙지를 먹이는 풍습이 남아 있을 정도다.

우리 선조들은 옛날부터 낙지를 즐겼던 것 같다. 광해군 때 허균은 팔도음식을 평가한 『도문대작(屠門大嚼)』에서 '서해안에서 잡히는 낙지는 맛 좋은 것이 너무나 잘 알려져 있어 특별히 따로 적을 필요가 없다'고 했으며, 특산품으로도 이름을 떨쳐 발해와 당나라 사이의 교역 품목에 낙지도 포함되어 있었다 한다. 이 때문에 옛날부터 산낙지를 즐겨 먹었을 뿐만 아니라 숙회, 연포탕 등 다양한 낙지 요리가 발달했다.

그중에서도 세발낙지로 유명한 무안군이 2005년 '무안 갯벌낙지'를 특허청 상표 의장 등록을 마쳤다. 이곳 현경면과 해제면 사이의 무안갯벌은 전남 순천만 갯벌에 이어 2008년 람사르 습지로 등록되었는데 게르마늄이 다량 함유된 생태갯벌이다. 낙지가 가장 많이 잡히는 음력 9월 보름(중구사리)경 주낙(줄낚시)를 들고 갯벌에 뛰어들어보라. 야행성인 낙지가 보름달빛에 홀려 끌려 올라오는 것을 눈으로 목격할 수 있을 것이다. 전국 최초 갯벌습지 보존지역인 이곳은 잿빛 갯벌이다. 뻘이 깊어 낙지 발이 길고 게르마늄 갯벌에서 서식해 생명력이 뛰어나며 향미가 뛰어나다. 참고로 무안군이 자랑하는 '무안 5미(味)'는 세발낙지, 양파 한우, 명산 장어구이, 사창 돼지 짚불구이, 도리포 숭어회 5가지인데 이 중 으뜸이 세발낙지 요리이다.

낙지는 광활한 갯벌에서 자라 맛이 부드럽고 담백하다. 타우린을 다량 함유하고 단백질, 인, 철, 비타민 성분이 있어 콜레스테롤의 양을 억제하며 빈혈 예방의 효과도 탁월하다. 낙지는 바다 생물 가운데서 최고의 스태미나 식품으로 꼽힌다. 말린 오징어 표면에 생기는 흰 가루는 타우린이라는 성분인데, 강장제이자 흥분제에 속하는 것으로 일제가 2차 대전 말기 카미가제 특공대원들에게 흥분제 대신 먹였다고 알려져 있다. 낙지에는 타우린이 무려 34% 들어있다. 낙지 반 마리에 해당 되는 100g당 871mg이나 함유되어 있는데 같은 100g당 굴 396mg, 미역

200mg과 비교해 보아도 원기를 돋우는 음식으로 단연 으뜸이라는 평이 실감이 간다.

사람 몸에 스트레스가 가해지면 체내의 단백질은 평상시보다 더 많이 분해되므로 양질의 단백질 보충이 필수적이다. 또 단백질이 부족하면 성호르몬의 분비도 줄어들므로 스트레스와 섹스에 약해질 수밖에 없는데 산 낙지의 단백질 함량은 14.6%에 달하고 필수 아미노산의 함량이 많아 갯벌 속의 인삼이라는 별명까지 얻게 되었다. 낙지의 5대 효능을 요약해 보면, 첫째 풍부한 영양성분으로 최고의 스태미너 식품으로 꼽히고, 둘째 콜레스테롤의 양을 조절하는 역할을 하며, 셋째 철분이 풍부해 빈혈을 예방하는 효과가 있고, 넷째 뇌 기능을 돕는 DHA 성분이 풍부하고, 다섯째 각종 아미노산이 간 기능을 강화시킨다는 점이다.

낙지는 주로 나무젓가락에 돌돌 말아서 산 채로 먹기도 하는데 조리해 먹을 때 보다 칼슘과 비타민 파괴가 덜하다. 또 낙지볶음을 먹을 땐 고추와 함께 먹으면 고단백 식품인 낙지와 고추의 매운맛이 조화를 이뤄 맛도 더 좋아지고 낙지에 부족한 영양성분인 비타민 A와 C를 고추가 채워주기 때문에 영양가도 높아진다. 양념을 거의 쓰지 않고 미나리, 대파 등 채소를 넣어 끓인 연포탕은 저칼로리 체중 조절식으로 인기가 높고 몸이 찬 사람들에게 좋다. 산낙지와 갈낙탕, 낙지볶음과 함께 대표적인 남도 음식에 속한다. 조선 시대 조리서 『음식방문(飮食方文)』이라는 책에는 연포탕이 1800년대 중반의 음식으로 소개되어 있다. 연포라는 명칭은 낙지를 끓일 때 마치 연꽃처럼 발이 펼쳐진다고 해서 붙여진 이름이다.

낙지는 표고버섯과 음식 궁합이 잘 맞는데 낙지에 부족한 식이섬유와 비타민D를 보충하고 콜레스테롤을 낮추는 역할을 하기 때문. 하지만 발음상 낙제어(諾蹄魚)라고도 불리는 점 때문에 수험생에게는 금기식으로 꼽히기도 한다. 낙지에 관한 속담은 대체로 낙지의 생태나 잡는 행위와 관련된 것이 많아 일이 매우 쉽다는 뜻으로 '묵은 낙지 꿰듯 한다.'는 속담이 있고, 일을 단번에 해치우지 않고 두고두고 조금씩 할 때 '묵은 낙지 캐듯 한다.'라 한다. 낙지 머리와 남성의 성기를 동일시하는 음담패설도 전라남도 민간설화에 채록되어 있다.

　서울에 무교동낙지가 유명하듯 청년 시절을 보냈던 부산에서는 〈조방낙지〉가 유명했다. 옛날 조선방직이 있었던 곳에 자리했던 그 식당 할머니의 야들야들 탱글탱글 낙지볶음 솜씨는 영원히 잊을 수가 없다. 낙지볶음 만드는 법을 소개한다.

< 낙지볶음 만드는 법 >

재료. 낙지 2마리, 양파 1개, 대파 2뿌리, 풋고추 2개, 홍고추 2개.
　　　(양념장) 고추장 3큰술, 고춧가루 2큰술, 간장 1큰술, 다진 마늘 1큰술,
　　　다진 생강 1/3작은술, 설탕 2큰술, 깨·참기름 약간씩

1. 낙지는 머리를 뒤집어 내장을 제거하고 소금으로 문질러 씻는다.
2. 손질한 낙지를 끓는 물에 살짝 데친다.
3. 양념장(고추장, 고추가루, 간장, 깨, 마늘, 생강, 설탕, 참기름)을 만든다.
4. 실파는 4cm로 썰고, 양파, 홍고추, 풋고추는 채 썬다.
5. 프라이팬에 기름을 두르고 홍고추를 볶다가 양파, 낙지를 볶는다.
6. 양념장을 넣고 볶다가 풋고추, 실파를 넣어 다시 한번 볶아낸다.

넙치

제10호 지리적표시 수산물 – 완도 넙치

우(右) 가자미
좌(左) 넙치

　가자미와 넙치는 그 생김새가 흡사하다. 구별하는 가장 손쉬운 방법으로 눈의 위치를 따진다. 즉 두 생선의 등 쪽을 위로 하여 아가미와 복부를 아래로 두었을 때 가자미는 눈이 오른쪽에, 넙치는 왼쪽에 위치한다. 그래도 헷갈리는 사람은 같은 글자 수의 '오른쪽 가자미, 왼쪽 넙치'로 기억해두면 더 이상 헷갈리진 않을 것이다.

　넙치는 '넓다'는 형용사에다 물고기를 뜻하는 '치'자가 합쳐져 붙여진 이름으로서 몸이 넓적하여 광어(廣魚)로도 불리지만 표준말은 당연히 넙치이다. 이름의 유래를 좀 더 살펴보면, 고대 중국 사람들은 넙치를 접어(鰈魚)라고 했는데, 이는 동쪽에 접한 우리나라를 접역(鰈域)이라 부른 것처럼 우리나라를 상징하는 물고기란 뜻을 내포하고 있다. 정약전의 『자산어보(玆山魚譜)』에도 『후한서』 변양전주(邊讓傳注)에 이르기를 비목어(比目魚)를 일명 접어(鰈魚)라고 하고 강동에서는 판어(板魚)라고도 한다.'며 이를 뒷받침하고 있다. 현재 중국에서는 야핑(牙 魚+平), 일본에서는 히라메(魚+平)라 부르고 있어 3국이 모두 넓적한 물고기로 부르는 데에는 이견이 없는 것 같다.

넙치는 가자미목 넙치과에 속하는 해양 생선이다. 연안의 조수가 고여 있는 곳에서부터 수심 1천 미터의 심해에까지 폭넓게 서식한다. 몸길이는 5cm 정도의 소형 종에서 80cm를 능가하는 대형 종까지 다양하다. 이름대로 몸은 납작하고 대개 원 또는 긴 타원형을 띤다. 꼬리지느러미는 등쪽과 뒤쪽이 명확히 분리되고 몸 색깔은 등 쪽이 갈색 또는 어두운색이고 복부 쪽은 흰색이다. 여름철에는 모래 암초가 있는 연안에 살지만 수온이 낮아지는 겨울이 되면 깊은 곳으로 이동한다. 2~7월 사이 수심 20~70m 조수가 잘 통하는 모래진흙, 모래 자갈 혹은 암초 지대에서 산란하는데, 섭씨 15도 정도의 수온에서 60시간 정도 걸려 지름 1mm 전후의 둥근 알을 부화한다. 1년이 지나면 몸길이가 15~30cm이 되고 3년차에는 34~57cm, 5년 차에는 50~76cm, 6년이 지나면 80cm 이상까지 자란다. 지금까지 잡힌 넙치 중 가장 큰 놈은 아이슬란드 피오르드에서 군터 헨젤이라는 독일 어부가 잡은 것으로서 길이가 무려 2.5m, 무게가 220kg에 달해 1천 명이 한꺼번에 먹을 분량이었다 한다. 특이한 점은 새끼물고기일 때에는 몸 양쪽에 두 눈이 있고 머리에 가시가 있다가 자랄수록 오른쪽 눈이 왼쪽으로 이동(Left eye Flounder)하고 가시도 없어져 몸길이 16mm 정도까지 자라면 눈의 이동이 완전히 끝나고 바다 밑바닥 생활을 하게 된다는 것이다. 이와는 반대로 가자미는 왼쪽 눈이 오른쪽으로 몰리는 Right eye Flounder이다.

넙치는 우럭이라 불리는 조피볼락과 더불어 우리나라의 대표적인 어류

양식 어종이다. 연간 생산량이 5만여 톤(약 1억 마리)에 달해 전체 양식 생산량의 50% 이상을 차지한다. 넙치양식 총생산량의 40%를 차지, 전국 최고를 기록하고 있는 완도산 넙치가 지리적 표시 수산물로 등록되었다. 육종연구를 통해 일반 넙치보다 성장이 빠르고 질병에도 강한 우량 넙치를 추운 겨울을 나며 양식하므로 타 지역 양식산에 비해 육질이 단단하고 맛있다는 것이 관계자의 설명이다. 최근 완도군이 앞장서서 '완도 넙치&LOVE'라는 전국단위 판촉행사를 벌여 좋은 반응을 얻고 있다.

넙치는 10월에서 2월 사이 늦가을과 겨울철이 제철이다. 육질이 단단하고 씹는 맛이 좋으며 지방질 함량이 적어 담백한 맛을 내기 때문. 넙치는 높은 콜라겐 함량으로 세포막을 튼튼하게 할 뿐만 아니라 탱탱하고 윤기 있는 피부를 만들어 준다. 국물음식을 식혔을 때 생기는 조린 국물의 엉킴은 열에 녹아 나온 콜라겐이 젤라틴으로 변형되었기 때문이다. 넙치는 날갯살이 가장 맛있는 부위인데 근육이 잘 발달 되어 있는 지느러미 부위에는 세포와 세포를 연결하는 콜라겐과 콘드로이틴이 많아 피부미용에 매우 유효하다. 라이신을 비롯한 양질의 아미노산으로 영양균형이 잘 잡혀 있으면서도 소화가 잘되는 저지방 저칼로리 고단백 식품이라서 노인과 환자 회복식, 산후조리에 안성맞춤이다. 하지만 '3월 넙치는 개도 안 먹는다'는 속담이 있을 정도로 봄철 산란 후에는 맛이 크게 떨어진다. 반면 '봄 도다리, 가을 전어'로 불릴 만큼 가자미과에 속하는 도다리는 봄이 제철이다. 그러니 가을 전어〉겨울 넙치〉봄 도다리로 이어지는 횟집 순례를 다녀도 좋겠다.

넙치 하면 자연산을 떠올린다. 자연산과 양식산을 구별하는 가장 손쉬운 방법은 뱃살을 비교하는 것이다. 깊은 바닷속 모래 바닥을 배를 끌면서 유영하는 자연산 넙치의 뱃살은 우윳빛처럼 하얀 반면, 양식산에서는 파리똥 같은 반점이 발견된다. 재미난 것은 인공 수정한 치어를 바다에 방류하여 성장한 자연산에서도 반점이 발견된다는 사실이다. 자연산 활어 어획량이 크게 줄고 있어 순수 자연산 넙치(광어)를 찾기가 갈수록 어려워지고 있다. 다행인 것은 양식기술이 발달하여 양식산 넙치의 육질과 영양 상태가 자연산과 별반 차이가 없다는 점이다.

우리만큼이나 서양 사람들도 넙치 요리를 즐긴다. 수산강국인 노르웨이에서 생선 3인방은 넙치, 대구, 연어이다. 깊은 곳에 서식하여 잡기가 힘들었던 넙치는 특별한 연회에서만 맛볼 수 있었던 귀한 음식(God fish)이었다. 이태리나 프랑스 사람들이 가장 즐기는 생선요리도 넙치(halibut) 아니면 연어(salmon)다. 비린내가 적고 맛이 담백하여 생선을 좋아하지 않는 사람들 입맛에도 잘 맞기 때문. 『할리벗 요리책』의 저자인 캐넌 바나비 쉐프는 "단단하면서도 살짝 달콤한 맛을 가진 넙치는 와인에 담아 끓이기만 해도 훌륭한 맛이 난다"며 다양한 종류의 요리에 이용하고 있다. 집에서 조리할 수 있는 이색적인 '버섯 넣은 넙치살 튀김 요리'를 소개한다.

< 버섯 넣은 넙치살 튀김 요리 만드는 법 >

재료. 넙치살 600g, 버섯 소 100g, 밀가루 1큰술, 빵가루 1작은술, 달걀 1개, 당근 20g, 표고버섯 50g, 소금 1/2큰술, 식용유, 케첩 1.5큰술, 양파 1개, 마늘 1톨, 청·홍고추 각1개, 참깨 1작은술, 후춧가루 약간

1. 손질한 양파, 버섯, 당근, 고추, 마늘을 각각 가늘게 채를 썬다.
2. 준비한 ①재료를 버터에 볶다가 케첩, 소금, 후춧가루를 넣고 양념한다.
3. 준비한 넙치살은 얄팍하게 저며 소금과 후춧가루로 간을 하고 밀가루를 골고루 바른 다음 버섯 소를 넣고 싼다.
4. ③의 넙치살에 밀가루를 묻히고 달걀을 바른 다음 빵가루를 입히고 참깨를 뿌린다.
5. 섭씨 180도의 튀김기름에 ④를 노릇하게 튀겨낸다.

다시마

방사능 괴담, 믿을래? 안 믿을래?
학자와 공권력은 방사능 공포를 괴담으로 규정하지만
편서풍이야말로 안전불감증이라고 주장하는 이도 있다.
정 못 견딜 사람이라면 다시마를 사재기하든지
미역 줄기나 씹든지…

　일본의 방사능 유출 사고에 관한 언론 보도 중 일부 내용이다. 침착한 일본인들마저 패닉 상태로 빠뜨린 방사능 오염 예방에 미역과 다시마, 김 등이 도움이 된다는 기사가 나가자마자 이 식품들이 날개 돋힌 듯 팔려나가고 있다. 방사성 요오드에 오염되면 이에 맞서 안정화 요오드를 섭취해야 하기 때문이다. 하지만 방사능 사고 때 섭취해야 하는 요오드 량은 한 알에 130mg으로 일반적으로 약국에서 파는 요오드 함유 영양제의 1천 배에 이른다. 참고로 다시마 2g에는 3.5mg, 김 1장에는 0.071mg의 요오드가 들어있다. 통상적인 요오드의 1일 섭취권장량은 0.1~0.15mg, 상한섭취량은 3mg인 점을 감안 하면 많은 양임에 틀림없다.

하지만 식품의약품안전청 관계자는 "미역과 다시마의 요오드 함량이 높은 것은 사실이지만 복용 단위 자체가 다르다. 방사성 요오드 노출을 치료하는 요오드화칼륨의 의약품 허가를 검토하고 있다. 그러나 요오드 성분 의약품을 오남용할 경우 위장장애, 알레르기 반응, 발진 등 부작용을 유발할 수 있으므로 주의가 필요하다"고 경고했다.

　어쨌든 방사능 사고로 일약 스타 식품이 되어버린 다시마의 속살을 들여다볼 기회를 갖게 되어 매우 흥미진진하다. 곤포(昆布)로도 불리는 다시마는 삼국시대 때부터 널리 식용해 온 2~3년생의 다년생 갈조류다. 길이는 1.5~3.5m, 폭은 25~35cm 내외로 자라며 황갈색 또는 흑갈색의 띠 모양을 이룬다. 한반도, 일본, 캄차카반도, 사할린섬 등 태평양 연안에 20여 종이 분포하는 한해성(寒海性) 식물이다. 주요 종으로는 참다시마, 오호츠크다시마, 애기다시마 등이 있는데 양식하는 주종은 일본 홋카이도 원산의 참다시마이다. 국내 주요 다시마 양식장은 완도를 비롯한 전남 해역인데, 다시마를 먹이로 삼는 전복 양식 단지와 깊은 연관성이 있다. 한류의 길목인 경남 기장도 다시마 양식으로 유명한데, 이들 두 곳이 지리적 표시 수산품으로 등록되어 있다.

　문헌상 첫 기록으로는 AD 500년경 편찬된 도홍경의 『본초경주(本草經注)』에 '맛이 짜며 차고 독이 없다. 주로 12가지 수종, 앵류, 결기, 창 등을 치료한다. 원산 이북에서만 났으나 현재는 경상도와 강원도 연안에서도 자생한다'고 밝히고 있다.

바다의 야채로 불리는 다시마는 식이섬유, 요오드, 칼슘, 셀레늄 등 다양한 기능성 성분을 함유하고 있어 다이어트, 각종 성인병과 대장암, 갑상선 질환 등을 예방하여 수명을 연장시키는 묘약으로 알려져 있다. 1986년 체르노빌 방사능 유출 사고 때 인근의 유럽 각국에서는 요오드가 많이 든 다시마 등의 해조류 품귀현상이 빚어졌다. 방사선 누출이나 농작물을 통한 간접 오염에 가장 민감한 부위가 갑상선인데, 갑상선호르몬인 티록신을 만드는 기본성분인 요오드는 이러한 오염을 예방하고 해독한다. 요오드가 다량 들어있는 다시마가 요긴한 것은 이 때문이다.

다시마의 성분은 종류에 따라 다소 차이가 있지만 수분 16%, 단백질 7%, 지방 1.5%, 탄수화물 49%, 무기염류 26.5% 정도이며 탄수화물의 20%는 섬유소이고 나머지는 알긴산과 라미나린, 수용성인 후코이단 등 다당류이다. 끈적끈적한 해조류의 알긴산은 미끈거리고 쉽게 덩어리져 겔(Gel) 상태를 이루는 특징이 있다. 이러한 특성은 중성지방이 몸속에 흡수되는 것을 막아 비만을 예방하고 장의 연동운동을 촉진하여 변비에도 좋다. 또 다시마에 들어있는 라미닌이라는 아미노산은 혈압을 낮추고 혈액 속의 콜레스테롤이 혈관에 달라붙는 것을 막는 효과가 있다. 마른 다시마의 표면에 붙어있는 하얀 가루는 만니톨(Mannitol)이라는 물질로서 단맛을 띤다. 점성이 뛰어난 알긴산의 나트륨염은 직물의 풀, 식품의 안정제로 쓰이고, 다량의 단백질 성분인 글루탐산과 아스파탐산은 국물맛을 내는 조미재료로 널리 이용되고 있다. 다시마의 대표적인 효능 8가지를 정리해 보면,

1. **콜레스테롤 및 혈압 저하.** 식이섬유인 알긴산이 콜레스테롤, 염분과 결합하여 이를 배설시키고 혈전 생성을 막는다. 아미노산인 라미닌은 혈압을 내리고 콜레스테롤이 혈관에 달라붙는 것을 막는다. 칼륨 역시 나트륨을 몸 밖으로 배출시켜 혈압 강하를 돕는다.

2. **당뇨 예방.** 칼로리가 거의 없는 알칼리성 식품인 다시마는 풍부한 식이섬유가 포도당이 혈액 속에 침투하는 것을 지연시키고 당질의 소화흡수를 도와 혈당치를 내린다.

3. **갑상선 질환 예방.** 갑상선호르몬이 부족하면 신진대사가 둔해져 기운이 없어지고 노화가 빠르게 진행된다. 다시마에는 갑상선호르몬의 주성분인 요오드가 많아 갑상선 질환을 예방하는 효과가 있다.

4. **변비 예방.** 변비는 장운동이 활발하지 못해 생긴다. 다시마에 듬뿍 들어있는 알긴산이 변비에 탁월한 효과를 발휘한다.

5. **대장암 예방.** 다시마는 변비를 예방하는 동시에 대장에 존재하는 발암물질의 농도를 묽게 하고 이를 흡착하여 배설시키므로 대장암이나 직장암을 예방한다.

6. **탈모 예방.** 건강한 머리카락을 유지하려면 단백질과 비타민이 꼭 필요하다. 다시마에는 단백질과 비타민 외에 요오드, 아연 등 머리카락을 구성하는 성분들과 모발 발육 촉진제인 옥소 성분이 들어있다.

7. **뼈와 이를 튼튼하게 함.** 다시마에는 기본적으로 다량의 칼슘 성분에다 칼슘의 활동을 원활하게 하는 마그네슘도 풍부해 뼈를 튼튼하게 한다.

8. **숙취 해소.** 술을 마시면 칼륨이 빠져나가 숙취와 간 질환을 일으킨다. 칼륨이 풍부한 다시마는 이를 예방하는 효과가 탁월하다. 그러나 다시마에 풍부한 요오드는 결핵균을 흩어지게 할 우려가 있으므로 결핵 환자는 삼가야 하고, 다시마를 크게 썰 경우 다시마의 칼슘이 알긴산과 결합하여 잘 녹지 않게 되므로 체내 흡수율을 높이려면 잘게 썰어 꼭꼭 씹어 먹어야 한다.

매생이

미운 사위에게 매생이국 준다

　남도 지방에서 회자 되는 속담이다. 매생이국은 아무리 오래 끓여도 김이 잘 나지 않아 멋모르고 먹었다간 입천장을 데기 일쑤다. 그러니 펄펄 끓인 매생이국을 말없이 내놓는 장모가 있다면 사위로선 혹 미운털이 박힌 건 아닌지 자성(自省)해 보기 바란다.

　매생이는 '생생한 이끼를 바로 뜯는다'는 뜻의 순수한 우리말이다. 전 세계 바닷가에 분포하며 우리나라에서는 남해안 지역에 주로 서식한다. 영어명이 Seaweed fulvescens로 가늘고 부드러운 갈매패목의 녹조류이다. 대롱 모양으로 어릴 때는 짙은 녹색을 띠나 자라면서 색이 옅어진다. 굵기는 머리카락보다 가늘며 미끈거리는 특징이 있다. 가지는 없고 외관상 창자파래의 어린 개체와 비슷하나 파래보다 가늘고 부드러우며 현미경으로 보면 4각형의 세포가 2~4개씩 짝을 짓고 있음을 알 수 있다.

10월경에 모습을 보이기 시작해 겨울 동안 번성하다 4월이 되면 쇠퇴하는데 성장 기간 내내 계속 번식하여 15cm 정도까지 자란다. 지형적으로 조류가 완만하고 물이 잘 드나들며 오염되지 않은 청정지역에서 잘 자란다. 수질이 조금이라도 오염되면 녹아 버리므로 깨끗한 환경 조성이 절대적이다. 채취는 겨울이 시작되는 11월부터 이듬해 2월까지 자연 채집 방식으로 이루어지므로 생산량이 일정치 않아서 시장가격의 변동 폭이 매우 큰 편이다. 게다가 보관이나 운반도 까다로운 편이라 인근 지역 내에서 소비되는 것이 대부분이다. 채취된 매생이는 포구에서 마을 아낙네들이 헹군 뒤 물기를 빼 적당한 크기로 뭉치는데 이를 '재기'라 하며 주로 정월 대보름날 향토 음식으로 많이 사용한다.

실제 조선 시대 때는 전남 해안지방에서 나는 특산물로 이름을 날려 임금님 진상품으로도 바쳐졌다. 정약전의 『자산어보(玆山魚譜)』에는 '누에 실보다 가늘고 쇠털보다 촘촘하며 빛깔은 검푸르다. 국을 끓이면 연하고 부드러워 서로 엉켜 잘 풀어지지 않는다. 맛은 매우 달고 향기롭다'고 상세하게 기술되어 있다. 『세종실록지리지(世宗實錄地理志)』를 비롯한 각종 지리지에 전남 해안의 토산품으로 소개되었으며, 중종 때 편찬된 『신증동국여지승람(新增東國輿地勝覽)』에는 전라도 장흥 나주 진도 강진 해남 고흥 등의 특산품이라고 해당 지명들이 열거되어 있다. 이 중 장흥군이 지리적표시 수산물로 신청하여 매생이의 본고장임을 신고했다.

특이한 점은 경상도나 전라북도 해안에서는 매생이가 특산품으로 소개되지 않아 전남 해안에 국한된 향토 음식이라는 점이다. 요즈음 겨울 별미로 포항의 과메기와 장흥의 매생이 칼국수가 손꼽히고 있다. 이 두 가지를 술안주로 차려놓고 마신다면 밤새 취하지 않을 것이란 주당들의 우스갯소리도 들린다. 추운 겨울 날씨에 매생이국을 한 사발 들이킨다

면 특유의 향과 맛뿐만 아니라 철분과 칼륨, 단백질 등을 듬뿍 섭취하게
되니 움츠렸던 몸이 거뜬해질 게 틀림없기 때문이다.

매생이의 효능을 열거해 보면
1. **동맥경화 및 고혈압 예방.** 섬유소가 풍부하여 몸 안의 노폐물을 제
   거하고 피를 맑게 해 콜레스테롤과 중성지방 치수를 떨어뜨리므로
   동맥경화와 고혈압을 예방한다.
2. **탈모 예방.** 다이어트나 출산으로 인한 체중감소는 탈모를 유발한
   다. 매생이의 고단백 성분이 이를 방지하는 효과가 있다.
3. **성장발육 촉진 및 골다공증 예방.** 매생이에 많이 함유된 철분과 칼슘
   이 어린이의 성장발육을 촉진하고 노인들의 골다공증을 예방한다.
4. **숙취 해소.** 콩나물보다 3배가 많은 아스파라긴산이 기본적으로 숙
   취를 해소하고 풍부한 알긴산이 위벽을 보호하며 고단백질이 간장
   기능을 향상시킨다.
5. **피부 미용.** 매생이에 많이 함유된 비타민 A, C가 매끄럽고 탱탱한
   피부를 만들어 준다.
6. **다이어트 효과 및 변비 예방.** 칼로리가 낮은 반면 식이섬유 함량이
   높아 적게 먹고도 포만감을 유지해 준다.
7. **위장 건강.** 소화 흡수가 잘 되어 위궤양, 십이지장궤양에 도움을 준
   다.
8. **원기회복.** 풍부하고 다양한 영양덩어리인 매생이를 자주 먹으면 허
   약체질 및 노약자 건강에 도움을 준다.
9. **체질개선.** 인스턴트식품 등으로 인한 산성화를 방지하여 인체를 약
   알칼리 상태로 유지해 준다.
10. **니코틴 중화.** 니코틴 중화 기능이 있어 흡연자에게 더없이 좋은
    해조류이다.

겨울 보약인 매생이도 잘 골라 먹어야 진짜 보약이 된다. 발이 가늘고 고우며 잡태가 섞이지 않은 것 중에서 눌러보아 물기가 적은 것을 고르는 것이 좋다. 빛깔은 어두운 초록빛을 띤 것을 골라야 하는데, 안 좋거나 오래된 것은 연둣빛을 띠므로 유의할 것. 장기간 오래 두고 먹으려면 옅은 소금물로 가볍게 헹군 후 이물질을 제거하고 손으로 꼭 짜서 물기를 없앤 다음 비닐랩에 납작하게 눌러 넣고 신문지로 포장하여 다시 한 번 더 비닐랩으로 이중 밀봉하여 냉동실에 보관하면 여름철에도 매생이를 맛볼 수 있다.

몇 해 전 박범신 원작의 〈은교〉라는 영화가 상영된 적이 있다. 그런데 원작에는 없는 매생이국이 등장해 화제였다. 은교를 둘러싼 노작가와 제자 간의 대립 구도를 은유적으로 표현하기 위한 매개체로 제자 서지우가 손수 매생이국을 끓여 스승에게 바치도록 설정한 것. 스승의 대필 작품으로 졸지에 유명작가 반열에 오른 제자에게 졸여져서 짠맛뿐인 매생이국은 눈에 가시다. "너에게 이렇듯 아름다운 음식을 어찌 맡기겠냐?" 못난 제자를 향한 스승의 한 마디는 분노에 가깝다. 그 장면을 떠올리며 매생이국 제대로 끓이는 법을 간단히 소개한다.

이물질을 제거한 매생이와 1인분 기준으로 굴 5개 정도를 준비한다. 재료 준비가 끝났으면 우선 무로 육수를 낸 물을 끓인다. 물이 끓기 시작하면 굴을 넣고 1분 정도 끓이다가 매생이를 되직할 정도로 넣는다. 양념은 소금과 후추 약간만 넣어 간하면 된다. 이때 유의할 점은 굴을 너무 많이 넣지 말고 파로 모양을 내선 안 된다는 점이다. 굴이 많이 들어가면 매생이 그 자체의 향이 안 나고 파는 해조류랑 궁합이 안 맞는 음식이므로 피하는 것이 좋다. 단순하면서도 섬세한 매생이국은 절제의 미학이 담긴 음식이기 때문이다.

미꾸라지

미꾸라지처럼 이리저리 잘도 헤엄쳐
피해 다니는 최씨를 잡느라 진땀을 뺐다

　2012년 가로 45cm, 세로 15cm 크기의 좁은 배식구로 달아나 '미꾸
라지 탈옥 사건'으로 화제를 모았던 탈주범 최갑복에 대한 경찰관계자
의 증언이다. 이처럼 미꾸라지(Chinese weatherfish)는 미끄럽다는 뜻
의 '미끌'에 작은 것을 나타내는 '–아지'가 붙어 탄생된 그야말로 미끄러
운 물고기이다. 반면 생김새가 흡사한 미꾸리(Oriental weatherfish)의
어원은 좀 색다르다. 미꾸리는 물속 산소가 부족할 때마다 물위로 올라
와 들이마신 공기로 창자에서 호흡을 하는데 이때 생성되는 이산화탄소
가 방울방울 똥구멍으로 나오는 모습에서 '밑이 구린 놈'이란 뜻의 밑구

리로 부른 것이 밋구리〉미꾸리로 변한 것이라 한다. 『동의보감(東醫寶鑑)』에서는 밋구리(한자로는 鰍魚), 『난호어목지(蘭湖漁牧志)』에는 밋구리(한자로는 泥鰍:진흙속 물고기)로 표기하고 있다.

　우리나라를 비롯하여 중국, 대만 등에 분포하는 미꾸라지는 미꾸리의 사촌 격으로 잉어목 미꾸리과에 속하는 민물고기이다. 황갈색 바탕에 등 쪽은 검은색, 배 쪽은 회색을 띤다. 미꾸리와 굉장히 비슷하게 생겨 구별하지 않고 부르는 경우가 많지만 생김새에서 다소 차이가 난다. 15~20cm까지 자라는 미꾸라지의 몸은 미꾸리보다 크며 전체적으로 가늘고 길다. 몸통이 둥근 미꾸리에 비해 세로로 더 납작하며 머리가 더욱 납작하다. 또한 입 주변에 난 수염의 길이가 미꾸리보다 길어 3번째 수염의 길이는 눈 지름의 4배에 달한다. 수컷보다 암컷이 크고 가슴지느러미가 암컷은 둥글고 짧은 반면 수컷은 가늘고 길다. 몸 옆면에 작고 까만 점이 흩어져 있고 등과 꼬리지느러미에도 작은 반점이 생긴다. 비늘이 미꾸리에 비해 크고 머리에는 비늘이 없다.

　주로 강 하류, 물 흐름이 느리거나 고여 있는 연못, 논, 늪 등 진흙이 깔려있는 곳에서 산다. 물이 맑지 않은 3급수 정도의 물에서도 잘 견디며 진흙 속에 자주 들어간다. 가뭄이 들거나 온도가 떨어지면 진흙 속에서 휴면을 취하고 물속 산소가 부족할 때에는 창자로 공기 호흡을 한다. 동물성 플랑크톤과 모기 유충인 장구벌레, 진흙 속 유기물질을 먹고 살며 대개 밤에 활동한다. 하루에 미꾸라지 1마리가 잡아먹는 모기 유충 수가 1,100여 마리에 달해 해마다 모기 방제작업으로 미꾸라지를 방류하여 큰 효과를 얻고 있다. 물이 불어나는 4~6월 사이에 짝짓기가 시작되고 이때 수컷은 암컷 몸을 감아서 알을 낳도록 유도한다. 낳은 알은 수초(水草)에 붙이는데 보통 2일 만에 부화한다.

'남원 미꾸라지'가 민물고기로는 국내 처음으로 제13호 지리적표시 수산물로 등록되었다. 2011년 남원추어산업협의회가 지역 토종인 '남원 미꾸리'로 신청한 것을 관련 심의회가 통칭되는 '남원 미꾸라지'로 바꾸어 등록할 것을 권고하여 이를 받아들인 결과이다. 2012년 9월 현재 '남원'을 상호로 쓰는 추어탕집이 전국적으로 400곳이 넘고 남원 현지에선 30여 곳의 추어탕집이 광한루원 옆에 '추어거리'를 이루고 있다. 미꾸라지 양식장은 41곳, 치어를 공급하는 종묘 농가도 6곳에 달해 남원 미꾸라지와 추어탕의 명성을 뒷받침하고 있다.

그런데 인구 8만의 소도시인 남원이 추어탕으로 명성을 쌓게 된 배경을 살펴보면 섬진강과 지리산이 자리한다. 시내에는 섬진강 지류들이 핏줄처럼 엉켜 있어 미꾸리든 미꾸라지든 잡을 수 있는 곳이 많고, 지리산이 가까이 있어 토란대와 무시래기, 고사리 등 탕에 넣을 부재료들을 쉽게 구할 수 있었다. 그러니 추어탕을 해 먹을 기회가 다른 곳보다 많을 수밖에.

미꾸라지는 7월에서 11월 사이가 제철이다. 가장 살이 찌고 맛이 좋아 이때의 추어탕은 가을철 보양식으로 인기가 높지만 맛이 예전만 못하다고 불평하는 이가 적지 않다. 이유인즉슨 맛이 상대적으로 구수한 미꾸리 대신 식당들이 죄다 미꾸라지를 쓰기 때문이다. 최근 남원시는 미꾸리 추어탕 복원에 역점을 두고 있다. 추어탕 감으로 쓰려면 15cm 이상 크기가 되어야 하는데 이 정도 기르려면 성장이 빠른 미꾸라지는 1년 남짓 걸리지만 미꾸리는 2년을 넘겨야 한다. 중국산 미꾸라지 치어를 양식하는 대신 힘들여 토종 미꾸리를 보호 육성하겠다는 것이다. 머지않아 전국 어디서건 토종 미꾸리로 만든 남원추어탕을 맛볼 날이 올 것을 기대한다.

추어탕은 미꾸라지를 푹 고아 살만 바르거나 뼈째 곱게 갈아서 여러 가지 채소를 넣고 양념하여 끓이는 토속음식이다. 지역에 따라 조리법이 전라도식, 경상도식, 서울식으로 나뉘는데 경상도식과 전라도식은 미꾸라지를 삶아 얼망에 걸러내는 방식은 비슷하나 부재료가 다르다. 경상도식은 토란대, 고사리, 숙주나물을 넣고 전라도식은 된장과 들깨즙을 넣는다. 서울식은 사골 삶아낸 육수에 두부, 버섯 등을 넣고 끓이며 미꾸라지를 갈지 않고 통으로 넣는 것이 특징이다.

1850년께 발간된『오주연문장전산고(五洲衍文長箋散稿)』를 보면 미꾸라지로 만든 '추두부탕(鰍豆腐湯)'을 국내 최초로 소개하고 그 요리법을 자세히 설명하고 있다. "미꾸라지를 항아리에 넣고 하루에 3번씩 물을 갈아주면서 5~6일이 지나면 진흙을 다 토해낸다. 솥에다 두부 몇 모와 물을 넣고 여기에 미꾸라지 50~60마리를 넣어 불을 지피면 미꾸라지는 뜨거워서 두부 속으로 기어든다. 더 뜨거워지면 두부의 미꾸라지는 약이 바싹 오른 상태로 죽어간다. 이것을 썰어 참기름으로 지져 탕을 끓이는데 경성의 관노들 사이에 성행하는 음식으로 독특한 맛을 즐길 수 있다."『동의보감(東醫寶鑑)』에는 '추어가 맛이 달며 성질이 따뜻하고 독이 없어 비위를 보하고 설사를 멈추게 한다.'고 전한다.『본초강목(本草綱目)』또한 '뱃속을 따뜻하게 데워주고 원기를 북돋우며 술을 빨리 깨게 할 뿐만 아니라 발기불능에도 효과적인 강장식'이라 소개한다. 그래서 예로부터 추어는 병을 앓고 난 다음 몸이 많이 허약해졌을 때나 입맛이 없고 지쳤을 때 탕을 끓이거나 어죽으로 쑤어 먹었다.

또 추어탕에 함께 넣는 시래기나 우엉은 식이섬유소가 풍부하며, 향신료로 쓰는 산초는 건위, 소염, 이뇨작용뿐 아니라 위장을 자극해서 신진대사 기능을 촉진해주므로 추어탕의 영양가를 한층 더 높여주어 대표적인 궁합 음식으로 통한다. 한편 미꾸라지 요리는 손질을 잘해야 한다. 표면의 점액질에 디스토마균 등 세균이 서식할 수 있기 때문이다. 굵은 소금으로 점액 물질을 깨끗이 제거한 후에 반드시 끓여 먹어야 한다. 이 때 우엉을 넣는 것도 좋은데 우엉은 미꾸라지 특유의 미끈미끈한 점액 질을 흡수한다.

　미꾸라지는 소화 흡수가 잘되는 양질의 단백질뿐만 아니라 불포화지 방산과 칼슘, 각종 비타민 등 다양한 영양소가 함유되어 있다. 특히 미 꾸라지의 알과 난소에 많이 들어있는 비타민 A, D를 손실 없이 섭취할 수 있고 뼈째 먹어 멸치보다 더 많은 칼슘도 섭취하게 된다. 미끈미끈한 점액질에 많이 함유된 콘드로이틴 황산은 단백질과 결합하여 콜라겐과 더불어 세포간 물질의 주성분을 이루며 몸속에서는 주로 연골, 진피 등 에 존재한다. 나이가 들수록 줄어드는 콘드로이틴이 결핍되면 피부조직 의 탄력성이 떨어지고 세포조직이 쉽게 손상되며 질병에 대한 저항력도 떨어진다. 따라서 콘드로이틴을 추출한 비싼 가격의 달팽이 크림 대신 추어탕 한 그릇으로 피부 건강도 지키고 몸보신도 하는 것이 어떨까.
　전라도식 추어탕 만드는 법을 소개한다.

미더덕

....

제16호 지리적표시 수산물 – 창원 진동 미더덕

미더덕에 발목 잡혀 살아온 세월이 벌써 34년,
그동안 1만6천여 명의 제자가 나를 떠났다.
그들이 이제 마산을 지키고 있다.
세월의 배를 함께 타고 가노라면 노잡이는 항상 그들이 된다.

　세월의 무상함을 느끼게 하는 시인 공영해의 수필 일부이다. 제목을 〈
미더덕에 발목 잡힌 세월〉이라 붙였을 정도로 그는 마산 어시장 좌판의
비리도록 싱싱한 아침을 잊지 못한다. 얼마 전 마산–창원–진해가 한데
묶여 통합도시 창원으로 거듭났지만 인접한 진해 태생인 나로서도 그곳
의 아구찜, 미더덕찜 맛에 발목 잡혀 있기는 마찬가지이다.

　측성해초목 미더덕과에 속하는 무척추동물인 미더덕은 멍게와 유사하
며 크기는 좀 작다. 우리나라의 삼면, 일본, 시베리아 연안에서 흔히 볼
수 있는 종으로 일본에서도 '에보야(えぼや)'라 부르며 식용한다. 향이

독특하고 씹히는 소리와 느낌이 좋아 여러 요리에 사용되고 있고 진해만을 중심으로 남해안의 특산물로 알려져 있다. 양식장과 배 바닥에 많이 붙어 자라는데, 마산 합포 진동면 일대가 전체 미더덕 어획량의 70%를 차지하고 있다.

긴 타원형이고 5~10cm 크기의 손가락만 한 몸에 자루가 붙어 있어 이 자루를 통해 바닥과 붙는다. 물을 빨아들이는 입수공과 물을 내보내는 출수공이 몸 앞쪽 끝에 있으며, 입수공은 배 쪽으로 약간 굽었고 출수공은 앞쪽을 향해 있다. 몸의 빛깔은 살아가는 곳의 주변 색깔에 따라 다른데 황갈색에서 회갈색, 등황색이며 몸 안쪽은 흰색이다. 몸의 표면은 가끔 해면, 히드라, 군체, 멍게로 덮여 있다.

한 개체에 난소와 정소가 모두 있는 자웅동체이지만 자신의 난소와 정소를 수정시키지 않고 서로 생식 세포를 교환하여 유성 생식을 한다. 7~9월에 수온 15~21도 정도에서 산란한다. 어릴 때에는 동물성 플랑크톤으로서 해류를 따라 떠다니다가 이후에 바닥에 붙어 자란다. 3~4월이 주 성장기로 2~15도 정도의 찬물에서 살고 20도 이상의 수온에서는 잘 자라지 못한다. 먹이는 식물성 플랑크톤을 먹는다. 4~5월이 수확기인데, 이때 미더덕은 그 이후에 수확된 것에 비해 맛 성분인 유리 아미노산의 함량이 1.8~2.2배 높고 EPA, DHA도 많다.

정약전은 『자산어보(玆山魚譜)』에 미더덕을 '음충(淫蟲;음탕한 벌레라는 뜻)'이라 칭하고 '모양은 양경(陽莖)을 닮아 입이 없고 구멍이 없다. 물에서 나와도 죽지 않는다. 볕에 말리면 위축되어 빈 주머니 같이 된다. 손으로 때리면 팽창한다. 즙을 낼 때는 털구멍에서 땀을 흘리듯 하며, 가늘기가 실이나 머리칼 같고 좌우로 비사(飛射)한다. 빛깔은 회색이다.'라고 재미있게 묘사하고 있다.

미더덕은 물을 의미하는 고대 가락국 말인 '미'에 '더덕'이 합쳐진 말이다. '바다에서 나는 더덕'이라는 뜻인데 생김새도 더덕과 비슷한 데다 껍질도 두툼하여 더덕처럼 벗겨 먹어야 한다. 미더덕의 대용품으로 널리이용되는 오만둥이는 미더덕과는 사촌지간으로 경상도 말로 '오만 데 다붙는다'고 해서 붙여진 이름이다. 지역에 따라 오만디, 통만디, 만득이,흰멍게, 썰미 등의 다양한 이름으로 불리는데 미더덕에 비해 껍질이 두꺼우면서도 부드러워 껍질째 먹는다. 향은 미더덕보다 다소 떨어지나오독오독 씹는 느낌이 좋아 젊은 층이 선호한다. 한편 미더덕을 터트릴때 나오는 물은 미더덕이 먹이로 먹은 미역이나 다시마 등이 소화된 액체이므로 요리할 때 이를 빼내지 말고 함께 조리해도 무방하다.

미더덕은 향미와 씹는 느낌이 독특하여 음식 재료로 많이 쓰인다. 된장국을 끓일 때 넣거나 각종 해산물을 이용한 탕, 찜, 찌개류에 사용된다. 알이 작거나 껍질을 깔 수 없는 것은 맛이 좋지 않으니 유의할 것.특별히 끓인 음식 속의 미더덕은 요주의해야 한다. 그냥 터트려 먹다가는 입 천장을 데이기 일쑤. 천천히 식혀 먹는 지혜가 필요하다.

최근 미더덕의 영양 성분에 관한 연구가 활발히 진행되고 있다. 열량과 콜레스테롤은 적게 포함하면서 비타민E, 비타민B의 일종인 엽산, 비타민C, 철분, 고도불포화 지방산인 EPA, DHA 등이 들어있는 것으로보고되었다. 지금까지 밝혀진 미더덕의 효능을 살펴보면

1. 혈중 콜레스테롤을 개선하여 성인병 예방 및 학습기능 향상에 탁월한 효과가 있다. 불포화지방산인 EPA/DHA의 조성비가 45%로 멸치, 정어리, 고등어 등 등푸른생선보다 오히려 높다.
2. 칼로리가 낮아서 다이어트에 도움이 되며 비타민 성분이 골고루 함유되어 있어서 피부미용에도 좋다.
3. 카로티노이드계 항산화 물질이 들어있어 유해 활성산소를 억제하

고 DNA 손상을 막아주어 노화 방지에 큰 도움을 준다.

4. 타우린, 아스파라긴산 등 기능성 물질이 함유되어 있어서 간 기능 보호에도 도움을 준다.

최근 경남대 식품생명학과 연구팀은 미더덕에 함유되어있는 단백질이 혈압상승을 유발하는 안지오텐신 전환효소를 억제하는 것을 밝혀내고 이를 국제 학술지에 발표했다. 미더덕 껍질을 벗겨내듯 하나하나씩 그 진가가 드러나고 있는 셈이다.

흔히 해물찜 속에 들어가는 것을 모두 미더덕으로 부르지만 알고 보면 오만둥이 일색이다. 3월에서 5월 사이가 제철인 미더덕은 통째로 먹는 오만둥이와는 달리 과일 깎듯 껍질을 벗겨 먹어야 한다. 좋은 미더덕은 울퉁불퉁하지 않고 매끈하게 생긴 놈을 골라야 한다. 해마다 4월 중순이면 경남 창원에선 〈진동미더덕축제〉가 열린다. 미더덕의 진미를 맛보고 싶은 분은 한 번 다녀가 보시라.

< 콩나물미더덕찜 만드는 법 >

재료. 미더덕 300g, 콩나물 300g, 미나리 150g (육수) 다시마 10x10cm 1장, 양파 1/2개, 무 1/3개, 국물용 멸치 5마리, 물 5컵 (양념) 고춧가루 2큰술, 다진 생강 1/2작은술, 간장 1작은술, 다진 마늘 1/2큰술, 녹말·육수 1+1/2컵씩, 소금·후춧가루 약간씩, 참기름 적당량

1. 미더덕은 물에 헹구고, 콩나물은 꼬리를 제거한다. 미나리는 씻어서 5cm 길이로 자른다.

2. 냄비에 분량의 물을 붓고 다시마, 무, 양파, 국물용 멸치를 넣어 끓인다.

3. 속이 깊은 냄비에 ②의 육수, 미더덕, 고춧가루, 다진 생강, 간장 등의 재료를 넣고 센 불에서 5분 정도 살짝 끓인다.

4. ③의 미더덕에 ①에서 손질한 콩나물과 미나리를 넣고 센 불에서 1~2분간 살짝 볶는다. 콩나물과 미나리가 숨이 죽으면 다진 마늘과 참기름을 넣고 섞는다.

5. 육수 1/4컵에 멍울이 생기지 않게 녹말을 풀어 넣은 다음 30초 동안 살짝 볶는다.

미역

> 생일은 어머니가 나를 낳기 위해 산고의 고통을 겪으신 날이다.
> 아이를 낳을 때 피를 많이 흘리니까 몸에 좋은 미역국을 먹는다.
> 미역국을 먹으며 어머니의 고통을 생각하라는 의미다.

　일본 공연 중 생일을 맞은 동방신기 멤버에게 일본의 방송 프로그램 진행자가 한국에서는 어떤 식으로 생일을 축하하냐는 질문을 던지자 '미역국을 먹는다'고 답하며 설명한 내용이다. 한국의 문화를 제대로 알렸다는 네티즌들의 반응으로 화제가 된 적이 있었던 '생일 국 = 미역국' 유래는 멀리 고려 시대로 거슬러 올라간다.

　당나라『초학기(初學記)』에는 '고려 사람은 새끼를 낳은 고래가 미역을 뜯어 먹는 것을 보고 산모에게 미역국을 먹인다.'고 기술하고 있다. 조선 후기 실학자인 이규경의 책에도 '갓 새끼를 낳은 어미 고래가 어떤 사람을 삼켰는데 고래 뱃속에 미역이 가득하고 그 미역이 오장육부 속 나쁜 피를 물로 변하게 하는 것을 목격했다. 천운으로 살아 돌아온 그 사람에 의해 고래가 산후조리에 미역을 먹는다는 사실이 확인되면서 산모들에게 미역국을 끓여 먹도록 했다'는 것이다. 민간에서는 산후선약(産後仙藥)이라 하여 출산 후 첫국밥으로 미역국을 먹였는데 이때 사용하는 해산미역으로는 넓고 긴 것을 고르고 값을 깎지 않고 사 오는 풍습이 생겼다. 이후 산고의 고통을 함께 나눈다는 의미로 생일 국으로 발전했다.

미역 명칭의 유래는 『삼국사기(三國史記)』에서 찾아볼 수 있는데, 고구려 시대 '물'을 '매(買)'로 대응해 썼으며 모양새가 여뀌의 잎과 비슷하여 물+여뀌, 즉 '매역'으로 불렀다가 후에 미역으로 바꿔 부른 것으로 전해진다. 『고려도경(高麗圖經)』에는 '미역은 귀천 없이 널리 즐겨 먹는다. 맛이 짜고 비리지만 오랫동안 먹으면 먹을 만하다.' 하였고, 『고려사(高麗史)』에는 '제26대 충선왕 재위 중 원나라 황태후에게 미역을 바쳤다'고 기록되어 있으며 중국에 수출한 기록도 남아 있다.

『자산어보(玆山魚譜)』에는 '임산부의 여러 가지 병을 고치는데 이보다 나은 것이 없다'고 하였고, 『동의보감(東醫寶鑑)』에는 '해채(海菜), 즉 미역은 성질이 차고 맛이 짜며 독이 없다. 열이 나면서 답답한 것을 없애고 기가 뭉친 것을 치료하며 오줌을 잘 나가게 하는 효능이 있다'고 기술하고 있다.

갈조류 다시마과에 속하는 미역은 한국과 일본의 특산물이다. 한류와 난류가 만나는 지역을 제외하고 전국의 연안에 자생하고 있으며 해체, 감곽, 해대, 자채 등으로도 불린다. 자연산 미역은 간조선 부근에서 점심대(漸深帶)의 바위 위에 생육하고 봄−초여름에 가장 무성하여 줄기의 하부에 포자엽을 형성한다. 여기에 형성된 유주자(遊走子)는 끝이 뾰족한 난형-가지 모양이고 크기는 약 9 마이크로미터, 장단 2개의 편모를 이용해 헤엄쳐 바위 등에서 발아하고 미세한 실 모양의 배우체가 되어 여름의 고온 시기를 지낸다. 가을까지 수정란이 발육을 거듭하여 미역 줄기가 형성된다. 겨울에서 봄에 걸쳐 주로 채취되며 이 시기가 가장 맛이 좋다. 현재는 양식도 활발하여 유주자를 붙인 가는 실을 여름-가을 사이 실내에서 배양하여 가을에 천연 시설로 옮겨 포자체를 성장시키는 방식으로 봄-초여름에 주로 채취한다. 미역은 1년생 해조류로 뿌리는 섬유상이고 줄기는 한 개가 편원형이고 다시 그 위에 10cm가량 뻗어 잎의 증맥을 형성한다. 흑갈 혹은 황갈색 표면에 점상의 점액세포가 있다.

미역의 주산지는 전남지역이 68%로 가장 많고 경남이 20%, 경북, 강원의 순이다. 이 중 전남지역 대표로 완도 미역과 고흥 미역이, 경남지역 대표로 기장 미역이 각각 지리적 표시상품으로 등록되었다. 말린 미역 100g에는 단백질 15g, 지방 1g, 탄수화물 35g, 나트륨 6.1g, 칼륨 5.5g, 칼슘 960mg, 외에 철분, 요오드, 비타민, 식이섬유 등이 풍부하다. 특히 미역의 칼슘 함량은 같은 양의 분유와 맞먹고 신진대사가 왕성한 임산부에게 부족하기 쉬운 요오드가 다량 함유되어 있어 산후에 미역국을 먹어 온 우리 선조들의 지혜가 돋보인다. 미역의 미끈미끈한 점액질은 알긴산이라는 물질로서 아이스크림, 면류, 과자, 잼 등 여러 식품의 끈기를 내는데 많이 이용되고 공업용 풀로도 사용되고 있다. 또 미역과 다시마 속에 들어있는 염기성 아미노산의 일종인 라미닌은 혈압을 내리는 작용을 한다.

미역의 효능을 정리해 보면
1. 강압작용. 미역에 들어있는 히스타민을 비롯한 강압 물질들이 부작

용 없이 혈압을 낮추어 준다.

2. **항암작용.** 미역에 다량 존재하는 산성 다당체인 퓨코이딘이 체내 면역력을 높이고 다양한 생리활성작용을 나타내어 암을 억제한다. 미역의 생식기관인 미역귀에서 추출한 물질이 암세포 및 ATL(Adult T-cell Lymphoma; 성인T세포림프종) 바이러스 증식 억제가 있고, 미역의 베타카로틴이 활성산소를 제거하여 암 억제 효과를 더해준다. 헬리코박터 파이로리균이 위장관에 부착하는 것을 억제하고 장 운동을 활발하게 함으로써 위암이나 직장암 예방 효과도 크다.

3. **항응혈작용.** 미역은 헤파린과 흡사한 항응혈작용을 갖는다. 혈액 중의 지방질을 깨끗이 청소하고 없애주며 유해한 LDL 콜레스테롤을 줄여주는 대신 유익한 HDL 콜레스테롤을 증가시킨다.

4. **해독작용.** 미역 속의 점액 성분과 다당류는 콜레스테롤의 체내 흡수를 방해하고 농약, 중금속 등을 흡착 배설시키는 효과가 매우 크다.

이처럼 암 예방 등에 뛰어난 식품이라지만 조리 방법에 따라 그 효과가 반감되기도 한다. 말린 미역에는 적지 않은 나트륨 성분이 존재하므로 물에 적당히 불린 후 조리함은 물론 너무 짜거나 맵지 않게 양념하도록 유의하고 굽거나 튀기는 조리법은 삼가는 것이 좋다.

미역의 대가리 부분에 해당하는 미역귀의 점액질은 알긴산과 후코이단 성분이 매우 풍부하다. 오래 끓이면 영양 손실이 발생하므로 생으로 먹는 것이 좋다. 잘게 썰면 식감과 해조류의 풍미가 증가하고 식초를 섞어 먹을 경우 알긴산의 체내 흡수율을 증가시키므로 초고추장 무침으로 먹을 것을 추천한다. 알긴산은 장 속에서 콜레스테롤, 나트륨과 결합해 이물질을 몸 밖으로 배출시켜 장관 면역에 도움을 주고, 미역보다 7배 많은 미역귀의 후코이단은 암세포의 자살을 유도해 항암효과를 낸다.

송어

거울 같은 강물에 송어가 뛰노네,
살보다 더 빨리 헤엄쳐 뛰노네
나그네 길 멈추고 언덕에 앉아서
거울 같은 강물에 송어를 보네

　슈베르트의 가곡 〈송어〉는 1817년에 작곡되었다. 22세이던 그해 여름, 명가수인 친구 포글러와 북오스트리아로 연주 여행 중 첼리스트이자 광산업자였던 바움가르트라는 사람의 집에 묵게 되었는데, 그의 의뢰에 의해 지어진 곡이다. 송어가 살아 움직이듯 싱싱함을 느끼게 하는 곡조로 해서 음악애호가들의 사랑을 듬뿍 받고 있다.

　학명이 Oncorhynchus masou Brevoort인 송어는 연어과에 속하는

회귀성 바닷물고기이다. 연어보다 둥글고 작으며 다소 측편(側偏)하고 주둥이가 연어보다 둔하다. 등 쪽은 농남색, 배 쪽은 은백색이고 옆구리에는 암갈색의 반점이 있다. 몸길이는 60cm에 달하고 경상남도 이북의 동해안에 분포한다. 5, 6월경에 하천을 거슬러 올라와 8~10월경에 수컷이 만든 상류 쪽 여울의 산란장에서 알을 낳은 다음 생을 마감한다. 부화된 치어는 1~2년간 하천에서 살다가 9, 10월에 다시 바다로 내려가고 2, 3년간 바다에서 살다가 모천(母川)으로 회귀한다.

조선 헌종 때 이규경이 지은『오주연문장전산고(五洲衍文長箋散稿)』에서는 "북관(北關 ; 지금의 함경도) 바다에서 나는데, 매년 5, 6월에 떼를 지어 강에 들어온다. 산골짜기 시내에 이르러 석벽을 만나면 거길 올라가 암석과 소나무에 몸을 마찰시켜 뼈가 드러나면 떨어지는데, 몸에서 소나무 향기가 난다 하여 송어(松魚)라 이름 붙여졌다"고 하였고, 조선 정조 때 서유구가 지은『난호어목지(蘭湖漁牧志)』에서는 "동북 강해(江海) 중에 나며 모양이 연어와 비슷하나 더 살이 찌고 맛이 있다. 살의 빛깔이 붉고 선명하여 소나무 마디와 흡사하므로 그 이름을 송어라 한다." 고 기록하고 있다.『세종실록지리지(世宗實錄地理志)』와『신증동국여지승람(新增東國輿地勝覽)』에 각각 함경도, 강원도와 경상도 일부 지방의 토산물로 수록될 만큼 예로부터 특산 진미(珍味)로 이름을 날렸다.

그러나 어획량은 그리 많지 않아서 일제 시대 때 가장 많이 잡았을 때도 3,000M/T 미만이었다. 오늘날 남한에서는 하천오염으로 인해 자연산 토종 송어는 멸종 위기에 놓여있다. 송어는 평균 수온 7~13℃의 맑은 물에서만 사는 까다로운 냉수성 어종으로 우리나라, 일본, 러시아 등지에 분포하지만, 오늘날 우리가 먹는 송어의 대부분은 지역 토착의 양식 송어인 무지개송어(Rainbow Trout)이다.

무지개송어는 원산지가 북아메리카와 러시아로서, 성어(成魚)가 되면 붉은색으로 옆줄이 생기는데 비스듬히 보면 무지개빛이 보여 붙여진 이름이다. 여러 송어류 중 환경적응력이 뛰어나 양식 어종으로 전 세계에 널리 보급되어 있다. 우리나라도 1965년 어류학자인 정석조 씨가 미국에서 수정된 알을 들여와 강원도 평창의 동강 자락인 미탄면 일대에 양어장을 연 것이 시초다. 청정 자연을 자랑하는 강원도 지역은 전국 송어의 절반 이상을 생산하는 대표적인 송어 양식지로 발돋움하였다. 특별히 맑고 차가운 계곡물에서 자라 기름지고 찰진 육질을 자랑하는 평창 송어는 제23호 지리적표시 수산물로 등록되어 그 진가를 빛내고 있다.

토종 송어를 대신하는 무지개송어는 사시사철 먹을 수 있지만, 겨울에서 봄까지가 가장 맛있다. 이때의 송어가 살이 단단하고 고소한 맛이 강해서이다. 만 1년 된 놈을 '햇송어'라 부르고, 봄을 넘기고 2년째로 접어들면서 암수 성징이 나타나는 놈을 '묵은송이'라 부르는데, 봄에 수정시킨 춘란이나 가을에 수정시킨 추란보다는 겨울에 수정시킨 동란 햇송어를 최고로 친다. 반면 묵은송어는 맛이 덜하여 낚시터 등에 레저용으로 내보내진다.

자연산 송어는 민물에서 부화하여 바다로 나가 자라고 다시 민물로 돌아와 산란한다. 특이한 점은 바다로 오가는 송어의 대부분은 암컷이다. 수컷은 대체로 민물에 남는데 이렇게 민물에서만 자라는 송어를 '산천어'라 부른다. 한편 양식 송어의 경우에는 짠물을 만날 일이 없다보니 암수 구분 없이 모두 산천어이다. 영화 〈흐르는 강물처럼〉에 등장하는 대형 물고기가 바로 바다에서 민물로 돌아온 무지개송어인데, 그 기골이 워낙 장대하여 강철 머리라는 뜻으로 Steelhead라 부른다. 안타깝게도 우리나라에선 당장에 볼 수 없다. 평창의 기화천이나 내린천 등지에 양식장에서 탈출한 무지개송어들이 야생화되어 서식하기 시작하였다

하니 머잖아 이곳에서 영화 속 장관을 보게 될 날을 기대할 뿐. 무지개 송어는 두 번째 맞는 겨울에 산란을 하고 사람이 인공으로 짜 주지 못하면 알과 이리를 몸에 가득 안고 죽음을 맞이한다. 그러니 양식 무지개송어는 인공 부화될 새끼들만 남겨놓은 채 흐르는 강물을 그리워하며 짧은 생을 마감하지 싶다.

송어의 영양성분을 살펴보면 100g 기준으로 니아신 9.80mg, 나트륨 110.00mg, 단백질 21.00g, 당질 0.10g, 레티놀 26.00μg, 비타민A 26.00μg RE, 비타민B1 0.46mg, 비타민B2 0.12mg, 비타민B6 0.40mg, 비타민C 1.00mg, 비타민E 1.40mg, 아연 0.46mg, 엽산 12.20μg, 인 263.00mg, 지질 3.40g, 철분 1.30mg, 칼륨 400.00mg, 칼슘 35.00mg, 콜레스테롤 58.00mg, 회분 1.70g 등이다.

저지방 고단백 식품인 송어는 다이어트는 물론 칼슘과 인이 풍부하여 여성들의 골다공증 예방에 도움을 준다. 또 불포화지방산인 EPA와 DHA가 많이 포함되어 있어 어린이의 두뇌 발달과 노인들의 치매 예방에도 효과적이다. 1급수에서만 사는 송어는 식중독이나 콜레라, 디스토마로부터 안전해 연중 안심하고 먹을 수 있다는 점도 큰 장점이다.

앞서 말한 대로 송어는 덩치가 큰 묵은송어 보다 살에 윤기가 나면서 붉은빛을 띤 1kg가량의 햇송어를 골라야 한다. 섭취방법은 생선회로 많이 먹으며, 간장과 생강, 마늘 파 등을 넣고 구워 먹거나, 고추장과 고춧가루를 넣어 칼칼하게 매운탕이나 조림, 찜으로도 먹기도 한다. 최고의 궁합 음식으로는 볶은 콩가루를 들 수 있다. 송어회에다 볶은 콩가루, 상추, 오이, 초고추장을 버무려서 비벼 먹으면 비타민A, B군이 풍부하고 맛이 담백한 송어회에 단백질이 많은 볶은 콩가루가 곁들여져 고소하고 쫄깃한 최상의 영양식이 되기 때문이다.

< 송어호일구이 만드는 법 >

재료. 송어 1마리, 버섯, 당근, 양파, 버터, 청주, 소금, 후추,
　　　콘소메(치킨스톡, 볶음양념시즈닝, 허브 등 교체 가능), 쿠킹호일

1. 손질된 송어를 우유에 담가 비린내를 제거한다.(소주를 뿌려도 됨)
2. 소금과 후추로 밑간을 한다.
3. 밑간을 한 송어에서 물이 나오면 키친타올로 닦아 준다.
4. 양파, 당근은 채 썰고 버섯은 먹기 좋게 뜯어놓는다.
5. 양파, 당근, 버섯을 깐 뒤 그 위에 올린 송어 위에 버터를 올려 마감한다.
   (치킨스톡, 허브 등 여러 가지 양념을 토핑하면 풍미가 더해짐)
6. 호일로 송어를 덮어주고 약불에서 15~20분 정도 찌듯이 굽는다.
7. 송어구이를 기름이 흐르지 않도록 그릇에 담는다.

　평창은 2018년 동계올림픽을 성공적으로 치르면서 관광객들이 부쩍 늘었다. 코로나로 인해 잠시 주춤거리고 있지만 맑은 강물에서 노니는 송어 떼처럼 세계 각국에서 모여든 선수들이 마음껏 실력을 발휘했던 열기가 한겨울 〈평창송어축제〉를 통해 되살아나기를 바란다.

우럭(조피볼락)

고기를 잡으러 바다로 갈까나
고기를 잡으러 강으로 갈까나

〈반달〉, 〈따오기〉, 〈산바람 강바람〉 등 우리 귀에 익숙한 동요를 많이
지은 윤극영이 1927년 작사 · 작곡한 동요 〈고기잡이〉의 1절 가사이다.
경남 진해가 고향인 나로서도 어린 시절부터 동무들과 개울이든 바닷가
로 고기잡이를 나설 때면 자주 불렀던 노래이다.

횟감으로 넙치(광어)와 쌍벽을 이루며 우럭으로 더 잘 알려진 표준어
조피볼락은 분류상 쏨뱅이목 양볼락과에 속하는 크기 30~40cm 정도
의 바닷물고기다. 양볼락과에는 50여 종의 어류가 포함된다. 이 중 조
피볼락(우럭), 불볼락(열기), 황해볼락, 띠볼락 등이 대표적이다. 우럭
은 볼락과 마찬가지로 난태생(卵胎生)이다. 처음에는 노란색 알을 품고
있다가 시간이 갈수록 이것이 검어지는데, 체내에서 부화하여 아주 작
은 치어들을 낳는다. 치어들은 연안 가까운 바위 혹은 항구의 내만으로

이동하여 성장한다. 볼락류 중에서 가장 크게 성장하는 어종으로 큰 놈은 강아지만 하다 해서 '개우럭'이라 불린다. 실제로 남해 고흥 앞바다에서 잡힌 73cm 크기가 최대 월척이다.

서해 주요 산지 중 신안군이 처음으로 건우럭(Dried Rockfish)을 지리적표시 수산물로 등록했다. 우럭은 성어가 될수록 이동 폭이 좁은 습성을 보여 양식에 매우 적합한 어종이다. 넙치와 같이 양식 비율이 90% 정도를 차지하는데, 흑산도 가거도 홍도 등 천혜의 섬들이 자연산에 버금가는 양식 어장 조건을 갖춰 육질이 단단하여 씹는 맛이 탁월하다는 평이다. 생산현황을 살펴보면 470여 어가(漁家)에서 연간 4,700여 톤을 생산, 연소득이 600억 원에 이른다. 흑산도에 적을 둔 (사)신안군우럭양식협회 관계자는 "유네스코 생물 보전 지역으로 선정된 흑산도 일대는 최적의 우럭 양식장이 밀집되어 있다. 직접 잡은 활우럭을 신안이 자랑하는 천일염으로 간하여 저장성이 뛰어난 건우럭 보급에 주력하고 있다. 신안 우럭의 진미를 맛보여 드리도록 최선을 다하겠다"고 포부를 밝혔다.

볼락에 관한 기록은 흑산도 유배 중에 정약전이 저술한 『자산어보(玆山魚譜)/1814년』에 발락어(發落魚)로 처음 등장한다. 경남 전남에서는 뽈라구, 경북에서는 꺽저구, 강원도에서는 열갱이, 함경남도에서는 구럭으로 불린다. 서유구가 저술한 전북 고창군 지방의 어류 기술서인 『난호어목지(蘭湖魚牧志)/1820년』 어명고(漁名考)에서는 조피볼락에 관한 내용이 담겨 있다. "울억어(鬱抑魚)는 서해에 나며 몸은 둥글고 비늘은 잘다. 큰 놈은 한 자가 넘는다. 등이 높고 검다. 배는 불룩하고 흑백 반점이 있다. 등에 짧은 지느러미가, 꼬리 가까이에 긴 지느러미가 있다. 살은 단단하고 가시가 없으며 국을 끓이면 맛이 훌륭하다." 가시가 적은 것을 '없다'고 표현한 것 말고는 조피볼락의 모습과 일치한다. 여기서 울억어는 추정컨대 이 지방에서 이미 회자 되던 우리말 '우럭'을 굳이 한자로 표현한 것이다. 거꾸로 울억어가 최초 표현이라면 연음화를 거치며 우럭어 〉 우럭으로 축약되었는지도 모를 일이다. 사전에 따르면 정식 명칭은 조피볼락이라지만, 지금은 우럭이란 말이 일반화되어 오히려 조피볼락이란 말을 못 알아듣는 지경이 되어버렸다. 어원에 관한 재고찰이 필요하다.

우럭의 몸 빛깔은 암회갈색이고 배 쪽은 연한 빛이다. 위턱의 상부를 덮는 3개의 날카로운 가시가 있으며 눈 아래에는 2개의 줄무늬가 있다. 몸은 회갈색 바탕에 검은 점이 흩어져 있다. 바위가 많고 수심이 낮은 연안에 서식하며 12~3월에 수정하여 4~6월에 새끼를 낳는다. 우리나라 전 연안, 일본 북해도 이남 및 중국 북부 연안에 분포하며 서해 및 발해만에 많이 서식한다. 표층에 부상, 유영하며 성장해가다가 해조류가 많은 곳으로 이동하는 치어기는 수심 10m보다 얕은 곳에 머문다. 성어가 되면 중·표층으로 부상할 뿐 이동이 적은 편이지만 주간에는 밀집하여 침하하고 움직임이 활발하다. 수온이 하강하는 가을 겨울에 걸쳐 발해만이나 서해 북부의 각 연안으로부터 남하를 시작해서 1월에는 북위 35°선에 달하며 그 해역에서부터 남부 해역에 걸쳐 3월경까지 월동하다가 수온의 상승과 함께 다시 북상한다. 치어일 때는 플랑크톤을 주먹이로 삼지만 성장하며 게·새우·곤쟁이 및 갑각류 유생을 즐겨 먹다가 몸길이 15㎝ 이상이 되면 주로 까나리를 잡아먹는 육식성으로 변한다. 1년마다 10cm 정도 자라는데, 성어기가 되면 소형어류·게·새우류 등을 닥치는 대로 잡아먹는다.

우럭은 횟감으로 가장 선호된다. 머리가 큰 편이라 회를 뜨면 전체 무게의 약 25~30%의 회가 나온다. 회를 뜨고 난 뒤의 머리 등뼈 부분은 매운탕이나 맑은탕 재료로 활용된다. 국물 맛은 시원하면서도 기름져서

탕을 더 좋아하는 애호가도 많다. 회나 탕 외에도 말려서 찜이나 젓국으로 먹기도 한다. 우럭을 말릴 때는 등 따기(등을 딴 후 내장을 제거해 펼침)한 뒤 물로 간을 하거나 굵은 소금을 뿌려서 잘 말려 두고두고 반찬으로 먹는다. 충청도에서는 향토 음식으로 우럭젓국이라는 것을 즐겨 먹는다. 쌀뜨물에 우럭 포를 넣고 끓여 새우젓으로 간을 한 일종의 말린 생선국으로 담백하고 시원한 맛이 난다. 서해 도서 지역에서는 포를 뜨고 남은 내장으로 내장볶음을 해 먹기도 한다. 쫄깃한 우럭 위(胃)의 식감이 뛰어나다. 강원도 강릉 지역에서는 우럭으로 미역국을 끓이기도 하는데 시원하고 담백하다. 큰 우럭은 뼈를 발라내고 닭백숙처럼 요리하기도 한다. 우럭은 저칼로리 고단백 식품이다. 니아신과 비타민A 등 영양 성분도 많이 함유하고 있어서 피로회복, 숙취 해소, 간 기능 항상, 노화 방지에 효능이 있다. 대표적 요리로는 우럭회, 우럭찜, 회무침, 우럭매운탕이 있는데, 우럭찜 요리법을 소개한다.

< 우럭찜 요리법 >

재료. 우럭 300g, 대파 1대, 생강 2쪽, 고수 20g, 홍고추 1개, 식용유 2T, 청주 1T, 간장 3T, 닭육수 1/2컵, 설탕 1T, 굴소스 1T

1. 우럭의 내장 비늘을 제거하고 등지느러미 양쪽에 칼집을 깊숙이 넣는다.
2. 손질한 우럭을 끓는 물에 넣어 국자로 물을 끼얹어 가며 살짝 데치고, 찬물로 깨끗이 씻어서 비린내를 없앤다.
3. 생강을 반반 편/채 썰고 씨를 뺀 홍고추는 4cm 길이로 채 썬다.
4. 씻은 우럭을 접시에 담고 위로 굵게 썬 대파와 편으로 썬 생강을 올린 뒤 찜통에 10분 정도 찐다.
5. 대파 생강은 걷어내고 채 썬 대파 생강을 다시 우럭 위에 올린다.
6. 식용유를 뜨겁게 달궈(170도~180도) 우럭 위에 뿌린다. 다른 팬에 청주, 간장, 닭 육수, 설탕, 굴 소스를 넣고 끓여 바로 생선 위에 뿌린다.
7. 마지막으로 향이 나는 고수와 채 썬 홍고추를 올려 장식한다

전복

柔沙而淨海 부드러운 모래와 맑은 바다는
無飾之純情 꾸밈없는 순정을 간직하고 있으이.
鰒肴三更酒 전복 안주로 삼경까지 술을 마시니
林蛩祝賀鳴 숲속 귀뚜라미도 노랠 불러 축하하네.

　문학박사 정태헌이 친구들과 하룻밤을 보낸 청산도의 추억을 노래한 한시 일부이다. 전남 완도에서 뱃길로 45분 거리에 있는 청산도의 아름다운 풍광을 감상하고 밤늦게까지 전복 안주로 술을 마셨으니 어찌 귀뚜라미 울음마저 축가로 들리지 않았으랴. 바삐 살아가는 차도남들에게 느림의 미학을 깨닫게 한다. 이런 연유로 슬로시티로 지정된 이곳을 찾는 사람들의 발길이 끊이질 않는데 이래저래 볼거리와 먹을거리가 풍성하다.

다양한 수산물 중에서도 완도군이 이곳 전복을 수산물 제2호 지리적 표시 상품으로 등록했다. 완도에서 생산되는 참전복은 청정해역의 해조류만 먹고 자라서 타 지역보다 육질이 부드럽고 맛이 뛰어나다. 산모나 어린이, 노약자, 환자 등의 건강보양식으로 널리 알려진 전복을 보다 대중화시키기 위해 완도군은 매년 초복 날을 '전복-데이'로 지정해 범국민 운동을 전개하고 있다. 최근 조류인플루엔자나 구제역 등으로 가금류나 축산육을 기피하는 현상이 두드러져 그 수요가 꾸준히 늘고 있다 한다.

전복은 원시복족목 전복과에 속하는 타원형의 연체동물이다. 수온이 섭씨 10~23도의 열대 및 온대 해역 연안에 널리 분포하는 전복은 전 세계적으로 100여 종이 알려져 있으며 수명은 12년 정도이다. 우리나라에 서식하는 것으로는 까막전복, 말전복, 오분자기 등 10여 종이 있다. 크기가 큰 말전복은 각경이 250mm 이상인 데 반해 크기가 작은 오분자기는 80mm 정도이며 11~12월에 산란한다. 암컷은 진한 녹색을 띠고 수컷은 노란색을 띠는데 산란기에는 이 색이 더욱 두드러진다. 껍질은 외짝으로 내면은 진주 광택이 나고 외면은 갈색 또는 청자색이다. 45개의 구멍이 나 있고 원추형으로 융기되어 있다.

옛날 진시황이 불로장생이 좋다 하여 구했던 것 중에 우리나라 제주도 전복이 포함되어 있었다. 중국에서는 상어지느러미, 해삼과 함께 바다의 삼보(三寶)로 불렸는데 우리나라 전복을 제일로 친 것 같다. 의약고서인 중국의 『본초강목(本草綱目)』과 우리나라의 『동의보감(東醫寶鑑)』에도 자양강장 식품으로 소개하고 있고 한의서적인 『명의별록(名醫別錄)』이나 『규합총서(閨閤叢書)』 등에서는 '몸을 가볍게 하고 눈을 밝게 하는 전복의 효능'을 명기하고 있다. 정약전의 『자산어보(玆山魚譜)』에는 전복을 복어(鰒漁)라는 이름으로 소개하면서 '살코기는 맛이 달아서 날로 먹어도 좋고 익혀 먹어도 좋지만 가장 좋은 방법은 말려서 포를 만들어 먹는 것이다. 그 장(腸)은 익혀 먹어도 좋고 젓갈로 담가 먹어도 좋으며 종기 치료에 효과가 있다.'고 자세히 기록하고 있다. 조선 시대 궁중 요리책인『진연의궤(進宴儀軌)』에서는 궁중연회식으로도 등장한다. 여러 자료들을 종합해 볼 때 전복이 예로부터 매우 귀중하고 영양가 높은 최고의 음식으로 손꼽혔음에 틀림없다.

전복의 일반성분은 단백질 약 13%, 지방 약 0.5%, 당질 4.2%, 무기질 약 2%이다. 이소로이신, 로이신 등 다양한 아미노산이 풍부한 고단백 성분에 반해 지방은 적어 비만을 염려하는 중년층의 건강식으로 안성맞춤이고, 풍부한 인, 철, 요오드 등 미네랄과 비타민 B, C 등과 창자에서 나는 해조류의 독특한 냄새가 하나로 어우러져 정력제로도 널리 알려져 있다. 해초류나 해산동물에 주로 존재하는 요오드는 갑상선 호르몬의 재료가 된다. 갑상선 호르몬은 신체의 기초대사, 즉 지방을 태워서 에너지를 생성시키는 중요한 역할을 한다. 그렇기 때문에 갑상선 호르몬이 부족하면 기초대사 둔화로 인해 비만이나 지방의 혈관 내 축적 현상 등이 나타날 수 있으며 성장기 어린이의 육체적 정신적 성장을 저해한다. 요오드가 부족하면 이러한 갑상선 기능저하증이 생길 수 있으며 피부가 거칠어지고 모발이 가늘어진다. 이럴 때 요오드가 풍부한 전복요리를 먹으면 큰 도움이 된다.

옛날부터 산후 7일 이내 산모의 젖이 잘 나오지 않을 때 전복을 고아 먹었다. 전복의 풍부한 미네랄이 효과를 보이기 때문이다. 또 전복은 체내흡수율이 높아서 대사기능이 저하된 임산부, 비만증, 간 경화증에도 좋은 식품이다. 그래서 간 기능 회복과 폐결핵약으로 쓰이기도 한다. 전복에는 메티오닌과 시스테인 등 황화 아미노산이 많아 병후 원기회복과 피로 회복에도 큰 도움을 주고 뇌 영양소인 글루타민산이 풍부하여 포도당과 지방 대사를 원활히 하고 중앙 신경계로부터 암모니아를 제거하여 신장을 통해 배출시킨다.

전복을 쪄서 말렸을 때 오징어나 문어처럼 표면에 흰 가루가 생기는데 이것이 타우린이다. 타우린은 담석을 녹이고 콜레스테롤 수치를 낮춰줄 뿐 아니라 신장 기능을 강화시키고 시력회복과 함께 간장의 해독작용을 촉진하기 때문에 원기 회복에 더욱 효과적이다.

전복은 오돌오돌 씹는 촉감이 좋아 회로 먹고 감칠맛을 느끼려면 익혀 먹어도 된다. 내장은 부패가 빠르므로 소라, 오분자기 등을 함께 썰어 만든 게우젓으로 먹는 게 좋다. 그러나 뭐니뭐니해도 전복요리의 최고 진미는 참기름에 살짝 볶아 만드는 고소한 전복죽이 으뜸이 아닐까. 전복죽 맛있게 만드는 법을 소개한다.

< 전복죽 만드는 법 >

재료. 전복 4개, 불린 쌀 2컵, 물 14컵, 양파 1개, 당근 40g, 달걀 4개, 김 2장, 소금, 잣가루, 참기름 약간

1. 쌀은 깨끗이 씻어 충분히 물에 불려 놓는다.
2. 솔로 문질러 씻은 전복을 칼로 도려내어 내장을 뗀 후 깨끗이 씻어 얇게 썰어 놓는다.
3. 참기름을 두른 냄비에 쌀과 전복을 넣고 볶다가 물을 붓고 중간 불에서 오래 끓인다.
4. 달걀흰자를 풀어 넣고 다시 살짝 끓이면 완성.
5. 완성된 죽에 달걀노른자를 얹고 주위에 잣가루와 구운 김을 가루 내어 얹는다.
6. 전복죽에 통깨를 뿌리고 참기름을 끼얹으면 더욱 고소하다.

키조개

제7호 지리적표시 수산물 – 장흥 키조개

조개는 언제 먹지?
입을 벌려야 먹지.
입은 언제 벌리지?
열 받으면 벌리지... 더 구워!

바야흐로 조개의 왕, 키조개의 계절이 돌아왔다. 키조개는 6월 하순부터 8월 상순 사이에 산란하는데 산란 직전인 봄철이 가장 연하고 맛있다. 그러다 보니 〈키조개축제〉가 열리는 5월 초에 장흥 토요 장터에 가면 키조개 구이판이 벌어지고 여기저기 불손한(?) 조개 타령이 한창 물이 오른다.

키조개는 곡식의 쭉정이를 까불 때 쓰는 키(箕) 모양과 흡사하다 하여 붙여진 이름으로서 어릴 적 오줌싸개들이 둘러쓰고 소금 동냥을 다녔던 그 모습을 떠올리면 된다. 연근해의 수심 20~50m 뻘(沙泥質)에 주로 서식하며 남해안의 청정해역인 득량만, 여자만, 진해만과 서해안의 보령, 서천 근해가 주산지이다. 7, 8월 산란을 시작하는 성숙한 난소는 적갈색(담홍색)을 띠고 정소는 연한 황백색(유백색)을 띤다. 이 시기에는 자원 보호를 위해 조업을 금지하고 있다. 여름철 조개는 가급적 피해야 하는데 해수 온도 15도 C 근처에서 가장 많이 생성되는 조개독소는 마비성 패독, 설사성 패독 등 다양하며 과량 섭취시 호흡 마비를 일으키므로 주의해야 한다.

키조개는 늦은 봄인 5, 6월에 잠수기 어업으로 채취하는데 일명 모구리(머구리)로 불리는 잠수부가 개펄 속에 묻혀 보일 듯 말 듯 한 키조개를 갈고리로 찍어 올린다. 서해안에 식인상어가 출몰하여 잠수부를 괴롭히는 것도 이 무렵이다. 키조개를 캘 때 내는 딱딱거리는 소리와 비린내가 상어를 유혹하기 때문이다.

정약전은 『자산어보(玆山魚譜)』에서 키조개를 키홍합이라 소개하고 '큰 놈은 지름이 대여섯 치 정도이고 평평하고 넓으며 두껍지 않다. 실과 같은 세로무늬가 있고 빛깔은 붉고 털이 있다. 돌에 붙어 있다가 곧잘 떨어져 헤엄쳐 간다. 맛은 달고 산뜻하다'고 하였다. 우리 조상들이 강정 식품으로 애용해 온 키조개는 영양소가 많고 효능이 뛰어나, 일본인들이 즐기는 가이바시라(かいばしら; 貝柱의 일본 발음)로 알고 있는 사람이 더 많다.

전남 장흥 키조개가 지리적표시 수산물 제8호로 지정되었다. 이곳 득량만 일대 200ha가 키조개 밭인데 전국 유일의 키조개 양식장이다. 수심 6, 7m 깊이에 종패를 심어야 하고 채취할 때도 잠수부가 일일이 캐내야 하므로 키조개 양식은 쉽지 않다. 그러나 이곳은 물결이 잔잔하고 수심이 깊지 않으며 먹잇감이 풍부한 넓은 갯벌로 이루어져 천혜의 생육조건을 갖추고 있다. 성장 속도도 1년이나 빨라 2~3년이면 손바닥만 한 성패로 성장한다. 이곳에서 캐낸 키조개의 50%는 일본인 밥상에 올라간다. 대일본 수출량의 80%를 차지할 정도로 일본인 입맛을 사로잡고 있는 것이다.

키조개는 단백질 18.2g 중 필수아미노산인 이소로이신 683mg, 로이신 1,335mg, 페닐알라닌 1,340mg, 발린 680mg, 라이신 1,164mg, 메티오닌 467mg, 트레오닌 625mg, 트립토판 169mg, 히스티딘 281mg를 함유한 고단백식품이다. 또 100g당 12.8mg이나 함유할 정도로 아연의 보고이다. 아연은 갑상선 호르몬과 인슐린, 성호르몬 등 각종 호르몬의 작용을 도와 주는 미량원소로서 부족하면 미각 기능과 성장발육에 이상이 생기고 전립선 장애, 성 기능 저하, 피부 장애 등 여러 가지 악영향을 받게 된다. 아연 이외에도 칼슘(20.1mg), 철(1.2mg) 등 미네랄 성분이 다른 어패류에 비해 5배 이상 많아 성장기 어린이의 발육촉진과 성인들의 스트레스 해소 등에 큰 도움이 된다. 키조개는 풍부한 단백질과 함께 타우린(100g당 994mg)도 풍부하여 피를 맑게 하는 정혈작용이 있고 임산부의 산후조리 및 피로 회복에 도움을 주어 술에 혹사당한 간장을 보호하는 데도 매우 유용한 수산식품이다. 특히 조개류에 많은 타우린은 간 기능을 높이고 황달 치료 효능을 가지므로 간 질환 및 담석증 환자에 좋은 식품으로 잘 알려져 있다.

키조개의 특유한 맛은 글루탐산, 이노신산 등에서 비롯되는데 열을 가하면 영양가를 잃게 되므로 날로 먹는 것이 좋다. 키조개를 얇게 나박나박 썰어 문어와 함께 술안주로 먹으면 그 맛이 부드럽고 순후하다. 키조개살에 쌀가루를 넣어 끓인 국물은 달착지근 혀끝을 자극하여 감칠맛을 내므로 속앓이를 푸는데 최고다.

  조갯살과 조개 껍질을 연결하는 근육인 키조개의 관자 부분은 일식집에서 흔히 '가이바시(かいばし)'라 불리는 가장 맛있는 부위이다. 키조개는 특별히 이 관자 부위가 발달하여 이를 재료로 하는 버터구이나 두루치기 등 다양한 요리가 선보인다. 회로 먹으면 담백하고, 데쳐 먹으면 부드러우면서 쫄깃하고, 프라이팬에 은박지를 깔고 살짝 구워내면 고소함이 살아있다. 이는 키조개의 관자가 비리지 않고 담백하며 쫄깃한 식감이 매우 뛰어나기 때문이다. 장흥에 가면 그곳 특산품인 표고버섯, 한우 등심과 함께 구워 먹는 '장흥 삼합'이 유명하다.
  장흥 키조개마을에서 추천하는 키조개 삼합구이 만드는 법을 소개한다.

> ### < 키조개 삼합구이 만드는 법 >
>
> 재료. 장흥 키조개 1kg, 장흥 한우등심, 장흥 표고버섯
>   1. 키조개는 조개껍질을 벗겨 속의 육질(패주)만 도려낸다. (날개 부분도 사용)
>   2. 패주는 생긴 방향으로 얇게 5~7mm 두께로 자른다.
>   3. 등심과 표고버섯을 얇게 자른다.
>   4. 참기름을 불판에 살짝 두른다.
>   5. 키조개와 등심, 표고버섯을 불판에 올린다.
>   6. 키조개가 봉우리처럼 올라갈 때까지 굽는다.(너무 익히지 말 것)
>   7. 상추에 키조개와 등심, 표고버섯을 놓고 쌈장과 마늘 등을 싸서 먹는다.

  요리법을 다 말하기도 전에 군침이 도는 건 어쩔 수가 없다. 삼합이 그냥 삼합이랴. 그런데 키조개로만 요리할 경우에는 비타민A와 C가 부족할 수 있으므로 피망이나 당근, 레몬, 버섯 등 신선한 식물성 보완 식품을 곁들이는 것이 좋겠다.

남기는 글

옛날 밥상머리에는
할아버지 할머니 얼굴이 있었고
어머니 아버지 얼굴과
형과 동생과 누나의 얼굴이 맛있게 놓여 있었습니다.
가끔 이웃집 아저씨와 아주머니
먼 친척들이 와서
밥상머리에 간식처럼 앉아 있었습니다.
어떤 때는 외지에 나가 사는
고모와 삼촌이 와서 외식처럼 앉아 있기도 했습니다.
이런 얼굴들이 풀잎 반찬과 잘 어울렸습니다.
그러나 지금 새벽 밥상머리에는
고기반찬이 가득한 늦은 저녁 밥상머리에는
아들도 딸도 아내도 없습니다.
모두 밥을 사료처럼 퍼 넣고
직장으로 학교로 동창회로 나간 것입니다.
밥상머리에 얼굴 반찬이 없으니
인생에 재미라는 영양가가 없습니다.

내가 사는 경기도 군포에는 수리산도립공원이 있다. 중앙도서관 옆 삼림욕장을 막 벗어나는 등산로 초입에 한동안 위의 시화가 세워져 있었다. 공광규 시인의 '얼굴 반찬'이라는 시인데, 소설가 김훈이 『밥벌이의 지겨움』에서 밝혔듯 밥벌이도 힘들지만 벌어놓은 밥을 넘기기도 힘든 세상을 살아가는 도회지 사람들의 비애가 서려 있다. 우리 가족도 예외는 아니다. 시인의 말대로 모두 밥을 사료처럼 퍼 넣고 직장으로 나가고 있으니 말이다.

여기 실린 100여 편의 지리적표시 특산품은 우리 밥상머리에서 쉽게 만나는 식품들이다. 가장 많이 등록된 고추와 마늘 양념이 빠진 반찬은 상상도 할 수 없으며 주식인 쌀, 특선 요리로 취급받는 한우와 생선, 국물이나 무침 요리로 쓰이는 미역과 다시마, 간식으로 내놓는 사과, 배, 포도 등 이루 헤아릴 수가 없다. 그야말로 하나같이 대한민국 밥상머리의 주역들인 셈이다.

그런데 그 밥상머리에 마주할 얼굴 반찬이 없다면 설익은 고기에 양념이 덜 된 반찬으로 식은 밥을 꾸역꾸역 집어넣는 꼴이 아니겠는가. 지리적 표시제는 해당 지역민들이 만든 애정의 산물을 정부 기관이 인증해주는 제도이다. 그런 만큼 위의 시 속에 드러난 풀잎 반찬처럼 밥상의 얼굴들과 잘 어울리는 식품들로 채우는 일은 오롯이 함께 마주할 우리 얼굴 반찬들의 몫이다.

미국에서 직장생활을 하는 아들이 코로나로 인해 재작년 한국으로 들어와 재택근무하던 중 눈이 맞아 작년에 혼례를 올린 아들과 며느리가 샌프란시스코로 되돌아간 지 석 달 만에 유튜브를 개시했다. 일명 '샌프란 찡(Sanfran zzing)'이라는데, 그 첫 방송이 '김치 담그기'였다. 차이

나타운이 유명한 그곳에서 대한민국의 김치맛을 제대로 보여주겠다는 발상이 기특하기도 하거니와 아들도 엄지척하며 며느리의 음식솜씨를 칭찬하는 모습이 보기에 너무 훈훈했다. 김치뿐만 아니라 우리 고유의 맛들로 본때를 보여주길 바라며 멀리 타국에서라도 알콩달콩 행복하게 살아가길 기원해 본다.

시행 20년이 지난 지금도 매년 전국 여기저기서 지리적표시 등록을 위한 신청이 이루어지고 있다. 앞으로도 비장의 숨겨진 특산품들이 속속 제 얼굴을 내밀어 보다 넓혀진 지평으로 '코리안 지오푸드(K-Geofood)'가 국위를 선양해 주길 바란다. 그런데 아직도 동남아에선 중국산 '고려인삼'과 '상주곶감' 등이 은밀히 팔리고 있다고 한다. 어렵게 등록시킨 지리적표시 상품의 면모가 이 지경이라면 누가 본 제도를 믿고 따르겠는가. 얼굴 반찬이 '온정(溫情)'이라는 영양가를 선사하듯, 지리적표시 상품은 '신뢰(信賴)'라는 값어치를 보장받아야 할 것이다.

참고문헌

제목	시대	저자
가락국기(駕洛國記)	1075~1084년 (고려 문종)	금관지주사 문인
강은집	고려 말	이승인
경상지리지(慶尙地理誌)	조선 초기	하연
계림유사(鷄林類事)	고려 숙종	손목
고금석림(古今釋林)	조선 영정조	이의봉
고려도경(高麗圖經)	고려 인종	서긍
고려사(高麗史)	1449~1451년	김종서,정인지
고사십이집(攷事十二集)	조선 후기	서명응
관자(管子)	중국 제나라	관중
구급방언해(諺解救急方)	1456년(세조12년)	미상
구세심방	1990년	인산 김일훈
구황촬요(救荒撮要)	1554년(명종9년)	이탁 외
국조오례의(國朝五禮儀)	1474년(성종5년)	신숙주 외
규합총서(閨閤叢書)	1809년(순조9년)	빙허각 이씨
난호어목지(蘭湖漁牧志)	1820년	서유구
남강만록(南岡謾錄)	조선 후기	황곡
농가월령가(農家月令歌)	조선 헌종	정학유
대동지지(大東地志)	조선 후기	김정호
대한약전(大韓藥典)	1958년	약전위원회

제목	시대	저자
도문대작(屠門大嚼)	1611년(광해군3년)	허균
동국여지승람(東國輿地勝覽)	조선 성종	노사신 외
동다송(東茶頌)	조선 후기	초의
동의보감(東醫寶鑑)	1610년(광해군2년)	허준
명물기략(名物紀略)	조선 후기	박재연 외
명의별록(名醫別錄)	중국 한나라말	공저
목은집(牧隱集)	고려 말	이색
박물지(Histoires naturelles, 博物誌)	1896년(프랑스)	J.르나르
방약합편(方藥合編)	1885년(고종22년)	황필수
본초강목(本草綱目)	중국 명나라	이시진
본초경주(本草經註)	중국 청나라	진념조
본초구진(本草求真)	중국 청나라	황궁수
본초도감(本草圖鑑)	2003년	안덕균
본초비요(本草備要)	중국 청나라	왕앙
본초습유(本草拾遺)	중국 당나라	진장기
부생육기(浮生六記)	중국 청나라	심복
북사(北史)	중국 당나라	이연수
삼국사기(三國史記)	1145년(인종24년)	김부식
삼국유사(三國遺事)	1281년(충렬왕7년)	일연
상방정례(尙方定例)	1752년(영조28년)	상의원

제목	시대	저자
선화봉사고려도경(宣和奉使高麗圖經)	중국 송나라	서긍
성경(The Bible, 聖經)		
세종실록(世宗實錄)	조선 세종	공저
소문사설(謏聞事說)	1740년경	이시필
시경(詩經)	중국 춘추시대	공자
시의전서 (是議全書)	조선 말	작자미상
식물본초(食物本草)	중국 명나라	적충 유문청 외
신농본초경(神農本草經)	중국 후한	미상
신농본초경집주(神農本草經集註)	중국 양나라	도홍경
신증동국여지승람(新增東國輿地勝覽)	조선 중기(1530년)	이행, 홍언필
앗시리아식물지	BC 600년경	미상
양화소록(養花小錄)	조선 세조	강희안
어우야담(於于野譚)	조선 광해군	유몽인
언해두창집요(諺解痘瘡集要)	1608년(조선 선조)	허준
연산군일기(燕山君日記)	1509년(중중4년)	일기청 공저
열하일기(熱河日記)	조선 정조	박지원
오십이병방(五十二病方)	중국 서한(BC 168년)	
오주연문장전산고(五洲衍文長箋散稿)	조선 후기	이규경
우리말큰사전		한글학회
우해이어보(牛海異魚譜)	1803년(순조3년)	김려

제목	시대	저자
임원경제지(林園經濟志)	조선 후기	서유구
자산어보(兹山魚譜)	1814년(순조14년)	장약전
제민요술(齊民要術)	중국 북위	가사협
조선산업지(朝鮮産業誌)	1911년	일본인
조선왕조실록(朝鮮王朝實錄)	조선 태조~철종	
주례(周禮)	중국 주나라	주공
증보산림경제(增補山林經濟)	1766년(영조42년)	유중림
지봉유설(芝峰類說)	1614년(광해군6년)	이수광
진연의궤(進宴儀軌)	조선	공저
천주본초(泉州本草)	중국 의서	미상
춘향전(春香傳)	조선	작자미상
탐진어가(耽津漁歌)	1804년(조선 후기)	정약용
통아(通雅)	1639년(중국 명말)	방이지
향약구급방(鄉藥救急方)	1236년(고려 고종)	작자미상
향약채취월령(鄉藥採取月令)	1431년(세종13년)	유효통 노중례 박윤덕
화왕계(花王戒)	통일신라시대	설총
화음방언자의해(華音方言字義解)	조선 후기	황윤석
훈민가(訓民歌)	조선 선조	정철